中国水运史丛书

烟台港史

现代部分

1945.8—2006.12

人民交通出版社

内 容 提 要

本书以时间为序，记录了烟台港自烟台1945年8月第一次解放以来自强不息、艰苦创业的发展进程，突出展现了改革开放以后港口经济、技术、改革及政治诸方面发生的巨大变化；反映了烟台港职工心系国家、开拓创新，与时代同行的精神风貌。本书资料翔实，脉络清晰，对港口工作者、专家学者、大专院校学生了解和研究港口历史有一定的参考作用。

图书在版编目（CIP）数据

烟台港史（现代部分）/《烟台港史（现代部分）》编审委员会编．北京：人民交通出版社，2008.1
ISBN 978-7-114-06939-0

Ⅰ.烟… Ⅱ.烟… Ⅲ.港口-历史-烟台市-1945~2006
Ⅳ.U659.2 K295.23

中国版本图书馆CIP数据核字（2007）第202857号

YANTAIGANG SHI
书　　名：烟台港史（现代部分）
责任编辑：张　淼
出版发行：人民交通出版社
地　　址：（100011）北京市朝阳区安定门外外馆斜街3号
网　　址：http://www.ccpress.com.cn
总 经 销：北京中交盛世书刊有限公司
经　　销：各地新华书店
印　　刷：北京鑫正大印刷有限公司印制
开　　本：787×1092　1/16
印　　张：18
彩　　插：11
字　　数：402千
版　　次：2008年1月第1版
印　　次：2008年1月第1次印刷
书　　号：ISBN 978-7-114-06939-0
印　　数：0001~4000册
定　　价：89.00元

《烟台港史（现代部分）》编审委员会

《烟台港史（现代部分）》编写组

主　　编：纪少波　陈江令

副 主 编：于文钧　张海军

编写人员：于文钧　于长乐　马建国　刘文君　鲍恩忠

烟台港（芝罘湾港区）鸟瞰

摄影:侯贺良

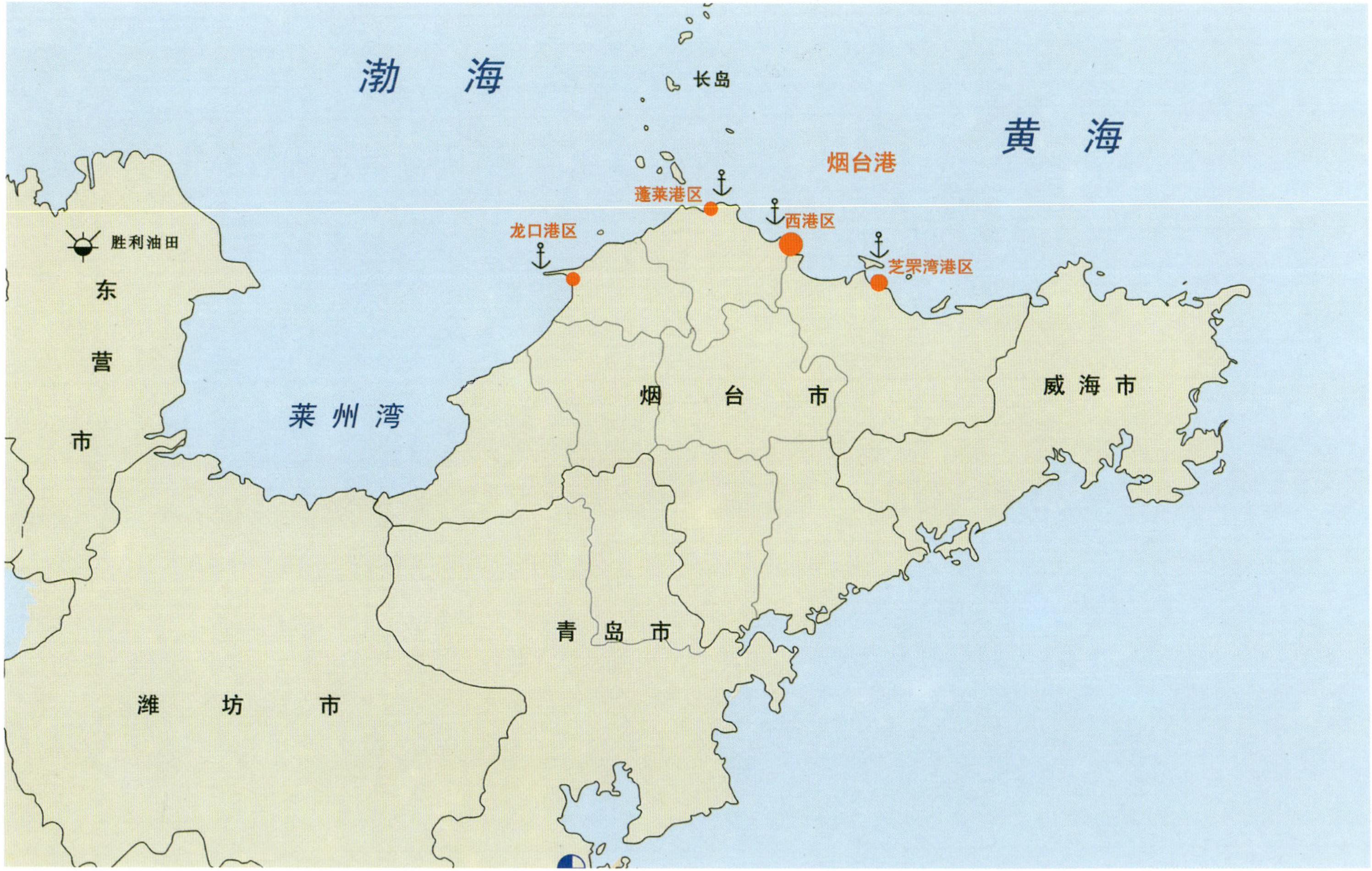

渤海
长岛
黄海
烟台港
蓬莱港区
龙口港区
西港区
芝罘湾港区
胜利油田
东营市
莱州湾
烟台市
威海市
青岛市
潍坊市

烟台港各港区位置图

烟台港（芝罘湾港区）演变示意图

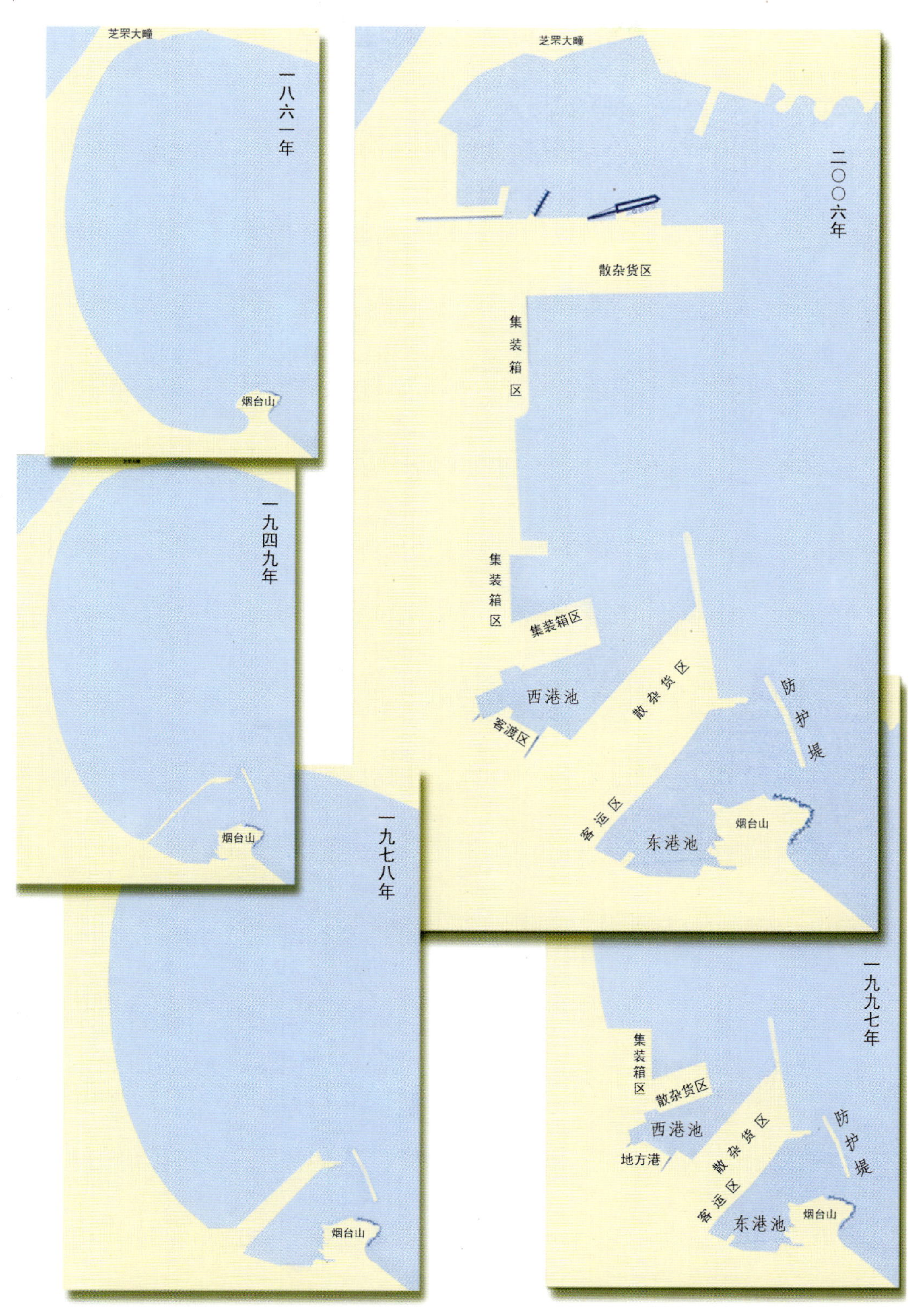

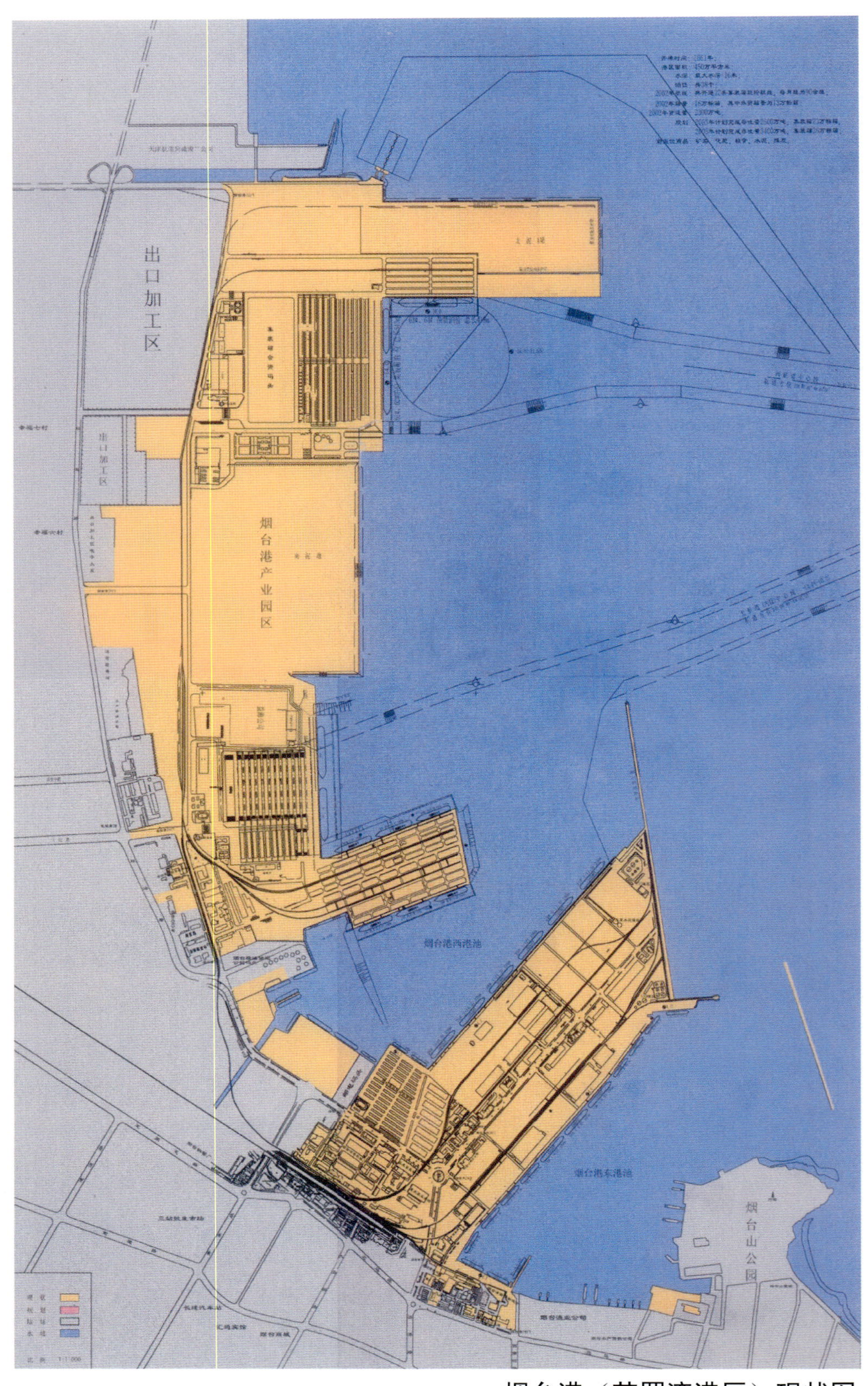

烟台港（芝罘湾港区）现状图

烟台港集团有限公司领导班子合影（2005年）

自左至右为王德乐、尹怀惠、王钺、曲延词、纪少波、周波、刘延洪，石祖勋、都新伟、裴静波

烟台港务局领导班子在中共烟台港务局第七次代表大会上与省、市委组织部领导及港务局老领导合影（1995年4月）

自左至右为纪少波、都新伟、于德义、尹怀惠、刘丕生、刘炳敏、张进、刘先林、中共山东省委组织部领导、朱毅、中共烟台市委组织部领导、陈江令、曲海亭、刘延洪、于江、杨国秀、王松贵、吕波

烟台港历任主要领导人

车忠翰

王吉五

张连胜

孔　波

刘丕生

林复生

王祥兴

王经五

鞠远业

高林松

张　进

韩德润

曲海亭

朱　毅

周　波

纪少波

目　录

引　言

烟台地处山东半岛东部，位于北纬36°16′～38°23′，东经119°34′～121°57′。东连威海，与日本、朝鲜、韩国隔海相望，西接潍坊，西南与青岛毗邻，北濒渤海、黄海（北、西北部濒临渤海，东北和南部临黄海），与辽东半岛对峙，和大连隔海为邻，向来被视为京津门户、华北锁钥，地理位置十分重要。烟台市土地面积13 739平方公里，其中市区面积2 722.3平方公里。烟台海岸线蜿蜒曲折，曲长702.5公里；海岛众多，有大小基岩岛屿63个，成为大陆的天然屏障。潮汐自莱州到龙口沿海为不正规半日潮，龙口到牟平以及海阳市沿海为正规半日潮。海岸地貌主要分岩岸和砂岸两种，西起莱州市虎头崖，东至牟平东山北头，是曲折的岩岸，海蚀地貌显著，其余多为砂岸。海岸与海岛交相辉映，海光山色秀丽。烟台港的芝罘湾港区、西港区、龙口港区、蓬莱港区分布在烟台市芝罘区、经济技术开发区、龙口市和蓬莱市，像一串璀璨的珍珠镶嵌在绵延的海岸线上。

烟台港的航海活动历史悠久。远在新石器时期（距今约7000年以前），当烟台港湾的地貌随地质史上的最后一次海浸海退而初具雏形的时候，古先民们就生息繁衍在这个地方，创造和传播了灿烂的白石文化。烟台白石村遗址所出土的深海鱼骨，表明当时已经能够制造航海工具，且跨越浅水驶向深海从事捕捞。以芝罘岛及其陆连沙洲为围拢主体的芝罘湾（其形成时间大致在6050±150年前），为古人类的生存和发展创造了更加有利的条件。烟台港湾，不仅是哺育白石文化的摇篮，也是中国古老的海上交通发祥地之一。

夏商周时期，胶东半岛是东夷人活动的重要地区之一，有关典籍曾记载“通齐国之鱼盐于东莱”，说明东夷人既有渔业和盐业，也有活跃的商品流通。随着社会经济的进步，海上交通也开始发展起来。战国时期，齐国在我国海上交通事业占有重要位置。自秦汉起，烟台称“芝罘”。秦王嬴政统一七国后，五次巡幸天下，其中三次抵芝罘，皆依海而行，曾“见巨鱼，射杀一鱼”。汉武帝刘彻亦曾多次东巡，登芝罘，浮大海。从三国至唐代，烟台港多为军事活动服务，是兵家征伐、物资集运的重要输送站。到宋代，烟台海运发达，开辟远渡重洋的海外航线。航海者还在港湾南岸建造了“天后宫”，每逢出海和收泊，都要在这里祈求保佑。元朝定都在北京，海漕大兴，烟台港为漕运必经之地，每年进出芝罘湾的漕船上千只，运输漕粮上百万石。明代为防倭寇，烟台遂成为北方沿海的军事要塞。明洪武三十一年（1398年），在芝罘境地设立守御千户所，并在海面连陆小岛上设墩台狼烟，以示报警。由于“烟台”建在小岛上，遂有“烟台山”之称，自此，人们使用“烟台”一名指代芝罘湾地区。由于受社会生产力的局限，烟台港在很长的历史时期内，始终处于原始的天然状态。

进入近代社会后，烟台港于1861年8月正式开埠通商开始征收外籍商船税，从此烟台港成为同外部世界进行贸易交流、联系沟通的枢纽之一。烟台港开埠是第二次鸦片战争的产物,同时又有其客观必然性。其一,由于清代商业贸易的发展,扩大了烟台港口贸易的货源。其时,活跃在烟台港的除宁波、上海、广东几大商船帮外,还有东北的关里帮、锦州帮以及重庆帮和烟台奇山所的张、刘两姓商船帮。其二,烟台港具有优越的地理位置和自然条件。作为南北航线的中间位置,航行船舶加油、加水等项业务多选在烟台港。“烟台为南北之冲”,“以此一口为盛”。其三,随着港口贸易的发展,烟台在开放之前,外国商船及外国商人早已登陆烟台港。虽然清政府屡有禁令,但洋人勾结当地官吏、士民买地建房、经商、走私,已然成风。所以第二次鸦片战争后的烟台港被迫开埠,则是不可避免的了。

自烟台港开埠通商到19世纪末,是烟台港称盛时期。当时烟台是山东省唯一的对外通商口岸,在北方海区与牛庄、天津成鼎足之势,被称之为中国北方的“巨大贸易中心”。烟台,成为拥有近10万人口的商埠和胶东半岛的政治经济文化中心。

烟台港历经沧桑和磨难。20世纪初,青岛、大连两港崛起,后来居上,港口规模和贸易数量迅速超过烟台港。为了维护烟台贸易地位,烟台的官商也进行了种种努力。1896年至1903年,先后建设“南北公共码头岸路工程”和“东西公共码头岸路工程”;1905年,东海关主持建造烟台山灯塔;1915年至1921年,建成东、西两道防波堤。东、西两道防波堤围拢成烟台港第一座人工港池,较大程度地改善了港口作业条件,相应提高了港口生产能力和贸易竞争能力。1938年,日本帝国主义侵占烟台港,对港口实行殖民垄断和控制,烟台港同国外贸易终止。1945年,八路军一举收复烟台,烟台港成为全国第一个解放的沿海港口。此后,人民政府迅速恢复东海关和海坝工程会,保证了港口的畅通和物资的运输。1947年10月,国民党占领烟台,临次年10月撤退前夕,抢掠港口设施和物资,使码头受到严重破坏。自烟台第一次解放至建国前,烟台港成为物资和人员出入山东解放区的重要通道,为中国人民的解放斗争发挥了重要作用。码头工人奋勇参战、踊跃支前,谱写了可歌可泣的英雄篇章。

中华人民共和国的诞生,使港口获得新生,从此烟台港进入一个全新的发展时期。烟台港职工克服种种困难,顽强拼搏,艰苦创业,使落后简陋的小港变为国家水运主枢纽港。特别是改革开放以来,烟台港如遇春风化雨,乘势而上,不断深化企业改革,积极完善经营机制,推进经济增长方式转变,增强港口竞争能力,各项事业得到长足发展。烟台港成为我国重要外贸中转口岸,港口通过能力和辐射能力大幅度提升,客货运输量快速增长。烟台港先后获得全国企业管理优秀奖、国家质量管理奖、全国用户满意企业、全国质量效益型企业等荣誉称号。在烟台港现代历史发展进程中,历届领导班子以港口兴旺发达为己任,苦苦追求发展项目,呕心谋划做大做强,坚持两个文明一起抓,60余年一以贯之。

新中国成立初期,烟台港是全国首批对外开放港口之一。1954年,国家在烟台港投资建造解放后北方沿海地区的第一座码头,至此,烟台港中心由南西移。1956年蓝村至烟台铁路通车,1958年铁路通至港区,使港口的通过能力和竞争能力得到较大幅度的提升。1973年,在周恩来总理“三年改变港口面貌”的指示下,烟台港掀起空前规模的建设热潮,建成深水泊位3个、中级泊位3个,使港口面貌发生巨大变化。

此后,烟台港规划实施了一系列港口基础建设项目。烟台港一期、二期、三期工程(一阶段)、三期工程(二阶段)项目,分别于1990年、1997年、2001年和2006年竣工投产,并在此基础上继续推进芝罘湾港区基础设施建设。2005 年 9 月,正式启动烟台港西港区建设,为烟台港的西移大发展拉开帷幕。这些工程项目的建设,较好适应了国民经济和社会发展的需要,以及水运船舶大型化、集装化的变化要求。

2001 年至 2004 年期间,中央及省、市做出深化港口管理体制改革的重要决策。2004 年 9 月,撤销烟台港务局,将烟台港组建为烟台港集团有限公司,实行国有资产授权管理。其后,为整合港口资源,加快企业发展,对烟台地方港、蓬莱港东港区、龙口港分别实行划转或重组整合,进一步拓展了烟台港的发展空间,提高了综合竞争能力。这次烟台港管理体制的深化改革,进一步解放了港口生产力,为港口在更高层次参与市场竞争奠定良好基础,是烟台港发展历史上新的里程碑,同时,对于城市繁荣和对外开放产生了重要作用和深刻影响。现烟台港码头岸线总长 14 公里,泊位达到 80 余个,其中万吨级以上深水泊位 35 个,最大水深 -20 米,企业资产总值达到 70 余亿元。烟台港担负起新的崇高使命——成为城市全面建设小康社会、率先基本实现现代化的重要依托和实现经济腹地发展战略的重要支撑,在更大范围、更广领域、更高层次参与经济全球化发挥战略资源优势。

地处东北亚国际经济圈核心地带,时逢中国水运事业昌盛年代,烟台港在这个广阔的舞台上正上演威武雄壮的历史活剧,创造令人惊叹的发展业绩。

烟台港的明天一定会更加美好灿烂。

第一章

烟台两次解放与烟台港

1945年8月24日,八路军第一次解放烟台。烟台市人民政府接管东海关,撤销日本占领烟台时设立的芝罘港务局,恢复东海关对港口的管理权;恢复海坝工程会及其对港口工程管理的职能。自此至1947年10月国民党占据烟台,在人民政府的领导下,烟台港为支援解放战争、支援解放区建设发挥了重要的作用。反对美军登陆、解放崆峒岛、接卸联合国救济总署的救济物资、东江纵队北撤烟台是这一时期缘由港口或者利用港口而发生的几项重要事件。港口贸易,则是此一时期国共双方封锁与反封锁斗争的焦点之一。解放区人民政府利用多项政策,成功地吸引了大批紧缺物资进口,支援解放区建设。码头工人在中国共产党的领导下组织起来,成立了码头工会;在工会的带领下,成为维护港口安全、组织港口生产和支援战争前线的一支重要力量。国民党军队侵占烟台时期,部分港口设施遭破坏。

1948年10月,烟台第二次解放,烟台港最终回到了人民手中。

第一节　八路军解放烟台　人民政府接管港口

一、接管东海关　恢复海坝工程会

1945年,中国人民的抗日战争节节胜利,8月24日,八路军解放烟台。自这时起,到中华人民共和国建立的4年间,国共两党都对烟台进行过争夺和控制。1947年10月,国民党军队侵占烟台,一年之后的1948年10月,烟台重被人民解放军收复,是烟台的第二次解放。

1945年9月19日,中共中央向各中央局发出了由刘少奇起草的《关于目前任务和向南防御向北发展的部署》,它的主要内容是:在南方作出让步,收缩南部防线;巩固华北以及山东、华中解放区;控制热、察两省,集中力量争取控制具有战略地位的东北地区[1]。在这样一种战略方针之下,隔海与大连相望、拱扼渤海海峡的烟台,其战略地位十分重要。烟台港,作为中国共产党当时在华北沿海掌控的唯一的港口,其作用的发挥自然地在某些时期就超越了港口的一般功能,成为经济、军事乃至外交斗争的一个重要手段。为抢占东北,山东解放区的大批部队、干部及物资通过烟台港及周边港口大量输送东北;利用烟台港接卸联合国救济总署分拨给解放区的救济物资;东江纵队北撤至烟台港登陆上岸以及反对美军在烟台登陆等斗争都是港口作用在战争年代的体现。

烟台港自1861年(清咸丰十一年)清政府在烟台设立海关,征收关税,港口正式对外开放之后,一直到抗日战争爆发前的70多年的时间内,都是归东海关管辖的。这种管辖,是指诸如港口的引航、卫生检疫、助航设施、船舶的注册与登记、船舶进出港的指挥与监督,悉归东海关掌管。也就是说,东海关既负责征收进出口商轮的关税、贸易统计、缉私、船舶代理行和报关行的管理等海关业务,也直接管理港口。烟台常关仅管理往来民船的事宜,包括征收关税(常税)。1901年(清光绪二十七年)之后,因《辛丑条约》签订,清政府被迫偿还巨额赔款,因海关税款不足用以抵押赔款,故根据总税务司命令,将各通商口岸50里以内之常关关税连同海关税收一起被作为庚子赔款的抵押,所以,烟台常关只能征收烟台50里以外(即系山口以东、八角口以西)之常关关税。烟台港所设常关及距烟台50里以内其下属之常关,于1901年11月11日并入东海关。1930年12月,国民党政府裁撤常关,其业务归于各口岸海关。

东海关和烟台常关均不管理港口装卸事宜,货物装卸或由船行自己的装卸工人和自备舢板完成;或由货主、代理行雇用装卸工人完成。

1913年,为筹筑海坝,组成了由东海关监督、东海关税务司、中商会代表、西商会代表和外国驻烟台领事代表的"烟台海坝工程会",海坝工程会是烟台港港口设施的建设和维修机构。1938年2月3日,日本军队占领烟台,强行接管海坝工程会的资产和业务,并接管东海关的港口管理职能,成立"芝罘港务局"。

1945年8月24日,烟台解放,人民政府即委派贾振之接管东海关。8月31日,烟台市政府撤销日伪设立的芝罘港务局,恢复海坝工程会;10月27日,胶东区行政公署[2]任命贾振之为东海关关长。东海关成为中国共产党领导的第一个解放区海关。新的东海关在职责上与抗战前的东海关相近,既征管关税,也管理港口。当然,所执行的税率是解放区人民政府颁定的。其时,烟台市工商管理局的主要职责是管理对外贸易、商店经营和稽征出入口货物税。所以,在行政序列上,东海关隶属于烟台市工商管理局。11月20日,烟台市工商管理局委任车忠翰为海坝工程会政治指导员襄助办理该会一切事宜。

此时,海坝工程会仍隶属于东海关。海坝工程会内部,设有总务、会计、工务3科;工务科之下,则有机械工程、土木工程、浚渫工程、潜水作业及船坞4股。另外,东海关之下设立港务科。据1946年4月"东海关组织机构表"所载,港务科下辖3股,分别是港务股,其职责是管理烟台山信号旗台及指示来港船只港内停泊处;灯务股,管理东海关辖区内的镆铘岛灯塔、成山头灯塔、崆峒岛灯塔、猴矶岛灯塔及其他灯塔灯标,共约10余处;烟台山灯塔的管理,是专设一股,负责人称为北山灯台主任;其时,该职务由一名外国人担任。这一时期,东海关港务科、海坝工程会尚有外国人任职,以后,随时局变化,均相继调走或回国。

接管东海关,恢复烟台海坝工程会,对于保证港口畅通,巩固胶东解放区起到了重要的作用。此后,海坝工程会承担起大量的港口设施和设备的维修工作。如,港作船只和军用船舶的修理;码头、仓库的维护。除此之外,海坝工程会还将其所存物资支援部队;同时,还调拨其港作船只参加解放崆峒岛的战斗。

1946年4月中旬,胶东半岛遭到了连续三日的飓风袭击,烟台港的开平码头、东防波堤、西防波堤仓库等设施均受到破坏。其间,烟台港内外共沉船195艘,其中港内沉船174艘。在自然灾害面前,海坝工程会立即组织打捞沉船和恢复港口设施的救灾工作,使受损的港口当年基本修复。

1946 年 11 月,东海关实施“精减”,合并机构,裁撤人员。为此,将原属海关港务科的烟台山信号旗台人员与海坝工程会属下负责领航及港内海上交通人员合并,成立港务课,与海坝工程会合署办公,车忠翰任代理课长。港务课的职责是管理烟台山信号旗台和港内行政事宜,如引航、指示船只泊位及统计进出口船只等项。

在此次“精减”中,还将原属海关的木匠、瓦匠等 5 名工人调至海坝工程会。加之其他调入人员,海坝工程会由 81 人增至 93 人。为与上述调整相适应,1947 年 1 月 1 日,将“烟台海坝工程会”更名为“东海关海港工程所”。海港工程所之下,分港务组、永生号拖轮、建海号挖泥船及第一号挖泥船、铁工厂及瓦工、木工、捻工、潜水、船坞管理共 9 组。

据海港工程所 1947 年第一季度的工作总结记述,为使港口管理有序,该所制定了《船坞使用办法和收费标准》;港务课则修订了《船舶系泊浮标征费章程》。当时,海港工程所有两处船坞,一处位于烟台山下、开平码头以北;一处位于西防波堤南端内侧。船坞收费标准是:(1)船长 60 尺以上,第一至第五日或不足五日的,苞米 1 500 斤;第六至第十日或不足一日的,每日苞米 100 斤;第十一至第十五日或不足一日的,每日苞米 200 斤。使用十五日以上者,费用另议。(2)船长 60 尺以下,依照上述规定的四分之三收费。上述费用的苞米单价按照付款前一日烟台商会所报之价,折算为现金收取。浮标使用费:(1)船舶总吨在 50 吨以下者每日或不足一日,收本币(北海币,下同)150 元;(2)船舶总吨在 50 吨至 100 吨者每日或不足一日,收本币 250 元;(3) 船舶总吨在 100 吨以上者每日或不足一日,收本币 350 元。

1947 年,东海关吸取上年风灾的教训,在烟台山设立了一座气象台,由港务课分管,用以监测气象变化,保护船只安全。但当时该气象台设施简陋,据记载,仅有水银式气象表(附温度表)一具、干湿球一套、最高最低温度表一套、雨量计一套、风计一个、风力计一个。当时,连一台收音机也没有,以至东海关港务课在工作总结中写道:“如有无线电收听机的设备,则更尽完善了,可以按时收听(上海徐家汇气象台)之气象报告,使我们知道暴风的风向与风力之来临,便利航行者出帆与否,保护解放区船舶安全,对此实有莫大的贡献。”[3]

设于烟台山巅的旗语信号台和气象台在当时的物质技术条件之下为航船的安全确实作出了贡献。1947 年 2 月底,“众友”号轮船由烟台开往大连。途中行至崆峒岛北约 7 里处,机器发生故障。其时,海上风浪较大,情势危险。恰为烟台山旗台人员发现,由海港工程所起往救助,使船上 145 名乘客及船员获救。

二、码头工会的建立与作用

烟台港的码头工人,历来没有统一的组织。抗日战争以前,多是按籍贯或亲缘关系,自发地组成帮派,如文(文登)荣(荣城)帮、牟平帮、平度帮等。还有一部分码头工人则附属于船行与报关行,如合记、太古、招商局、政记、汇通等船行,都有自己的驳船、舢板和装卸工人。

抗日战争时期,日本占据烟台。1938 年 9 月,日本海军接管海坝工程会之后,曾委托“大东公司”对码头工人进行管理。之后,日军成立了芝罘港务局,遂又将码头工人委托给“国际运输株式会社”进行统一管理。在“国际运输株式会社”的管辖之下,对部分码头工人进行了登记管理,称之为“大帮”。另有一部分未参与登记,仍从属于船行或报关行的码头工人被称为“小帮”。此外,尚有一部分不在帮的散工,则称之为“打闲的”。这一类码头工人的生活是最没有保障的。只有当各大帮、小帮人手不够时，才找他们帮忙。

1945 年 6 月，码头工人在烟台市工委领导下，为解放烟台准备内应力量，成立了码头工人纠察队。8 月 23 日夜，在解放烟台的战斗中，码头工人纠察队负责海上巡逻，监视日伪军动向，与烟台市其他的工人纠察队一起，配合八路军攻烟部队，一举解放烟台市。烟台解放后，中共烟台市委为维持港口秩序，迅速恢复生产，于9 月中旬，由胶东工会烟台办事处以码头工人纠察队为基础，成立了烟台市码头工会。之后，码头工会即隶属于烟台市总工会领导，其性质为企群合一的组织。它既是一个群众组织，又是一个承接港口装卸业务的生产经营单位。

码头工会初成立之时，有会员约 1 700 人，下设 5 个分会。这 5 个分会都是经济单位，自己劳动，自己分配。码头工人本属社会下层的穷苦人民，文化程度低，又长期处于被压迫，被剥削的社会地位；所以，就难免在自身形成一些陋习。又加之社会处于急剧变动时期，所以在码头工会成立之初时，势必泥沙俱下，良莠不齐，一些封建把头亦混入其中，暗中捣乱；故码头工人聚众闹事的现象时有发生。1946 年 8 月，中共烟台市委和烟台市总工会对码头工会进行整顿，对会员重新审查和登记。在这次整顿中，以开展对码头工人的思想教育为基础，培养工人骨干力量，共发展了 45 名工人党员，并重新在各分会建立了党支部。在对码头工会会员审查和登记之后，按劳动分工重新划定分会，共下设 10 个分会。另外，在码头工会内还设立了劳动管理部、组织教育部、武装自卫部和福利事业部。其组织机构如图 1-1-1 所示。

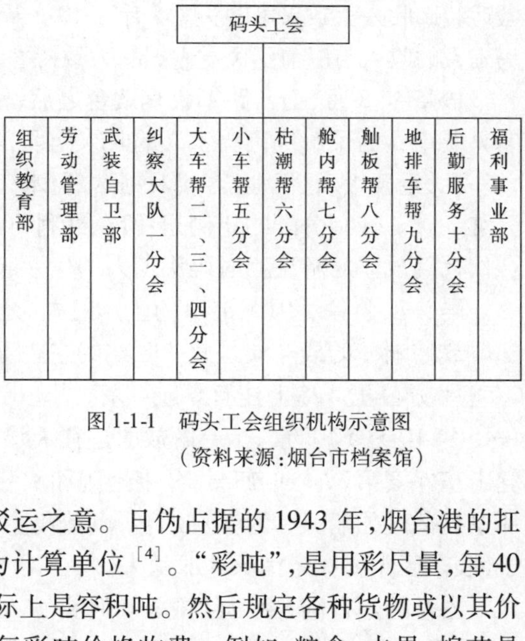

码头工会											
组织教育部	劳动管理部	武装自卫部	纠察大队一分会	大车帮二、三、四分会	小车帮五分会	枯潮帮六分会	舱内帮七分会	舢板帮八分会	地排车帮九分会	后勤服务十分会	福利事业部

图 1-1-1　码头工会组织机构示意图
（资料来源：烟台市档案馆）

1945 年 9 月码头工会成立之初，并没有对货物搬运装卸的价格作出统一的规定，仍然沿用了日伪时期的办法。当时称货物搬运装卸的价格为扛驳力价格。因为烟台港当时是一个以驳运作业为主的港口，驳运是货物装卸的重要环节。所以，所谓“扛驳”即装卸和驳运之意。日伪占据的 1943 年，烟台港的扛驳力价格由以“件”为计算单位改为以“彩吨”为计算单位[4]。“彩吨”，是用彩尺量，每 40 立方尺为 1 彩，每 40 彩为一吨。这里的彩吨实际上是容积吨。然后规定各种货物或以其价值，或以其体积测量计算出彩吨数，再以统一的每彩吨价格收费。例如，粮食、水果、棉花是用彩尺量，而煤、铁等是每 1 000 元为一彩吨。这样的容积吨计算，必然是相同彩吨的货物，因为品种不同，货物的重量是不一样的。例如煤、铁，每彩吨是 1 000 斤；粮食，则每彩吨为 1 000多斤；水果，每彩吨约 600 斤上下。至于棉花、油桶、扫帚每彩吨只有 200 至 300 余斤的重量[5]。

另外，码头工会各分会也随意抬高货物搬运装卸价格。有的甚至不准船直接靠岸，必须使用舢板；有时不用舢板也得交费。各路商人对此屡屡抱怨，称“码头是二号海关” 。

有鉴于这些情形与弊端，1947 年 2 月，码头工会召开了工人代表大会，经过两个星期的讨论，针对货物搬运装卸价格作了新的规定。其主要内容是：(1) 将货物划分为普通、特殊、危险三个种类。普通货物是指大宗进出口货,如粮食、水果;特殊货物是指货物零乱,需加以整理的货品;危险货物是指搬运装卸需小心,且容易损坏,损坏之后有危险的物品,如玻璃、硫酸等。按此三个种类确定搬运装卸价格。这三类货物的价格比,大致是特殊品是普通品的1.5倍;危险品则是普通品的2倍。(2)收费计算方法不再以彩吨和货物的件数为计量单位,统一改定为以货物的重量斤数为计算标准。(3)收费结算统一按玉米市价用本币(北海币)[6]支付。(4)加强对工人的教育,爱护货物,提高装卸质量以吸引更多的货物往来烟台港口。

码头工人代表大会的决定实施之后,统一了烟台港口货物搬运装卸的收费标准,协调了港口码头工人和各界商人之间的关系。自1945年烟台第一次解放至1947年9月国民党军队进攻烟台之前,这一段时间,是烟台港码头工人收入最高的时期。以普通货物为例,每百斤货物的搬运装卸的全过程,码头工人得到的工资可购买33两到53两苞米(16两为1市斤)。当时,由于币值不稳,工人的薪酬是以苞米为计算口径的。这样算下来,每装卸1 000斤货物则可得到20斤至33斤苞米,这是一个不低的收入。可惜的是,这一状况持续时间不长。至1947年10月国民党占领烟台之后,码头工人的收入就下降了。每1 000斤货物的搬运装卸收入大致只可购买7.5斤至10.5斤粮食。迨至1948年10月烟台市第二次解放,码头工人的收入与以前国民党占据时大致持平,再也没能回到第一次解放时的标准。

1945年8月,当八路军收复烟台之后,国民党军队进行了海上封锁,因此,抵烟台港的船只减少。为了解决码头工人的收入问题,经过整顿的码头工会还动员码头工人投资组建合作社,经营饭店、浴池、客栈及锯木厂、木铺等行业。合作社受码头工会领导,每半年结账分红一次。红利分配的比例是:股东红利50%,劳动发还金30%,公益金5%,公积金15%。合作社的成立对解决当时码头工人的生活起到了很大的作用。

码头工会除了组织港口的生产经营,还有一个重要任务就是支援前线和对敌斗争,参加解放崆峒岛的战斗便是此一时期的主要事件。崆峒岛位于烟台东北海域9.5公里,面积0.88平方公里。岛上建有导航灯塔,是进出烟台港船只的安全哨,也是烟台港的东北屏障。1945年10月17日晨,烟台解放时逃往天津的伪军张立业、王子善部1 700余人,打着国民党山东保安第37旅的旗号,分乘炮舰和武装船只13艘,驶入烟台海面,并占领了崆峒岛,在那里拦截过往船只。为保卫烟台,解放岛上受苦受难的渔民,拔掉这颗威胁烟台安全的钉子,胶东区党委决定消灭这股敌人。

当时的烟台港,由烟台驻军和码头工人纠察队分别镇守于挡浪坝(亦称东防波堤)的南、北两端,南端为纠察队的防区。为出奇制胜地打击敌人,纠察队员将一只约500吨位的铁驳船拖往烟台山下隐蔽,又把一门巨形土炮安在铁驳船上,垒起装满沙子的麻袋,既是炮架,亦作掩体。土炮里填装火药和碎铁,严阵以待。10月下旬的一天,张立业部以"新泰"号武装商船为前导,搭配10余只小汽艇向烟台进犯。当敌船队驶近浪坝,进入土炮的射程之内时,纠察队员立即点火发炮,轰隆一声巨响,碎铁成扇形向敌船喷射过去。敌一炮艇被击中起火,敌船队顿时陷入惊恐之中,仓惶而逃。10月29日,烟台警备区独立团和特务营1 200余人的攻岛作战部队,在司令员刘涌、政委仲曦东、副司令员于得水的指挥下,组成陆战、海战两路部队,攻打崆峒岛。为运送作战部队,码头工会组织了部分汽艇和舢板,由纠察队员驾驶,直扑崆峒岛。两路部队,一路攻占海岛,一路直取敌海面船只。经8小时战斗,击溃敌军,收复崆峒岛。此役作战中,码头工人纠察队中有3名队员受伤。

1947年4月27日,码头工会召开支前立功动员大会,有1 200余名码头工人参加。时任中共烟台市委书记的滕景禄亲自到会讲话,鼓励、表彰码头工会的工作。此后,码头工会第一次参加支前的工人有65人,历时13天,完成任务并荣立集体二等功。码头工会在支前工作中起到了骨干的作用,在几次支前任务中都很好地完成。他们之中有34人荣立一等功,59人荣立二等功,90人荣立三等功。

在烟台第一次解放期间,码头工会是共产党教育码头工人、组织码头工人的有力助手。同时,码头工会还是维护港口安全,组织港口生产,保持港口正常运转的重要力量。码头工会作用的发挥,是共产党革命理念在贫苦工人中的体现。同时,就码头工会的组织形式、运行方式而言,它为中国共产党建立政权后的港口企业提供了一个雏形。

三、海防办事处的建立与活动

烟台第一次解放期间,大连、旅顺均为苏联军队占领,所以,有条件依托海峡南北两端的港口,建立一支海上运输队伍,以完成人员、物资横越海峡的运送任务。烟台港,作为山东北部沿海最大的港口,当时是联络华东解放区、山东解放区和东北地区的重要海上通道,而且,苏联军队占领下的大连,工业基础和进口物资的条件都比较好,山东军事工业及其他大批物资均须经由大连转运烟台。为此,1947年5月,胶东军区成立海防办事处,机关驻地烟台,执行旅级权限。胡铁生任处长、王本贤任党委书记。与海防办事处机关同时成立的护航大队驻威海。6月17日,于烟台成立航运大队。初创之时,海防办事处共集中船只70余艘,多为木质船,其中最大的"泰山"轮200吨位。

海防办事处的任务主要有两项,第一,自旅大地区向胶东解放区运送军用物资,包括枪械、子弹、汽油、药品等;同时,也由胶东解放区向旅大输送部队给养物资。第二,护送干部、部队渡海北上。"当时,胶东解放区是华东野战军后方机关、医院、军工厂的集中地,是军需供应的主要基地"。[7] 自1947年6月至1948年6月,海防办事处共运送各类军用物资59 500余吨;其中,由旅大地区运至山东解放区的约41 000余吨。

在护送人员方面,海防办事处成立之初的1947年6月,即调用"德英顺"号和"新兴利"号两船护送中国青年代表团从烟台去朝鲜转赴苏联参加世界青年大会。同年9月25日,国民党进攻胶东形势紧迫,集中于烟台和威海的我文化干部及其他人员近3 000人,即由海防办事处组织各类船舶50余艘,分别在牟平养马岛和威海北城子一次安全运往大连。自1947年6月至1948年6月,海防办事处共护送北渡人员20 335人。

1949年8月,海防办事处组织船只参加解放长山岛战役,主要任务是运送登岛部队、为登岛部队运送物资和担任海上巡逻警戒。9月,海防办事处的护航大队在青岛集结,一个中队留为青岛港警,两个中队驶抵南京编入华东海军。当年11月,海防办事处奉命接管了原招商局青岛分局,所属船运大队的船只并入招商局轮船股份公司青岛分公司。同时,海防办事处还接管了招商局在烟台的产业,建立了招商局烟台办事处。海防办事处同时撤销。

新中国成立之后,青岛港和烟台港都有不少来自海防办事处的干部。1949年4月,青岛尚未解放,已迁回烟台的海防办事处即着手组织接收青岛港的班子。5月,在王本贤带领下,海防办事处机关的主要部分和训练队学员到莱阳进行入城前学习;6月2日,青岛解放当天,海防办事处的人员立即进入青岛市 ,组成青岛港军管会;故此,部分海防办事处人员进入青岛港工作。后来,王本贤首任中央人民政府交通部青岛区航务局局长。对于烟台港,形成这一状况的缘由则稍有不同,主要原因有两个。其一,新中国成立之后,烟台港务分局为青岛区港务局的下属单位,在青岛港的海防办事处人员有些调入烟台港工作。如1953年调任烟台港务分局副局长,后任局长的王吉五便是海防办事处的人员。其二,1950年9月,烟台航务分局(烟台港务分局之前的称谓)奉青岛区航务局区秘(50)字第55号通知之要求,接收了国营招商局烟台办事处修船厂,并更名为"烟台航务分局修船厂"。而招商局烟台办事处正是在上一年由海防办事处接管的,这样,这部分海防办事处人员即进入烟台港工作。后来,这些人多成为烟台港的中层干部;有的则升任为局级领导干部。

回顾这段历史,可以看出,烟台港务分局与胶东军区海防办事处是有渊源的,用几位来自海防办事处的老干部的话讲,就是海防办事处为新中国成立之后的烟台港的干部队伍配备了一个"班底"。

第二节　港口在解放区建设中的作用

一、港口的贸易管理与成效

1945年8月至1947年9月,烟台第一次解放期间,烟台港的贸易管理有着明显的战争时期的特点,这些特点主要体现在政府的贸易政策,进口货物构成及贸易地域诸方面。

社会安定和经济发展是贸易的基础。

其时,烟台是中国共产党控制的较大的沿海港口城市,有市民约15万人。由于烟台自近代以来就是一座开放的商埠,虽迭经战乱,此时仍有长住的外国侨民百余人,还有联合国善后救济总署的派驻人员及国民党政府行政院救济总署的派驻人员。所以,烟台既是山东解放区对外联系的通道,也是向外界展示解放区的窗口。正如时任烟台市长的姚仲明在他的回忆文章中所叙"关内解放区就这么一个较大的沿海城市,它已成为我们对外的重要进出口岸,它的兴旺与否,变化如何,势必影响到对外观瞻。"[8]另外,从发展生产,保障市民生活,支援前线的要求考虑,倘若烟台工商界的人士和资金大量外流,工商业倒闭,工人失业,经济萎缩,这显然是有悖于以上要求的。从长远讲,对于未来更大规模的接管城市都将产生不利影响。基于这些认识,烟台市委和市政府在此一主政,就实施了"发展生产,繁荣经济,公私合作,劳资两利"[9]的经济政策。在这一政策下,烟台市政府首先废除了日伪时期的贸易统制,实行自由贸易。

据记载,烟台解放3个月之后,商号户数即由解放前的3 216户增加到5 742户。工业生产方面,当时的主要工业是造钟、酿酒、纺织及机械制修等行业,政府则在贷款、原料调剂上予以扶助。如纺织业,当时,全市共有57家织布厂,日伪占据时,只有6家尚能坚持开工;解放后,至当年年底统计,已有45家恢复生产。烟台较有名的大企业,如张裕酿酒公司,政记轮船公司,瑞丰面粉公司,在敌占时被没收合并的资产,政府均予以发还。烟台市政府这些扶助工商业的政策,使社会秩序较为安定,经济得到恢复。同时,也促进了港口的贸易,据当时的统计,自1945年10月至12月,3个月的时间内,烟台港出入口贸易总值即达52 100 223元(北海币,下同),其中出口贸易总值为 20 652 408 元[10]。

以当时的贸易政策论,其政策目标是,以贸易,保护和发展解放区的经济,在贸易中通过调整海关关税、管理土产品出口以及免征港务费(即海坝捐)等措施来换取解放区的紧缺物资,尤其是军用物资。

在这一政策目标之下,规范港口管理,打击海上走私,便是应有之举。为此,东海关实施了严格的船舶登记、报关结关程序及口岸管理规章。事实上,在烟台未解放之前,1944 年 7 月,胶东区行政委员会即公布施行了《胶东区海口管理暂行章则》。该章则对船舶登记,货物进出解放区口岸的报关与结关,旅客进出,都做出了相应的规定。待烟台解放,当年 12 月,东海关便先后颁布了《东海关民船碇泊与码头管理规则》、《东海关民船货物装卸规则》、《东海关出口货物检查规则》、《东海关进口货物检查规则》。上述规则的要点是:(1)进口和装卸货物的民船均须停泊于海关指定的区域内,即东起水上公安所门前,西至滨海桥头止。这段区域也就是现时的海关仓库附近水域向西至西南河口。任何船只非经特许,不得停靠码头和驶入他处水域,否则以走私论。(2)凡贸易民船欲驶入烟台港,必须觅其代理店或铺保,缮备详细装货舱单,以备海关检验。(3)各船所报运之出入口货物,经海关检验完税之后,由海关发给装货单或提货单。(4)货物查验数量以 5% 为法定数。(5)出入口旅客均需在海关规定地点接受所带行李检查,方可登船或上陆;所携行李仅限旅行必需品,如有应完税者,则照章征收。

显然,这些规则的重点在于防范货物走私。彼时,解放区和国统区分属于两个政权,解放区为保护自身的利益,严格海关检查和港口管理,亦属必然。除此之外,东海关还于 1946 年 3 月颁行了《东海关关栈暂行管理规则》;1947 年 3 月颁行了《东海关管理报关业暂行章程》,目的在于维护关栈工作程序和规范报关行业管理。

这一时期,东海关的关税税则、税率变动比较频繁。烟台初解放时,东海关仍沿用旧税则,自 1945 年 9 月 24 日起,实行《胶东区关于出入口货物税率暂行规定》,执行中,常有不便之处;于是,10 月,胶东区行政公署先后颁布《关于出入口货物关税问题布告》和《修订公布出入口货物税率表》的训令,自 10 月 30 日实行。1946 年 3 月 13 日,山东省政府制定了《山东省胶东区暂行关税税则》及《山东省胶东区暂行关税税率》。该税率规定了矿产品、工业原料、各种机械及其配件、农副产品、海产品、动物及其产品、文教用品、医药杂货、违禁品等 12 个类别 352 个税号。东海关执行此税则和税率。之后,旋即于 4 月 1 日,又执行山东省政府颁布的《山东省进出口货物征税暂行章则》、《山东省进出口税率表》、《山东省海口进出口货物税率表》。自此至 1947 年 8 月 1 日,东海关又修订税率,每一类税目中开始增设未列名项目。

仅据以上的记载便可以明了,在烟台第一次解放期间,无论是山东省政府,还是胶东区行政公署,对海关税率的变动堪称频繁。据东海关当时的关税工作总结报告记叙,这种频繁的变动不仅造成海关征税上的错误迭出,也引起商人们的不满。称"一般商人对税率的反映,主要是税率的变动比较频繁,这样使远处客商不敢大胆营业。如南方客人说:'他去年(1946 年——引者注)12 月在烟台回南方时,胶皮与棉花入口无税,过年 1 月份回来时,棉花与胶皮都有税'"[11]。当然,不管是调整海关关税,还是对部分进口货物在一货不征二税的原则之下执行退税政策,以及免征港务费,其政策动机都是为了突破国民党政府对解放区的封锁,以吸引解放区的紧缺物资,特别是军需物资。此类政策的直接成效是鼓励商人向烟台港运进了大量的军用物资。据《人民东海关1947年关税工作总结报告》记载，其时进口汽油、电讯器材、煤炭、西药、枪械、子弹等都是免税的。该报告称"如大连听说汽油、子弹能换粮，所以小渔船都不顾一切偷运子弹、汽油等"[12]。又载，"在关税政策的执行上是掌握一货不征二税的原则。另一方面为了照顾战时商人的利益，鼓励海上冒险的原则，东海关特拟订退税政策。自执行以来一般商人都觉得民主政府是照顾到人民利益的，因此商人都施展了他们的冒险个性，如到天津、上海、青岛换回很多的西药及煤等"[13]。免征港务费的政策同样取得成效。当时，由于没有轮船进口，所以只规定汽船和帆船港务费的征缴额度相同，即船只每进口一次，每担征收港务费1元5角（北海币）。上述的1947年关税工作总结报告是这样记叙当时的情形的，"几种主要货物免征港务费，对大量吸收军用物资起着一定的作用。自汽油、汽车、西药、道林纸、煤、电料等免征港务费后，一般海外商人反映说：'虽然国民党严格封锁军用物资出口，但是我们一弄到手，到八路地区什么使费都不用（指免征港务费），利润较大，因此我们要想尽一切办法突出蒋管区的封锁，到解放区来货'"[14]。

在出口货物的管理上，为了同样的政策目标，1947年6月25日，山东省政府颁布了《山东省土产品出口管理办法》。该办法规定，实施出口管理的土产品有粮、油、肉、烟叶等。这些土产品出口须指令换回汽油、电器通讯材料、枪械弹药、军工器材、西药及医疗卫生器材、汽车及其配件、印刷器材、纸、染料、国产棉花等各项必需品。经营进出口的商人输出实施管理的土产品时，必须先向当地进出口税收机关申领"土产品出口许可证"，再行报关纳税，领取税单，运输出口。

显而易见，在这样的政策之下，烟台港进口货物主要为解放区缺乏的煤、工业制成品、化工制品、印刷用品及枪械子弹等。《人民东海关1947年关税工作总结报告》记录，当年，进口汽车占全年进口总值的11.20%，汽油占10.98%，印刷纸占6.49%，钢铁占5.59%，肥田粉占4.29%。出口货物则仍以烟台传统土特产及部分转口货物为大宗，如粮食、鲜鱼干虾、花生油、粉丝、水果、土绸、花边、布鞋、棉花等。粮食出口约为全年出口总值的20.26%，鱼为11.29%，粉丝为3.03%，布鞋为10.08%，棉花则为9.34%。

从贸易地域看，因为政治和地理位置的原因，烟台港当时的主要贸易地区是东北解放区，特别是大连，来往船只最多，以1947年为例，与大连的贸易额占东海关全年贸易总额的71.08%；其次是安东（丹东）、营口等地。天津当时也是烟台港往来较多的贸易地区，其位次居大连之后，贸易额为东海关当年贸易总额的15.63%。至于南方港口，只是偶有船只来往，如沈家门（舟山）、崇明岛。去上海的货物，则为联合国救济总署运送救济物资至烟台港卸载后回程时装运，多半是烟台所产之鱼干、虾米、粉丝、苹果和止咳用的梨膏等。依1947年的记载，当年出口粮食全部去往大连，供军用；布鞋、棉花出口东北，亦为军用。其中棉花则大部分是由其他地区运入烟台港之后转口去东北的；粉丝出口以北塘（天津）最多，占全年粉丝出口总值的40.14%，次之为大连，占22.44%，运往上海的则可占12.15%；运至青岛的约占6.08%；出口鲜鱼以北塘最多，为全年鲜鱼出口总值的60.82%；花生油出口以运往大连为最多，占全年生油出口的65.65%，多为苏联船装运；其次是去北塘，能占12.18%。出口如是，进口亦然。如进口汽车来自大连；汽油，由大连进口的为96.22%，北塘为3.78%；肥田粉，进自大连的占56.65%，进自北塘则占25.5%；钢铁全都来自东北；印刷纸入口以大连最多，其次为上海。

以上的记叙可以说明，烟台第一次解放的两年中，烟台港的贸易无论是贸易地区，往来口岸，还是进口货物种类，首先是决定于其时的政治环境；进一步讲，是决定于这种政治环境之下的政府的贸易政策。正是如此，在国共两党对峙的环境中，解放区民主政府采取了正确的贸易政策，方使得烟台港在贸易中发挥了支持解放区建设的作用。

1947 年各类进出口物资数量与价值见表 1-2-1。

人民东海关 1947 年全年进出口主要货物统计表　　表 1-2-1

出口			入口		
货名	数量	总值(元)	货名	数量	总值(元)
粮食	3 844 包 15 698 741 斤	859 926 062	汽车及零件	1 宗 35 台 73 辆	326 976 660
鲜鱼干	234 297 对 4 311 370.5 斤	479 365 291	汽油	747.728 斤	330 692 020
布、胶皮鞋	273 486 双	427 745 300	印刷纸	5442 令	189 562 150
棉花	672 730.5 斤	396 188 665	钢铁	199 张 5 吨 1 953 994 斤	163 392 741
粉丝	1 283 331 斤	298 593 204	肥田粉	1 949 442 斤	125 267 688
花生油	1 306 085 斤	237 048 956	染料	40 189 桶 69 219 斤	117 960 160
水果	3 052 257 斤	160 201 780	杂用纸	1 宗 1017 令 37 564 斤	111 561 566
土绸缎	4 933 尺	118 301 410	纸、烟纸	10 878 盘	80 555 700
花边	4 694 套 11 234 斤	79 839 975	自行车及零件	1 宗 25 条 20 辆	75 368 860
水果	1 967 067.5 斤	70 096 221	西药	244 箱 10 磅 54 925 斤	62 170 234
黄箊	195 586.5 斤	39 567 179	机器	428 件 5 架 83 台	59 628 170
发网	52 106 罗	38 236 250	胶皮	367 109 斤	57 234 500
钟表	725 打	36 122 788	中药	143 101 斤	52 147 873
金子	333 两	32 840 899	化学品	81 945 斤	50 223 720
白兰地酒	75 箱 2 355.5 打	28 723 950	煤油	254 439 斤	49 895 900
中药	173 287 斤	21 657 532	医用品	1 箱 3 宗 100 套 355 支	46 740 070
猪毛	34 445 斤	17 843 350	火柴	332 箱 91 826 包	46 210 044
烧酒	49 467 斤	13 741 000	煤	265 吨 605 800 斤	35 880 000
花生米	199 184 斤	11 664 933	海产品	227 198 斤	32 445 199
皂用器具	4 358 个	10 505 420	麻袋	1 宗 72 475 条	31 104 170
猪肉	62 034.5 斤	9 612 195	大麻	151 700 斤	27 680 700
行李税	—	83 025 531	红白糖	98 070 斤	26 567 620
杂货	—	772 658 938	棉花	65 493 斤	26 474 500
			军用品	145 斤 141 882 粒	25 848 360
			铁锅	35 267 口	23 045 960
			竹品	855 枝 23 434 件 161 350 斤	20 063 850
			布鞋	1 289 打 3 011 双	19 859 800
			棉线	14 275 捆	18 424 760
			皮硝	188 644 斤	10 303 160
			行李税	—	100 637 668
			杂货	—	584 523 505

资料来源：《烟台海关史概要》。

1947 年进出口物资往来口岸统计见表 1-2-2。

人民东海关 1947 年进出口货物往来口岸统计表　单位:元　表 1-2-2

口岸	出口		入口		合计	
	总值	税额	总值	税额	总值	税额
大连	2 871 865 455	137 123 967.40	2 218 872 551	109 039 375.5	5 090 738 006	246 163 342.9
安东	37 150 900	3 712 570	38 898 960	2 260 603	76 049 860	5 973 173
营口	29 292 777	2 899 807	23 744 220	2 444 473	53 036 997	5 344 280
北塘	682 275 109	84 438 351	437 284 079	37 757 595.3	1 119 559 188	122 195 946.3
青岛	338 426 433	26 420 072	14 200	5 680	338 440 633	26 425 752
上海	144 541 245	17 775 986	63 463 089	6 530 851	208 004 334	24 306 837
宁波	17 015 155	4 486 917	—	—	17 215 155	4 846 917
崇明岛	53 477 084	10 141 603	89 185 440	6 844 995	142 662 524	16 986 598
仁川	45 419 226	5 605 829	24 941 675	4 999 590	70 360 901	10 605 419
其他	24 043 485	4 142 323	22 043 094	1 200 126	46 086 579	5 342 449
合计	4 243 506 869	297 107 425.40	2 918 447 308	171 083 288.8	7 161 954 177	468 190 714.2
超额	1 315 059 561	—	—	—	—	—
说明:货币为北海币 其他栏内包括烟台、福山城、浙江、復复州湾(在营口附近)。						

资料来源:《烟台海关史概要》。

附件 1

东海关民船碇泊与码头管理规则

1945 年 12 月 2 日

(根据原文手抄稿整理)

一、进口船只必须停泊于海关指定区域内(东由水上公安所门前起,西至滨海桥头止),非经特许并不准停靠码头,其有特殊原因,必须驶近码头者应由代理店具函申请,往海关核准后,方得驶进。

二、凡贸易民船来本港者,其船必须觅具代理店或铺保,缮备详细舱单交海关监查股,请求检验,如装有旅客,其旅客人数及所携带物品名称与数量亦须具实呈报。

三、监查股关员于收到舱单项后,当即登船检查,检查后由海关挂号登记并发给小旗一面悬挂船首,以资识别,然后方准装卸货物及旅客。此项小旗于结关时必须缴还海关。

四、入口旅客登陆后,应在海关规定地点(即现在民船股内)由本关监查股职员检查所携带行李等物,如有应完税者,照章征税。出口旅客亦须先由海关检查完毕,才准登船。旅客所携行李仅限旅行必需品,其他货物必须照章正式报关方得装卸。

五、海关指定之旅客检查地方,除旅客外,在内工作之工人均须佩戴臂章,此项臂章由工会制就加盖海关钤记,如无此项臂章者一概不许入内。

资料来源:《烟台海关史概要》

附件2

东海关民船货物装卸规则

1945年12月2日

(根据原文手抄稿整理)

一、各船装卸货物必须在海关指定地区内办理(东起水上公安所门前,西至滨海桥上),否则以走私论,其经海关特许者除外。

二、货物装卸须在海关办公时间内办理之,即自上午8时至下午5时止。

三、各船报运出入口货物,经海关查验完税后,由海关发给装货单或提货单。此项装货单或提货单应先交监查股派员赴码头查核与货相符后准装至船上,或运往各商号,如未往此手续擅自装运者,应酌情处罚。

四、监查股于货放行后应由负责人员在提货单或装货单上签注时日交由报关商人立即送至验查股缴销。

资料来源:《烟台海关史概要》

二、接卸联合国善后救济总署救济物资

日本帝国主义侵略中国八年,给中国人民造成深重的灾难。至1945年秋季,历经艰苦的抗战,战区许多大中城市化为废墟,交通和农田水利设施破坏惨重,3 000万难民流离失所,数以百万计的难民完全断绝生计,在内战阴影的笼罩之下,国内仅存的资源也日渐匮乏,无数难民的命运已沦落到听天由命的境地。在此种境况之下,联合国善后救济总署(联合国善后救济总署,简称联总,英文全称是:The United Nations Relief and Rehabilitation Administration,缩写为UNRRA)决定对中国进行救援。

联合国善后救济总署作为先于联合国而运作的一个临时性慈善救济组织,成立于1943年11月9日。当时,英国、美国、法国、苏联、中国、加拿大、澳大利亚等44个国家的代表在美国华盛顿的白宫共同签署了《联合国善后救济总署协定》。嗣后,联总依据其制定的中国供应计划向中国提供救济物资。

中国共产党领导的抗日武装力量,在八年艰苦的抗日战争中,为抗战胜利作出了重要贡献;同时,也付出了巨大的牺牲。解放区的人民同样地承受着深重的灾难。所以,解放区也理应公平地获得联总的物资救济。

此外,根据联总大会第二项决议规定,联总所属的各种资源,无论在何处"都将根据该地人口的相对需要公平地分配或分发,不得因种族、宗教和政治信仰不同而有所歧视"[15]。第七项决议在阐明联总的供应品的分配政策时,亦规定,"任何时候,救济善后物品都不得被用作政治武器"[16]。联总的上述决议是联总与中共领导的解放区政权交往的法律基础,也使得解放区内所有战争受害者被赋予公平分享联总援助的权利。

为有效地展开联总的救济工作,除联总在中国设立驻华办事处之外,国民政府行政院还设立一个内阁部长级别的署长领导的行政署,专门负责善后救济事务,称为行政院善后救济总署(简称行总)。1945 年 1 月在重庆正式办公。蒋廷黻被任命为署长。1945 年 7 月,中共解放区临时救济委员会成立,建立起以董必武、李富春、伍云甫为领导的常设机构。延安设立解放区救济总会(简称解总),董必武任主任。之后,相继"在敌后各解放区设立分会,对解放区军民在八年抗战中生命财产的损失破坏,以及所需援助等情况进行调查统计,……同联总、行总进行初步接触和交涉"[17]。

烟台,当时是中共控制的唯一北方沿海的较大城市;所以,利用烟台港的港口设施与条件,接卸联合国善后救济总署的救济物资,然后运抵山东解放区和黄河下游一带,赈济当地黄河复堤工程的劳苦人民,便是中共高层极自然的选择。事情的经过是,1945 年 12 月间,在重庆,周恩来与蒋廷黻经多次磋商,就解放区的救济事宜达成六项谅解:"救济以确受战事损失之地方与人民为对象;救济不以种族宗教及政治信仰不同而有歧视;救济物资之发放不经军政机关而由人民团体协助办理;如行总人员及运载物资车船于进入共区被扣留时,则行总人员即自该区撤退;行总人员不得过问共区地方财政;中共可派代表在共区协助行总人员办理救济工作"[18]。

之后,1946 年 2 月 2 日,联总代表由青岛飞抵临沂,与解放区山东分会安排具体事宜。山东分会同意开放烟台、羊角沟和石臼所港,以便利联总物资的运入和接收。

1946 年 2 月 6 日,行总鲁青分署,将 6 145 袋面粉、4 982 箱牛奶、250 桶奶粉、500 包旧衣、6 箱白喉血清、2 箱伤寒疫苗、8 桶杀虫剂、6 辆汽车和汽油润滑油等,分装于两艘美国登陆艇,在行总代表和联总代表的护送下,自青岛运抵烟台港[19]。这批物资总重量约 300 吨。这是迄今所知最早运抵烟台港的联总救济物资。在其后的时间里,根据付森的回忆文章《在解放区烟台救济总署工作》所叙[20],自 1946 年 4 月至 9 月,先后有 3 批救济物资自上海运抵烟台港。其中第二批物资抵烟后,又转运至羊角沟。第一批物资约 2 000 余吨,分装于两艘美国登陆艇,货物包括面粉、罐头、汽车、医药器材。在第一批救济物资运到烟台之后,行总押运人员王师亮在烟台筹立了行总驻烟台办事处。另外,中共胶东行政公署亦在烟台成立了解总驻烟台办事处。两办事处共同负担联总救济物资的接收、分发、运输事宜。第二批物资共约 8 000 吨,用 4 艘美国登陆艇装运,到达烟台港之后,又转运至小清河口附近的羊角沟港卸载。第三批运往烟台的救济物资共 6 000 余吨,分装于 3 艘登陆艇,驶达烟台港。另外,1946 年 12 月 7 日,"万民号"登陆艇将粮食、布匹、医药品、缝纫机、农具等 1 500 吨物资运至烟台港[21],然后又转运到羊角沟。

根据东海关港务课 1947 年第一季度工作报告,该年的 1、2、3 月份,先后有"万俭"、"万成"、"万勇"、"万敬"、"万民"、"万庆"、"庆龄"、"万慈"计 8 艘登陆艇和"爱尔梨号"新式渔船抵达烟台港,运来联总的救济物资,但物资种类及数量无记载。此后,战争烽烟又起,国民党政府向解放区发动进攻,并于7月8日宣布对中共区实施全面禁运。迫于战事,联总亦于7月28日宣布,暂停北纬34度以北的救济活动。

在联总宣布暂停北纬34度以北的救济活动之前,联总、中共、国民党政府曾就如何继续利用烟台港运送救济物资展开过交涉。原来,联总虽然被迫暂停华北地区的救济活动,却希望能尽快作出新的安排,以完成向华北地区运送救济物资的原定计划。7月下旬,联总的决策机构中央委员会责成联总总署向蒋介石提出一项新的建议。其第一条即要求"在指定的8、9、10三个月中,将芝罘作为战争法中的封闭港。作为本建议的一部分,中共当局应保证,联总船舶在港期间,不使用芝罘港用于任何军事活动,包括运送供应品"[22]。对于此项建议,周恩来于8月3日致电朱德、刘少奇和董必武:"联总远东委员会及中委会已被迫宣布暂停北纬34度以北的物资输送,我应声明烟台不应受此拘束,可以保证联总船只安全往来"[23]。此时,联总要求国民党政府同意将3万吨物资经芝罘运入山东省,其中,8月份先行运送1万吨;9月和10月再运送2万吨。另有2万吨通过天津以南的大运河运入华北中共控制区。迫于联总的压力,国名党政府同意8月份运送1万吨物资到芝罘,至于其余物资的运送时间和数量,则暂不确定。但随着军事形势的发展,这种交涉所达成的协议并未得到执行。1947年9月16日,联总职员决定撤出烟台。联总救济物资经烟台港进入山东解放区亦随之停止。

三、东江纵队北撤烟台

从1945年8月到1947年9月,在两年的时间里,作为烟台港的历史,还有一件需要叙及的事情是,东江纵队北撤烟台,由烟台港登陆上岸,进入山东解放区。

东江纵队的全称是"广东人民抗日游击队东江纵队"。其前身是中国共产党在1938年12月创建的惠(阳)宝(安)人民抗日游击总队和东(莞)宝(安)惠(阳)人民抗日游击大队。1943年12月2日,根据中共中央的指示,改番号成立东江纵队。曾生任司令员,林平(尹林平)任政委,王作尧任副司令员兼参谋长,杨康华任政治部主任。建立东江纵队时,曾公开发表成立宣言和领导人就职通电,宣布是中国共产党领导的抗日武装。

1945年8月,日本战败,宣布无条件投降。东江纵队执行朱德总司令的命令,向拒降之敌发起进攻,至9月底,解放了东江两岸,沿海地区和粤北等地的城镇60余处,收复了大片国土。而国民党当局却诬蔑东江纵队为"土匪",并以"剿匪"为名,调集四个正规军和地方武装约7万余人对东江纵队包抄围剿。东江纵队则根据中共中央"分散坚持,保存武装,保存干部"的方针,坚持斗争。

1945年抗战胜利后的重庆谈判,国共双方达成《双十协定》。中国共产党为全国和平之大计,将广东、浙江、苏南、皖南、皖中、湖北、湖南、河南(不包括豫北)等8个解放区的中共武装撤至陇海路以北和苏北、皖北解放区。东江纵队属北撤之列。为安排东江纵队北撤的具体事宜,1946年3月底,由中共代表廖承志、北平军调部第八执行小组中共代表方方、华南中共武装人员代表林平及东江纵队司令曾生组成的中共方面的谈判人员,在广州同国民党广州行营进行艰苦的谈判。4月初,达成了东江纵队北撤的协议,基本确定了北撤2 400人(包括妇孺300人),在大鹏半岛集中,用美舰载运至山东烟台登岸等原则。嗣后,曾生司令员还与国民党方面,就集中地区、撤走路线、安全保障、粮食供应等具体细节问题达成协议。

6月20日，东江纵队集中完毕。6月29日下午，部队登舰。6月30日早晨，3艘美国登陆舰以1艘驱逐舰为前导，自大鹏湾启程，经5天5夜的航行，于7月5日晨7时，顺利抵达烟台港。

东江纵队到达烟台，受到烟台党政军民的热情欢迎和周到的接待。胶东行政公署主任曹漫之、胶东军区副司令员王彬、六师师长刘涌、政委仲曦东，烟台市委书记滕景禄，代理烟台市市长徐中夫均亲往烟台港码头迎接。烟台各界人民则更是万人空巷，箪食壶浆，涌至烟台港，欢迎战功卓著，为国相忍，离别家乡亲朋父老的英勇仁义之师，见图1-2-1。

图1-2-1　东江纵队到达港台

东江纵队北撤烟台，是胶东解放区历史上的一件大事，更是烟台港历史上的一件大事。烟台第一次解放后，在中国共产党的领导下，烟台港成为物资和人员进入山东解放区的重要通道。其时的烟台港，能够为中国人民的解放斗争发挥效用，是中国革命赋予它的机遇。

四、粉碎美军在烟台登陆的阴谋

1945年8月24日，八路军第一次解放烟台。烟台的解放，对国共双方都有重大影响。对国民党而言，在其尚未打通平汉铁路和津浦铁路的情况下，海路是其进犯华北和东北的唯一通道。占领并利用烟台的港口设施，使其成为军队、军舰、军事物资的屯积、转运和补给中心，对于国民党内战方针的实施将提供极大的便利。而对于中国共产党来说，烟台则是联系华东解放区，山东解放区和东北地区的要冲，是军队北上的极为重要的海上通道，掌握烟台，便可控制胶东解放区，控制胶东半岛北部沿海诸港。这对于贯彻“向北发展，向南防御”的方针具有重要意义。1945年10月至11月底，近7万山东作战部队在烟台以西的龙口、蓬莱等处横渡海峡，北上东北，开辟和巩固东北解放区，就足以说明掌握烟台的重要意义。所以，当时国共双方对于烟台都势在必得。

当时，国民党政府还未做好内战的物质和舆论准备，只能由美军出面从我军手中“收复”烟台，然后再移交给国民党军队。故此，1945年8月29日，美国太平洋舰队司令金盖德宣布：美军将在中国沿海之青岛、烟台、龙口、威海、秦皇岛登陆。9月11日，美军在青岛登陆，并称继续北上。于是，一场反对美军登陆，保卫烟台，保卫胜利果实的外交、军事斗争在烟台打响。

获悉美军有可能在烟台登陆的消息，中共山东分局于9月20日电示中共胶东区党委，称“据悉美海军有在烟台登陆的企图，望指派专人到烟台，以外交斗争配合军事斗争守住烟台”[24]。据此，胶东区党委即委派于谷莺到烟台任胶东行署外事特派员兼烟台市代理市长。于谷莺到烟台后，成立了胶东行署外事办公厅，组织学习我党对外政策的有关文件及《开罗宣言》、《波茨坦公告》、《雅尔塔协定》等文件，明确抗日战争后国际国内的形势，面临的任务和中共中央“不排外、不媚外、不主动开枪，但也不丧失民族立场”[25]的人民外交方针，研究分析了美军到烟台的企图和可能采用的手段，思考斗争的策略。

9月27日，中共中央给山东分局和胶东区党委的指示中指出：美军有即在烟台、威海、秦皇岛登陆的消息。延安已就此向美军驻延安观察组询问，并已告知该地为我军占领，已无敌人，请其不要登陆，免干涉内政之嫌。并指示，若美军登陆之事发生，我军应表示坚决拒绝，建筑工事，实行抵抗。

9月29日，美国军舰5艘侵入烟台海面，所来之舰为美国海军太平洋舰队两栖特种舰队的先遣队，司令官为海军少将赛特尔。当日上午，赛特尔的副官舍巴托夫少校经我方允许登岸，于谷莺就近在海坝工程会的一所房间内会见了他。舍巴托夫称，奉命向烟台当局提三项要求，并邀请当局长官到舰上作客与赛特尔少将晤谈。三项要求是：(1)允许赛特尔少将登陆访问烟台当局；(2)勘察美国在烟财产；(3)允许美舰士兵上崆峒岛小憩。9月30日，因海面风浪大，于谷莺未能成行。10月1日，于谷莺登上赛特尔的旗舰“安斯维尔”号，并与之晤谈，以了解美舰抵烟的真实意图。晤谈中，于谷莺向美方介绍了胶东地区人民在中国共产党领导下坚持八年抗战的历史，说明烟台已被第十八集团军收复，社会秩序良好的现实。赛特尔随即提出愿用美国海军的先进技术协助清除日本投降前布下的水雷、自杀飞机等危险物，遭于谷莺婉拒。

10月3日，为反对美军登陆，根据胶东区党委的指示，烟台党、政、军、民机关成立了统一行动委员会，由时任山东警备第四旅（驻烟警备部队）政委的仲曦东任书记。10月4日拂晓，崆峒岛前又增加了两艘美舰。上午10时，赛特尔和他的副官来到外事办公厅，赛特尔称，他的上级，美海军太平洋舰队两栖特种舰队司令巴贝中将令其向烟台军政当局转达一份口头照会，“美国海军太平洋舰队司令金盖德上将，命令巴贝中将所属两栖特种舰队在烟台登陆，并要求中国军队从速撤出烟台市，向美方作有秩序之移交”。[26]至此，美军在烟台登陆，接管烟台的意图和盘托出，双方的斗争更趋激烈。对于美军的无理要求，于谷莺当即提出强烈抗议，指出：“第一，美国海军在烟台登陆毫无必要，纯属侵略行径；第二，要求当地驻军及政府撤离烟台更是无理，纯系干涉中国内政；第三，我们要求美军总部转令烟台海面军舰撤离烟台，陆战队勿在烟台登陆，如强行登陆，一切后果由美方负责；第四，我们不仅拒绝接受美海军这一口头照会，而且保留向全世界宣告美军这一无理要求和侵略行径的权利。”[27]

10月7日清晨，烟台海面又增加美舰13艘，美国海军太平洋舰队两栖特遣队司令巴贝中将和陆战队司令罗克少将随舰同来。上午10时，美方派汽艇接于谷莺至巴贝的旗舰“达克顿”号。会见中，美方提出要与我军政当局协商登陆时间、地点等问题；与此同时，美军飞机多架在烟台上空盘旋以示威胁。情况十分紧急。下午，巴贝率罗克、赛特尔等上岸，同于谷莺、仲曦东谈判。对于美方的无理要求，我方据理予以驳斥和拒绝。谈判过程中，罗克少将蛮横地说：“我奉金盖德海军上将的命令，前来进驻烟台，为了避免意外事件，请贵军立即撤出烟台”[28]。还威胁道：“我是军人，军人的天职是服从命令”[29]。我军方谈判代表仲曦东则义正辞严地答道：“我也是军人，我懂得军人的首要职责是保卫自己国家的领土不受任何外来敌人的侵犯。我奉命警备烟台，我知道怎样履行我的职务。在长期的战争中，我们已经学会了怎样对待侵略者。如果你们胆敢侵略烟台的话，那么一切后果须由你们负全部责任”[30]。经过尖锐激烈地抗争，美军见无法通过谈判迫使烟台军政当局接受其要求，只能表示双方分别请示各自上级后再作决定。

经过10月7日一天激烈的谈判，气氛更加紧张。为应对突发事变，驻烟台部队加强备战，严密警戒，沿海及烟台港均加固了工事；政府机关人员则大部撤往郊区，只留少数人员履行职责。8日凌晨，新华社发来重要消息："十八集团军参谋长叶剑英，顷因美国海军陆战队拟在烟台登陆，并要求十八集团军及烟台市政府撤离烟台市，特于六日致函美军观察组叶顿上校，认为烟台目前日伪军队早已完全解除武装，市区秩序安定，美军要求在该处登陆，毫无必要，请其转达美军总部，命令烟台海面美海军陆战队，勿在烟台登陆，如未经与我军商妥，竟然在该地强行登陆，因而发生任何严重事件，应由美方负全责"[31]。这一消息，鼓舞了烟台军民斗争的信心。叶剑英参谋长致叶顿上校的信函亦被译成英文，作为中文的副本，交予巴贝中将。8日下午，3万多烟台市民集会，反对美军登陆烟台，表达反侵略的决心。在莱阳召开的胶东参议会第二届议员会议，亦通电盟国，反对美军在烟台登陆，见图1-2-2。

膠東參議會代表八百萬抗日人民
向盟國發出通電
反對美軍在烟台登陸之無理要求

图1-2-2　胶东参议会通电

9月凌晨，巴贝偕同罗克、赛特尔乘小艇登岸，向烟台军政当局表示，由于他的有力建议，太平洋舰队司令金盖德已批准美海军陆战队不必在烟台登陆，特来辞行。巴贝返舰后，即率其带来的舰队离开烟台海面；赛尔特率领的军舰仍滞留于崆峒岛前。10日，美方在重庆发表公报说："美军将不在中国共产党所占领的烟台登陆，因该港已由中国共产党领导下的军队控制"[32]。烟台军民取得了反对美军登陆斗争的彻底胜利。

粉碎美军在烟台登陆的阴谋，具有重要意义。美军意欲在烟台登陆之时，正值山东军区在烟台以西口岸向东北抢运重兵之际；所以，美军的登陆阴谋绝不是偶然的。其目的是夺取烟台，建立军事基地，卡住渤海湾的咽喉，截断山东与东北的海口交通，以帮助国民党军队占领山东，抢占东北。自美舰离烟至1945年底，山东部队成功渡海北上，就说明了粉碎美军登陆烟台的阴谋所具有的战略意义。

在反对美军登陆的斗争中，烟台海坝工程会亦有人参与其中，所担负的工作是在烟台山旗语台上以旗语完成美舰与岸上我方的联络。据海坝工程会工程师莫福如在其回忆文章《烟港琐记》中记述，当时，美舰与陆上是依靠国际信号联络，国际信号册是以英语为本；但原旗台的看旗人员只能收字母，不懂英语；故外事办公厅便派懂英语的莫福如等3人与旗台原有的3人共同值班，每班2人，准确地完成往来的通讯联络。自然，他们也为斗争的胜利尽了一份力量。

五、"重庆"号巡洋舰起义抵烟

1949年，国民党政权为挽救其失败命运，调集陆、海、空优势力量，加强长江防线，企图凭借长江天险，负隅顽抗。"重庆号"就是在这种背景之下被调进吴淞口的。面对解放战争已经取得决定性胜利的形势，在中国共产党的影响和策动之下，不满国民党政权统治的进步官兵，秘密组成"重庆"舰士兵解放委员会，展开起义准备工作。

1949年2月25日子夜，1点15分，起义人员迅速以轻武器武装起来，控制了舰上的各要害部位；切断了舰上的无线电台、电话等通讯设施；并把军官关押在最低层的仓库里。士兵解放委员会宣读了《告海员技工、同志书》，宣布举行武装起义；同时还宣告，"海员技工到解放区后，愿否继续在本舰服务，均听诸君自便"，并发给离舰者路费。这一资费上的措施和来去自由的宣告，稳定了人心。由于起义组织的严密，并得到舰长邓兆祥的支持及大多数官兵的响应，起义取得成功。凌晨5时，"重庆"号离开吴淞口，驶向已为解放区的烟台。

2月26日清晨，"重庆"号驶抵烟台海面。迅即，舰上派员在烟台港登陆上岸，烟台的党政军领导对其表示热烈欢迎。随后，派要员携带猪肉、蔬菜等物品登舰慰问，并宣布《中国人民解放军欢迎"重庆"号光荣起义告全体官兵书》。

3月2日，国民党军飞机两次飞临烟台上空侦察，遭"重庆"号炮击后，旋即遁去。3月3日上午，烟台市各界代表和群众隆重集会，热烈欢迎起义归来的爱国官兵。上午10时，国民党军的4架B—29型轰炸机突然飞临烟台上空，向"重庆"号投下了12枚重磅炸弹。岸上解放军高射机枪阵地与"重庆"号舰上火炮同时开火，赶跑了敌机。下午2时，又有P—38型侦察机临空盘旋。为保证军舰和舰上官兵的安全，贾若瑜司令员向解放军总部发电请示，建议将军舰开往深水港。1小时后，总部复电同意"重庆"号开往葫芦岛。当日下午6时，"重庆"号驶离烟台，胶东军区海防办事处派出一个护航分队护航，翌日拂晓到达葫芦岛。

"重庆"号驶抵葫芦岛之后，国民党军队继续派飞机对其轰炸。从3月18日上午8时许开始，连续有近百架次B—29型轰炸机在葫芦岛上空对该舰轮番轰炸，舰上官兵亦展开激烈的对空射击战，为减少伤亡，保存军舰，根据3月20日中共中央的指示精神，在拆除了舰上部分设备后，全体人员撤离"重庆"号，主动沉舰。当夜，"重庆"号沉入葫芦岛港海底。时过两年，1951年6月，"重庆"号被打捞出海，进行修复。

六、码头工人和海员参加解放烟台、长山岛及舟山战役

贫苦的码头工人，在中国共产党领导下，富有勇敢的斗争精神；1945年6月，烟台尚未解放，即在中共烟台工委的领导下，成立了码头工人纠察中队，是当时烟台市5支工人纠察中队之一。是年8月23日，即烟台第一次解放前夜，码头工人纠察队与市区内其他工人武装一起，举行武装起义，配合八路军解放烟台，码头工人纠察队担负的任务是负责海上巡逻，监视日伪军动向。

1948年10月烟台第二次解放后，烟台市境内只有长山岛还被国民党海军所占据。由国民党海军巡防处陆战第二团、警卫营和还乡团1 600余人据守，配有"美虹"、"中权"、"太和"、"太昭"等大小舰艇20余艘。在可以登陆的滩头地段，国民党守军修筑了20多处明、暗碉堡，形成坚固的环形防御体系。妄图凭借与大陆间7公里水域的天然屏障和海军优势，长期据守，割裂东北、华北和华东三个解放区的海上联系；并将其作为向解放区进攻的桥头堡。1949年7月，华东军区决定发动长山岛战役，这是山东省内最后一次同国民党军队作战，也是人民解放军第一次渡海作战。中共山东分局、山东军区、山东省人民政府非常重视。1949年7月12日，山东军区作出具体部署，派山东军区第一副司令员许世友、参谋处

处长刘云鹏和政治部秘书长孙晓风等到达黄县城,组成“长山岛战役前方指挥部”,许世友任指挥。随后,前方指挥部由黄县迁往蓬莱城南司家庄村。

解放长山岛战役得到胶东地区人民的全力支援,很短的时间内,先后从烟台、福山、黄县及蓬莱调集汽船 53 艘、木帆船 889 只、船工 3 740 余人。正当军民演练渡海登陆作战之际,不料,7 月 26 日至 28 日,强台风席卷胶东半岛,部分船只遭毁,人员亦有伤亡。作战日期被迫推迟。此后,黄县、龙口等地重又征集船只,征调船工;并组织修理受损之船。8 月上旬,中共烟台市委、市政府组织烟台海员工会、烟台码头工会 561 名会员和 20 名渔工,驾驶 41 艘汽船和 40 余艘帆船在 16 名干部的带领下开赴蓬莱,支援解放长山岛战役。他们的主要任务是运送登岛部队,运送弹药和部队给养。

长山岛战役,于 8 月 11 日 19 时 15 分正式打响。经逐岛激战,至 12 日 10 时,南北长山、大小黑山、大小竹山和庙岛 7 个岛屿被攻克,盘踞在长山列岛北部的南北隍城、大小钦岛和砣矶 5 岛的国民党军队残部,未及登岛部队进攻,便于 8 月 20 日弃岛乘舰逃窜,长山列岛全部解放。

长山岛战役,参战的码头工人和海员中,有 1 人荣立特等功,7 人荣立一等功,25 人荣立二等功,荣立三等和四等功的有 252 人。在战斗中有 46 名海员和 20 名码头工人壮烈牺牲。

年底,海员支前船队成立,队长彭忠魁,副队长王东和,队员 120 人,腊月三十,由烟台出发南征。1950 年,该队配合解放军解放了舟山群岛。战役结束后,全队荣立战功,受到部队嘉奖。在此之前的 1945 年,烟台海员工会的海员还参与了 1945 年 10 月至年底的往东北运兵工作。当年 10 月初,胶东军区为适应海上运输任务的需要,在蓬莱栾家口成立“胶东军区船舶管理局”,烟台和威海成立分局。海员工会组织海员与烟台船舶管理分局的人员挑选运输船和渔船,开往龙口,接受运送部队的任务。先后共调集各类船只 360 多艘,从龙口出发分别将部队运送至营口、庄河县及葫芦岛登陆。前后两个月的时间,共运送八路军两万余人,为以后东北战场我军的胜利作出了贡献。

第三节　国民党占据时期对港口的管理、规划与破坏

1946 年 6 月,国民党政府撕毁国共双方签订的《停战协定》,公然向中原解放区发动进攻,全面内战爆发。至 1947 年春季,国民党军队在中国人民解放军的打击下,失去了对解放区全面进攻的能力,改而采取重点进攻的方针,抽调兵力重点进攻陕甘宁边区和山东解放区。为保存力量,烟台中共党、政、军主动撤离市区,转入附近农村坚持斗争,9 月 30 日晚全部撤退完毕。10 月 1 日,国民党整编第二十五师沿烟青公路北犯,占领烟台,国民党整编第八师沿烟潍公路东犯,先占据福山县城,后又进占烟台。

国民党占据下的烟台,实际上处于烟台周边农村解放区的包围之中。撤出烟台市区的海关、工商管理局及银行的工作人员合编组成经济工作队,在烟台的东、南、西三面将原烟台海关的分支机构改编为 5 个海关事务所和 8 个检查站,对烟台、福山两地形成包围的态势,以图从经济上封锁烟台和福山的敌政权。经济工作队的主要职责是在敌占区的边缘地带领导群众收集情报、缉私,建立经济封锁线。

在国民党军队占据烟台后,由于东海关税务司尚未到任,驻烟台的国民党海军当局便强行接管了海坝工程会的所有资产。驻烟海军补给站接管了海坝工程会的陆上仓库、设

备;海军第二通讯组接管了大小各类船只。其时,海坝工程会若需动用所存物资或使用船只,均要上述两海军单位许可。此外,接管海坝工程会的国民党海军还裁撤了大量海坝工程会的职工,使原有81名人员的海坝工程会只剩下24人。在裁撤人员时,国民党海军仿照青岛海关的办法,确定年龄超过60岁的不留;现在不需要的不留;日伪时期用过的不留;八路军时用过的不留。之后,10月27日,韩肇连来到烟台;11月1日,海关总税务司署即委任韩肇连为东海关代理税务司,并负责海坝工程会,于是,东海关从海军方面收回对海坝工程会的管理权。12月15日,东海关正式对外办公。

12月1日,国民党当局在烟台港组织成立了港湾码头管理处,由烟台市政府直接管辖。该处下设总务、海务、业务、工务、码头五股。与此同时,国民党烟台市政府还接管了码头工人。当时,烟台港有码头工人1 900余名,由"中华海员党部"以海运服务社烟台分社的名义统管,成立了"远东运输社",将码头工人及装卸业务控制起来。舢板驳运工人属中华海员党部,扛力工人,即装卸工人属远东运输社。其时,驳力、扛力均由客商与远东服务社联系业务,结算费用。由于抵港船舶数量少,装卸驳运量随之下降,工人们的收入极为低下,生活困苦不堪。码头工人的这种生活状况,甚至在国民党山东省政府建设厅视察室1948年1月的视察报告中,也不得不承认"工人每日所得实不足以维持其生活,问题颇感严重。"

国民党控制下的烟台港,港口贸易是受到抑制的,以致贸易凋敝,来往船只稀少,"除国营招商局船只外,其他商轮已告绝迹"[33]。造成这一现象的原因至少有以下两点,其一,因为尚处在战争时期,海关总税务司署于1947年12月31日以7207号通令训令东海关,烟台港"属暂缓开放口岸"[34],任何外籍船舶均不得驶入;显然,这必然要限制烟台港的贸易。但是,由于朝鲜半岛的韩国、朝鲜(在烟台统称高丽)是烟台港的传统贸易地区,尤其韩国是山东籍华侨比较集中的侨居地,所以烟台港与仁川、釜山诸港间的贸易历来比较兴盛。在此期间,尽管有"暂缓开放"的政府规定,但也偶有旅韩侨商或购船返国的旅韩侨胞运进少量货物。据其时东海关档案记载统计,1947年10月至1948年10月,共有来自韩国和朝鲜船12艘,进口货物512.65吨。见表1-3-1。

1947年10月至1948年10月烟台港国外船舶进出口统计表　　单位:元　　表1-3-1

进口日期	船名	国别与港口	载货(吨)	结关日期	开往地	出口货物
1947年12月24日	復中	韩国仁川	37.65	1948年1月13日	龙口	无
1948年1月2日	民生二号	韩国仁川	11	—	—	—
1948年1月2日	福盛利	韩国仁川	19	1948年1月29日	龙口	无
1948年1月2日	双兴	韩国仁川	28	1948年2月21日	龙口	无
1948年1月17日	太祥	韩国仁川	35	1948年3月15日	秦皇岛	无
1948年1月30日	义兴	韩国仁川	22	1948年4月19日	天津	无
1948年2月12日	永兴	韩国仁川	27	1948年4月7日	青岛	无
1948年2月28日	信孚	韩国仁川	42	1948年5月11日	—	无
1948年3月29日	中华	韩国仁川	57	1948年7月10日	上海	—
1948年4月19日	文华	朝鲜	69	1948年5月24日	上海	46吨
1948年8月13日	正伦	朝鲜	53	1948年8月26日	上海	53吨
1948年8月16日	隆昶一号	朝鲜	112	—	—	—

资料来源:烟台市档案馆。

对于时有自韩国或朝鲜驶入烟台港的华侨船只,是应将其视为外籍船、韩籍船,抑或是国轮,东海关似乎也难以定夺。故此,海关总税务司署在民国37年(1948年)8月17日以第7355号通令核示东海关:(1)韩轮系指悬韩旗之韩轮而言,外籍及旅韩华侨由韩驶华之船只不能认作韩轮,特许韩轮进港口岸暂定为上海、天津二处;(2)外籍轮船之能否由韩驶华须斟酌该国与中国所订立互惠商约而定;(3)旅韩华侨购买返国之船只可驶进上海、天津及其他中国口岸,烟台系属政府公布暂停开放口岸,旅韩华侨船只应不许任意驶入本港。

上述核示,东海关是1948年9月10日公示的,此时,离其撤离烟台仅有一个月的时间。所以,该通令实在是无多少意义可言。但是,在国民党占据烟台的一年之中,由于港口不对外开放,因而抑制了港口的贸易量,却是实实在在的。其二,海关总税务司署于1948年2月5日训令东海关,"进出口贸易办法在东海关区暂不适用,其所有输入物品仍只以为当地销售为限,概不得转运他口。"[35]这也同样限制了烟台港的贸易。

这一时期,在港口建设维护上,东海关亦无甚作为。仅于1947年11月间,将烟台山灯塔、崆峒岛灯塔及挡浪坝、防波堤上的灯标复明。因为此前,八路军控制烟台时,由于内战爆发,为避免国民党军队对胶东沿海的骚扰,曾于1946年6月将东海关辖区内的灯塔、灯标暂行拆除。此时,海坝工程会所留用的24人,薪金依靠征收海坝捐维持。组成海坝工程会的法定5人,海关监督一职已被国民政府明令撤销,西商会代表,驻烟外国领事团代表,经时局变化,已无人可用,故仅余东海关税务司和中商会代表。很明显,海坝工程会已名存实亡。1947年11月就任东海关代理税务司的韩肇连虽然依据民国27年(1938年)3月22日总税务司署第363号代电的指令,应暂行代理海坝工程会会长之职,但限于财力拮据,也无力将海坝工程会恢复至原有规模。所以,韩肇连于民国36年(1947年)12月30日致海关总税务司署的东字8168号呈文中写到:"该工程会在敌伪时,计共八十一人,现以经费困难,留职者仅二十四人,其余均留资停薪,俟将来经费充裕,工作需要时,再予复职"[36]。

在同一份呈文内,东海关税务司还向海关总税务司署提出以下几项请求:

第一,修改海坝捐征收办法。烟台港征收海坝捐,始于1913年,当时是为筹集建筑防波堤和挡浪坝的资金而设立。是在正常关税之外加征的一种特别税。几十年中,虽时局迭经变换,但皆相援成例,成为维护港口费用的来源。其时,东海关税务司请求,"货物捐:仍照原定捐率征收,即按旧税则百分之五关税,征收百分之七点五。惟从量收捐之货物一律改为从价征收。""船捐:(甲)所有船捐及靠泊码头费,拟按原定税率,凡国币一分改征一百元;(国币即法币,下同)(乙)船舶驶离码头,每次收交缆及解缆费各十五万元,日落后船只驶离码头者,该项费用加倍征收;(丙)其系泊浮标者,不论时间久暂,在千吨以内者,收费五十万元;在千吨以上者,收费八十万元"[37]。对以上两项收入,东海关税务司还算了一笔账,以当时港口每月进出口货值约100亿计算,货物捐可征缴3 750万元;船捐,4 000万元。实际上,上述两项请求,东海关于1947年12月14日,即东海关开关办公之前一天,就以第5号布告之名义公示于众。很显然,时间上是早于呈文发出日期的。之所以这样做,是因为在此之前,东海关已函达烟台商会,拟修改海坝捐征收办法,烟台商会表示同意。对此,东海关税务司在该呈文中除陈明已征得烟台商会同意之外,还解释道:"职鉴于该工程会会款支绌,员工生活亟需维持,曾于本年十二月十五日,职关开关之日起,暂行按照上开所拟修改海坝捐征求办法第一及第三项,开始征收海坝捐,以资应用"[38]。

第二，征临时货物捐，捐率按货值征 0.75%。此项每月可收入 7 500 万元。

第三，援引民国 7 年（1918 年）国民政府借拨给海坝工程会国币 300 万元，以济海坝建设的先例，请海关总税务司署转呈财政部，借款修理烟台港损坏之堤坝、码头。为此，以附件形式，将烟台港所需修理之工程分为甲、乙两项。甲项为亟待修理之工程，计 7 类，需款为国币 1 870 826 000 元。乙项为可暂缓举办之工程，计 3 类，需款为国币 11 147 526 000 元。

对于东海关税务司的上述请求，海关总税务司署于民国 36 年（1947 年）4 月 15 日，以关字第 197916 号文回复，其要旨是，接财政部令，烟台海坝工程会"应参酌行政院通过施行之《上海港务委员会组织规程》，拟其组织办法，呈院核定。该会委员以前有领事团代表及西人商会参加，今兹情形不同，自无须再有外人参与组织，应以中央及地方有关机关法团及当地民意机关等为组织单位"[39]。"至所请改订捐率征收临时货物捐及借拨款项各节应俟该会改组成立，再行由会呈候核夺"[40]。并将《上海港务委员会组织规程》抄发一份给东海关。

显然，东海关欲征收临时货物捐的请求未获批准；企图借款修缮烟台港的愿望也被国民政府财政部巧妙地推托了，所有规划顿成空文一纸。维修烟台港只能延续到烟台第二次解放，由人民政府完成。

此后，东海关遵令拟就《烟台海坝工程会组织办法草案》（附本节后），1947 年 6 月 19 日呈总务司，但无下文。

国民党军队占据烟台后，1947 年冬，国民政府交通部曾派员对烟台港进行过一次勘察，写出了《勘察烟台港工程报告》。该报告刊于由交通部青岛港工程局编印的《港工》第一卷第三期内，出版日期是 1948 年 1 月 1 日[41]。

事情的原委是，抗日战争胜利后，国民政府行政院鉴于沿海港口已次第收复，亟需修葺整理，于是，聘请美国专家，会同交通部技术人员，航空勘测沿海港口。航空勘测，即人员乘飞机，逐一对沿海之港口实地勘察研究，据情提出改进建议。当时被勘察的港口，北起葫芦岛，南至海南岛，计有葫芦岛、塘沽、青岛、连云港、上海、福州、厦门、汕头、广州、湛江、南海、钦州诸港。之后，形成了《中国港口视察报告》一书[42]。其时，烟台港是中国共产党控制的港口，无疑是不能列进勘察之内的；所以，当国民党军队进占烟台之后，国民政府交通部为补做这件事情，便派人对烟台港的工程、设施做了一番调查。

《勘察烟台港工程报告》对烟台港需进行整理的工程项目分为修复与改善两类，包括防波堤、挡浪坝的修补，港池浚挖、仓库及码头建设、助航设施维修等。从施工的要求看，所列项目均没有费用预算；所以，只是初步的意见。

随着解放战争战场上中国人民解放军的节节胜利，这份报告的意见仅是意见而已。1948 年 10 月 12 日，东海关代理税务司韩肇连乘东海关关艇撤往青岛。

1947 年 10 月，国民党军队进入烟台，曾于东、西护岸上修建地堡、炮楼，致使护岸多处受到破坏。1948 年 10 月，当国民党军队从烟台逃跑时，又对港口设施和海坝工程会的物资进行了抢劫。这些设施和物资是：港作船舶 7 只，价值 68 000 万元（北海币，下同）；工厂机器和零件 51 件，价值 941 万元；旗台用品 162 件，价值 270 万元；普通办公用品 87 件，价值 52 万元；烟台山灯塔零件 18 件，价值 1 985 万元；库存全部物资，价值人民币 8 038 万元（旧值）[43]。其时，100 元北海币折合人民币旧值 1 元，故国民党军队劫掠的库存物资价值北海币 803 800 万元。

10月15日,国民党军队全部撤离烟台,翌日,烟台第二次解放。

附件

烟台海坝工程会组织办法草案

民国三十七年六月十九日发

第一章　总则

第一条　为便利商旅增进烟台港口航运设备以谋繁荣地方协助建国组织烟台海坝工程会(以下简称本会)直隶财政部受海关总税务司署之督导

第二章　港区

第二条　本会执行任务之区域范围为东自烟台山前之挡浪坝西北迄防波堤南迄公共码头及南海岸之海岸线以内之港湾及码头仓库船溜所占之地

第三章　职权

第三条　本会负责办理规划建设经营管理港湾波堤浪坝码头护岸等港务工程暨其他疏浚测量等港务事宜

第四条　本会经营仓库船坞潜水等项业务

第五条　本会于不抵触中央法令之范围内得发布有关受理港务设备及业务之单行规章并呈报财政部备案

第四章　经费

第六条　本会经费自给自足其预算决算并由本会拟定呈报财政部核办

第七条　本会征收下列海坝捐费

一、货物捐　按照进出口货物海关完税价格征收千分之三点七五

二、临时货物捐　按照进出口货物海关完税价格征收千分之七点五临时货物捐俟本市进出口贸易恢复正常状态本会收入足敷支出时停征之

三、船舶捐　就船舶停留坝内时间久暂按规定率征收该项捐率比照海关规费费率予以调整

上列一 二两项捐率由本会厘定呈报财政部核准

第八条　本会经费不敷时得呈经财政部核准向中央银行贷款

第九条　本会经费与组成本会之机关法团各单位之经费不得发生任何转移或合并开支等关系

第五章　组织

第十条　本会由下列机关首长及法团主席担任之

主任委员　烟台市市长

委员　东海关税务司

委员　航政局烟台办事处主任

委员　烟台市商会主席

委员　烟台市航业公会主席(在该项法团未组成时得以国营招商局烟台办事处主

任充任之)

前项委员均系无给职

第十一条　本会设工务处办理海坝工程修建保养及港湾测绘疏浚等事项置工程师一人兼任工务主任另置工务副主任一人及工务办事人员若干人

第十二条　本会设总务处办理征收捐费文书庶务及其他一般事项置主任一人及办事人员若干人

第十三条　本会设会计主任一人主管财务事宜由东海关税务司兼任系无给职

第十四条　本会雇佣人员概须经考试合格所有职员之任免升降考核悉以海关现行人事制度为准则

第十五条　本会各处办事细则另定之

第六章　会议

第十六条　本会每月开委员会一次必要时得由委员二人联署提请主任委员召开临时会议

第十七条　本会以委员四人为出席法定人数一切议案须经出席委员三人之议决行之

第十八章　本会议事细则另定之

第七章　附则

第十九条　本办法自核准之日施行

参考文献

[1] 中共烟台地方史. 第 1 卷. 第 248 页. 北京:中共党史出版社,2005 年.

[2] 1944 年 4 月 1 日,由胶东区行政主任公署改称胶东区行政公署,曹漫之代理主任. 胶东抗战史话. 第 140 页.

[3] 东海关海港工程所 1947 年 1、2、3 月份工作总结. 藏烟台市芝罘区档案馆. 烟台海关、东海关各科所工作总结. 卷号:16.

[4] 烟台市进出口管理局. 烟台海口装卸货物的扛驳力调查. 载《对烟台几种材料的调查》. 1949 年. 藏烟台市档案馆. 卷号:2273.

[5] 烟台市工会. 码头工人工资问题. 载《关于工人武装、工运店员、纺织、工资、产业工作的报告》. 1948 年. 藏烟台市芝罘区档案馆. 卷号:61.

[6] 北海币 1938 年由北海银行发行. 中共烟台地方史. 第 1 卷. 第 146 页. 北京:中共党史出版社,2005 年.

[7] 中共烟台地方史. 第 1 卷. 第 279 页. 北京:中共党史出版社,2005 年.

[8][9] 姚仲明. 新课题 新探索——回忆烟台第一次解放时期市委的一些工作经历. 载《芝罘党史资料选编》. 第 2 辑.

[10] 杨波. 欣欣向荣的烟台工商业. 载《山东解放区的工商业》. 1946 年 4 月,山东新华书店出版. 藏中国社会科学院历史研究所图书馆. 书号,552—2334634.

[11][12][13] 人民东海关1947年关税工作总结报告.载《烟台海关史概要》.第176页.济南:山东人民出版社,2005年.

[14] 人民东海关1947年关税工作总结报告.载《烟台海关史概要》.第187页.济南:山东人民出版社,2005年.

[15][16] 王德春.联合国善后救济总署与中国(1945-1947).第34页.北京:人民出版社,2004年.

[17] 王德春.联合国救济总署与中国(1945-1947).第218页.北京:人民出版社,2004年.

[18] 王德春.联合国救济总署与中国(1945-1947).第220页.北京:人民出版社,2004年.

[19] 王德春.联合国救济总署与中国(1945-1947).第221页.北京:人民出版社,2004年.

[20] 载《烟台文史资料》.第13辑.第84页.

[21] 王德春.联合国救济总署与中国(1945-1947).第245页.北京:人民出版社,2004年.

[22] 王德春.联合国救济总署与中国(1945-1947).第266页.北京:人民出版社,2004年.

[23] 中共中央文献研究室.周恩来年谱(1898-1949).第742页.北京:人民出版社和中央文献出版社,1989年.

[24] 于谷莺.烟台解放后美军要求登陆事件中外交斗争记实.载《烟台文史资料》.第21辑.

[25] 中共烟台地方史第1卷.第251页.北京:中共党史出版社,2005年.

[26][27] 于谷莺.烟台解放后美军要求登陆事件中外交斗争纪实.载《烟台文史资料》.第21辑.

[28][29][30] 中共党史人物传第50卷.第364页.西安:陕西人民出版社,1991年.

[31] 中共党史人物传第50卷.第365页.西安:陕西人民出版社,1991年.

[32] 中共烟台地方史第1卷.第254页.北京:中共党史出版社,2005年.

[33] 龚侠夫.烟台港引水业务之兴废.载《冀鲁区引水公会周年纪念册》.1948年.藏烟台市档案馆.卷号:1460.

[34] 东海关税务司署通令.普字第49号.1948年9月10日.藏烟台市档案馆《东海关总税务司函件(1947-1948)》.卷号:32.

[35] 海关总税务司署训令.总署卷宗第14119-H号.1948年2月5日发.藏烟台市档案馆《东海关总税务司函件(1947-1948)》.卷号:32.

[36][37][38] 东海关代理税务司韩擎连呈总税务司函.东字第8168号.1947年12月30日发.藏烟台市档案馆《东海关总税务司函件(1947-1948)》.卷号:32.

[39][40] 海关总税务司署指令.总署卷宗第7129-F号.1947年4月15日发.藏南京中国第二历史档案馆.卷号:21200.

[41] 港工.藏上海徐家汇藏书楼.

[42] 宋希尚.读"青岛港视察报告"后.载《中国海港视察报告专刊》(《港工》第2卷第2期).藏中国社会科学院经济研究所.书号:BG114C/439.

[43] 烟台国外贸易分局1949年总结报告.藏烟台市芝罘区档案馆.卷号:180.

第二章

经济恢复时期的烟台港

烟台第二次解放,人民政府重又接管东海关。1949年3月,遵华东工商部指示,成立烟台港务处,直属烟台进出口局。这是港口管理机构首次脱离东海关。解放初期烟台港进行了较彻底的修复,改善了通航条件。同期,港口名称、隶属关系多次变化;并先后接收了码头、助航设备以及港区内的仓库、房产;同时也接管了原属海关的航政管理权与港口规费征收权;初步建立"政企合一"的管理体制。烟台第二次解放后,港口的对外贸易有所恢复,主要贸易地区是香港和韩国。

第一节　港口设施的现状与维修

一、港口设施的现状

1948年10月初,中国人民解放军胶东部队在解放了烟台周围县城后,不断地向烟台市区压缩进攻。10月7日,一举解放了福山县城。福山县城位于烟台之西,距烟台仅10余公里,烟台的国民党守军立时陷入惊恐之中。据时任国民党烟台市长的延珍卿在其回忆文章《我任国民党烟台末任市长记》[1]中所叙,其时,国民党军队在辽沈战役中已处崩溃边缘,为解锦州之围,蒋介石决定调驻烟台李弥部的32军[2]驰援锦州。在此局面之下,延珍卿于10月9日晚间乘"钟鼎号"登陆艇弃城逃往青岛。32军王伯勋部亦于15日乘舰开往葫芦岛。10月16日,中国人民解放军顺利开进烟台,烟台第二次解放。

10月20日,烟台市人民政府正式接管了东海关,任命车忠翰负责其工作。此时,东海关仍归属烟台市工商局领导。10月25日,东海关对外办公。在港口管理方面,东海关以原海关港务课和海港工程所为基础,设立港务股,具体掌管港口的设施修复、指定船只泊位及进行港内船只监督等管理工作。

抗战之前的10年间,伴随着当时中国经济的较快发展,烟台港的货物吞吐量,尤其是外贸货物的出口也出现过一段增长较快的时期。但是,历经抗日战争和解放战争,烟台港的港口设施不仅未得到丝毫的发展,反而遭受经济萧条的影响和战争的破坏。西防堤轻便铁路被拆毁、港池淤塞、码头护岸坍塌、灯塔灯标失明、港作船只被劫、物资遭掠,甚至连信号旗在国民党军队撤退时也被付之一炬。至1948年10月,烟台港仅余下几座常年失修的孤零零的码头和仓库。

码头。当时,烟台港有码头5处,分别是海关码头、海关旅客码头(图中公共码头)、开平码头、南岸码头、防波堤码头(北码头)。各码头位置如图2-1-1所示。海关码头,东西走向突堤式,东西长约257米,南北宽约107.5米,码头西端突入海中部分计东西长约12.2米,南北宽约37米。码头北侧的最大水深为-4.5米,靠泊能力500吨。

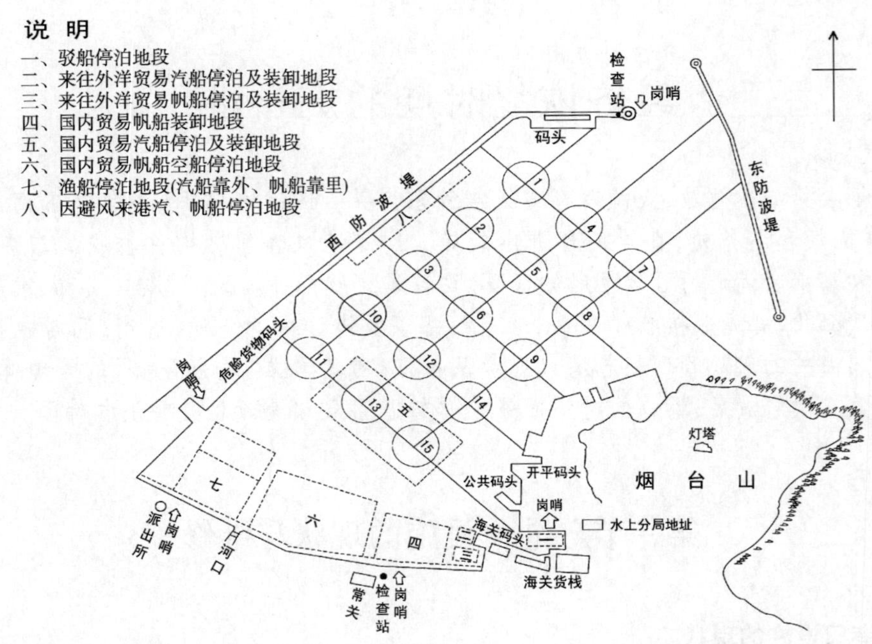

图2-1-1 烟台港码头、停泊区与各类船只碇泊水域示意图

海关旅客码头(东码头),该码头系开平码头向海内突出之部分,东西走向。码头南侧东西长67.67米,北侧长59.44米;南北宽15.24米。码头水深-2.44米。

开平码头(东码头),该码头系开平矿务局于1896年建造,专为其卸煤所用,故名开平码头。码头呈南北走向,顺岸式,长约91.44米;码头水深约-2.44米。

海关旅客码头和开平码头当时合称东码头,20世纪50年代初期,均改为军用码头。

南岸码头,该码头东起海关码头南面的南太平湾,西至西防堤南端,全长为854米;其中,以西南河口为界,分为东、西两段。其时,东段为往来民船装卸货物区域;西段为舢板驳卸煤炭区域。因该码头位于西南河口两侧,故淤积严重。

防波堤码头,防波堤码头亦称北码头,位于西防波堤北端,建成于1921年,为一顺堤式重力码头。码头长182.88米,水深-7.62米。最大靠泊能力为5 000吨。

此外,在东防波堤内侧,水深达-7.63米,可临时停靠船只。但因年久失修及人为破坏,护木被毁,无法靠船,遂废弃。另,在西防堤南端内侧,辟出一临时危险品码头,供舢板驳卸泊于港外锚地装载危险品的船只。

烟台港的堤坝码头,由于历年之兵连祸结,遭受了严重的破坏,多有开裂、坍塌之处。更有甚者,1947年10月,国民党进占烟台后,竟然将西防波堤护岸的护坡石拆去修建地堡、炮楼,致使西防波堤的一些地段几有崩塌之危。

1949年7月26日,烟台遭台风袭击,海面巨浪滔天。海岸一带,海水与山洪会合一处,泛滥四溢。据统计,海岸路被破坏328.79米;沉没大小船只131艘、被毁坏船只148艘;码头堤坝也遭严重损坏。台风的袭击,给刚刚解放不久的港口设施修复带来了更加沉重的负担。烟台港务处1949年的工作总结曾对港口堤坝码头历年毁坏的情况做过统计,详见表2-1-1。

烟台港堤坝码头毁坏统计表

(单位,长度:米;面积:平方米;体积:立方米)　　表2-1-1

段别		原长度、面积、体积	毁坏长度、面积、体积	风灾毁坏长度、面积、体积	两者毁坏体积之和与原数比
东护岸	长度	407	61	366	57.8%
	面积	2 230	2 046	2 176	
	体积	6 482	1 248	2 497	
西防波堤护岸	长度	1 791	762.5	152.5	0.005 6%
	面积	9 803	5 349	1070	
	体积	70 238 234	3 263	653	
东防波堤	长度	793	396.5	101	0.48%
	面积	13 619	7 740	1 971	
	体积	79 670	水上223	水上157	
东码头	长度	457.5	152.5	9	0.009%
	面积	1 953.5	651	3	
	体积	4 468 688	397	0.4	
北码头	长度	183	46	—	0.4%
	面积	874	874	—	
	体积	800 108	3 200	—	
海关码头	长度	36	—	30.5	24.3%
	面积	141	—	121	
	体积	173	—	42	
南岸码头	长度	854	427	165	0.001 1%
	面积	3 647	1 823	706	
	体积	15 570 897	113	62	
总计	长度	4 521.5	1 845.5	824	0.013%
	面积	32 267.5	18 483	6 047	
	体积	91 164 252	8 444	3 411.4	

停泊区。除上述5处固定码头之外,港池内还设有15处停泊区,见图2-1-1。

图中,第1至第10号及第12号,第14号停泊区水深为－5.48米至－6.10米;第11

号、第13号及第15号停泊区水深为-3.04米。

据《东海关1947年海务报告》记叙,“能进港之最大船只约500英尺长(1英尺=0.3048米——引者注),该类大船一般是沿北码头停泊,但必要时也可泊于第2及第3号停泊区,以该处浮标作船头及船尾下锚地点”[3]。

该报告还记叙:“第2及第3停泊区有B型浮标两个,是以30英尺长,3英寸粗的链条分别系在埋于15英尺深、5吨重和埋于10英尺深、3.5吨重的两个坠子上。第10号停泊区的圆柱形浮标是用30英尺长,2.5英寸粗的链条连在埋于10英尺深,重3.5吨的坠子上;第12号及第14号停泊区的浮标则是分别用30英尺长,1.75英寸粗和30英尺长,2.5英寸粗的链条系在埋于10英尺深,2.5吨重的坠子上”[4]。

15处停泊区,第1号至第10号,第12号、第14号,供沿海贸易船使用,旋转范围为97.54米。第11、13、15号停泊区则可供小型船只使用。

仓库。海关仓库,建于海关码头,为存放进口货物之处,系水泥钢架建筑。东西长91.44米,南北宽26.52米。库内设特殊保管室一间,供保管贵重物品之用。

防波堤仓库,筑于西防波堤北端之码头上,共2栋,每栋长60.96米,宽18.29米。

海关仓库和防波堤仓库的总容量为7 000吨。

货物堆场。总面积28 892平方米,容量40 000吨。

通讯助航设备。通讯设备有海关无线电台,设于烟台山之上,1934年建;室内原本备有无线电报收发机,室外设两支铁制无线电天线杆,高约61米,两杆相距约76.2米。信号旗台设于烟台山最高点,用以指挥船只出入港。无线电台之机器,日本投降时,被敌伪拆毁。信号旗台的信号旗,如各国旗、字母旗,引航旗共计139面,连同挂旗之绳索在国民党军队撤退时均被焚毁。助航设备有烟台山、崆峒岛两座灯塔,灯标有东防波堤南、北两端灯标,西防堤北端灯标,用以指导船只经此南、北两口门进出港池。另设有船只停泊位导标16个,专供船只进港后觅取港内锚地所用。灯塔、灯标和泊位导标亦遭毁坏。

二、克服困难　修复港口设施

从1948年10月烟台第二次解放至1952年,在4年多的时间里,伴随着经济恢复,烟台港对所管辖的港口设施进行了比较彻底的修复、整理,以改善通航条件。

当时烟台虽已解放,但解放全中国的战斗仍在进行之中。为确保解放战争的最后胜利,中共中央向解放区军民发出了“发展生产,支援解放战争”的号召。发展生产,需要沟通物资交流;支援解放战争,需要转运军用物资。所以,修复港口设施,保证通航是烟台港面临的最重大任务。对此,其时的港口管理机构是有着明确的认识的,提出“修建码头、堤坝,恢复灯塔,疏通内港及修复港内有关之设备,”已成为烟台港目前“繁重与刻不容缓的工作任务”。

抢修港口的几处护岸是最紧迫的一项工作。其时,冬季将至,护岸若不及时修补,其损坏会更为严重,整个港口修复工作也就更为困难。所以,1948年11月,经烟台市军事管制委员会批准,开始拆除国民党军队占据时沿码头构筑的工事,石料交海关修筑港口的堤坝码头。但是,原海坝工程会所拥有的港作船只,如挖掘船、铁驳船、汽艇计7艘均被国民党军队掠走,致使石料运输困难。在这种情况之下,东海关港务股组织职工用舢板运载石料,至当年年底,共搬运石料近500吨,使堤坝码头的修复工作得以顺利进行。

1949年2月,在华东工商部指示下,经山东省进出口局局长会议,决定以东海关港务股为基础,成立烟台港务处,车忠翰任主任。3月,烟台港务处正式组成,见图2-1-2。自此,烟台港有了专门的港务管理机构。烟台港务处受烟台进出口局领导,下设秘书课、工程课和材料课。烟台港务处除管理烟台港外,还负责管辖烟台、龙口、威海、成山头、镆铘岛、猴矶岛等6处的十几座灯塔、灯标。

图2-1-2 烟台港务处(图中人为车忠翰)

根据中共华东局关于确定缓急,有重点、有步骤修复港口设施的指示,烟台港务处结合实际需要与能力,拟定了以修复码头堤坝、复明港内灯塔、灯标,修整港池泊位浮标和岸上泊位导标的方案。因挖泥船、铁驳船被掠,故疏浚航道、港池的工作只能留待以后进行。

经费来源。修复港口设施的经费,全额由华东区工商部在统一收支的港务费内批拨,但因处于战时,所拨经费难以达到工程需求。据烟台港务处1949年的港口建设总结中所记,1949年全年批拨经费仅为编列预算的37.4%。详见表2-1-2。

1949年预算经费与批拨经费统计表

单位:元(人民币旧值)　　表2-1-2

批次	日期	预算额	批拨额
1	1月26日	43 794 000(北海币)折合437 940元人民币	43 794 000(北海币)折合437 940元人民币
2	3月16日	1 331 200	1 331 200
3	4月10日	22 885 190	7 373 340
4	6月10日	20 175 030	2 725 430
5	8月3日	74 719 712	14 434 862
6	8月28日	575 150	575 150
7	9月2日	69 065 300	30 000 000
8	9月9日	24 752 800	22 652 800
9	9月27日	901 350	901 350
总计		214 843 672	80 432 072

修复堤坝码头。此时的烟台港务处,面对着艰巨的施工任务,除经费不足之外,另一个困难便是人手少,劳力不足。由于国民党占据烟台时,曾将海坝工程会的人员大部遣散,待到烟台第二次解放,该会仅余十几人;至组成东海关港务股时,也只有21人;烟台港务处成立之后,增至38人。为解决劳动力不足的问题,烟台港务处于1949年6月曾到农村招收贫

苦的农民,以扩充施工力量。至此,共有职工113人,其中工程师和技工4人,工人83人,其余为管理和勤杂人员。

堤坝码头的修复,主要是在1949年和1950年间完成的。1949年全年计划工程量为2 144立方米,台风袭击后,增至4 482立方米,实际完成3658立方米。据烟台港务处1949年6月29日的《烟台港概况汇报》和1949年《一年港口建设总结》记叙,当年7月底,即完成了部分施工项目。主要项目进度情况详见表2-1-3。

1949年堤坝码头修复进度表 表2-1-3

名 称	毁坏面积(平方米)	修复面积(平方米)	未修面积(平方米)	修复与毁坏面积百分比
西防波堤东护岸	4 217	3 288	929	78%
西防波堤码头	873	873		100%
东码头	650	650		100%
东防波堤	9 697	9 697		100%
总计	15 437	14 508		94%

除上列工程项目之外,1949年,烟台港务处还先后整修了泊位浮标和泊位导标,置办了烟台山信号旗台所需物品。全年各项支出共计人民币(旧值,下同)59 828 867.5元。其中,堤坝码头的修复共耗资37 099 289元,占全年支出总额的62.0%。

1950年,烟台港务处对南岸码头、海关码头和东防波堤水下部分实施修复,共浇铸混凝土226.5立方米;西防波堤东、西护岸等处砌石3 575立方米;工程费用为人民币28 603 678元,占全年总支出的14%。

由于经费不足,遭毁坏的码头堤坝难以在短期内完全复原。所以,在经过1949年和1950年的较大规模的修复之后,1951年、1952年,烟台港继续编列预算,组织施工,修缮所余项目,如更换北码头护木,修整东码头水泥路面等,使港口的码头设施更臻完善。

疏浚港池和航道。烟台港的港池、航道因战争所影响,自1945年停止疏浚以来,一直未作任何整理。从贯穿烟台市南北的西南河入海口冲入港池内的泥土杂物以及涨潮时海水带进的泥沙,经数年淤积,使港内水深逐年变浅,严重妨碍了船只的航行和停泊。

1949年,烟台港务处即对港池和航道疏浚拟定过计划。该计划提出,以港池船舶容量计,烟台港应浚深3 000吨级泊位10个。这10个泊位与进出港池的南北口航道均应浚至-6.1米,疏浚面积(含航道)为867 100平方米;2 000吨级泊位2个,疏浚深度应为-5.49米,疏浚面积96 700平方米;1 000吨级泊位3个,疏浚深度应为-3.96米,疏浚面积140 000平方米;民船及渔轮停泊区疏浚深度应为-1.83米,疏浚面积253 400平方米。

烟台海坝工程会拥有的“建海号”挖泥船和“壹号”挖泥船以及活底铁驳船于1948年被国民党军队掠走。1949年8月,长山岛解放后被找回。所以,疏浚港池在此之前是难以进行的。1950年,鉴于被掠的挖泥船只重返港口,所以,即着手准备疏浚港池航道的工程。

首先,对全港的水深做了探测,为疏浚提供依据。28天的时间,完成1 250 000平方米的测水任务,探测的距离近岸为15.25米;大船泊位,距离则为24.4米;这是因为近岸淤积过深,探测距离必须缩短。港内水深,国民党占据时,海坝工程会曾于1947年做过探测。此次探测,是为了更精确地掌握相关情况。

同时,对疏浚工程所用的船只,修理备用。其时,烟台港可用于疏浚工程的船只为"建海号"挖泥船1只,活底铁驳船2只,渔轮充当的拖船2只,"建华号"小汽艇1只。限于经费困难,以能维持使用为原则,这些船只只是经过除锈、刷油及对某些机器零件的修理。

1950年10月17日,烟台港正式开始港口疏浚工程。工程首先从大型轮船泊位开始,要求挖至烟零线下5.5米(烟零线确定在平均低潮位下1.8英尺,即约0.548 6米处)。施工中,因为受天气及挖泥船设备陈旧老化的影响,进展并不顺利。如在使用旧链锁的21天中,发生断链故障竟有54次之多。所购买的新链条,8月即已订购,直至11月才运到。其间,有些时候,挖泥船、铁驳船还需参加国防建设;所以,实际工作日不过一个半月左右,共完成挖泥量21 870立方米,挖泥面积16 673平方米。

1951年,烟台港根据航运需要及港口淤积情况,在上年的基础上,确定以疏浚港池航道为修复港口的主要任务。疏浚工程以港池东北部大船泊区及港池南、北进出航道区为起点,在去年已经疏浚的基础上,继续进行。上半年主要在东北部大船泊区、南、北进出口区及太平湾泊区进行。大船泊区挖至烟零线下水深6.1米,涨潮时水深达到8.7米,可供3 000吨级轮船停泊。共完成挖泥量57 515立方米,挖泥面积91 462平方米,分别完成全年计划的67.3%和84.7%。下半年主要在南岸码头东端进行,共完成挖泥量49 673立方米,挖泥面积52 452平方米。本年,司机操作技术提高,各个环节积极配合;并且注意保养修理设备;所以,故障率降低。超计划完成任务。

1952年,烟台港继续实施疏浚工程。这期间,由于"建海号"船员于5、6、7月参与打捞"胜利号"沉船,所以,仅完成挖泥量64 335立方米。为加快进度,曾向连云港租赁了一艘挖泥船,11月14日开始工作。这样,至年底,共完成挖泥量115 415立方米,挖泥面积144 600平方米。

历时近3年的港池、航道疏浚工程,使烟台港的航道、泊位水深基本满足了船舶的需要,保证了船舶航行的畅通和安全。

修复助航设施。烟台港务处除管理烟台港外,还负责管辖烟台、龙口、威海、成山头、镆铘岛、猴矶岛等6处的十几座灯标、灯塔。烟台港有灯塔两处,即崆峒岛灯塔和烟台山灯塔。崆峒岛灯塔设备比较完整,看灯者3人,跟随国民党军逃走者2人;烟台山灯塔除旋光器和变压器被国民党军逃离烟台时抢走外,其他设备尚完整;看灯者4人,跟随国民党军逃走者3人。烟台山信号旗台所有的字母旗、数目旗、各国旗及航商旗共139面,以及旗杆上的16条旗绳全部被烧毁,所幸旗书尚被保存下来。一副36倍望远镜被掠走。

尽快修复助航设施,保证船舶航行安全,是烟台港当时一项刻不容缓的任务。在旧海关时代,是由总关巡工司管理全国各地灯塔,其职员工人具有长年的业务经验。烟台港当时还没有这方面的技术人员,所以,只能先行对烟台山、崆峒岛两座灯塔和东防波堤南、北两端及西防波堤的北端共3盏灯标进行恢复。按毁坏情况,修复此5处灯塔和灯标,需添置旋光器1个,碱性电料300包,92伏/50瓦灯泡10个,直流电压表1个,电开关2个,自动光灭器3个等电器配件。

复明港口灯塔、灯标,也受到烟台市各界人民的关注,烟台市各界人民代表会议曾为此提出议案。1950年,由青岛海关灯塔浮标厂派员先后修复了猴矶岛、崆峒岛、烟台山灯塔及东、西防波堤灯标。龙口港屺姆岛等处的灯塔、灯标亦于同年修复。本年12月,烟台港的16个泊位导标皆修整完竣,投入使用。

此前,1949年,烟台山信号旗台经烟台港务处用资134 745.5元(人民币,旧值),重制所用之旗,已恢复使用。至此,烟台港助航设施基本修复完毕。

第二节 初步建立“政企合一”的港口管理体制

一、港关分设 烟台港务分局成立

烟台港的港口管理、航政管理,历来属于东海关的职权之内。1913年组成的烟台海坝工程会,则是负责港口工程建设的管理机构。1921年东、西防波堤建成之后,其主要职责为维修防波堤及码头、疏浚港池与航道、管理港作船舶、管理所属的修理工厂等。港口装卸则由货主、船行或帮会把持的装卸队伍实施。1946年末,烟台第一次解放期间,东海关将烟台山信号旗台与灯塔从东海关下属的港务科分离出来,成立港务课;1947年1月起,又将海坝工程会更名为“东海关海港工程所”。为了工作方便,港务课与海港工程所合署办公。这样,在机构上虽然未发生较大变化,但港口的锚地管理和指挥船只停泊点,以及港内监督等事项毕竟与原海坝工程会管理的事项结合到一起了。这种结合之后,两机构的港口管理事权范围,正是建国后,在计划经济体制下,港口企业职能的一部分。

1948年10月,烟台第二次解放,人民政府接管东海关之后,在东海关之下设立港务股。港务股的职责是尽快修复港口设施。1949年3月,以港务股为基础,组成烟台港务处;下设秘书课、材料课、工程课①。烟台港务处承袭了港务股的职责,直属烟台进出口管理局领导。这是烟台港务管理机关首次脱离烟台海关。其时,两机关属同一级别,均隶属于烟台进出口管理局。此时的烟台港务处设正、副主任各1人,共有干部29名,勤杂人员4名,工人43名。1949年4月6日,“烟台港务处印”启用。

新中国成立后,港口由海关管理的局面发生了改变。

1949年11月19日至12月28日,首届全国航务、公路会议在北京召开。“这次会议在交流和总结军事接管和恢复生产经验的基础上,确定了交通运输发展的方针和任务,初步制定了各级交通管理机构和领导关系以及主要的规章制度”[5]。1950年3月12日,政务院发布了《关于一九五〇年航务工作的决定》,提出“在航务管理方面,制定和建立管理制度,制定统一规则,简化航行船舶检查手续,制定船舶检验标准和登记规则,改善引水制度,加强运价管理”。[6]显然,在建立社会主义计划经济体制初期,国家即提出了统一航务、港务管理的任务,以期将航运、港口纳入国家计划管理的体制。

在这一政策之下,1950年4月20日,山东省胶东区行政公署函示烟台港务处:“接山东省人民政府函示:接中央人民政府交通部交总(50)字第十一号公函,派航务总局于眉副局长来省府商洽关于胶东区海港统一领导管理问题,并决定在青岛设青岛区航务局直属中央交通部航务总局领导。省府完全同意将烟台、威海、龙口、石岛等港划归青岛区港务局领导”。为此,

① 烟台进出口局《关于分工的决定》,1949年12月1日,藏烟台市芝罘区档案馆,卷号:79。该《决定》中规定:“局长监委直接领导局内各科长、海关主任、港务处主任、公司经理;海关主任、港务处主任领导其各课长,课长领导其各课干部”由此说明,当时“课”为“科”之下的一行政级别。

时任青岛区航务局局长的王本贤来烟台办理具体交接事宜。这样,烟台港务处即改称“中央人民政府交通部青岛区航务局烟台分局”,设秘书科、人事科、航政科、港工科、会计科和港警队。1950年7月20日,正式启用“中央人民政府交通部青岛区航务局烟台分局”印章。

1950年7月26日,政务院财政经济委员会以财经计(交)字第3316号文颁布了《关于统一航务港务管理的指示》,该文件提出:“从一年来航务港务管理情况和经验证明:为加强航务及港务工作的管理,以便利航运,促进物资交流并加强港务治安起见,急需制定统一航务及港务管理的各项章则、法规和制度,并建立统一的航务管理机构。”并决定在国内重要港埠天津、上海、广州、青岛、大连设立区港务局,统一负责港务管理工作。故此,青岛区航务局于1950年10月10日,以区秘(50)字第95号文函示烟台航务分局,内称,接中央人民政府交通部交航(50)字第1221号通知:根据政务院财政经济委员会《关于统一航务港务管理的指示》甲项第二条之规定,上海、天津、广州、青岛、大连各区港务局定为“中央人民政府交通部××区港务局”。烟台航务分局改称“中央人民政府交通部青岛区港务局烟台分局”。此时,烟台港务分局下设秘书科、航政科、港工科、会计科,所属单位有船舶修理厂及龙口、威海两个港务办事处,共187名行政管理人员。

二、接收港口设施

根据中央人民政府政务院1950年1月27日颁布的《关于关税政策和海关工作的决定》和政务院财政经济委员会1950年7月26日《关于统一航务港务管理的指示》,中央人民政府交通部与海关总署商定了将原海关所属港口码头、港区仓库以及沿海、沿江与港口的助航设备及其管理职责移交给交通部的办法。据此,烟台海关与烟台港于1950年9月和10月间办理移交。在此期间,关于港区内仓库的移交,烟台航务局分先后与烟台市房产管理处及烟台海关等部门协商,并由烟台市政府召开会议,进行协调。对码头区域的划分与接管范围,取得一致,并决定由烟台航务分局负责调查,并将调查具体情况呈请烟台市财政经济委员会批示。

烟台航务分局根据划分的码头区域,对码头周围仓库进行了调查,调查结果是,除海关和个别私产外,全部属于外国资本所有,如美国海军青年会、美孚公司、英商卜内门商行、汇丰银行等;其仓库、堆栈、房产,完全聚簇在码头区内。1950年11月3日,烟台港务分局将调查结果和接管意见上报烟台市财政经济委员会,并提出根据统一航务港务的指示,应将港区内之仓库、堆栈、房产分为接收管理和接受代管两部分。烟台市财委会以财经字第18号函覆同意,批准开始进行接管;同时,财委通知有关部门办理交接手续。

烟台港务分局接管代管房产位置如图2-2-1所示。

烟台港务分局接管部分:接收码头3处,即海关码头、南岸码头和东码头,总长1 700余米。接收烟台市政府移交的解放前政记仓库两处,面积共2 886平方米,容量为7 300立方米(图中I、K);堆栈一处,面积为2 892平方米(图中M虚线以上部分)。

烟台港务分局代管部分:(1)敌伪时期中英合办之开滦煤矿租赁填地建设的堆栈仓库,面积2 500平方米,容量568立方米(图中A)。(2)前美孚油品仓库面积929平方米,容量为3 953立方米(图中C)。(3)前美国海军青年会之房产面积5 265平方米(图中D)。(4)前汇丰银行之房产,面积469平方米,容量3 200立方米(图中E)。(5)前中国久成商号房产及前英国汇丰银行办公室,现作烟台港务分局办公室,面积2 251平方米(图中F、G)。

(6)前英商卜内门仓库,面积428平方米,容量为1 600立方米(图中H)。(7)前港务局之填地,伪海关时期被私人盗卖给私商作为堆栈,总面积2 800平方米(图中L)。

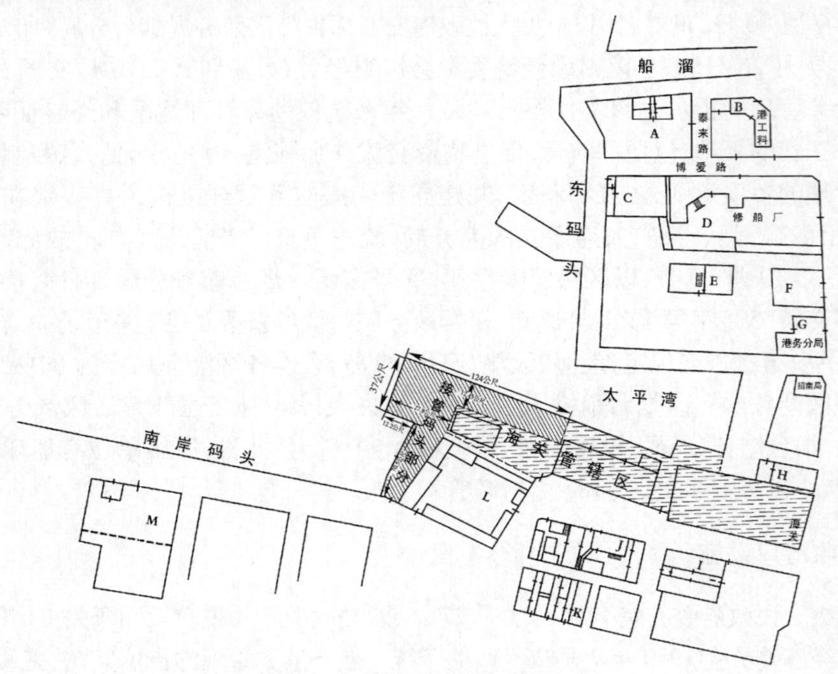

图2-2-1　烟台港务分局接管代管房产位置

A. 前中英合办开滦煤矿货场与仓库;B. 烟台港务分局工务科;C. 前美商美孚公司油库;D. 前美国海军青年会房产;E. 前英商汇丰银行房产;F. 前中商久成商号房产;G. 前英商汇丰银行办公室;H. 前英商卜内门仓库;I. 前政记公司仓库;J. 前英商和记洋行,后卖给交通银行,解放后由烟台人民银行代管,烟台港务分局未接管;K. 前政记公司仓库;L. 前港务局填地,其中三分之一产权属中国银行;M. 前政记公司堆栈,面积2892平方公尺,图中虚线以下仍属私商所有。

此后,烟台港务分局位于港池东岸的码头、仓库、货场及填地先后有多处被转交军队使用或被外单位占用。1950年,开平码头(东码头北段),即由海军烟台巡防区使用。1954年2月,双方办理移交手续,开平码头及开滦煤矿租赁填地建设的货物堆场2 500平方米、仓库568立方米正式划归海军烟台巡防区所有。60年代初,海关旅客码头(东码头南段)及太平湾北岸划归交通部上海救捞局烟台救助站(即后来的烟台救捞局)使用。

另外,1956年8月,经烟台市政府协调,烟台港务分局将烟台山下东护岸填地9 483.31平方米,工务科的仓库、院落、宿舍共770.03平方米无偿转交烟台渔业公司修船厂,用以该厂的扩建。此后,1958年大办钢铁期间,烟台市委工业部决定,将位于东码头东侧的货场5 971平方米和房屋413.4平方米划给烟台渔业公司修船厂建立翻砂车间(烟台港务分局俗称该处为“北大院”)。虽然当时亦决定应由烟台渔业公司以同等数量的房屋和土地兑换,但迄未办理,等于烟台港务分局又一次无偿将“北大院”转给烟台渔业公司。还有,烟台山北麓山下场地10 317.5平方米,烟台山西侧山下场地8 010平方米,均于1958年以后由烟台渔业公司修船厂占用。

另外,烟台港务分局所属修船厂(即前美国海军青年会房产)划给烟台渔业公司的过程较为复杂,大致经过是,前美国海军青年会房产解放后为国营招商局烟台办事处修船厂的厂房。1950年6月,烟台港务分局奉命接收招商局烟台办事处修船厂,并将其更名为“烟台航务分局修船厂”(此时,烟台港务分局尚称为烟台航务分局);自然,厂房亦随之划归烟台港务分局。1952 年 11 月 29 日,山东省交通厅、青岛区港务局以区总(52)字第 125 号联合报告《关于山东沿海之小港口运输分工问题根据当地具体情况拟就决议报请核示由》呈报交通部,要求将山东沿海之小港口及 500 吨以下之小型轮船,统一划归地方经营管理。交通部于 1953 年 1 月 23 日批准了这一报告,这样,根据报告的要求,青岛、烟台两海运机构经营之小型轮船 20 只、风船 13 只,烟台小型轮船 13 只及烟台港务局之小型修船厂统一移交山东省交通厅。此后,原属烟台港务分局的修船厂即由山东省交通厅转至烟台渔业公司修船厂。

烟台港务分局所属威海办事处接收情况:(1)威海支关移交的码头共长 399.45 米。(2)接收威海市人民政府代管之和记码头长 971 米,宽 50 米。(3)接收威海市人民政府没收敌伪时期之吴口征收稽核所(管理港航之机构)之办公房屋 14 间,面积 294.75 平方米;仓库一处,面积为 228.5 平方米;堆栈两处,面积为 1 871.7 平方米。(4)接收威海市人民政府没收之敌伪时期占用码头区内房屋 8 座,面积为 1 042.78 平方米。

烟台港务分局所属龙口办事处接收情况:(1)接收烟台海关龙口支关之海关码头长 123 米,宽 92 米。(2)接收龙口市政府码头区内堆栈一处,面积为 1 136.36 平方米。(3)接收玲珑金矿码头堆栈一处,面积为 9 375.76 平方米。(4)接收土产公司办事处码头堆栈两处,共计面积 28 748.5 平方米。(5)接收人民银行办事处码头之堆栈三处,共计面积 24 818 平方米。

烟台港界以内助航设备之交接事宜,于 1950 年 11 月 16 日交接完毕,自 12 月 10 日起,烟台港务分局正式接管。具体接收情况为:崆峒岛灯塔 1 座;烟台山灯塔 1 座;东防波堤南端灯标 1 座;东防波堤北端灯标 1 座;西防波堤北端灯标 1 座;崆峒岛沙尾浮标 1 具;老白石标楼 1 座。

三、港务分局的职责

1950 年 10 月 19 日,烟台海关与青岛区港务局烟台分局发布联合通告,将海关现行所属之有关港务工作自本年 10 月 20 日起全部移交烟台港务分局。计有:

(1)船舶进出口之核准;

(2)船舶登记、丈量及刷号;

(3)从货港务费之征收;

(4)指定船舶港内停泊地段和锚地;

(5)烟台山信号旗台对进出船舶之指挥。

烟台港务分局在接管了港口码头、港区仓库、港口助航设备之后,正式接管了原属海关的港务管理和航政管理职能。自此之后,烟台港务分局逐渐地变为统一管理港口生产、港口设施与船舶航政的“政企合一”的企业。其具体职责为:经营港口业务,规划港口建设;码头、仓库及堤坝护岸的统一使用与管理;港湾疏浚,航道标志、助航通信设备管理;船舶领航,船舶登记、丈量、检查及出入口管理;船员的鉴定、考试管理;港务规费的征收。

烟台港务分局职责的增加,是在中央政府统一航务港务的政策推动之下实现的。这些新的职责也为其时的领导干部带来了更多的责任。据烟台港的档案记载,统一港航管理以来,港务分局先后召开了港口各有关行政部门会议,公、私营船行会议。研究贯彻中央关于统一港航管理的具体措施,并使各部门及船商了解港务局的责任和权力,严谨地按照规章制度对港口和船舶进行管理。

为提高工作人员的业务能力，烟台港务分局还于每周星期二、五举办港航业务学习班，学习业务知识和各种规章。

这一时期，烟台港务分局的职责，较之以前的烟台港务处时，主要是增加了对船舶的管理。即海关移交到港务分局的5项职责。

船舶进出口核准

在这项工作中，港务分局为协调港口相关部门的工作，按中央政府统一港航管理的指示精神，以港务分局为主，邀集海关、水上公安分局、港口检疫所、海员工会等单位，共同建立了港口联合检查会议制度。每月两次，按期举行联合检查会议。联合检查会议的主要作用是沟通、协调联合检查中各部门的工作，以达到简化检查手续，方便船只航行的目的。根据各部门职责，港务分局负责检查船舶证书，船员手册，航海日志等；海关负责检查货物及旅客所带的行李等有关查私事项；水上公安分局负责检查旅客证明、是否嫌疑分子等，并配合海关同时检查旅客行李。港口检疫所负责检查船员、旅客的病疫，船舶蒸熏、货物消毒等。对船舶进出口的许可、船舶进港的时间及其停泊地点，只有港务分局可以决定，其他机关不得阻碍。

船舶丈量登记

凡在本港作运输贸易或捕鱼之汽轮、帆船，无港务局或海关之登记证件，或在本港建造者，均须由已在海关注册登记之船只代理行填具申请丈量保证书，连同其他一切有关证件（如系买卖关系变更，业主须持契约证明），送至船舶丈量部门审核。经批准后，丈量人员即偕该代理行登船进行丈量（丈量办法见本节附件1）。根据丈量结果核算该船之容量担数（帆船）或吨数（轮汽船），再由船舶丈量部门发给该代理行一份船舶申请登记表，令其逐一依格式填妥盖章后交回，并缴纳丈量、刷号、路簿、执照等费。各费缴讫后，即由丈量人员填写航运执照及航行路簿（或渔船执照）等一并交丈量部门负责人核阅，阅毕将路簿、执照发给代理行并进行刷号（贸易船黑底白字，渔船白底黑字）。申请丈量保证书及所附证件与船舶申请登记表则存案备查，最后将该丈量之船只记入登记簿。

征收港务费

1950年4月，烟台海关接到中央人民政府财政经济委员会关于税收项目指示，将原有从船港务费改为船舶吨税，收入上缴国库，从货港务费仍照旧。这样，烟台海关即只将从货港务费及带缆、解缆费的征收工作移交给烟台港务分局。

从货港务费征收办法及费率规定，凡国外贸易进出口货物或国内贸易转出入口货物，在有海关机关设立之港口，应依货物价值的8‰征收。带缆、解缆费征收办法规定，中外轮船停靠或系带浮标之带解缆费，每次各缴“折实单位”①17个。“折实单位”按每月25日的《青岛日报》数目计算（上月作下月的标准）。另外，还规定，凡应缴纳之一切港务费自发给征收证件次日起，3日以后（星期例假除外）须逐日征收应缴纳全部港务费5‰之滞纳金（从

① 折实单位：中国在解放初期实行的一种以实物为基础而以货币折算的单位。一个单位等于一定种类，一定实物的价格总和。1949年春，始于天津，实物包含面粉一斤，玉米面一斤和布一尺的前5天的平均价格为标准。后推行于京、沪、汉、宁、苏、杭各地，标准各不相同。应用范围原只限于折实存款，以后，逐渐推广到工资、放款、公债、房租等的计算方面。当时对安定人民生活，使其不受物价波动的影响，起到了一定的作用。折实单位的价格称折实牌价，由各地中国人民银行按当地折实单位所含实物的市价计算逐日挂牌公布。

货港务费征收办法见本节附件2)。

船舶港内停泊地段和锚地指泊

汽船、渔汽船、渔帆船、国际贸易汽船、国际贸易帆船其锚地均须固定(图2-1-1),轮船则无论国际或国内贸易均须临时指定,指定的原则系根据该轮船吃水量、锚地深度及港内船舶停靠情况而定。锚地指泊办法则根据旗台电话报告,经决定锚地号数后,再告知旗台以旗语转示有关轮船,驶港内指定锚地停泊。

烟台山信号旗台对进出港船舶之指挥及助航设备管理

自统一航务、港务至1952年4月以前,烟台港务分局通过烟台山信号旗台指挥船舶的进出港;当年5月,奉命将烟台山信号旗台移交海军烟台巡防区管理。当时,烟台港务分局对港内助航设备管理的工作范围,仅限于主管区域内的补给、保养、小修及季节性的标志撤换,移动位置等事项;至于工程修建,改善发光性能等工作仍由航务总局直接负责。港内助航设备的工作人员(即灯塔看守员等)由分局直接指导管理,但有关人员调度及薪金等事项,统由航务总局办理。灯塔看守人员日常需用物品及维持灯塔灯标发光性能需用物品的"港务预算",1951年第一季度仍由青岛海关代办,自第二季度起由分局按季度负责拟造,然后呈青岛区港务局转交通部核发。

1952年1月1日起,烟台港务分局所辖的助航设备交青岛区海务办事处管理。1953年7月,青岛区航标处(由青岛区海务办事处更名),奉交通部令:"沿海航标及管理航标的海务机构(上海、青岛、广州航标处,厦门航标站、上海灯标配制厂)一并移交海军司令部接管"。这样,烟台港辖区内的灯塔、灯标即移交至青岛海军基地烟台巡防区。计有烟台山灯塔、崆峒岛灯塔、崆峒岛沙尾浮标、东防波堤南端灯标、东防波堤北端灯标、西防波堤北端灯标、老白石等标,共7处。

附件1

船舶丈量办法

1. 汽船

丈量船只统长度、最大宽度及最大围度,而以二分之一的围度加二分之一的宽度的自乘数,以统长度乘之,再乘以系数0.001 7取得总吨数,其计算公式为:

$$\left(\frac{\text{围度}+\text{宽度}}{2}\right)^2\times\text{长度}\times 0.0017=\text{总吨数}$$

丈量机舱的最大长度,油柜以内的最大宽度及最高深度所得结果相乘,再乘以系数1.75即得机舱吨数。轴道所占吨位的量法与机舱吨数相同,计算公式如下:

$$\frac{\text{长}\times\text{宽}\times\text{深}\times 1.75}{100}=\text{机舱吨数}$$

$$\text{总吨数}-(\text{机舱吨数}+\text{轴道吨数})=\text{纯吨数}$$

以上丈量均以英尺为计算单位。

2. 帆船

丈量船头横板及船尾横板以内之长度,最大宽度及最大深度,而以所得结果相乘,乘得之积如遇方头船以0.75扣除之,如遇尖头船以0.65扣除之,扣除后所余之数,再以100(立方英尺)除之,最后乘以20,即得帆船担数,其计算公式如下:

$$\frac{长 \times 宽 \times 深 \times 0.75(或0.65)}{100} \times 20 = 帆船担数$$

如遇甲板上有突出舱口部分,该部分之长、宽、深均须丈量,仍照上式计算,但不乘0.75或0.65,所得之担数应加在帆船担数之内,作为该船载重担数的一部分。

以上丈量均以英尺为计算单位。

附件2

从货港务费征收办法与费率

(1)国外贸易进出口货物及国内贸易转出入口货物,均以其估价总值的8‰征收港务费。

(2)烟台海关所辖范围内(南至马虎港西至下营口)转运货物,只征收一次港务费,即征转出不征转入港务费,但由无海关机构之海口向有海关机构之海口转运货物时,须征收转入口港务费。

(3)凡有下列情况之一者,给予免征港务费:

①往来在无海关机构之小海口转运货物者;

②国内转运渔盐者(须持有盐所渔盐票证);

③领有各地海关发给执照的渔船,由海洋捕捞之海产品,直运各港口出卖者;

④机关部队在国内各港转运供给物资有证明者;

⑤进口或转入口军火(包括枪炮子弹炸药)系供军用者;

⑥居民搬家携带行李家具自用品等有迁移证明者;

⑦旅客携带自用物品确非贩卖者;

⑧船用物料在规定标准内者;

⑨搬运灵柩有证明或具保结者;

⑩新闻纸、杂志、各种书籍及持有入口证明书电影片者。

第三节　港口对外贸易的恢复

1948年10月,烟台第二次解放,港口的对外贸易开始恢复。以前,1945年8月至1947年9月,烟台虽然已被八路军解放,但在国共两党的对峙中,国民党军队对胶东解放区沿海不时地进行骚扰,外籍商轮几近绝迹;延至1947年10月,国民党占据烟台,烟台港又被国民政府列为“暂缓开放口岸”。所以,港口的对外贸易一直处于被压制之中,难以正常进行。

烟台第二次解放后,烟台港的对外贸易地区,主要是香港,次之则为韩国。

香港是烟台港的传统贸易地区,也是烟台第二次解放后,我外贸部门首先打通的地区。烟台第二次解放,国营的振泰贸易公司即随军进入烟台,采用“以货易货,统购统销”的贸易政策,以给予港商较高的利润,吸引港轮驶入烟台港进行货物交易。据《烟台国外贸易分局1949

年总结报告》记叙，“烟台港口曾停泊 8 艘满载轮船，造成我外汇物资难以支付。同时，我们的作价完全以港币底价为作价标准，保证其一定利润，使港商大胆抢购我之需要物资进口”[7]。据测算，港商进口货物的毛利润大约为 20% 至 40% 之间。随着香港与烟台之间贸易的发展和我方对出口产品的管理，由香港进口的物资逐步发展为应我方的要求而进行的物资供应，这对解决当时解放区的短缺物资起到了很重要的作用。烟台自香港进口的物资以交通、印刷、西药、电器四大器材为大宗，包括汽油、柴油、纸张、西药及化工、电器、五金等产品；由烟台港出口的货物，则为花生、花生油、干海鲜品、中药材、及花边、绣花、发网、粉丝等传统产品。根据烟台海关（1949 年 11 月 26 日，山东省人民政府令，东海关改称烟台海关）的统计，1949 年香港进口烟台港的货值是人民币旧值 2 476 181 157.99 元，折合美元为 3 080 939.24 元[8] 烟台港出口货值为人民币旧值 3 013 140 382.82 元，折合美元是 2 667 571.53 元[9]。

烟台港与香港的贸易，始于 1949 年 1 月 17 日“捷利”轮首次来烟；1949 年 6 月，青岛解放，港轮多转向青岛，故来烟贸易的港轮逐渐减少。1949 年 1 月至 6 月来烟港轮进出口货物价值详见表 2-3-1。

1949 年 1～6 月香港轮进出口货值表　　单位：元　　表 2-3-1

进港日期	船　名	进口货值（港币）	出口货值（人民币旧值）
1 月 17 日	捷利	705 075	1 731 489
1 月 30 日	华中	1 504 998	139 666 355
2 月 14 日	捷利	301 789	27 865 700
2 月 24 日	北星	981 864	29 455 949
2 月 25 日	南美	1 207 721	70 429 115
3 月 2 日	宁海	1 064 936	110 634 793
3 月 6 日	华中	589 839	115 082 100
3 月 7 日	集南	847 341	7 452 173
3 月 25 日	西克乐	768 750	54 663 752
3 月 29 日	蛾眉夫人	800 435	74 898 695
4 月 1 日	南美	123 950	10 887 574
4 月 8 日	华中	1 192 100	130 313 065
4 月 7 日	帝国鸟	753 713	76 514 100
5 月 4 日	华中	1 600 773	174 285 488
5 月 12 日	南美	1 464 853	128 771 610
5 月 23 日	新利华	1 570 013	810 520 157
6 月 13 日	捷利	101 140	899 745

资料来源：①烟台进出口管理局《入烟以来工作总结报告》之“港轮进出口统计表”；
②《烟台国外贸易分局 1949 年总结报告》之“公、私轮来回货值表”。

烟台所处的胶东半岛与朝鲜半岛相距较近，所以，烟台港很早便与朝鲜半岛的诸港，尤其是韩国的各港建立了贸易关系。烟台第二次解放后，韩国政府对胶东解放区采取了封锁政策，禁止韩国商人来胶东解放区做生意。但当时韩国商人为利润吸引，常常私运货物到石岛、烟台进行交易。他们带来的货物主要是化肥、汽油、煤油、柴油，换回去的则主要是土布等棉织品。1949 年 2 月之前，烟台港进口的韩国货物多由私人商号经营，海关监管，照章纳税；自 3 月始，国营贸易公司亦经营对韩国的贸易。据烟台海关统计，1949 年自韩国进口货值为人民币旧值 257 436 593.04 元，折合美元 198 625.13 元；出口货值为人民币旧值

342 775 201.42元，折合美元 278 052.41 元[10]。

1950 年至 1952 年的 3 年间，烟台港的对外贸易的货物结构并未发生大的变化，进口仍以工业制成品为大宗，出口货物则仍然以烟台当地土产为大宗。但是，建国之后，外贸工作更为规范，随着外贸渠道的扩展，汇兑关系的建立，欧洲部分地域已成为烟台港出口货物市场之一。详见表 2-3-2 和表 2-3-3。与此同时，外贸货物的吞吐量也因之逐年略有增长，1949 年仅为 0.6 万吨，1950 年为 1.7 万吨，1951 年为 2.6 万吨，1952 年则完成了 3.3 万吨，呈逐年增长的态势。

烟台海关 1950 年进口货物总值及约计重量表　　表 2-3-2

货名	来源地	约计重量（公斤）	价值	
			人民币（千元）	折合美金（元）
化学肥料	朝鲜	820 000	672 072	32 467
炼油	朝鲜	207 998	635 923	30 721
	韩国	3198	7286	202
咸鱼	朝鲜	500 000	400 000	21 622
碳化钙	朝鲜	492 142	606 191	20 725
豆饼	朝鲜	243 708	285 887	9 222
米谷	韩国	146 194	176 005	8 801
化学产品	朝鲜	17 518	262 729	7 682
	韩国	283	2 876	108
麻布	香港	500	136 190	4 729
新旧麻袋	香港	7 031	97 273	3 377
	韩国	4 300	19 577	561
滑物油	朝鲜	359	2 220	62
	韩国	14 209	123 830	3 740
	日本	114	1 659	54
动物肥料	朝鲜	229 200	78 341	3 785
砂糖	台湾	26 896	106 886	3 393
柴油	朝鲜	2 375	6 143	173
	韩国	20 970	45 788	1 818
	日本	1 295	4 836	156
汽船	韩国	61 300	51 442	1 325
	日本	70 000	17 809	575
大铁桶	朝鲜	37 064	33 275	1 492
	韩国	3 289	5 232	150
	日本	350	751	24
硫磺	韩国	4 500	30 682	1 276
火锯条	韩国	230	34 620	1 012
花边线	香港	81	12 026	418
绣花线	香港	25	6 114	212
肥田粉	韩国	1 844	5 790	160
西药	韩国		4141	117
总计		2 913 334	3 867 611	160 005

资料来源：《烟台海关史概要》。

烟台海关 1950 年出口货物总值及约计重量表

表 2-3-3

货　名	运销地	约计重量(公斤)	价　值	
			人民币(千元)	折合美金(元)
花生米	香港	2 312 290	9 711 618	372 153
	荷兰	5 588 000	25 704 800	840 301
	比利时	1 524 000	7 010 400	229 173
	瑞士	1 473 200	5 008 880	161 577
粉丝	香港	701 256	5 137 276	198 690
大豆	香港	1 601 323	1 772 481	95 810
绸缎	香港	8 208	777 600	29 793
	韩国	1 242	78 791	2 550
	朝鲜	11 900	356 940	9 393
绣花品	香港	1 820	1 061 056	37 250
	美国	4	1 200	39
土布	韩国	186	21 680	617
	朝鲜	30 832	1 387 540	36 573
棉布	香港	3 000	62 500	3 378
	韩国	603	19 971	975
	朝鲜	20 280	875 360	23 036
丝绸	香港	1 096	632 749	20 549
	朝鲜	2	240	6
花边	香港	2 445	558 021	18 667
	美国	6	1 590	51
	瑞士	330	17 276	558
香料	朝鲜	94 542	472 708	12 440
鲜鱼	香港	22 912	52 440	2 835
	韩国	520	956	24
其他布	韩国	1 209	35 187	1 498
	朝鲜	925	28 422	1 098
鲜菜蔬	香港	351 231	44 701	2 416
	韩国	513	1 230	66
中药	韩国	2 126	22 444	702
	香港	7 187	41 362	1 400
水果	香港	16 100	61 760	2 030
草帽辫	香港	4 080	46 920	1 798
鱼干	香港	2 935	16 220	535
其他	香港	9 240	9 950	471
	韩国	627	19 403	690
	朝鲜	112	5 878	148
总计		13 881 783	61 328 889	2 123 020

资料来源:《烟台海关史概要》。

对于表2-3-2和表2-3-3需要说明的是,1950年,烟台海关下属的石岛支关、威海支关、龙口支关驻地港口,即石岛港、威海港、龙口港均为不对外开放港口;所以,当年烟台海关统计的外贸货物即为由烟台港进出之货物。

新中国成立之后,我国即处于冷战世界格局中;及至朝鲜战争爆发,更是将东部沿海一带推入国防前线。在此情势下,烟台港便一直是军商两用。为军队需要,海军烟台巡防区对港口的南口实施管制,除军用船只外,民船、商轮皆不得由该口进出烟台港,只能经由北口进出。

当时,烟台港南口水深18英尺至20英尺,即5.49米至6.1米;北口水深17英尺至19英尺,即5.18米至5.79米;而且南口航道直,较之北口,船只出入更为便利。随着烟台港外贸货物的增长,往来大型船舶增加,此种限制,殊感不便。故此,1951年9月,烟台港务分局函请青岛区港务局与青岛海军基地洽商,开放南口,以利航行。据此,青岛区港务局于1951年9月25日呈报交通部,希洽商海军司令部,准予开放。1952年5月1日,建国后烟台港的第一位引航员缪汉生同志到烟。在引领大型船舶进港过程中,倍感大轮在北口进出转向困难,进港后对于船舶驾驶方面,更难应付;且北口每日均有小轮及帆船数百艘进出,航道拥塞。所以,烟台港务分局于1952年5月6日,以烟分航字第199号文呈报青岛区港务局,再次要求开放南口。5月20日,青岛区港务局函告烟台港,称青岛海军基地同意开放烟台港南口,准2 000吨以上大轮船进出,2 000吨以下的船只仍由北口进出。为了便于军事管制,每次轮船进出该口应事先通知海军烟台巡防区。很明显,南口允准大型商轮通行,使烟台港此后外贸远洋轮船的出入有了很大的便利。

参考文献

[1] 烟台文史资料. 第3辑. 第179页.

[2] 烟台文史资料. 第3辑. 第183页. 32军军长为王伯勋,1949年广东战役中王伯勋率军起义,曾任贵州省副省长.

[3][4] 东海关1947年海务报告. 藏烟台市档案馆. 卷号:112.

[5][6] 当代中国的水运事业. 第8页. 北京:中国社会科学出版社,1989年.

[7] 烟台国外贸易分局1949年总结报告. 第192页. 藏烟台市芝罘区档案馆. 卷号:180.

[8][9][10] 烟台国外贸易分局1949年总结报告. 第96页. 第89页. 藏烟台市芝罘区档案馆. 卷号:180.

第三章

“一五”时期港口的建设与生产

“一五”时期，国家投资建设西码头，1954年底建成投产；基本解决了开埠以来靠驳运装卸的落后生产方式。1956年4月西码头仓库建成，与西码头工程相配套的锚地和航道的浚挖工程亦于1954年12月完工。1956年11月，建成客运浮码头。另外，新中国成立之初，渔船归烟台港务分局管理，故于1953年建成渔轮浮码头。1953年烟台港务分局接收装卸工人，开始直接组织港口生产。同年，港口昼夜对外开放，成为新中国最早对外开放的港口之一。1954年，遵照《中华人民共和国海港管理暂行条例》，烟台港划分出港口的水域、陆域范围；1955年制定《烟台章程》；两份文件均经交通部核准遵行。“一五”时期，港口的客货运输都有所发展。1955年，货物吞吐量57.7万吨；旅客吞吐量23.9万人次。蓝烟铁路1956年建成通车，既扩大了港口的客源腹地，也分流了港口的出口货源；造成烟台港连续两年货物吞吐量下降。因应之道，唯有将铁路引入港内，方可形成铁路、港口的双赢。

第一节　改善扩建港口设施

一、建设西码头

自1921年烟台港建成东、西防波堤，形成人工港池之后，可以直接停靠大型船舶进行货物装卸，唯有北码头。北码头建于西防堤北端，离靠近市区的港池南岸较远，大约为1.8公里。为解决货物搬运之难，海坝工程会于1926年在西防波堤上铺设轻便铁路，将北码头与西防波堤南端的堆场相连接。整条铁路贯穿全堤，南端建有月台，以便于货物装卸。并备有铁车18辆，所运货物装于载重铁车内，由人力沿铁路推动。在当时，这种方式，已称便利。但是，日本占领时期，该铁路被拆毁，使由北码头进出之货物运输更为困难，北码头的利用率亦随之降低。

事实上，从历史上看，北码头自投入使用后，利用率一直是比较低的。据统计，从1927年至1937年的11年间，北码头货物通过量每年大约在20 000吨至50 000吨之间，这个数字与码头设计能力要求相距甚远。据相关资料记载，北码头的设计能力为年过货量18万吨，与实际通过量5万吨相比，实际通过量仅为设计能力的27%；如果同港口当时的吞吐量相比，则相差更大，尚不足全港吞吐量的10%。所以，北码头在烟台港的装卸作业中不占主要地位。

与此相反,正是由于北码头的局限,促成了港口驳运装卸的兴起。当时,港内有15处停泊区,可以同时容纳3 000吨级轮船9艘;2 000吨级3艘和1 000吨级3艘。据记载,1927年,"烟台港即有大舢板210只,及至1936年,有大舢板156只,计有3 097吨的载重量。小舢板422只。码头工人经常有1 100名至2 200名。每日装卸能力:杂货800吨,煤800吨至1 200吨"。

但是,驳运装卸必然带来装卸费用的增加,这也是烟台港与邻近的青岛港相比,长期中难以发展的原因之一。烟台第二次解放至新中国成立后的经济恢复时期,尽管烟台港对港口设施进行了大量的整理、修复,但依靠驳运装卸货物的局面并未得到改变,装卸费用依然居高不下。据1952年统计,以出口花生米为例,每吨费用总计为人民币旧值66 600元,各单项费用见表3-1-1。

花生米装船费用表 表3-1-1

搬运装卸费							港务费			总计	备注
枯潮费	驳力费	装卸费	运送费	理货费	夜班费	合计	货物港务	堆存	合计		
14 000	12 400	4 600	14 000	1 000	8 500	54 500	9 600	2 500	12 100	66 600	夜班费在内

很明显,要改变烟台港的这种局面,唯一的办法就是在港池内建造新的码头。这一议题不仅引起烟台港务分局和青岛区港务局领导者的思考,也引起中央政府交通部相关领导的重视。1952年12月1日,交通部海运管理总局局长于眉偕苏联专家沙士可夫及航务工程总局的两位工程师来烟台港考察。他们均认为,烟台港未来的发展,唯有沿西防波堤内侧建造码头,以逐步废除港内锚泊驳运装卸;按照这一想法由航务工程总局的两位工程师拟出烟台港的初步整修方案。方案提出6项工程项目。

第一,货运码头:于西防波堤南端内侧,渔轮停泊区以外,添建3 000吨级码头一座。该码头的建造方式,有3种选择:其一,木桩栈桥;其二,钢轨桩栈桥;其三,方块垒砌岸壁重力式结构。烟台港务分局选择了第三种建造方式。码头设计高度为11米,其中烟零线以下为6米,以上为5米;船位长100米(后修改为129.5米);两侧端墙各长10米。

应该说,沿西防波堤内侧建设码头的方案,与当初东、西防波堤的设计者,荷兰人瑞立德(Van Lidih de Jeude)对烟台港的设计初衷是一致的。瑞立德时任荷兰治港公司工程总理,他是烟台港东、西防波堤的主要设计者。他在设计说明书中谈到,人工港池,一方面为船舶提供安全锚地,另一方面也要为港口未来的建设打下一个基础。瑞立德曾经做过设想,将来既可以在西防波堤内侧建造顺岸式码头或突堤码头,也可以在外侧建造突堤码头。"如果需要,而且得到租让权,这些码头可以逐步建筑起来"[1]。烟台港以后的码头建设也正是沿着这一思想进行的。这让人们真实地体会到"建筑是百年大计"的内涵。

第二,客运码头:拟将已军用之东码头收回,于其端部建造可系泊1 000吨级客轮的铁制浮码头,并将该码头水深控制至烟零线下4.57米。

第三,驳船码头:拟建造2处驳船码头,分别建于太平湾码头和南岸码头东部。太平湾码头为修复使用,南岸码头设计为离岸8米,直立方块式岸壁,计高7米,其中烟零线以下2.5米,以上4.5米。

第四,北码头:拟重建通向北码头的铁路,连同全部铁路道岔计,铁路约长4.5公里。铁路上以小型机车拖带平板车,搬运货物。

第五,仓库:于建造的货运码头上,建设面积为2 500平方米,容量4 000吨仓库一座。

第六,西防波堤照明设备:利用西防堤原有的52根混凝土电灯杆,恢复照明设备,且在码头堆栈处,增设3盏探照灯,以利夜间装卸作业。

很显然,这个整修计划,在烟台港以后的时间里,并未全部实施。6项工程中,客运码头、驳船码头和北码头建造铁路均未进行。拟收回的东码头,即开平码头,自1950年交海军烟台巡防区使用,一直未办理正式移交,1954年4月,正式划归海军烟台巡防区所有。唯建造新货运码头和仓库的计划得以顺利地实施。

1954年3月,交通部决定在烟台港修建一座客货码头,当时我国正在自己建造北方沿海第一艘客货轮——乙型客货轮,即民主10号、11号轮;所以,交通部决定烟台港新建码头按5 000吨级船型设计并适应乙型客货轮要求。3月初交通部组织设计施工人员来烟台港勘查研究。5月,由交通部航务工程总局设计局提交了设计文件;6月14日工程开工。工程由交通部航务工程总局天津新港工程局施工。为此,该局组成了“四〇四工程队”,在烟台港西防波堤搭建工棚,建起了顺岸式低位方块预制场;采用真空模板技术制作混凝土方块。烟台港务分局委派戚立心、陈顺为工地代表,在极其简陋的设备条件下开始建造(图3-1-1)。

图3-1-1 西码头工程施工现场

这个码头为一个泊位,总长129.5米,为古典式方块重力式结构,方块重量为30吨。全部工程包括港池挖泥、陆域形成、两端护坡、道路照明等,耗资人民币现值154.8万元;施工用料,包括当地沙石均由施工单位筹集采运,工程于11月15日竣工。共计浇筑混凝土7 225立方米,填石28 556立方米,填沙30 064立方米。1954年12月24日经青岛区港务局组织验收,取名为“西码头”;其主要要求是5 000吨级的船舶停靠不受潮水限制。这是新中国成立后,继海南岛海口港秀英码头之后,我国以自己的技术力量和设备投资建造的第二座重力式码头。这座码头由于适应乙型客货轮“舷门”工艺的要求,中部凹入一个2米宽,14.6米长的梯子口,凹面直墙上按设特设的铁栅,以从“舷门”搭设条板上下旅客,后来,这套设施因不适用而被废除。

烟台港西码头投入生产以后,烟台港即根据整修计划进行西码头仓库的建造工程。1955年3月开始钻探工作,交通部水运规划设计院港口分院承担了仓库的设计工作,10月6日,设计文件发至烟台港。按设计,建造单层双跨木桩基的砖木结构仓库,面积为2 970平方米。当年10月由烟台市建筑工程公司承建。在施工过程中,由于打桩机力量不足和木桩需穿越粉砂层(铁板沙)等困难,工程进展较慢,1956年4月中旬工程竣工。工程造价为人民币现值15万元。此外,1955年,还安装了西码头的照明设备;至此,西码头陆上配套工程全部竣工。

1954年,在建造西码头的同时,交通部疏浚公司天津区疏浚队承担了烟台港的疏浚工程;该工程分为3个部分,分别是码头基槽挖掘、码头停泊地和航道的浚挖。码头停泊地与航道均是新建码头的配套工程。码头停泊地水深设计为-6.8米,航道水深设计为-6.5

米,宽 60 米,航道自东防波堤南口起,至西码头止,长 1 300 米。

工程于 5 月 8 日开始,疏浚公司派来的施工船先后有链斗式挖泥船“大沽一号”和“西河号”,耙式挖泥船“快利号”与“浚利号”。据疏浚公司天津区疏浚队 1955 年 1 月 31 日浚队密技(55)字第 17 号报告记叙,码头基槽于 6 月 23 日竣工,停泊地部分于 12 月 19 日竣工,航道部分于 29 日基本竣工。之所以说航道部分是基本竣工,是因为航道浚挖至 -6.1 米时,发现有 2 处铁板沙层,难以继续浚深。一处位于码头停泊地与航道交界处的航道部分;一处位于东防波堤南口的航道入口处南侧。时至隆冬,挖泥船均需修理、保养,故将此 2 处作为尾工,留待 1955 年上半年完成。另据烟台港务分局 1955 年 11 月 15 日呈报交通部海运管理总局的烟港督字(55)第 107 号报告称,新挖掘的航道所余尾工,1955 年上半年虽经施工,挖泥 5 000 余方,但航道入口处仍有少量水域未达到设计深度,经测试,并不影响船只航行。码头停泊地及航道共计挖泥量 29 万余立方米,耗资人民币现值 48.66 万元。

二、建造客运浮码头

烟台港北距辽东半岛的大连仅 89 海里,乘船往来,甚为便利;加之历史上,有大量山东、苏北农民流向东北谋求生路,所以,客运业比较兴盛。据记载,清同治 12 年(1873 年),东海关即开始办理旅客交通运输审理,烟台港的客运业亦由此而正式开始。迨至 19 世纪初,辛亥革命前后,烟台港的客运航线计有 15 条之多,多是连接渤海湾内及辽东半岛和山东半岛各口岸,如天津、秦皇岛、大连、营口、丹东、龙口、威海、青岛;南则驶往上海、香港;海外则直达日本神户和韩国仁川。诸航线中,客流量以烟台至大连为最大。其时,在烟台开办客运的洋商有 8 家,如日本邮船会社、冈田洋行、太古洋行、印度支那航业公司等。中商则主要为轮船招商局、中国航业公司、政记公司等。旅客吞吐量,以 1910 年和 1912 年为例,分别为 335 365 人和 310 567 人。

但是,由于在港口建设中没能考虑客运设施;加之自 1921 年形成人工港池至西码头建设之前,在 30 多年的时间里,港口建设处于停滞之中,致使烟台港的客运设施极为落后,旅客上下轮船,多靠乘舢板驳运,见图3-1-2。这一状况,在解放初期并未得到改变。

图 3-1-2 舢板驳运旅客

1948 年 10 月,烟台第二次解放,由于国家尚处于战争及其后的经济恢复时期,所以,烟台港的客流量较为平淡,年进出量在 15 万至 20 万人次之间。当时,主要航线有烟—连、烟—津、烟—威—青等线;及至 1950 年,烟台港的客运航线即固定为烟—连和烟—龙—津 2 条。

1952 年,为改善烟台港的客运设施,国家曾投资在开平码头南部,即原海关旅客码头建造一座简易客运站,面积为 536 平方米,可以容纳 500 人;并于客运站门前开挖船位,可以使载重 200 吨的钢质驳船停靠。至此,往来旅客即有候船之处,免受露天之苦。驳船来往轮船与码头间,亦由拖轮拖带,较之舢板驳运,确为进步。

1954年底，西码头投入使用，客、货轮船均可直接靠泊，上下旅客或装卸货物。这样，西码头的建成与使用，为烟台港带来两个变化：第一，改变了相沿多年的驳运装卸方式；第二，使港口的客运、货运业务由港池的东岸转移至西岸。

这样，1952年建于东岸的简易客运站已失去效用；所以，1954年11月29日，遂将港口客运业务迁至西防波堤南端的新改建的客运站内。在财力有限，倡导勤俭节约的建国初期，这座客运站由一座单层仓库改建而成，面积1 000平方米。尽管如此，无论是港口驳运的废除，还是客运设施的逐渐改进，都体现出国家第一个五年经济发展计划所带来的社会进步。

但是，随着港口客运量和货运量的增长，进出港船舶的增加，因港口泊位不足而造成客、货争用泊位和码头现场客、货交叉的问题便显现出来。据统计，烟台港的客运量1953年即达到23.7万人次；1954年和1955年都维持在这一数字，1956年，达到28.4万人次。同期，1953年，轮船在港停泊604艘次；此后的3年，分别是754、799和700艘次。当时，北码头和西码头都可以停靠客轮或货轮，客、货争用码头的情况十分突出。另外，由于没有旅客专用通道，所以，旅客上下船都需要经过货运出入口并穿越繁杂作业的港区，这既妨碍了港区的货运及装卸作业，也影响旅客的安全。

对于烟台港泊位不足的状况，交通部决定将上海港黄埔江边报废的两条趸船，改装成客运浮码头，安设于西码头南侧。这样，可以将西码头“解放”出来，以更多地发挥其货运作用。这项工程设计由烟台港务分局承担，趸船修复则由上海江南造船厂承担。

1956年春，烟台港务分局工程师戚立心负责客运浮码头的技术设计，苗丰林驻沪监修趸船、引桥、支撑等部件。桥墩、支座墩及安装由烟台港务分局施工。该工程建设在西码头南端，两艘趸船串联顺岸安装，一艘长48米，另一艘长54米，中间搭木制连接桥。趸船宽8.5米，设5×15米钢板引桥和角钢支柱各两个，离护坡15米用铁链牵系拉结。码头总长110.7米，前沿水深－5.1米，码头停泊地疏浚由疏浚公司天津区疏浚队承担，由该队的“新河号”链引式挖泥船施工。全部工程包括停泊地疏浚、道路、照明等共耗资77.54万元。当年11月30日竣工，见图3-1-3。12月7日靠泊“民主一号”客轮，码头正式投入使用。

图3-1-3 客运浮码头

客运浮码头是烟台港兴建的第一座专供客轮使用的专用码头，它的建成，以较少的投资把西码头“解放”出来，有效地解决了客运泊位不足的问题，但客轮的零担货载装卸则仍然受到潮位的影响，人力拉车爬坡也十分困难。后来，虽然设法安装了拉坡机（卷扬机），但拉坡机维修费用太高，最终被淘汰。流动机械在该码头上作业，亦受到承重的限制；所以，对于货物装卸，浮码头确有不便之处。

1959年4月，在“大跃进”的“放卫星”活动中，客运浮码头因甲板堆货过重，使荷重超过1.0吨/平方米的标准，而使一只趸船的二分之一板面压塌，当年10月修复并普遍进行了加固。1963年，因需在客运浮码头位置建设固定码头3号泊位，故将客运浮码头迁建。根据迁建工程设计,客运浮码头将向南移至1号泊位,距南岸6米处。但当时因施工及港池水深问题,所以,没能按规划位置迁建,而是临时设于西码头北端160处使用。1965年又移到1号泊位。此后,随着装卸机械化水平的提高和码头泊位的增多,该浮码头一般供港作轮使用。1981年1号泊位改建为固定式码头,浮码头移到西南河口附近。1982年处理报废。自1956年至1982年,客运浮码头在烟台港完成了自己的使命,也见证了烟台港26年的变迁,成为一代人的回忆。

三、建设渔轮浮码头　疏浚渔轮停泊区

第一个五年计划期间,烟台港在港口建设方面另一项工程,便是1953年进行的渔轮浮码头建设和1956年对渔轮停泊区的疏浚。

烟台毗邻渤海和黄海,近海渔业资源丰富;1921年,人工港池建成,为渔船返港卸鱼和进港避风提供了良好的港湾条件;同时,烟台作为商埠的发达和贸易的兴盛,又使渔业的发展有了商业上的条件。多种因素,促成了烟台的渔业自20世纪20年代后的快速发展。以捕捞业为例,据记载,1929年,烟台始有渔轮从事海上捕捞,至1936年,出海渔轮达150余艘;加上渔帆船,以烟台港为基地的渔船有3 000余只,渔民20 000余人,年鱼获量则过亿斤。

与海上捕捞相适应,陆地渔业加工和运销亦极为兴旺。1933年,烟台的鱼行有81家;抗战前夕,增至120家,其中建造腌盐鱼池和天棚晒台的有60余家。所以,历史上,烟台港就是一个商港和渔港合一的港口。

对渔船的管理,诸如丈量、注册、登记、征收规费,历来为东海关所掌控;烟台第二次解放后,循例,亦由海关管理。1950年,遵照中央政府统一航务港务的指示,此项工作移至烟台港务分局。在港内水域的使用划分上,烟台二次解放后,渔船一直被指定在西防堤南端以东,西南河口以西,距南岸码头70英尺(21.34米)的水域内。故此,1953年,烟台港务分局建造的渔轮浮码头即建在这一水域。

烟台港务分局于1953年建造渔轮浮码头与1954年建造西码头的原因大致相同。事情的经过是,1951年6月13日,烟台鱼市场呈函农业部,称"烟台地处黄渤两海之间,为全国著名渔港,根据历年的产销数量,以及加工设备齐全等有利条件,均为其他一般渔港所不及。但因滩浅,港湾淤塞,渔船不能靠拢码头,在装卸上极感困难"[2]。由此,致使卸鱼费用过高。以平均每对渔轮卸鱼2 000箱,每箱重约45斤,所需费用以苞米计,约需4 250斤苞米。所以,许多渔船都不愿来烟台港卸鱼。故希望由烟台港务分局统一掌握,调拨挖泥船,疏浚淤泥;另筑一渔码头,起卸鱼货,以利烟台渔业之发展。据此,农业部曾派员与交通部航务总局协商,征得同意,并于7月26日以农渔字第238号函,函达交通部航务总局,"查该场所称各种情况,据查均属实在,我部同意在港务局统一掌握下,挖除港内淤泥,修建简单的卸鱼码头,俾节省人力、物力减少渔民损失,以奠定恢复发展该港渔业的基础"[3]。

此后,屡经勘查、研究、设计、批复,烟台港务分局将建造渔轮浮码头的计划列于1953年的基本建设计划中,编列上报。1953年3月12日,青岛区港务局以青港计(53)字第83号文,《通知五三年基本建设烟台分局应行办理之工程由》,批准烟台港渔轮浮码头建设,总投资为人民币旧值113 960万元。其中,调拨浮船2只及运输费为78 000万元;浮船改装及修理费15 000万元;浮码头桥梯及岸上设备建造费20 960万元。

烟台港务分局于当年第二季度即组织施工,当年完成。渔轮浮码头建在西南河口以西的南岸码头下。整个码头为2座18.3米×6.1米的钢制浮码头,浮码头与岸间有钢制引桥相连接。将其建于此处,陆上,可以与鱼市场、冰库、盐池相衔接;海上,则与渔轮停泊区相邻;故,卸鱼上冰,均为便利。

1957年国家决定建设“烟台渔业基地”,交通部与渔业部就商业与渔业共同使用烟台港达成协议,南岸码头以西南河口为界,商港使用西部,渔港使用东部。此后,烟台渔业公司遂在东部利用原码头岸壁建设了浮码头和输冰栈桥,陆上征用烟台港务分局的堆煤货场建设了渔业联合加工厂。烟台港务分局则将渔轮浮码头改为港作轮码头。

在建造了渔轮浮码头之后,烟台港务分局还于1956年春季疏浚了渔轮航道和渔轮停泊区。此项工程由烟台港务分局的“建海号”挖泥船施工,共掘泥187 400立方米。据《烟台港五六年疏浚工程竣工的报告》记载,渔轮航道和渔轮停泊区,浚后水深一般均为-3.3~-3.4米,仅有个别点为-2.9及-3.6米。此次疏浚,使渔轮的进出港和停泊更为便利。

第二节 划定港界 颁布港口章程

1954年1月23日,政务院公布实施《中华人民共和国海港管理暂行条例》,依据该条例,交通部海运管理总局于7月13日以海总发(港)(54)字第4057号通知,要求沿海各港依据其颁发的《海港区域划分原则》,尽快划出港区的陆域及水域。

历史上,烟台港曾划分出水域港界。清同治2年正月28日,即公元1863年3月17日,东海关颁布《烟台口东海关章程》,该章程规定,“烟台口系由芝罘迤东,至崆峒岛东北;自崆峒岛往南,至海岸”[4]。此后,这一划分未发生变动。1948年烟台第二次解放后,人民东海关于1949年8月颁布《人民东海关港口管理暂行章则》,其中,《烟台港口管理暂行章则》规定,烟台港口的管理范围为,“西至芝罘岛东角,东至崆峒岛东端,从该岛的东端划一直线至马山寨为烟台港所管辖之区域”,“在此范围内分内、外港,西防波堤以东至东防波堤以西为内港;内港以外为外港”[5]。

烟台港务分局接到交通部海运管理总局关于划分海港水域和陆域的通知后,即遵照要求,依据历史和现状,划出港口的水域、陆域范围,于11月11日呈报烟台市人民政府,烟台市人民政府遂于12月16日以烟秘(54)第42号文批复同意。此后,经交通部核准,烟台港水域、陆域港界随即发布。港界划分说明附本节后。

颁布港口章程。自1948年10月烟台第二次解放,在国家政策的推动下,经过1950年的统一航务港务管理,接管了原属海关的航务管理与港务管理工作,新成立的青岛区港务局烟台分局在职能上有了极大的扩展,由单纯的港口工程管理转变为对与港口相关的港、航业务实施全面管理的机关。履行了政府对港航业的管理职能。此后,又经过1953年接收搬运公司的800余名装卸工人,烟台港务分局成为既组织港口装卸生产,又履行港、航管理职能的“政企合一”的国营企业。即如《中华人民共和国海港管理条例》中所规定,“港务局应遵照本条例之规定负责执行海港行政管理工作与业务事项,并为企业经济核算单位”[6]。

此时,烟台港务分局在航务港务管理方面的职能,依据1950年北洋航务会议《统一北洋航务工作暂行办法草案》的规定,可以分解为以下14项:(1)船舶进出口管理;(2)船舶检查、丈量、登记、发照;(3)轮船的管理及登记、发照;(4)引水;(5)拖驳船的管理与指派;(6)海事事件的处理;(7)船员的管理、考核、登记、发照;(8)码头仓库的统一管理;(9)港内航道标志及助航设备的管理及修建;(10)航道疏浚及港口工程的修建;(11)船舶的打捞与修理;(12)修理厂的管理;(13)港务费的规定与征收;(14)船舶进出口的联合检查。

显而易见,烟台港务分局业务范围的扩大,职能的转变,都需要制定一部新的港口章程,以规范港口的管理,协调港口与货主、航运、海关、商检、疫检各方的关系。故此,烟台港务分局依照青岛区港务管理局的要求,1954 年 3 月 16 日拟订出《烟台港港章》(草案),并报送青岛区港务管理局。此后,迭经修改,报交通部批准,于 1955 年 5 月 1 日公布施行。《烟台港港章》是建国后烟台港的第一部法规性章程,共 13 章 104 款。主要内容包括:总则,港界与泊区,船舶进出港,港内航行、停泊、移泊,货物装卸,检疫,危险品之运载装卸,防火措施,台风信号,港内禁止事项及违章处罚等规定。《烟台港章程》见附录六。

附件

港界划分说明

一、东岸港界自烟台山后填地东端起,沿烟台山脚下之滋大路北端,再自此至滋大路南端,全为港务局所属各科室及仓栈占用之地,部分地区为航运局修船厂所占用,该处港界之划分,即根据目前使用情况,予以规定。

二、东岸南部自滋大路南端起,沿顺泰街向西约 50 公尺,再由此向南距太平湾南岸壁由 100 公尺至 130 公尺,自此以北均属港区之内。该地区大部分属于现在港务局仓库集中之地,故根据仓库占用地区予以规定。

三、自北马路北端,南至马路拐弯处以西,属于港界之内。自北马路东端拐弯起,西至西防波堤南端大门前浪坝胡同止,自该马路以北约为 150 公尺左右,全为港区所辖。

南岸自西河口以东,目前有海员工会、海员俱乐部、港务局堆煤场及其他国营企业的仓库、堆货场,小部分属于私人营业,该部分之划分,即根据地理形势与港务业务之需要予以规定。

南岸自西河口以西有港务局渔轮办公室、杂工班工作室,其他全部属于烟台水产公司及其所属的加工厂。

四、自浪坝胡同与北马路交口起,再沿北马路向西约四百公尺以北属于港区之内。

自浪坝胡同以西,沿北马路以北地区,已在内港南岸以西,该处拟作为将来港内铁路调车地点及铁路港站所在地,故该处划为港界之内。

第三节 客货运输业务的初步发展

一、港口对外开放

1953 年 3 月 28 日,交通部海运管理总局以海寅 806 号电,附中央人民政府革命军事委员会和政务院联合命令:自1953年4月1日起,昼夜开放上海、青岛及烟台三港口。由此,烟台港成为新中国建立后最早的对外开放港口之一。

为落实中央命令做好港口开放工作,4月1日,烟台港务分局召集烟台海军巡防区、烟台海关、烟台交通检疫所、烟台边防检查站召开联席会议,按照命令的要求,对相关具体事宜作出布置。

第一,进出港船只预报时间问题,要求进出港船只经烟台港务分局批准后,通知边防检查站;在进港前16小时内,出港前8小时内报告海军巡防区;在进行中如有变更应及时作更正报告。

第二,夜间进出口船只,须在当日下午5时前由港务分局调度科书面通知监督科,由监督科报告烟台海军巡防区。

第三,港口治安与巡逻工作:(1)由海军巡防区作出加强舰艇巡逻工作决定,然后通知各有关部门;(2)港口治安工作由边防站负责研究制度,通知各有关部门。

第四,根据命令,目前夜间只限500吨以上有通信设备的船只进出港口,500吨以下船只,一般不准夜间进出港,如有特殊任务,须经海军巡防区批准后方可进出。

第五,根据命令,各相关部门应建立昼夜联合检查制度,所以,对于日间进出港船只仍按原制度执行;夜间进出港船只的联合检查要求与日间同样办理,各部门均需派专人负责夜间值班;今后各部门应密切联系。

第六,关于灯塔发光日期及关闭问题:(1)烟台山灯塔、崆峒岛灯塔、烟台港东防波堤南、北两端灯标,西防波堤北端灯标,自4月2日起发光;(2)遇有空袭时,由海军巡防区负责通知灯塔人员立即关闭灯塔和东防波堤两端灯标;同时通知烟台港务分局监督科与边防检查站;西防波堤北端灯标由边防检查站驻警人员负责关闭;崆峒岛灯塔由海军巡防区负责。

第七,关于夜间航行船舶信号联系问题,按国际信号及原规定执行,如有新的规定及时通知各船舶。

二、接收装卸工人 调整劳动组织

1948年10月,烟台第二次解放,码头工人在中国共产党的领导下重新组织起来,恢复了码头工会。此时,码头工会直属于烟台市总工会,有工人1 062人。港口货物装卸、搬运,旅客上下船的驳运均由码头工会承担。所以,这时的码头工会,其组织形式、工作职能与烟台第一次解放期间大致相同,是履行企业职能的群众组织,也可以说是群企合一的组织。

据《烟台港港湾资料》记载,其时,码头工会拥有的港内海上运输设备如表3-3-1所列。

除了海上运输设备之外,码头工会还拥有胶轮板车100辆,每辆载重量1吨;人力小手推车100辆,每辆载重0.5吨。据烟台海关1951年撰写的《烟台海口调查资料》记叙,“以上述的人力和设备,可以完成下列范围内的工作:(1)船靠浪坝码头(北码头——引者注),装卸杂货,每日(早六时至晚六时)可达2 000吨,煤等散仓货,每日1 600吨(均以四支吊杆为标准)。(2)港中海面装卸货物,杂货每日(早六时至晚六时)可达1 200吨,煤等散仓货物1 000吨。(3)全部人力配齐,如全日同时应用,可供港内停船两艘或港外停船一艘之用”[7]。

码头工会海上运输设备表　　表 3-3-1

名　称	载重量(吨)	现　状	数量(只)
拖轮	75.34	铁质	1
铁驳船	200	铁质	1
水船	7.6	木质	1
水船	8.2	木质	1
大舢板	10~15	木质	14
大舢板	15~20	木质	10
大舢板	4.4	木质	1
大舢板	6.0	木质	1
小舢板	>1.0	木质	2
小舢板	1~1.5	木质	10
小舢板	1.5~2	木质	8

1951 年 9 月 24 日,根据政务院《关于设立搬运公司废除搬运事业中封建把头制度暂行处理办法》,码头工会、劳运工会、搬运工会撤销,组建成烟台市搬运公司;在成立烟台市搬运公司的同时,成立了烟台搬运公司工会委员会。自此,码头工会作为群企合一的职能得以分离。搬运公司设秘书室、业务科、人事科和会计科,下辖 9 个搬运中队,共有工人 2 034 人。烟台港的装卸业务亦自然而然地由搬运公司承担。

1952 年 10 月 15 日,烟台港务分局接到青岛区港务局的指示,要求按照交通部"各港原不属港方领导之码头装卸工人,由港方统一接收领导"的指示,接收港口装卸工人。很明显,在当时,接收装卸工人,理顺其隶属关系,对于组织港口生产,提高装卸效率是有着积极作用的;同时,也符合装卸工人的长远利益。

对于这项工作,烟台市委、市政府极为重视,工作也极为慎重。为此,烟台市政府成立了一个专门的交接机构——交接委员会,由市总工会主席,市政府财委会主任,企业党委书记及各有关部门 9 人组成;交接委员会下设交接办公室,具体负责交接前的各项准备工作。交接办公室分三个组:费率调整组、福利处理组、工具处理组,分别进行工作。

1953 年 1 月 1 日,烟台港务分局与搬运公司正式办理交接,共接收搬运公司辖属的二、三、四、五中队及理货组,共计 881 名工人。这些工人,被分编为四个大队,即一、二、三装卸大队及驳运队,每队 200 人左右。大队有队长、工会主席、记账员等 6~8 名脱产人员。大队下设 3~4 个小队,每小队 42~45 人,以小队为基本生产单位,实行调度室、大队两级配工制度。

但是,随着时间的推移和装卸生产的发展,这种源于搬运公司的劳动组织形式逐渐地显现出其不适应港口生产的缺陷。第一,每个小队不能直接得到调度室的派工计划,容易造成工作混乱,导致劳动力浪费。第二,工资核算单位过大,人数过多,妨碍了工人的工作积极性。当时,以小队组织生产,而以大队核发工资;而且,工人的工资是固定工资加上装卸收入 25% 提成的计算方法。显而易见,这样的工资分配方法,与生产的组织方式是不一致的,极易挫伤工人的工作积极性。第三,从装卸生产流程看,装卸工人与驳运工人是互相配合、互相衔接的一个过程。但是,由于当时驳运工人实行的是固定工资,装卸工人实行的是固定加提成的工资;因而,造成双方在作业中不能相互配合,造成窝工;致使装卸效率低下。所有这些,都要求尽快地改变港口的劳动组织和生产调度方式。于是,烟台港务分局于1954年7月撤销装卸大队,取消了驳运大队,将装卸工人改组成立了25个装卸工班,每个工班25人。与此同时,为了对老年工人做到合理安置,对不能胜任装卸工作的102名年老体弱工人,编入杂工班,暂做一些杂工和小船作业。同年7月1日,实行昼夜轮班装卸的作业制。1955年2月,在对277名年老体弱工人分别办理了转、退、养手续后,将每工班原有的25人缩减为21人。10月,又将每工班21人缩减为20人。1956年4月又将每工班20人缩减为18人。

另外,据《烟台港务分局一九五五年工作总结报告》记述,所减下的277名装卸工人中有20人办离退休;22人退养;其余或转为务农,或依靠拉散车谋生。一夜之间,如此多的工人失去工作,生活陷入困难之中。这件事情在当时,也造成很不好的社会影响。为纠正偏差、挽回影响,解决被减工人的生活困难,在烟台市委的领导下,被减工人中尚能胜任工作的由市搬运公司接受,组成一个新的生产单位——九组;另有88名体弱者,由烟台港务分局重新收回安置。

三、改革工资制度

烟台港1953年接收装卸工人,对装卸工人实行的是固定工资与收入提成相结合的工资制度,即固定工资依职责、技术、能力分作7个等级,提成则是将装卸收入的25%提出为工人工资,以装卸大队为单位平均分配。这种工资制度虽然兼顾了公平,却抑制了劳动效率。所以在调整了劳动组织,划小工资核算单位之后,调整工资关系,提高装卸工人的劳动积极性,已成必然之势。

鉴于烟台港当时尚没有客观准确的装卸生产定额,难以实行计件工资制度;所以,1955年,在工资的改革调整上做了两个方面的工作。其一,改革现行的工资分配办法,制定了《烟台港装卸工人工资制度》;其二,测定、统计按货种和装卸操作过程的工班定额,为实行计件工资准备方案。改革后的工资分配办法,仍然采用固定工资与提成工资相结合的工资形式,所不同的是,固定工资由现行的7级改为105分一级,班长、车手另外增发15分和10分的责任津贴与技术津贴:见表3-3-2。

固定工资标准表:“单位工资分” 表3-3-2

职别	月工资率	津贴	计	日工资率	小时工资率	附　记
班长	105	15	120	4.70	0.59	1. 练习车手工资按工人工资支付; 2. 班长兼车手只能领取最高津贴,不能领取一种以上津贴
车手	105	10	115	4.51	0.56	
工人	105	—	105	4.12	0.52	

提成工资由一律按费收25%全班平均分配的方法,改为分别按操作难易程度确定不同的固定提成工资率。提成工资的支付办法规定,提成工资以工班为支付单位,根据全班实际参加工作的人数,按3等分配的方法。1等的系数为1,2等为0.89,3等为0.72。

《烟台港装卸工人工资制度》,对于装卸作业过程增加的劳动,如搬运货物超过一定距离、装卸危险品、烈性危险品、超长货物,超重货物都规定了在原提成工资上相应增加的比率。同样,对装卸过程中必需的操作过程也做出了限制,如作业前领取必要的工具,作业后清理船舱、货垛等都不加计提成工资。所以,应该说是比较详细的过渡性的工资制度。该制度于1955年4月实行。

1956年,烟台港务分局拟订了《烟台港务管理分局推行计件工资制方案》和《装卸定额及工资制度草案》,将现行的固定工资与提成工资相结合的工资形式改成计件工资制,1956年1月1日起试行。

在试行过程中,对定额进行了修改与完善,1956年9月16日,正式执行新的装卸定额及工资制度,工人的工资则从4月1日起按照新的工资标准给予补发。这次工资制度改革,是在增加工资的基础上进行的,使工人的平均月工资达到63元,比改革前的工资提高了15.05%;同时,进一步贯彻了按劳付酬的原则,克服了平均主义和同工不同酬的现象,建立起基本统一合理的工资制度,使职工的生活得到适当的改善。1957年,装卸工人人均月工资为67.41元。

烟台港管理人员和其他工人如技术人员、船员、勤杂人员的工资改革,是在1956年随着全国性的工资改革进行的。根据交通部劳动工资司于1956年颁发的《交通部航运企业工程技术人员、职员、船员等人员工资改革第二方案(草案)》的精神,进行科室分类和职员分类,测算出工资标准,以此为基础推行了职务工资。工资改革后,职员的平均工资由50.5元增加到56.8元,增长了12.5%。

1955年以前,烟台港的货物装卸全赖船上的吊车和人力,码头上没有任何机械设备。1955年,调入3吨汽车起重机1台,叉式装卸车2台;自此,港口装卸生产开始使用机械。至1957年,共有汽车起重机1台,叉式装卸车4台,牵引车5台。当年,在装卸生产操作总量中,机械完成量约占25%。装卸生产使用机械,就必须做到人机配合紧密,方能提高效率。在装卸工人实行计件工资制之后,装卸司机仍然实行固定工资,16名装卸机械司机,3级工3人,每人月工资人民币现值47元;4级工8人,工资53元;5级工5人,工资59元。人均月工资53.75元,与装卸工人人均63元是有一定差距的。这样,装卸机械司机出工不出力,机械故障率高等问题便显现出来。为改变此种局面,协调装卸工人与司机的配合,烟台港务分局于1957年初制订了《烟台港务分局机械司机工资制度(草案)》,3月试行,11月正式执行。据统计,装卸机械司机工资改革后较改革前增加6%。从而扭转了司机与装卸工人在作业中的不协调现象,也提高了装卸机械的使用率。

装卸生产的计件工资制,1966年9月被废除。

四、计划管理下的货源承揽与费率调整

1953年,烟台港务分局在接收了装卸工人的同时,也接管了港口装卸业务;并且,还奉命与北洋区海运局烟台办事处合并。至此,烟台港务分局完成了对港口的统一管理,成为"负责执行海港行政管理工作与业务事项,并为企业经济核算单位,受当地人民政府监督与指导"[8]的国营企业。

"五十年代初期,货源较少,北方沿海尤有不足。在'一五'至'二五'的初期,国民经济发展以工业为主导,水路运输曾以优先保证钢铁原材料为前提,兼顾其他货物运输,要求加强货源组织工作"[9]。1953年6月,交通部召开第二届海运专业会议,在《关于海上运输工作的方针任务的决议》中,明确提出,"货源组织,应以降低运输成本,改善服务态度为前提,加强经济调查,研究货物流向,分析货运费用,设计经济线路,摸清港航能力,组织合理运

输”[10]。当时,根据交通部《关于接受托运计划及汇报货源的规定》,月度货运计划制定的程序是,首先,要求货主事先向港口提出月度托运计划,港口汇总后,提交给航运部门,用以编制月度运输计划。经过综合平衡,通知货主准备计划托运的货物。这样,港口可以掌握货源的数量和流向;货主也可依照计划所指定的承运船舶、装船日期和地点集中货物。这就是计划管理下,靠计划将货、船、港三方衔接起来,以期能做到货不压港,船不空航。为此,交通部海运管理总局还于每月25日召开业务调度会议,协调港、航能力,下达生产计划。

但是,在计划执行的过程中,由于货物流向、船舶到港日期变动以及天气变化等原因,必然导致计划变化,部分货源落空。烟台港为一中型港口,加之受港口水深、设施等条件的限制,货源不足或计划内货源落空是常有的事情。以1954年为例,当年计划外货源竟占吞吐量的41%。所以,现在翻阅烟台港五六十年代的工作总结或统计报表的文字说明,发现有很大的篇幅是记叙货源如何短缺及如何组织货源的;由此,足见当时港口领导人的不易,令人油然而生钦佩之情。如《一九五四年工作总结及一九五五年工作打算》中就有如下一段文字:“本年度又建立了月度计划及五日检查制度。月度计划布置后每五日检查一次,在检查中发现货源不足或运力不足影响计划时,立即采取措施,从而对保证完成与超额完成国家计划起了重大作用”。其时,全社会都在倡导“计划即法律”的观念,所以,完成计划是企业必须全力以赴的目标。对当时的烟台港而言,组织好货源,蕴含着两重现实的意义:其一,用以制定港口的吞吐量计划,按计划组织生产;其二,可以弥补计划变动而造成的货源短缺,以保证计划的完成。二者的目的是一致的,那就是完成计划。这就是在计划管理的体制下,烟台港组织货源的目的和价值。

讲到烟台港的货源,就不能不谈到港口的经济腹地。烟台港的直接经济腹地,在蓝烟铁路未通车之前,主要限于胶东半岛地区和沿烟潍公路所达到的山东北部地区。胶东半岛区域的经济腹地,以现时的行政区划,包括烟台、威海两市所属的各县、市、区,面积约1.8万平方公里。海岸线长约1 300余公里。沿海分布着众多中、小港口,自西向东,环绕半岛,分列着龙口、蓬莱、长岛、威海、俚岛、石岛、张家埠、乳山口、凤城等共10多处港口。自然,这些港口使烟台港水路货物的集疏转运有了天然的便利条件。就公路而言,虽经战争破坏及经年失修,通车里程大为缩短;但1948年,烟台二次解放后,经各地修复、整理,至1949年,已达700余公里;1952年,则达到1 700余公里。以烟台为辐射点的干线公路主要是烟台至潍坊、青岛、威海、荣成、石岛、海阳所、招远各线,加之其他县市间的线路,可以说,胶东地区的公路四通八达,人员、货物往来极为通畅。

胶东地区矿产资源比较丰富,以菱镁、石墨、滑石、建材为主,可供开采的矿产有37种,分布较广,平均不到20平方公里即有一个矿点。菱镁矿储量约6亿吨,石墨矿储量约4亿吨,滑石矿储量约4 000万吨。建筑石材储量大、品种多、分布广,远销海内外。胶东地区的农业、果业和渔业亦比较发达,粮食以小麦、玉米、红薯、花生为主。据《莱阳专区一九五三年至一九五七年农业生产五年计划指标》①(草案)记叙,1952年,仅莱阳专区的粮食产量已

① 莱阳专区,包括蓬莱县、黄县、招远县、掖县、平度县、平西县、平东县、平南县、莱西县、莱阳县、栖霞县、栖东县。1956年2月24日,国务院批准文登、莱阳专区合并为莱阳专区。3月8日,山东省人民委员会决定,文登专署并入莱阳专署。

达24亿斤，棉花84 000担，花生2 640 000担。果品生产，规划至1957年，可达9 300万斤[11]。胶东沿海，渔业资源丰富，捕捞、加工皆具一定规模。丰富的资源和物产，构成了烟台及周边县市以食品加工、酿酒、罐头、轻工机械为主导的工业体系及矿产品出口基地；从而，为烟台港的出口货物提供了货源。另一方面，胶东地区缺少煤炭、燃油、钢铁、木材和农用化工品，这几类物资需量较大，且历来依靠进口，这又使烟台港的进口货物有了货源保证。如此一进一出，构成了烟台港的大宗货物种类。这些货物，自然也就成为港口承揽、组织货源的基本部分。

在组织货源的过程中，烟台港所采取的措施是：第一，组织零担货，积少成多。为此，曾在1953年就提出"为争取一吨货而努力"的口号，负责组织货源的商务人员则提出"主动联系发挥工作中的齿轮作用"的口号。这些口号，透视出当时烟台港职工的工作热情和负责精神。例如，因为烟台尚未修通铁路，所以烟台运往沈阳的机床都是由公路转铁路运达。了解到这一情况，商务人员便替货主策划水运转铁路的经济运送线路。以7台机床的运费计，公路转铁路，需人民币（旧值，下同）30 366 000元；水路运至大连再转铁路至沈阳，则只需7 617 400元；两者相较，可以节省22 748 600元。第二，掌握货物流向，设计经济运输线路。胶东地区农用化肥用量甚大，以往均由其他港口转运烟台港。为节省运费，烟台港在全国合作总社支持下，于1954年第一季度开始接卸进口化肥。其时，"威斯特威"轮载化肥3 700余吨驶抵烟台港，在烟台市财政经济委员会协调下，港口与海关、商检、边防等部门相互配合，顺利完成接卸任务。当时，行驶胶东沿海的小轮船直接靠在外轮上对扒化肥，然后转运胶东各港。这样的装卸过程，只要做好理货，可以明显地减少操作程序，节省费用。据当时核算记录，该船化肥卸载所需费用较之由大连港分运可节省人民币旧值28 000万元。此后，烟台港继续接卸进口化肥，10月，接卸"安琪儿"轮化肥10 000吨，比合同时间提前3天17小时，获速遣费371英镑16先令2.4便士，折合人民币旧值5 502 448元；节约运费约40 500万元。烟台是全国闻名的苹果之乡和粉丝生产基地，以往，这些产品均运往青岛出口，其原因是烟台没有直达香港的航线。鉴此，烟台港争取开通了直达香港的航线，招远、黄县、龙口一带所产粉丝径运烟台，出口香港；烟台周边各县所产苹果亦由烟台出口；很明显，这样的经济运输线路既使烟台港增加了货源，也为货主节省了运费。据1954年的记录，粉丝每吨可以节省运费人民币旧值297 000元；苹果每吨则节省107 458元。第三，开展经济调查。"一五"时期，北方沿海运输货源不足，交通部海运总局要求各港做好经济调查。据此，1954年，烟台港务分局与青岛区港务局共同对山东省1952年至1957年的农业生产现状与发展预测，工业布局、规模及发展，矿产分布与产量做过一次详细的调查。依据调查，编写了《生产量·商品量》、《运输流向》、《托运计划》、《运量结算》等调查报告。

1955年，又进行了对烟台市、文登专区和莱阳专区的调查。从地域上看，本次调查实际上就是对胶东半岛地区的经济调查，因为，当时在胶东半岛，烟台市为省辖市，另有莱阳专区和文登专区。这些调查，对于烟台港掌握山东省及烟台市的货类、货运量、货物流向均有着重要用。诚然，这些调查资料也成为烟台港制定未来发展规划的基础资料。

计划管理下的费率调整是依照政府的指令进行的。

旧中国，国家没有统一的价格管理制度，所以，所遗留下来的水运价格，包括船舶运费、港口装卸费和其他服务费各不相同，这显然有悖于国家建立计划经济，实行计划管理的原则。但建国初期,建立价格管理制度的条件尚不完备。1949 年 11 月至 12 月间,交通部召开全国首届航务、公路会议,对运输业提出:“薄利多运”的原则。依此原则,各水运企业根据所在航区的情况,整顿和调整水运价格。为此,1950 年召开的北洋航务会议提出 4 项议案,分别是《为恢复北洋航线运输航线之拟定及船只配备案》、《北洋航线运价拟定案》、《为减少船货负担如何减低各港口航务以内以外杂项费用及简化手续案》、《统一北洋航务工作暂行办法草案》[12]。其中,《为减少船货负担如何减低各港口航务以内以外杂项费用及简化手续案》对船舶进出港口、停靠码头、装卸作业、货物堆存计 17 项收费或取消,或归并,或核减。如对货物装卸费即要求核减,理由是“因较铁路过高”。

1953 年 8 月召开的全国交通会议坚持“薄利多运”的原则,反对“单纯地孤立地从赚钱多少来考虑问题和考核企业的成绩”。这是突出计划管理思想的表现,也是此后近 30 年中价格管理的指导思想。同年,交通部邀请海关总署、水利部、卫生部、中央财委计划局、中国人民保险公司和全国搬运工会等单位的代表,召开整顿港口费收座谈会,制订了《港口费收计算办法》。

烟台港务分局的港口收费,始于 1950 年统一航务管理之后。其时,港务分局依规定,接收了原由海关征收的船舶从货港务费,费率为货值的 8‰。据当年的《码头使用费收入预算书》所注,烟台港务分局 1950 年 4 月成立,所以,财务预决算均自当年 4 月起编造;依此预算书,1950 年从货港务费收入人民币 3 119 198 085 元(旧值,下同)。以烟台市财政经济委员会同年 8 月公布每斤小米折价人民币 900 元计算,可折小米 3 465 776 斤。除从货港务费之外,当年的收费项目尚有从船港务费和杂项收入费;但从船港务费仅征收了 4 月和 5 月两个月,数额为 23 918 240 元;6 月始,根据海关总署令,并入船钞项内,由海关征收。全年的杂项收入额为 554 165 659 元。上述费收合称为码头使用费,总额为 3 697 281 984 元。鉴于 1950 年的收入数额,烟台港务分局将 1951 年的码头使用费收入计划为 4 000 000 000 元。所以,自 1950 年 4 月至 1952 年 2 月之前,烟台港务分局的主要港口收费项目仅船舶的从货港务费。

1952 年 2 月 1 日,根据青岛区港务局的指示,烟台港仿照青岛港的费率开始征收其他港口收费。收费项目包括船舶收费和货物收费两部分,船舶部分有引航费、停泊费、船舶港务费;货物部分有堆存费及货物港务费。当时,无论是船舶收费还是货物收费,烟台港实行的是“一港两费”制。北码头借用青岛港大港的费率,南码头则借用青岛港小港的费率。1953 年 1 月接收装卸工人,货物的装卸费、驳运费又承接了烟台市搬运公司的费率。这样,就使得烟台港的费率存在着一些不尽合理的成分。第一,港口收费不是按烟台港的实际情况和成本核算拟订费率,而是借用青岛港的费率,必然会存在不合理的因素;一个明显的例子就是船舶系靠港内浮筒需缴纳锚地费和浮筒费两项费用。第二,货物装卸不分是否过驳,均按相同的费率收费。过驳装卸较之不过驳,实际上多了一个操作过程,依当时的统计,如装卸煤,不过驳,每工班可完成 10 吨;过驳,则只能完成 3 吨左右。如此比较,驳运费计吨与计费办法完全与装卸费计吨和计算办法相同,显然是不合理的。假设每吨煤的装卸费为 1 元,不过驳,每工班可以收入 10 元;过驳,则只可收入 6 元。第三,借用青岛港大、小港的费率,形成一个港口,两种费率;因而,造成收费项目繁杂,计算办法不一致的现象。因此,亦使货主产生意见。

1953年3月10日,交通部海运管理总局召开中小港口费率会议,会议对烟台港的生产量、生产成本、费率进行了审查。之后,新拟订的费率报请烟台市委、烟台市财政经济委员会同意后转报交通部海运总局。经核准,1953年4月28日,新拟订的《中央人民政府交通部青岛区港务管理局烟台分局港务费收附则及费率草案》颁布试行。这次费率在制订和审批的过程中,所掌握的原则是,随着生产量的增长和生产成本的降低,费率必须降低。如烟台港务分局在致烟台市委和市财政经济委员会的报告中有以下的记叙,"(1)这次拟订港务各项费率,对成本计划是根据一九五三年度财务成本计划,掌握节约降低成本之原则,进行研讨、修改、拟订。如装卸工人,原计划825人,成本8 086 899 000元;现改为624人,成本6 581 033 447元。港务费向货征收原计划成本3 052 634 000元,现改为1 555 965 822元(以上两项数字仅为举例,当年其他收支未列出——引者注)。总计这次修改拟订新成本较原成本计划减少1 652 372 725元,占总成本10.12%。(2)根据修改生产计划与成本编制收支计划表,计共收入14 786 816 410元,共支出14 574 354 275元,支出数为实际成本,税金利润不在内,盈余212 462 135元,根据港务收入应缴纳税款计267 263 395元,除去盈余数字净亏54 801 260元"。尽管如此,港口费率的向下调整仍未到达谷底,在降低港务费用,减轻货主负担的氛围下,烟台港务分局还于7月15日调整了货物堆存费征收办法,9月15日又取消了理货费、租筐费。

1954年1月至7月,烟台港务分局又进行了新一轮的费率下调。1月3日,烟台港务分局将拟订的1954年费率及表报请青岛区港务局批示;1月25日,青岛区港务局提出修改意见并同时将交通部海运管理总局颁布的《修正港口费收通则(草案)》、《沿海货物运输运费计算暂行办法(草案)》、《沿海运输货物分等表》印发烟台港务分局和龙口、威海两办事处。之后,几经修改,批复,烟台港务分局所拟1954年新费率经交通部核准。1954年6月26日,交通部以交海密(54)字第12-2号文,同时颁发秦皇岛、烟台、龙口三港口的费收附则。烟台港费收附则全称为《青岛区港务管理局烟台分局烟台港港口费收暂行附则》。该附则共包括7章19条,主要内容分为总则、引水费、港务费、装卸费、停泊费、堆存费和使用服务费。1954年7月1日正式实行。此次费率调整,除船舶港务费和货物港务费按照交通部海运管理总局规定计收之外,其他各项费收初步做到计费办法统一,费率降低。经过此次费率调整,进一步降低了货主的负担,其中货物费率平均降低了34.7%,船舶费率平均降低了14.3%。

但是,正如《当代中国的水运事业》一书在评价"一五"时期中国水运发展时所指出的,"忽视价值规律的客观存在和积极作用,视盈利为资本主义思想,水路货运价格一降再降,使价值与价格间的背离逐渐拉大,企业积累逐渐减少,缺乏活力,扩大再生产只能依靠国家计划投资和物资调拨"[13]。不仅如此,费率的降低亦影响到港口职工的收入。详细统计数据见表3-3-3。

从表3-3-3中可以看出,无论是全局职工的工资总额,还是装卸工人与装卸司机的工资总额都呈下降的态势。特别是当装卸劳动生产率逐年提高,由于费率降低,装卸工人和装卸司机的年人均工资都呈下降之势。计算起来,1956年与1953年相比,装卸劳动生产率提高了112.6%,而工人的年人均工资降低了16.6%。当然,装卸劳动生产率的提高包括了部分作业使用机械设备的因素,但伴随着装卸劳动生产率的提高,工人的工资不升反降无论如何也是不正常的。这也是在计划经济体制下，企业缺少自主权的表现之一。

“一五”期间职工收入情况表　　表 3-3-3

项目 年份	全局职工			其中装卸工人与装卸司机			
	职工总数	工资总额	人均年工资（元）	人数	劳动生产率（操作量/人）	工资总额（元）	人均年工资（元）
1953	1 174	917 590	781.6	626	763.4	558 370	892.0
1954	1 191	865 330	726.6	643	1 024.1	508 660	791.1
1955	876	653 500	746.0	479	1 510.2	406 630	848.9
1956	785	557 400	710.1	401	1 623.0	298 100	743.4
1957	885	631 000	712.9	385	1 481.0	—	—

五、蓝烟铁路对烟台港客货运输的影响

1952 年 7 月，国家财政经济委员会确定建设蓝烟铁路。蓝烟铁路西起胶济线的蓝村，东至烟台，全长 183.7 公里。1952 年 8 月开始勘测、设计，次年 6 月自蓝村动工，至 1956 年 1 月 1 日建成，于烟台举行通车典礼，同年 7 月 1 日正式交付运营。

历史上，烟台开埠较早，贸易兴盛，故 19 世纪 60 年代，即有外商提议修筑烟潍铁路；迨至 1909 年，即清宣统元年，烟台商界筹股建烟潍铁路之议再起；然而，大清国势日蹙，民间财力亦不支，跌宕起伏，终成一梦。新中国成立后，在第一个国民经济五年计划时期即建成蓝烟铁路，使其成为胶东半岛的经济大动脉，也为烟台港以后的发展奠定了基础。

但是，当时铁路尚未引入港内码头，所以，蓝烟铁路对港口客货运输的影响是不同的。概括地讲，对客运是正相关；对货运是负相关。具体地讲，就是蓝烟铁路既扩大了烟台港的客源腹地，也分流了烟台港的出口货源。至于期望依靠铁路提高港口吞吐能力的局面并未形成，卡脖子的问题就是码头至铁路，或反方向铁路至码头的每吨达 2.8 元的搬运费太高，致使港站之间的货运被阻隔。蓝烟铁路通车前后港口客货吞吐量见表 3-3-4。

1953 年至 1960 年客货吞吐量表　　表 3-3-4

年份	货运吞吐量（万吨）	客运吞吐量（万人次）	年份	货运吞吐量（万吨）	客运吞吐量（万人次）
1953	44.8	23.7	1957	48.1	45.6
1954	50.3	23.7	1958	82.3	40.5
1955	57.7	23.9	1959	119.0	48.2
1956	50.9	28.4	1960	130.5	54.2

从表 3-3-4 中可以看出，1956 年 1 月，蓝烟铁路通车，是年烟台港的货运吞吐量比 1955 年下降了 6.8 万吨，即下降了 11.8%；如果与当年的计划相比，则相差更大，当年计划货运吞吐量为 680 000 吨。对此，在当年的工作总结和统计年报文字说明中，烟台港务分局进行了分析，结论是由于铁路的开通，但因为未能通至港内，所以使烟台港的货源受到两个方面

的影响。一方面，铁路运输有着不受天气影响和正点准时的特点，所以，较之水运在时间上具有正常、及时的优势；而这一优势恰好符合了烟台地区农产品和土特产出口季节性强和时限紧的特点，以致使原由烟台水运转青岛的货物大量地弃船走火车。例如，1956 年计划出口花生米、花生果 80 000 吨，进口 40 000 吨；实际上出口完成 65 780 吨，进口完成 31 030 吨，这样算下来，合计减少进出口 23 190 吨。减少的原因之一便是第四季度原计划由烟台港运出的 32 000 吨中有部分转由铁路运出。同样的原因，原计划运出水产品 30 800 吨，水果 12 500 吨；实际仅分别运出 21 599 吨和 2 529 吨。青岛是山东省的外贸基地，山东省经营进出口业务的国营贸易公司多驻于青岛。因此，在以往，烟台地区出口的农产品和土特产，多由烟台港海运青岛，然后出口国外。蓝烟铁路通车，烟青航线货运量减少，这让烟台港首次面对铁路分流外贸货源的尴尬局面。如何应对，已成港口面临的重要课题。另一方面，由于铁路未能引入港内码头，港站间的搬运费用高昂，致使由于铁路通车而可吸引的约 500 000吨进出口中转货物均举步不前，终未成行。虽未成行，但若能将铁路修至港内码头，其为港口可带来的货源增长，已初见端倪。

客运方面，蓝烟铁路建成，对烟台港客流量的增长，起到了很大的促进作用。从表 3-3-4 可以看出，铁路开通的当年，客流量较 1955 年就增加了 4.5 万人次，增长了 18.8%。

烟台第二次解放至“一五”时期，烟台港的客运量经历过两次增长。第一次是 1953 年，客运量为 23.7 万人次；较之 1952 年的 17.8 万人次增加了 5.9 万人次，增长了 33.1%。此次增长的原因是国家进入和平时期，社会相对安定，大量农民投亲靠友，流入城市寻找工作；再加上原住居于农村的职工家属亦随之转入城市就居而形成的。第二次是 1956 年，该年客运量在 1953、1954、1955 连续三年平稳保持在 23 余万人次的情况下，突增 4 万余人次。究其原因，即由于蓝烟铁路建成，烟台至浦口的客运线吸引了河南、山东、苏北及皖北地区至辽东半岛的客源。其时，客船票价低廉，上述地区与辽东半岛以及山东半岛与东北全境的来往旅客，以路经烟台至大连航线最为经济。

1954 年 5 月，交通部海运管理总局召开第一届客货班轮运输会议，对担任沿海客运航线的班轮做出新的安排。其中，烟台至大连航线由“民主一号”轮营运，每月往返 15 次，每逢大月月末（即 31 日）休息 1 天。烟台、大连两港均间日开航。天津至龙口再至烟台航线由“民主二号”担任，每月行驶 6 个单航次。1956 年，客流量的大幅增加，导致烟台港旅客严重压港。12 月 11 日，《烟台劳动报》发表一篇报道，题目是《烟台港旅客拥挤问题已基本解决》。报道称，“从蓝烟线济烟火车直达后，山东全境和邻省来烟搭轮去东北的旅客逐渐增多。特别是入冬闲以来，旅客更为拥挤，因而烟连航线上的‘民主一号’班轮，间日开航，实难应付……致 11 月中、下旬阻塞旅客竟达 3 000 多人。后来，市人民委员会交通科和港务分局，急报请航运主管部门解决。上海区海运管理局派员来烟协助。除烟连班轮‘民主一号’连续增加班次外，并调‘民主十号’、‘民主二号’及‘和平三号’轮先后来烟参加疏运”。由此可见当时旅客拥挤压港之状况。

1957 年，烟台港的旅客吞吐量达到了 45.6 万人次，较上年增加了 17.2 万人次，增幅竟达 60.56%。其原因，一是自烟台至济南，烟台至浦口客车直通后，所形成的客运腹地进一步吸引了大量的旅客；二是当年龙口港封冻，致使去东北地区的旅客转赴烟台乘船；三是政府放宽对调节百姓生活物品的自由市场的管制，商贩增多。凡此种种，促成了烟台港 1957

年客运量的陡增。自此之后及至进入60年代,烟台港的年客运量除个别年份外,均在50万至60万人次的高位振荡、徘徊。1957年,烟台港曾预测第二个五年计划末的1962年,客运吞吐量可达到99万人次,其中进口48万人次,出口51万人次。而实际上,1962年达到了141.7万人次。这其中,当然有其时国家经济困难、全民生产救灾,大量市民流回农村原籍等特殊时期的原因;但烟台至大连的客运航线依然不失为中国沿海最繁忙的航线之一。

第四节 职工劳动保护与生活福利

码头工人属重体力劳动者,劳动强度高,危险性大。旧中国技术落后,加之连年的战争破坏,经济凋敝,即使到了20世纪40年代末期,港口的装卸生产仍处于原始状态,装卸工具极为简陋,也就是跳板、筐、地排车、小推车等。装卸作业虽然分工为枯潮帮、舱内帮、舢板帮、抬煤帮、地排车帮,但无论哪一帮,也不管装什么货物,都是用双手搬、肩膀扛、人力拖。码头工人经年累月从事着繁重的体力劳动,却没有任何劳动保护。

建国后,人民政府重视工人的劳动保护,由政务院颁布《中华人民共和国劳动保险条例》在全国范围内实行职工劳动保险制度。1952年6月,根据青岛区港务局有关职工劳动保险的指示,烟台港务分局与中国海员工会烟台委员会签订了集体的劳动合同,对职工生产安全、劳动保护、伤病治疗与休养均做出相应的合同规定。1953年3月,烟台港务分局又接到青岛区港务局转发交通部交劳保字第36函续1号指示。该指示称,“中央人民政府政务院对《中华人民共和国劳动保险条例》作了若干修正,适当地扩大了劳动保险条例的实施范围,提高了劳动保险待遇并决定自一九五三年一月一日起实施”。

依据此项指示,烟台港务分局属“为运输服务的企业化的港湾码头单位,均按条例规定的‘航运’范围实行劳动保险”。1953年,正值烟台港务分局固定了港口装卸工人,为统一全局职工的劳动保险,根据修正的《中华人民共和国劳动保险条例》,烟台港务分局与烟台海员工会共同修改了职工劳动保险集体合同,经青岛区港务局批准,于当年5月1日正式实行。

安全生产是劳动保护的重要方面,此项工作,烟台港务分局是在工作中逐渐认识并逐步完善的。1953年接收装卸工人,接管装卸业务,但装卸生产的安全管理却未能同步到位,突出的表现是装卸生产的安全操作规程和安全责任制度未能建立起来,致使工伤事故较多。接受教训,第二年,烟台港务分局加大了安全生产的管理力度。其遵循的思路是,从教育入手,建立制度,明确职责,改进设备,检查落实。第一,把1953年发生的事故所造成的损失制成图表,向工人进行讲解,使他们了解事故所造成的经济损失。此外,还引导工人对事故案例做出分析,找出事故的原因,以诫今后。这些做法,相应地扭转了装卸工人中“事故难免,听天由命”等漠视生产安全的错误观点。第二,建立制度,明确职责。1954年,烟台港务分局制订了《烟台港务分局安全教育制度》、《船舶装卸操作规定》、《烟台港务分局港口装卸安全技术劳动保护职责暂行规定细则》、《烟台港务分局船员公休暂行办法》。这些制度的内容是比较详尽完备的。比如,《烟台港务分局安全教育制度》,就明确地规定了从局长、科室负责人、到基层班组长在职工安全教育工作中的工作范围、标准、权限。对新录用和调换工种的工人,规定必须由相关职能科室书面下达教育通知书,逐级进行局、科、队、站及班组的3级教育,每级教育的内容都做出了详细明确的规定。再比如,在《烟台港务分局港口装卸安全技术劳动保护职责暂行规定细则》中,除了明确了各级干部在此项工作中的职责外,对当时负责安全技术劳动保护工作的劳动工资科的工作权限还做出界定,使其在工作中权责统一。对于一些特殊作业,如装运军事物资、重大件设备、危险品等,烟台港务分局均先后制订了相应的操作规程、报告检查制度,如《烟台港务分局轮船装运武器弹药暂行规则实施细则》、《烟台港务分局危险品装卸操作规程注意事项》、《烟台港务分局起重大件装卸及危险品报告检查制度》,以确保此类作业万无一失。第三,检查落实。建立健全制度是安全生产的基础,执行落实制度是安全生产的关键,也是较之制订制度更为复杂、更为细致的工作。这一要义,对于所有组织现代生产的企业都是一样的。烟台港自1954年起,每年都定期进行安全生产检查。在检查中,做到提高安全意识,查清事故隐患,评价制度成效;使安全生产制度的落实与制订形成良性的互动,相互促进,逐步完善。可以说,这些措施对港口的安全生产是起到了不小的作用的。据当时的记录,1954年工伤数较1953年即下降了24.9%;"一五"时期的后3年,基本处于一个较平稳的状态,每年大约都在50多起至60几起之间。详细统计见表3-4-1。

"一五"时期工伤情况统计表 表3-4-1

年份	工伤数(人次)	损失工作日数(天)	年份	工伤数(人次)	损失工作日数(天)
1953	117	3 622	1956	56	2 223
1954	88	2 557	1957	62	1 272
1955	56	1 469			

新中国成立之后,职工的生活福利在政府政策推动下得到改善。职工住房:1952年,烟台港务分局投资人民币现值0.9万元,首次为职工购买住房1,185平方米;此后的1953至1956年,又购买和改建职工住房563.26平方米;1957年,投资12.7万元,自建职工住房2 567平方米,可住职工60户。其时,购买、自建的住房均属企业资产,职工入住,须缴纳租金。1957年初,烟台港务分局还对租赁局外住房的职工实行了房租补贴制度。当年,发放补贴8 124.53元。工人候工室:1955年,在北码头新建工人候工室,面积153平方米;1957年于西码头再建候工室,面积251平方米。

职工及家属医疗:1950年4月,烟台港务分局成立了卫生室,工作人员3人;1952年,增至4人;1953年,为适应职工人数增加,卫生人员增至8人,有医师1人,护士3人,药剂员1人,卫生员2人,会计1人。卫生室改称卫生所,设有诊室、药房和注射室,建立了处方制度和药品管理制度。当时药品种类约有50种,日门诊工作量达100人次。当时,职工治疗,普通药费全部报销;贵重药费,报销一半。职工家属治疗,普通药费,报销一半;贵重药费,不予报销。1956年8月,扩大药费的报销范围,职工、不分药类,一律全部报销;家属,亦不分药类,均报销一半。

"一五"期间,烟台港务分局在职工的沐浴、困难补助、子女入托等项上亦做出了努力。如对生活困难职工的补助,家庭收入低于人均9元人民币的职工均可提出申请,经所在工会小组讨论通过,上级工会批准,即可领取困难补助金。1955年至1956年,共对750人次补助12 133.09元。1957年,全局用于职工福利的开支达48 770.17元。

限于当时社会经济发展水平与港口的力量，烟台港务分局尽管在职工生活福利上做出了努力，但仍难以解决所存在的困难与问题。《第一个五年计划执行情况和几年来计划工作总结报告》中讲到，“以对医疗工作的管理，和对家属宿舍的安排解决等方面，均存有相当问题。针对此一情况，拟于五七年内设立福利专管部门，以加强对福利工作的领导。根据实际情况，在福利方面，应该考虑尽早解决职工的浴室问题”。事实上，职工的浴池是1965年建成的。

参考文献

[1] 瑞立德. 烟台海港之改良. 1914年. 载《烟台海港史》(古近代部分). 第142页. 北京:人民交通出版社,1988年.

[2] 中央人民政府农业部(函) (51)农渔字238号. 藏烟台港档案室. 海港史资料. 编号:7-5.

[3] 中央人民政府农业部(函) (51)农渔字238号. 藏烟台港档案室. 海港史资料. 编号:7-5.

[4] 烟台海港史(古近代部分). 第46页. 北京:人民交通出版社,1988年.

[5] 烟台海关史概要. 烟台海关. 第228页. 济南:山东人民出版社,2005年.

[6] 当代中国的水运事业. 第26页. 北京:中国社会科学出版社,1989年.

[7] 烟台海口调查资料. 烟台海关. 1951年. 藏烟台市档案馆. 卷号67.

[8] 中华人民共和国海港管理暂行条例. 1954年1月23日政务院颁布实施. 载《当代中国的水运事业》. 第57页. 北京:中国社会科学出版社,1989年.

[9] 当代中国的水运事业. 第72页. 北京:中国社会科学出版社,1989年.

[10] 关于海上运输工作方针任务的决议. 第二届海运专业会议. 1953年6月13日. 藏烟台港档案室. 海港史资料. 编号:21-11.

[11] 烟台第一个五年计划. 第171至174页. 中共烟台市委党史研究室.

[12] 北洋航务会议决议草案. 藏交通部档案处. 1950年. 永久. 卷号67.

[13] 当代中国的水运事业. 第15页. 北京:中国社会科学出版社,1989年.

第四章

“大跃进”中的烟台港

1958年，烟台港下放至烟台地方政府领导，1959年2月，更名为“山东省烟台专员公署海运局”。1958年8月，港口铁路专用线引入港内，是烟台港的一件大事。“大跃进”的兴起，带动港口吞吐量大幅增加，1958年，货物吞吐量由上年的48.1万吨猛增至82.3万吨；1959年和1960年，则继续上升为119万吨和130.1万吨。所增加的货运量，多为炼钢炼铁的原材料和基建物资，所以，“大跃进”又引发了港口货物结构的变化。为完成任务，1958年，烟台港招收了550名装卸工人，由1957年的405人增至955人。“大跃进”期间开展的技术革新和技术革命的群众运动，有成功的项目，也有失败的事例。1960年10月落成的客运站较好地解决了烟台港长期存在的客运设施落后问题。

第一节　“大跃进”时期的港口生产

一、港口隶属关系的变动

1958年，在全国港口层层下放的过程中，烟台港的管理体制发生了变动。当年5月31日，交通部以交海劳(58)于字第50号文发出《关于烟台港划归大连港及龙口、威海两港移交山东省领导的通知》，通知称：“鉴于大连和烟台两港相距较近，业务关系密切，为了便于协作支援，经征得山东省人委同意决定将烟台港划归大连港领导”[1]。该通知规定，“为简化财务清算和转交手续，确定1958年1月1日作为划转日期”[2]。对于龙口、威海两港的下放，该通知称，“同意4月24日青岛港务局及山东省交通厅关于龙口、威海下放地方的会谈，决定将龙口、威海两港移交山东省政府”[3]。

交通部将烟台港划归大连港领导之事实际上并未落实。其后，1958年6月17日，中共中央批转了交通、铁道、邮电、地质4个部党组关于体制下放的报告；据此，交通部遂决定将沿江沿海港口一律下放地方管理。6月21日，交通部向所属单位下发通知，称交通部体制下放的意见已经中央批准，动员全体干部贯彻中央指示精神，并速与各省(市)自治区党委联系和办理交接手续。此后，9月25日，青岛区港务管理局与山东省交通厅航运管理局青岛分局联合下发通知，决定将烟台港务分局和烟台航运办事处合并。11月6日，莱阳专员公署以(58)莱人字第754号文下发《关于沿海各小港下放各县市领导的通知》,将辖区内除烟台港之外的沿海各港均下放至所在县市领导;烟台港归莱阳专区领导。至此,下放烟台港的行政程序已完成。1958年8月,莱阳专员公署机关迁入烟台并更名为烟台专员公署。次年2月3日,烟台专员公署以(59)烟办字第64号文公布烟台港务分局定名为“山东省烟台专员公署海运局”;印章自1959年2月2日启用[4]。

港口层层下放的背景是,第一个五年计划时期,我国实行的是中央权力高度集中的经济管理体制,地方权力相对较小;所以,各地要求下放建设项目审批权、企业管理权和部分财权的呼声很高。1956年4月,毛泽东在《论十大关系》中谈到中央和地方的关系时,提出要发挥中央和地方两个积极性。随后,国务院即着手研究改进国家经济管理的体制问题。1956年8月,“组织了各部门和国务院参事室的一批专家参加的工作小组,起草出《国务院关于改进国家行政体制的决议(草案)》”[5]。依此决议,1957年9月5日,交通部制定了《中央与地方分工管理交通事业的方案》[6]。根据这一方案,交通部将其管理的宁波港、温州港、威海港、九龙港、营口港、安东(丹东)港下放至各地方经营管理;仍由交通部直属的港口有大连、秦皇岛、天津、青岛(包括烟台)、上海(包括连云港)、广州(包括黄埔、湛江、海口、八所、汕头)等港口。1958年,根据交通部体制下放的意见,这些港口均下放地方管理。应该说,当时,这种对经济管理体制的认识和由此而形成的政策,成为“大跃进”运动中港口层层下放的背景和基础。

二、铁路专用线引入港内

1954年9月,蓝烟铁路尚在建设之中,烟台港务分局即提议将铁路引入港内,建设码头铁路线的想法。从这时算起,至1958年8月铁路正式接进港内止,前后4年整。这4年之中,这区区1公里铁路建设,真可谓是曲曲折折,反反复复。

这种曲折和反复,第一,表现在铁路的设计上,是只建到西码头,还是自西码头继续延伸至北码头;第二,表现在究竟由谁投资出钱上,即应该由交通部抑或是铁道部来承担建设费用。

很明显,当时的烟台港,以1954年的码头情况论,其时,西码头尚在建设之中;可以停靠大型船舶唯有北码头;以1955年的码头情况论,西码头刚投入使用,可以停靠大型船舶的码头虽增为2座,但此时客运浮码头还未建成,西码头主要担负的是烟连线的客运班轮。所以,从港口实际情况审视,为提高北码头的利用率,烟台港务分局要求将铁路修至西码头后继续延伸至北码头是正确的。1954年11月9日,交通部海运管理总局以海总发港字第6058号文告知青岛区港务管理局,称“九月十七日电悉。关于烟台港站及码头铁路线问题,我部当即去函与铁道部联系,现接该部十月二十九日铁办设壬(54)字第二五二号复称:你部交海港(54)字第四九一二号函敬悉,兹逐条答复如下:

一、港站如设于西防波堤新建之窄狭码头露地上,确有碍港湾装卸、搬运、堆存等作业;但改设于西防波堤南端西面四百公尺处地位亦极窄狭需要拆迁大量房屋亦属不宜。现拟将港站改设西防波堤南端西面1 200公尺处,已指示勘测队与港务局商洽照此原则勘测设计。

二、西防波堤轨道延长铺设到北码头岸壁之端,已转知我部设计总局及华北设计分局照你部所提意见办理。

三、烟台新建码头,已由我部设计总局转知华北设计分局考虑铺设。希知照为荷”。[7]

这份文件是目前见到的最早的关于建设烟台港铁路的文件。它说明了以下几个问题:其一,不迟于1954年9月,亦即蓝烟铁路尚在建设之中,烟台港务分局就提出建设港内铁路的要求;其二,烟台港务分局对港内铁路的设想是将铁路通至新建的西码头之后继续沿西防波堤延伸至北码头;其三,火车客站将建于西防波堤南端西南约1 200公尺处。此处即烟台火车站货运站。在另一份文件内,即1955年4月7日交通部海运管理总局致烟台港务分局的海总发港字第2062-112号函件,告知烟台港,“客站设于浪坝胡同以西北马路以北地区”[8]。浪坝胡同位于今烟台港海港路大门前,已拆除。

在这份函件中,海运管理总局还告知烟台港务分局“新码头岸壁路线因弧度太小铁路施工困难暂不修建,只在码头后方,即新仓库北面修建二股铁道”[9]。对于北码头铁路,烟台港务分局的想法是将铁路一股建于前方码头之上,一股建于后方仓库之后。这样,为建于码头上,则需在北码头的西端岸壁以西部分填筑一处缺口,以铺铁轨;为建于仓库后,则需在仓库后侧加宽堤岸。对于这一方案,交通部海运管理总局在这份函件中以工程太大予以否决,并随即提出将仓库前移5公尺,以在其后侧铺轨,从而避免堤岸需加宽的新方案。依据此方案,指示烟台港务分局向海运总局报告北码头仓库的价值、西防波堤的承重能力、仓库迁建工程工期与费用,以及该铁路建成后对国防、港口发展远景的影响与意义。对于这些问题,烟台港务分局于1955年4月22日以烟港工(55)字第263号文逐条予以报告。其时,北码头仓库的价值为335 310.7元;迁移费用约需60 000元,工期为4个月。该报告还写明,“目前该仓库北墙壁于五三年所改成石墙,屋顶为水泥瓦,如果迁移重建,必造成重大之浪费现象”。从这份报告中可以看出,烟台港务分局实际上是不同意以迁移仓库来加宽仓库后方的办法的;所以,在报告中坚持“本局认为对北码头铁路之修建工程仍需将码头西端岸壁的西缺口之处加以填筑,如此不但铁路可以通入仓库之前后方,对码头的使用上亦增加了停靠能力”。

对于烟台港务分局的报告,海运管理总局于1955年6月10日以海总发港(55)字第3328-171号文予以批复,“所述需将码头西端岸壁以西缺口之处加以填筑,本局在第一个五年计划内,无此经费,非有绝对需要任务,铁路将不修至北码头”[10]。这是交通部海运管理总局第一次正式否定了烟台港务分局将铁路修至北码头的要求。

在该批文中,海运管理总局还写到,“又第一点意见,北码头仓库,系石墙,水泥瓦屋顶,如南移五公尺,必造成重大之浪费。查本局前与铁道部华北设计分局联系时,系根据你局所报《主要海港基本情况调查表》中所载建筑材料是铁墙瓦盖,因而提出南移五公尺之建议。此调查表本局一再通知应每半年修正一次,你局未能遵照办理,漏报仓库部分资料,致对外提供资料,失去真实性”[11]。这可能是海运管理总局对烟台港执意建造北码头铁路失去耐心的原因之一。因为,3个月之后,事情出现了变化。

1955年9月20日,海运管理总局以海总发港(55)字第5271-250号函致铁道部华北设计分局,提出“烟台铁路请修至北码头仓库北面,即仓库后面修一股道,西防波堤修一股道,其北端修一长120公尺倒车岔线,北码头北部由我局投资加宽”[12]。于是,铁路修至北码头之事出现转机。

1954 年和 1955 年,烟台港铁路建设,只在烟台港务分局、青岛区港务管理局和交通部海运管理总局之间进行讨论,还未见到铁道部或济南铁路局的意见。1956 年 1 月,蓝烟铁路通车;7 月 5 日,烟台港务分局以(56)烟港工字第 485 号《关于申请烟台铁路修通至烟港码头内的报告》呈报交通部和烟台市计划委员会,力陈“国家对蓝烟铁路已投入巨额资金,烟港吞吐量如不能增加,现有该路的应有作用亦不能充分发挥,而且铁路仅距码头一华里左右,如直通船舶停泊区附近(船舶停泊区是指北码头——引者注)亦不过三华里的距离。特别是修建该路的第五工程队全部人员及设备仍驻留烟市,国家只需再投入少量资金,即可完成这一工程,这不仅对烟港有利,而且对该路今后业务发展亦有重大意义,因而也就更大地发挥其运输能力,促进山东、辽东地区国民经济进一步活跃。鉴核并祈转铁道部即时实现为荷”。此报告对铁路如果能建至港内码头之后对港口和铁路能力的巨大促进作用陈述的淋漓尽致,恳切期盼之情亦溢于言表。

1956 年 8 月 8 日,时任铁道部副部长的吕正操在烟台市长左栋周陪同下来到烟台港,在了解了港口、铁路等相关情况后,应允港内铁路当年通至西码头,明年修至北码头。据此,烟台港务分局遂于 8 月 11 日以(56)烟港工字第 592 号《铁道部吕副部长来烟批准将蓝烟铁路通至码头内请总局办理的报告》呈报交通部。

前后两份报告,相继呈至交通部,交通部遂于 8 月 25 日以交运港(56)字第 13 号函致铁道部,函称“蓝烟铁路修至码头内,实属迫切需要”[13],希望能于年内施工。自此之后,铁道部亦参加到烟台港铁路的讨论之中,讨论的焦点是应该由谁来投资的问题。9 月 17 日,铁道部以铁计建滕(56)字第 187 号函复交通部,谓“关于蓝烟铁路修通至烟台港码头问题,我部意见修通至西码头一段由我部负责,今年内即行开工……至于修通至北码头一段铁路,系属港内专用线,仍应你部投资修建”[14]。

根据铁道部的函复意见,交通部于 10 月 4 日以交运港(56)字第 59 号函指示青岛区港务管理局,按以下两个方案估计烟台港北码头铁路投资:(1)自西码头起修至北码头仓库后面,包括加宽仓库后面的防波堤工程和倒车岔道工程;(2)仅在北码头上修建前方铁道,包括西防波堤转弯部分(即北码头西端岸壁以西部分——引者注)因湾线不足而需修建的桥梁工程。

10 月 31 日,青岛区港务管理局以(56)青港计字第 308 号报告将估算的投资额呈报交通部。第一方案,不计算路基和路轨费用,北码头仓库后面防波堤加宽 5 公尺,约需 60 000 万元;第二方案,亦不计算路基和路轨费用,在西防堤转弯处,拟建空架式码头 1 座,长 68 米,平均宽 12 米,约需投资 180 000 元。此时,烟台港务分局依然坚持北码头铁路应同时修至前方码头和仓库后方的意见,希望不仅能建成北码头的铁路,还可以按交通部的第二方案建造 1 座码头,以缓解泊位不足的窘境。但是,这一意见没有被采纳。交通部 12 月 8 日以交运港(56)于字第 113 号函通知青岛港务管理局和烟台分局,已决定 1957 年由交通部投资 300 000 元,建设烟台港北码头铁路,据此,遵照交通部的要求,青岛港务管理局于 12 月 30 日以(56)青港计字第 372 号文向交通部报送了《烟台港铁路线工程计划任务书》,该任务书称,“根据投资的可能,除西码头至车站一段由铁道部投资,本计划任务书中未予考虑外,要求铁路线沿西防波堤引入北码头仓库后侧,并于西防波堤上修停车线一股,有效长度在 150 公尺左右,以便利车辆调度”[15]。显然,这是交通部的第一方案,也是投资较少的一个方案。

1957 年 5 月 22 日，交通部以交基设(57)葛字第 90 号《批复关于烟台港码头铁路线工程计划任务》文函达青岛区港务管理局，文称“延长烟台港西码头至北码头铁路线，加宽北码头堆栈后场地及修筑防浪墙等工程，从第二个五年计划期间内吞吐量发展趋势来看，该项工程并不急需，经济效果亦不大。该港目前使用上水陆联运问题，于本年度基建计划中‘烟台港西码头至火车站的铁路线，西码头后的货场填土及道路整修等工程’完成后能基本获得解决。你局烟台港正在进行规划，因此，决定该港北码头铁路线工程暂缓建设，该项计划任务书亦暂不批复”[16]。至此，建设烟台港北码头铁路的讨论画上了句号，有了结论。剩下的问题便是西码头铁路的讨论了。

事实上，1957 年，烟台港的铁路建设依然停留在纸上谈兵的阶段。自年初始，围绕着哪方投资、何处接轨，各方往来函件甚多。事情的大致经过是，遵照交通部 1956 年 12 月 8 日交运港(56)于字第 113 号文中“关于蓝烟铁路通至港内西码头问题，经与铁道部电话联系，仍同意按照铁计建滕(56)字第 187 号执行，铁道部已将此工程列入 1957 年度基建计划内……希与济南铁路局联系，以便该局充分准备及时施工”[17]的指示，烟台港务分局即派人去济南铁路局联系。不料，获知济南铁路局仅将位于现时货运站处的烟台铁路客运站东迁之工程列入当年计划，原拟港口铁路专用线自货运站接轨通入港内之计划，因投资所限未能列入。对此，烟台港务分局当即将此情况于 3 月 4 日以(57)烟港工字第 096 号文呈报交通部，再次陈述铁路通入码头的紧迫性。经交、铁两部协调，决定由交通部投资建造烟港铁路专用线。随后，交通部以交运港(57)李字第 56 号文，函致烟台港务分局，正式确认该项投资。文称，经与铁道部洽商，确因款、料俱无，不能修建。兹为解决你港输日矾土，该段线路我部决定投资，设计施工由铁道部办理，钢轨现正向经委申请。至此，这段铁路的投资即由铁道部转至交通部。铁路设计与施工委托济南铁路局，主要材料钢轨、附件、道岔、枕木由烟台港务分局供应。其中钢轨由交通部申请国家经委调拨，道岔委托秦皇岛港务局制作。

此后，对于港口铁路专用线从何处接轨，烟台港务分局与济南铁路局亦有分歧。济南铁路局安排自烟台铁路货运站向东引入港内，这样，线路长约 2 公里，加上沿线桥涵、海岸护坡等辅助工程，费用自然加大。烟台港务分局则根据交通部与铁道部已达成的协议，坚持由铁路客运站最靠北面的线路东端接入；如此，线路长度仅 1 公里左右，且无沿线的辅助工程，投资亦随之降低。此事，再经交、铁两部协商，铁道部于 6 月 25 日以铁基交武(57)字第 121 号函告济南铁路局，同意“可暂在北尽头线东端接轨”[18]。鉴于接轨点已确定，交通部即于 7 月 3 日以交计基(57)孙字第 49 号函通知青岛港务管理局和烟台分局、决定 1957 年度由部拨 200 000 元，建造烟台港铁路专用线。

1957 年 7 月 18 日，烟台港务分局分别与济南铁路局设计事务所、济南铁路局工程处签订了设计协议书和施工协议书。此后，《烟台港铁路专用线技术设计报告》经青岛区港务管理局批准，预算为 184 291 元。烟台港务分局即于 10 月 22 日与济南铁路局第四线桥工程队签订了工程承包合同。在此项工程中，路基土方等部分附属工程由烟台港务分局承担；至 1957 年底，土方工程已完成 80%。但是，限于客运站线未能接通，港口专用线亦只有等待。工程也只能作为 1957 年的尾工拖入 1958 年。

1958 年 8 月，企盼已久的港口铁路专用线终于通入港内，线路全长 1 097 米，装卸线 744 米。这区区的 1 公里铁路，对港口的作用却是巨大的。

三、“大跃进”期间港口生产的特点

1953年至1957年的第一个国民经济五年计划时期，由于国家的投资建设，烟台港的港口设施得到了很大的改善。特别是经几年的努力，1958年8月蓝烟铁路引入港内，使烟台港装卸生产的生产方式发生了质的改变。此外，自1957年起，烟台港还填筑扩大了堆货场地；整修了西码头与北码头之间的道路；动力电源亦接入港内。这些，都为港口生产的发展提供了条件。与此同时，港口必要的管理制度也逐渐地建立起来。据档案记载，至1955年10月，烟台港务分局已分别在港口业务、职工劳动保护、职工工资与奖励、财务管理、行政管理、材料供应6个方面制订了40项管理制度。可以说，港口管理已初具形态。

在推进港口建设和管理的同时，政治运动也贯穿于其中。自50年代初开始，烟台港务分局与全国步调一致地开展了多次政治运动。1957年反“右派”运动中，有11人被打成“右派”分子；至70年代末期，被平反。

时间进入1958年，这年5月，中国共产党八大二次会议提出了“鼓足干劲，力争上游，多快好省地建设社会主义”的社会主义建设时期总路线。在此之下，违背经济规律，不符合实际的经济指标被提出来，浮夸之风迅速蔓延，“大跃进”开始。

在“大跃进”期间，烟台港的港口生产呈现出以下的特点。

第一，吞吐量增长迅速。货源不足是长期困扰烟台港的问题，第一个五年计划期间，港口的吞吐量在40余万吨到50余万吨之间徘徊，最高年份是1955年的57.7万吨。1956年和1957年两年间，吞吐量不升反降，主要原因是铁路分流了港口的出口货源。进入1958年，年初货源并不饱满；但是，随后货源逐渐增加，呈现出初期清淡，中期好转，末期密集的局面。这里面有两个原因，其一，是蓝烟铁路接进港内，吸引了胶济线一带的货源；其二，也是更主要的，是“大跃进”运动的兴起，带动了运输物资的增长。两种力量合在一起，促成了烟台港自1958年起连续3年吞吐量的大幅增长。1958年为82.3万吨，较1957年增长了71.1%；1959年突破百万吨，达到119万吨；1960年则继续攀升，达到130.5万吨；3年的年均增长率是39.5%，而“一五”时期为12.3% 。1960年的吞吐量纪录保持了11年，直至1972年才被突破，1972年的吞吐量是141.3万吨。这种在经济平稳时期需要烟台港10年后才可达到的吞吐量，居然在“大跃进”的两三年时间就完成了；况且，1965年6月始，港口又有两个新泊位投入使用，机械设备亦有所增加，1960年为37台，1972年为66台。所以，这一比较，也说明了当年的“大跃进”运动对烟台港吞吐量的影响是很大的。这种影响主要来自当时的两种社会现象，一种是全民大办钢铁，小高炉遍地开花，冶炼钢铁的原料、燃料一时成为交通运输的主要货种。对此，在1958年11月召开的全国民间运输工作会议上，时任交通部副部长的孔祥祯在会议致词中有概括的描述，“随着工农业的大跃进，特别是中央提出今年生产1070万吨钢的伟大号召后，以钢为纲的群众运动带动了一切工作……为了保证钢帅升帐，要迅速掀起一个声势浩大的群众大办交通运输的高潮。在这个时期内运输上的特点是来势猛、运量大、时间紧、分布广”[19]。烟台港务局对1958年的工作则是这样总结的，“特别是自大办钢铁以来，由于坚决贯彻以钢为纲带动其他工作全面大发展和全党全民办交通办钢铁的方针，全体职工干劲冲天，忘我劳动，因而保证了钢铁战役的胜利……提前44天完成国家计划。……工作中贯彻先重点，后一般的原则，保证了钢铁物资的优先运输”。由此,也可以想见当年港口设施所承担的压力,职工所承担的压力。第二种现象是基本建设战线长,投资大。“1958 至 1960 年的三年中,施工的大中型建设项目均在 1 300 个以上,1960 年达到 1 815 个,比 1957 年的 992 个增加了 83%”[20]。如此大规模的建设,必然导致货运量增加。这一点,因为烟台地区建筑用黄沙、石材储量丰富;所以,表现在烟台港,就是包括这两类物资在内的矿物性建筑材料的运量大增。1957 年,该货类的吞吐量 0.7 万吨;1958 年则升至 14.4 万吨,增长 20 倍。此后,1959 年为 16.4 万吨,1960 年为 20.6 万吨,1961 年则为 26.9 万吨。另外,上海港是中国的第一大港,其吞吐量的变化能比较准确地反映中国的经济形势。据《上海港史》记载,1958 年上海港完成吞吐量 2 739 万吨,比 1957 年增长了 66%;1959 年达到 3 697 万吨,比上年增长 35%;1960 年则达到了 4 267 万吨。3 年的年均增长率是 37.3%。与烟台港同期 39.5% 的年均增长率大致相当。物极必反,在全国如此紧绷的形势下,调整已成必然。

第二,货物结构发生了变化。“大跃进”期间,促成烟台港吞吐量大幅提高的货类主要是煤(包括焦炭)、金属矿石、钢铁、矿物性建筑材料及非金属矿石。这 5 类货源,除煤之外,1958 年之前由烟台港进出的数量很少。当时主要进口大宗物资是来自秦皇岛、天津的煤,东北地区的煤、钢材、木材、化肥,上海的日用百货;出口则以轻工业品、花生、果品、水产品为大宗。以 1957 年为例,当年进口煤炭 95 939 吨,其中秦皇岛 40 483 吨、天津 48 101 吨、大连 6 693 吨、青岛 162 吨、其他港口 500 吨;出口煤 7575 吨,进出口合计 103 514 吨。金属矿石数量为零;钢铁进出口 13 058 吨;矿物性建筑材料(不包括水泥)进出口 6 582 吨,非金属矿石进出口合计 36 000 吨。

大办钢铁和大规模的基本建设,打破了烟台港的传统货物结构,炼钢炼铁的原材料和基建材料大幅上升。现将 1957 年至 1962 年烟台港进出口煤、金属矿石、钢铁、矿物性建筑材料、非金属矿石的吞吐量列出,以作比较,详见表 4-1-1。

分货类吞吐量年份比较表 表 4-1-1

年份	吞吐量(万吨)	货物(万吨)				
		煤	金属矿石	钢铁	矿建	非金属矿石
1957	48.1	10.4	—	1.3	0.7	3.6
1958	82.3	17.8	4.5	4.0	14.4	8.6
1959	119.0	16.2	5.8	8.9	16.4	28.9
1960	130.5	15.8	15.8	15.3	20.6	11.5
1961	91.9	11.1	4.9	5.3	26.9	7.5
1962	80.4	25.4	1.5	2.2	9.2	4.9

从表 4-1-1 中可以看出,变化最明显的是金属矿石,即铁矿石,1957 年此类货物的吞吐量为零,1958 年一下子就升至 4.5 万吨,约占当年港口吞吐总量的 5.5%;之后,1960 年增至 15.8 万吨,占全年吞吐量的 12.1%;再往后,就逐渐下降了。这一变化,比较清晰地说明了大办钢铁运动对港口货物结构的影响。当年,由烟台出口的铁矿石主要是运往东北地区和上海。另外,冶炼钢铁所需要的耐火材料属于非金属矿石类,1959 年的出口量达到 28.9 万吨,占全年吞吐量的 24.3%,几近四分之一。虽然不能将这 28.9 万吨,全部算作耐火材

料,但该货种在1959年陡增却是毫无疑义的。对此,烟台专署海运局(即烟台港务局),在《1959年工作总结和1960年第一季度计划及措施》中有这样的记叙,"部分领导干部强调货种变化大,高效率的煤炭不进口了,低效率的耐火材料源源不断地增加";另外,在同年的上半年工作总结中亦记叙,"列车通港后,水陆运输联结,中转物资增多,出口非金属矿石比去年增加了79 000吨……搬运操作量增加,上半年共完成搬运量134 000吨,为去年同期的2.8倍"。这些记叙,说明了当时的情况。这里的"低效率"是指装卸耐火材料效率低。金属矿石和耐火材料的陡升与陡降,正符合了大办钢铁运动和此后经济调整的特点。

对于表4-1-1中所列煤的吞吐量变化需要加以说明的是,1959年之前,烟台港担负着山东北部沿海一带用煤的中转任务,由秦皇岛、天津、大连进口的煤,经烟台港中转至龙口、威海及其他小港。1959年起,事情有了变化,烟台地区改用山东本省的煤;所以,烟台港进口煤的数量就降下来了。与此同时,山东煤开始向东北地区出口;这样,经烟台港转往东北的煤又成了反方向的流动。烟台港务局1992年编辑的《统计资料汇编》比较清晰地记录了这种变化。进口煤,1958年是15.1万吨,1959年降至5.5万吨,以后逐年下降,1962年降为0.3万吨。出口煤,1958年为2.7万吨,1959年增至10.7万吨;1960年和1961年则分别保持在11.3万吨和10.8万吨,1962年又增至25.3万吨。这25.3万吨,运往东北13万吨,运往山东北部沿海各港12.3万余吨。

大办钢铁期间,促使经由烟台港进出的钢铁工业原材料大幅增加的具体因素有两个:其一是蓝烟铁路引进港内,港口腹地扩展至胶济线一带,此类货物中转量较大;其二是烟台地区建起了一些钢铁厂,本地消化量增加。所说扩展至胶济线一带,主要是指淄博地区。其时,淄博是山东省的重要工业基地,出产煤、铁矿石、铝砂、耐火材料。1964年编制的《烟台港"三五"(1966~1970)规划及十年(1971~1980)设想(草案)》对中转淄博地区的矿产品有较详细的记叙:"淄博所产煤炭主要供销本省各地,唯于1962年后临时调往东北一部分;矿石、铝砂固定供应东北;山东北部沿海一带的工业、生活用煤主要由淄博供应,经我港转运。运东北的矿石、铝砂,从经济线路看,路经我港比较合理,并且铁矿砂、耐火材料往年也经我港转运过"。当年,烟台港不仅向东北地区中转淄博所产的铁矿砂、耐火材料、而且还向上海转运耐火材料。甚至在"大跃进"之前,烟台港就曾对日本出口过淄博的铝矾土和耐火材料。1957年交通部之所以决定投资建设港内铁路专用线,重要的原因便是为解决烟台港对日本出口铝矾土的运输困难。

另外,1958年至1961年的大办钢铁时期,烟台当地也建起了一些钢铁厂,这些钢铁厂所用的铁矿石、大都由烟台港转运。《烟台港"三五"(1966~1970)规划及十年(1971~1980)设想(草案)》对此有这样的记叙:"1958~1961年时期为地方炼铁需要,曾有大量铁矿石进口,而后随工业任务调整而消失"。山东出版社1988年出版的《烟台工业概览》一书中也写到,"烟台冶金工业始建于1958年"大跃进"时期,1962年国民经济调整时期大部分企业下马"[21]。因此,大办钢铁期间,炼钢炼铁的原材料在烟台港的货物结构中就表现为增也快,落也快,来去匆匆。

第三,大量的劳力投入是完成生产任务的首要条件。历时3年的"大跃进",烟台港是依靠什么完成了与港口设施不相称的吞吐量任务?尽管当年的工作总结中总结了不少"政治挂帅,思想领先"、"整风反右"、"大鸣、大放、大辩论、大字报批判右倾保守"、"政治工作与经济工作相结合"之类的经验,但这些都是特殊社会政治环境之下的不实之词,不足为信。客观地讲,巨大的劳力投入才是首要条件。尽管在这3年间,装卸机械的使用量有所提高,但自始至终发挥主导作用的还是劳力的投入。

其实,面对繁重的生产任务,选择增加劳力投入也是唯一的选择。这是因为,在港口装卸生产的诸要素中,港口设施,包括泊位、仓库、货物堆场、装卸机械是很难在短时间内得到改善的;而增加劳动力,从事简单的体力劳动则随时都可以做到。所以,面对1958年下半年陡增的货物吞吐量,烟台港务分局自然而然地选择增加劳动工人,以缓解生产压力。现将烟台港1957年至1960年的操作量、装卸机械数量、机械司机数量、装卸工人数量及装卸工人劳动生产率列出,用以说明"大跃进"期间劳动力的投入情况,以及这种投入对"大跃进"的支撑作用,详见表4-1-2。

1957年至1960年机械数量及装卸指标完成情况表

表4-1-2

年份	操作量(万吨)		机械数(台)				装卸司机数(人)	年末装卸工人数(人)	平均装卸工人数(人)	装卸工人劳动生产率(操作量/人)	装卸工日产量(吨)
	全港	内:本局工人	起重机械	装卸搬运机械	输送机械	其他机械					
1957	84.0	57.0	1	9	—	—	21	405	385	1 481	6.6
1958	132.0	92.0	1	9	10	—	21	955	523	1 759	7.2
1959	162.0	150.0	3	10	10	—	22	949	993	1 511	6.6
1960	169.0	157.0	4	12	18	3	23	795	818	1 919	8.5

从表4-1-2中所列数字可以看出,以1958年同1957年相比较,数字变化比较大的有3处:第一是1958年的装卸生产操作量净增了48万吨,增长率为57.1%;其中,由烟台港务分局本局装卸工人完成的操作量为92万吨,较上年增加了35万吨,增长率为61.4%。第二是1958年年末装卸工人的数量增加了550人,增加了1倍多。这里需要说明的是,这一年,烟台港增加装卸工人是从第四季度开始的,所以,当年平均装卸工人数字较低,为523人。第三是1958年增加了10台输送机械,这种机械通常被称为皮带机,是一种比较简单的机械,动力来自安装于皮带机的一台三相异步电动机,接通电源,即可工作。皮带机高度较低,所以主要是用来装火车、小轮船或帆船的散货,如煤、沙;或者是不怕撞击的袋装货,如化肥、粮食。在港口的机械化程度较低时,皮带机可以减轻工人的劳动强度;但对提高劳动生产率作用不大;因为皮带机的两端都需人力操作。所以,使用皮带机的装卸作业,充其量也只能说是实现了半机械化。另外,从表4-1-2中还可以看到,1958年,烟台港的起重机械、装卸搬运机械较之1957年都没有增加。所以,可以认为,1958年所增加的操作量,主要是依靠人力来完成的,是人力支撑了这一年的"大跃进"。

1959年的情况是本局职工完成的操作量增加了58万吨,但装卸工人年末数量与平均数量大致相同,均为900多人,是"大跃进"3年中装卸工数量最多的一年,同时也是劳力最充裕的一年。这说明,经过上一年的大量招收装卸工人,已基本适应了生产的需要;所以,虽然这一年的操作量增加很大,装卸工人数量并未增加。此外,对比表中全港操作量和本局工人完成的操作量两组数字可以看出,1959年较之1958年,全港操作量增加了30万吨,增长率为22.7%;本局工人完成操作量增加了58万吨,增长率为63.0%。这进一步说明,经过1958年的增加装卸工人,1959年,烟台港的装卸劳力较为充足,所完成的操作量亦由1958年的92万吨增至150万吨。与此同时,由搬运公司和临时工完成的操作量则由40万吨降至12万吨。

1960年的各项数字中,以装卸工人数量减少最为明显,年末数减少了154人,平均数均减少了175多人。这是因为,1960年已经进入生产救灾时期,自由市场的农副产品价格暴涨,面对饥饿,农村更容易讨生活,所以有部分工人弃工返乡,回原籍务农。

从表4-1-2中的数字还可以看出,虽然"大跃进"时期,港口的操作量连年增加,但由于装卸工人的数量也增加,使得装卸工人的劳动生产率,即人均年操作量和装卸工人日产量均变化不大。这当然是正常的。

事实上,"大跃进"期间,烟台港除了招收了大量的固定制装卸工人,同时,还使用了不少的临时工,这些临时工包括职工家属和临时调用的搬运公司的工人。这当中,职工家属的数量比较大,坚持的时间比较久,一部分人后来转为正式职工。据记载,1959年"组织职工家属150名参加港口装卸,(每人)每月收入约30元以上,这对提高职工生活和解决困难起了很大的作用"。所以说,实际上"大跃进"时期,烟台港装卸劳力的投入要大于表4-1-2中所列的数字。

第四,"大跃进"中的"放卫星"活动。"过高的指标,求成过急的要求,靠大辩论开路的刮风式的领导方法,所带来的副作用,最大的还是由此而引发出来的各级干部的浮夸风"[22]。很明显,"大跃进"问题的核心是浮夸风,浮夸风迅速传播的载体,或者说是浮夸风的表现形式,便是当年时髦的"放卫星"活动。"放卫星"活动的由来是1957年10月,苏联成功地发射了人类历史上的第一颗人造地球卫星,全世界引起震动。与苏联同属社会主义阵营的中国即引以为豪,几经宣传,遂被借来比喻工作上取得"重大成绩"。可以讲,"放卫星"活动是"大跃进"的催化剂,起到了推波助澜的作用。

其时,烟台港在港口的装卸生产中,也采用了"放卫星"的方式。这种方式在具体操作上又分为两种情况,一种是集全港之力放大"卫星",就是在短时间内,向某作业投入大量的人力和物力,完成了作业,便是"放卫星"成功。据记录,至1958年底,共抛放装卸量5 000吨卫星14颗,8 000吨的2颗;10 000吨的3颗。当时,烟台港的生产能力大约是每昼夜3 000吨上下,却硬是以干部、学生、职工家属齐上阵的所谓"蚂蚁搬泰山"的人海战术达到了10 819吨,被称作"重型卫星"。第二种情况是根据不同的任务制定出不同的"卫星"的标准,依照标准开展单船、单车的"放卫星"竞赛活动。据1958年的工作总结记叙,在单船、单车的"放卫星"活动中,装卸工班共抛放了179颗"卫星",显然,这179颗都是小"卫星"。如此,则真的形成了全港层层"放卫星"的群众运动——"让卫星飞得高,让红旗满港飘",这是当时的一句口号。

第二节 开展技术革新和技术革命活动

一、技术革新与技术革命活动的缘起与发展

20世纪50年代末期兴起的技术革新与技术革命是一场全国性的运动,其目的是希望

以群众运动的方式迅速改变中国落后的工业技术状况。烟台港的技术革新和技术革命活动发端于1958年春季开展的反浪费、反保守的“双反”运动。这一年的3月3日,中共中央向全党发出了《关于开展反浪费反保守运动的指示》;此后,根据烟台市委的布置,烟台港开展了以“大鸣、大放、大字报”为主要形式的“双反”运动。运动中,将1958年的港口吞吐量计划由65万吨调整为70万吨,利润计划由337 000元调升为503 000元。这两次指标的调升,都是在“跃进”的名义下进行的。与此同时,4月18日,烟台港务分局召开向技术革新和技术革命进军的誓师大会。这样,“大跃进”中的技术革新和技术革命活动便由此而开始。此项活动,亦简称“双革”活动。

事实上,在此之前,烟台港在装卸工艺、机械操作上也有过一些小的革新项目,如1953年,工人庄惠君建议采用“十字吊瓦法”,减少了货损,提高效率30%;1955年吊车司机牟维邦发明“吊杆定位制止器”,可以提高吊车操作的安全性能。另外,自1955年起,烟台港已开始使用装卸机械,是年年底,已有汽车式起重机1台;叉式装卸车4台。此后,1956年,又新增牵引车4台;1957年,牵引车又增至5台。这样,到1958年,共有装卸机械10台。这些机械,对于减轻装卸工人的劳动强度,提高生产效率是一种极大的进步。例如,在没有汽车起重机时,卸粮包码垛都是由人力扛起粮包,沿桥板盘旋蹬高上垛;有了汽车起重机,就可以将粮包成组的吊到垛上,再由工人搬码整齐。省去了工人扛包上垛的工序。同样,使用装卸叉车,俗称铲车,在仓库内作业时,亦可将袋装或件装货物起升至垛上之后由工人搬码。类似的作业,简单地讲,就是由机械代替人力完成货物从地面到垛上的垂直运动。显而易见,这样的操作,明显地减低了工人的劳动强度。但是,限于港口的生产和积累能力,资金有限,烟台港的装卸机械化进展较慢,依靠人力作业的局面没有根本的改观。下面将1956年至1961年烟台港历年装卸作业的操作量与机械作业量列出,以资说明,详见表4-2-1。

装卸操作量与机械作业量比较表

表4-2-1

年份	全港操作量（万吨）	机械数量(台)					机械作业量（万吨）	机械作业量所占比率
		合计	起重机械	装卸搬运机械	皮带机	其他机械		
1956	65.1	9	1	8	—	—	14.9	22.9%
1957	84.0	10	1	9	—	—	17.7	21.1%
1958	132.0	20	1	9	10	—	32.1	24.3%
1959	162.0	23	3	10	10	—	38.6	23.8%
1960	169.0	37	4	12	18	3	59.7	35.3%
1961	113.0	51	11	14	24	2	40.9	35.8%

对于表4-2-1中所列数字需要说明的是:(1)为求比较准确地反映机械作业量在全部操作量中所占的比率,操作量使用了全港的操作量,而非仅为本局工人所完成的操作量;(2)本表中的机械作业量均小于操作量,实际上,随着机械化作业程度的提高,会出现机械作业量大于操作量的情况。这是因为,有多台机械参加了同一作业,且分担着不同的工序,例如,散货装船,垛上是铲斗装拖盘,水平搬运是牵引车拖至船下,然后由吊车吊至船舱内。

这样,本次作业的机械作业量便是将铲斗、牵引车、吊车三种机械作业量相加;而操作量只计算装船散货的数量。依此口径统计,本次作业的机械作业量应是操作量的3倍。所以,机械作业量越大,说明机械化程度越高。以此鉴别表中所列数字,正说明当时烟台港机械化程度较低。从表4-2-1中可以看出,随着装卸机械使用台数的增加,机械作业量及所占比率亦随之增大;但是,机械完成的作业量所占比率毕竟较低,技术革新和技术革命之前的1956年和1957年约占全部操作量的五分之一强。从1960年起,机械作业量的比率有较大提高,约占全部操作量的三分之一强。

综观烟台港技术革新和技术革命的全过程,大致可以划分为3个发展阶段。第一阶段是1958年;第二阶段自1959年3月至当年年底;第三阶段是1960年。3个阶段之中,以第二阶段为高潮,革新的领域广,项目多。在这3个发展阶段上,无论是革新项目的内容,还是项目技术含量的高低,以及对项目所进行的组织管理都各有特点。总的看,围绕装卸生产,革新项目的技术含量还是逐步提高的,所进行的组织管理也逐渐地由缺少理性而向理性过渡。

第一阶段的1958年,随着“大跃进”的开始,表现在烟台港,便是自下半年起,港口货源大量增加,装卸工人大量增加,为解决装卸工具不足,即发动职工制作工具。为此,在全体工人中做了一次调查,把有一技之长的工人组织起来。这些工人中有翻砂工、铆工、铣工,还有的打过铁,即以他们为主力,成立了工具制作组,筑造起烘炉。据当时的纪录,很短的时间,便打制了500余张铁锨。与此同时,在“跃进”之中,为提高机械的利用率,牵引车水平搬运货物作业,改成在货垛和船下两头都放下拖盘,以节省牵引车在货垛等待装货和在船下等待卸货的时间。这种方法,在码头的术语中,叫做“两头甩盘子”。如此,则拖盘便不敷应用,于是,又修理制作了20部拖盘。当然,这样制作的拖盘无论材质还是工艺都难以与正规生产的相比,使用中常发生故障。

面对大量的技改项目,烟台港于当年置办了1台车床和1台钻床,外加垒筑的烘炉和自制的电焊机,正式建立了维修车间。这个车间便是烟台海港机械修理厂的前身。另外,1958年,在装卸生产中,烟台港还大量的使用输送机械(皮带机);这一年,先后有10台用于生产。但是,当时港口只有单相照明电源,没有三相动力电源;所以,无法使用皮带机。为此,当年7月,投资61 000余元,建成港内高压动力输电线路,并配套安装了容量为100千伏安的变压器。这样,西码头、北码头均可使用皮带机和其他电动机械。这应是“大跃进”期间烟台港完成的正式的工程项目。

1958年,烟台港还建起了几座用于小轮船或帆船装卸的“土码头”。“大跃进”期间,小轮船压港严重,许多船只进港后被迫停泊锚地等候码头。据当时的统计,因码头泊位不敷使用,有的时候,一月之内约造成3 000余载重吨的小轮船放空航行。所以,尽快解决小轮船的装卸泊位是烟台港面临的一个紧迫问题。对此,处于敢想、敢干的“大跃进”之中的烟台港务分局,便组织职工自己动手,建造“土码头”。“土码头”的称谓来源于技术革新和技术革命活动中流行的口号,叫做“能洋则洋,能土则土,土洋结合”。自己动手用“土”办法建起的码头自然便称作“土码头”。

据记载,1958年,建了5座“土码头”,一座用石块砌筑,长13米,位于西防堤南端,即现今客运泊位南端。上面架设一条装煤的输送带。另一座建于其北,这座码头是学习长江沿岸建筑码头的经验,在水里打木桩,上面铺上厚木板,成为栈桥式的,极适于帆船作业。除此之外,还有3座是用破筐装上石子堆垒而成。5座码头之中,可勘使用者,当然是前两座;至于用破筐和石子堆垒的码头,作用如何,则只能另当别论了。由此亦可见,当年的"双革"活动,既澎湃了激情,也震荡了浮躁。

除此而外,1958年还沿港内铁路装卸段架设了14根水泥杆,准备建造土吊车;修通北码头的铁路,是烟台港的夙愿,"双革"中被提出,所以这一年还铺设了西码头至北码头的轻轨铁路,并配套制作了1台轨道牵引车;还制作了卸煤的抓斗;卸木材的卡具。但这些项目,有的半途而废;有的在实际使用中,不是故障频频,便是不适用,效果均不理想。所以,1958年的"双革"活动,可谓遍地开花,但真正结果的不多。

1959年是继续"跃进"的一年。2月,中国海员工会全国委员会和交通部海河总局发出了"开展以技术革命为中心的红旗竞赛,迎接水上运输更大跃进"的联合号召。4月10日,交通部召开全国交通运输电话会议,会上,时任交通部长的王首道发表了"开展红旗竞赛运动,为超额完成1959年交通运输计划而奋斗"的讲话。这一年的7月和8月,中国共产党召开了著名的庐山会议和其后的八届八中全会,全会通过了关于反右倾的政治文件和《关于开展增产节约运动的决议》。[23]于是,反右倾,鼓干劲,开展以技术革新和技术革命为中心的增产节约运动便成为以后统领一切的纲领。"大跃进"要继续,"双革"要再掀高潮。当时,交通部对港口的技术革新和技术革命有一个大致的要求,"在年内要求大中型港口装卸作业中的水平搬运及爬坡作业基本上消灭人力扛、抬、挑,散货装车、平舱及皮带机供料80%左右实现机械化、半机械化,对人力出舱堆垛的作业,要一面推广一些行之有效的工具(如抓斗、皮带出舱机等),一面组织力量研究解决办法,同时要大力组织机械装卸的系统化"[24]。在该文件内,交通部海河总局还表示,"为协助港口解决革新中部分材料设备的困难,现已指定长江航运局和上海海运局所属船厂制造一批电动机并抽出1 000吨打捞旧钢材分发各港口"[25]。

烟台港1959年的"双革"活动,在汲取了前一年的经验和教训之后,应该说,表现得更趋于理性。这种理性主要体现在两个环节上,第一,项目选择与生产需求结合的更为紧密;第二,设计、实施项目的过程中注意发挥专业技术人员的作用。这样的做法,用当时流行的语言来表述就是"大搞群众运动与专业技术队伍相结合"。所说的第一个环节,即在项目的选择上与港口的生产需求结合的更为紧密,主要表现在这一年的"双革"活动中,明确提出要把小船卸货出舱和水平搬运列为重点。这是极符合烟台港装卸生产的实际状况的。这是因为,烟台港装卸机械太少,至1959年底,也仅有汽车起重机1台,牵引车5台,叉式装卸车4台;而且,烟台港又长期担负山东半岛北部沿海小港货物集散中转的任务;故小轮船和木帆船进出频频。根据烟台港《船舶进出口状况年报》记载,1958年,进口本国船舶共计3 400艘次,其中,轮船和驳船为1 375艘次,木帆船为2 025艘次。1959年,进口本国船舶共计3 535艘次,其中轮船和驳船是1 831艘次,木帆船是1 704艘次。且轮船和驳船中尚包括了小轮船。由此足见这两类船只进出烟台港的数量之多。小轮船和木帆船在货物装卸上的最大障碍是没有船用吊车。所以,依靠人力扛抬或者用简单的滑轮装卸小轮船和木帆船在烟台港便是一个长期未获解决的问题,效率自然很低。当时,中共烟台地委确定的烟台港装卸工人日产量是10吨。现在,在"双革"活动中,把这一问题作为重点提出,以求能有所缓解,应该说是合乎逻辑的理性选择,较之上一年的一哄而起,遍地开花,确为进步。至于所说的注意发挥专业技术人员在“双革”中的作用则主要体现在“土码头”的建造上。这一年,在西码头的北侧,建造了1座岸线长度为16.5米,可停靠200吨以下小轮船的“土码头”。在建造的过程中,为避免上一年大办“土码头”,结果建了之后却大部分不堪使用的尴尬,改由修建科负责设计、组织施工。所用的材料,一部分是日本占领烟台时期制成的水泥预制方块。原来,日本人曾企图在芝罘岛山下修建码头,但未能建成;所制成的水泥预制块,弃于山下,便被烟台港用来建造“土码头”。水泥预制方块的运输,吊装都是由烟台港的船舶完成的。该“土码头”建成后,烟台港还自制了负荷量为1吨的电动起重机装于码头上。当时,这座“土码头”被称作“方块码头”,其含义大致有二,一是码头是用水泥方块砌筑而成;二是其状如方块。同时,这样的称谓亦有别于此前建造的以木桩立于海中的栈桥码头。

至于货物的水平搬运,当年的主要措施是改制人力小胶轮车,方法是将小胶车上加装木制的车厢,装运散货时,车厢便代替了柳条筐。工人把货拖至船下或垛上,后挡板一打,货物便自然留下。若是用来装小轮船,赶上潮位合适,在船和码头间搭一桥板,小车亦可直接拖至船上。当年,这也是革新成果,得到推广。此外,1959年还制作了拉坡机1台,装于客运浮码头。它的作用是,当潮位低时,联接浮码头与岸上的引桥坡度会过大;此时,这台机器便可以帮助人力拖拉小胶轮车爬坡。但是,这台机器使用不长时间,因故障频发,便废弃了。其实,当年一部分革新项目的命运大都与此相似,如制作的扒煤机、土拖头、土铁路。当时,这些项目作为革新成果,喊得震天响;至于其成效如何,耗资多少,皆寂无声息,无人理会。

1960年,是进入生产救灾和国民经济调整的第一年,工作重点转换为动员职工节约粮食,做到8个月粮食9个月吃和开办副食品基地上,这一年,烟台港续建了上年开工的另一座“土码头”,位置在第一座“土码头”的北侧。码头岸线长度为11米,码头上建有输煤坑道,坑道内安装了皮带机,成为专为小轮船和帆船装煤的专用码头。

二、“双革”活动的成效与偏差

“双革”活动中,烟台港所进行的项目,大致上可以分为3个方面。第一是建造“土码头”。尽管最初建造的几座在生产中并没有发挥多大作用,但1959年建造的“方块码头”和1960年建造的小船装煤专用码头是成功的。这两座码头,是为烟台港出了大力的。据当时的记叙,仅“方块码头”,年通过能力即可达12万吨。另据1967年撰写的《烟台港新建小轮码头设计任务书》陈述,两座“土码头”的年通过能力为20万吨。直至20世纪70年代初,在装卸生产的配工单上,这两个码头仍然被简称为“土一”和“土二”。1973年以后的大建港时期,完成使命的两座“土码头”,引身后退,甘居“二线”,成为新建泊位后方陆域的一部分。第二是革新制作工属具。这部分项目中,有成功的,也有不成功的;成功者如“方块码头”上自制的电动起重机、小轮装煤专用码头安装的坑道皮带输煤机,都使用了较长的时间;不成功的可就多了,如扒煤机、土铁路、土牵引车,有轨牵引车、拉坡机、土吊车。这些项目中,有的不成功是限于技术方面的问题,如土牵引车、有轨牵引车、拉坡机;有的则纯属心血来潮,劳民伤财,如沿铁路埋设水泥杆,企图制造土吊车,还有从西码头修到北码头的土铁路,均属此类。第三方面则纯属装卸工艺上的改变,抑或也可以说是操作方法上的改变。比如,上报给交通部海河总局的《烟台港务分局1959年第三季度关于开展技术革新和技术革命情况总结》中便有这样的记叙:"在帆船装卸方面,过去用拉拉滑子卸粮包,工班效率只达8吨左右,采用'下举''上拔'的出舱方法后,工班效率达12吨,比过去提高了50%"。这里的工班效率即是装卸工人日产量。明眼人一看便知,这显然是以增加工人的劳动强度来提高工班效率,放着简单的滑轮不用,完全依靠人力的"举"和"拔"。与此相类似的革新项目还有推广的船舱卸沙的方法。这种方法,是将装沙的兜子由2个循环使用改为3个循环;如此,则缩短甚至消除了起重机的停钩待时,加快了作业运转的速度。据当时的记录,如此操作,舱时量可达80吨,装卸工人日产量则可以达到35.3吨。很明显,以这种方法作业,如果船舱内不增加工人,势必就加重了工人的劳动强度;如果增加工人,装卸工人日产量这个指标必然降低。所以,这样的操作方法,可以完成于一时,但难以持久。

审视烟台港的"双革"活动,可以讲,是有成效的。

第一,缓解了港口泊位不足的压力。1954年底,烟台港建成西码头,客货业务的重心遂由烟台山下的海关码头与海关旅客码头向西移至西码头;1956年又建成客运浮码头。这样,西防波堤由北向南顺岸排列的北码头、西码头和客运浮码头分别被标示为一码头、二码头和三码头。当时,烟台港的设想是,将铁路通至北码头,使北码头成为散货作业区;西码头建成件货作业区;客运浮码头以南则建成客运小区。但是,泊位不足,导致客、货争用码头的局面一直未得到根本的解决。对此,烟台港务分局亦屡向上级申请建设新泊位,但终未建成。迨至"大跃进"兴起,货物进出数量大幅增加,泊位愈感不敷应用,遂于"双革"活动中按照正规的设计与施工建造了两座"土码头"。这两座码头为烟台港服务前后达十几年,其作用自不待言,其适用性亦自在其中。应该说,是成功的"双革"项目。

第二,装卸生产机械化程度得到提高。首先,从装卸机械的数量看,1957年,烟台港共有装卸机械10台,且没皮带机。1960年,有装卸机械19台;皮带机18台,皮带总长220米。也就是说,1959年和1960年两年间,无论是起重机械还是装卸搬运机械都是有所添加的,1959年增加了2台汽车式起重机和1台牵引车,1960年又增加了1台轮胎式起重机、1台叉车装卸车、1台单斗。其次,从机械的作业量看,1957年,机械完成的作业量是17.7万吨,占全港操作量的21.1%;1960年,机械作业量则达到59.7万吨,为1957年的3.3倍,在全港操作量中所占的比率亦达到35.3%。3年中提高了14.2%,应该说是一个比较大的幅度。这种提高,准确地讲,除了来源于起重机械和装卸搬运机械增加所完成的份额之外,还有一个重要来源便是两座"土码头"上安装的电动起重机和坑道皮带输煤机所完成的部分。

第三,相应地减轻了工人的劳动强度。使用装卸机械,无非是两个目的,一是提高劳动生产率;二是减轻工人的劳动强度。所以,不管是装卸机械数量上的增加,还是机械作业量的提高,其在减轻工人劳动强度上的作用自在情理之中,无需多言。这里所说的相应地减轻了工人的劳动强度,或者说是在一定程度上减轻了工人的劳动强度,则更多的是体现在皮带输送机的使用上。1958年,烟台港开始使用皮带机,当年有10台先后投入使用;到1960年,便增至18台。其时,烟台港由于起重机械不足,当作业线较多时,常配用皮带机进行诸如散货装小船、火车、散货堆垛,袋装货装火车等作业。从作业工序讲,这主要是以皮带机代替人力完成了货物的垂直上升工序,比起让工人挑筐上垛或者扛包上火车,这当然是很省力了。使用皮带机完成货物的水平运输的例子，当属“土码头”上安装的坑道皮带输煤机。其工作过程是，将煤堆于坑道之上及两侧，装船时，将坑道上的木板逐个撤离，煤便自动滑落到运转的皮带机上，再被输往前一台；这样，首尾相接的一列皮带机如同接力一样最终将煤送入船舱。这可比靠人力拉小胶轮车运煤省力多了。

“双革”活动虽然取得了一定的成效，但其存在的偏差也是显而易见的，这就是造成了很大的浪费。特别是在活动开展初期的1958年，在群众运动的名义下，活动一哄而起，项目遍地开花，许多项目没有经过论证，结果或因粗制滥造被淘汰，或因效果不好而闲置，造成人力、物力，乃至财力的浪费。这样的事例很多，如为准备造土吊车而沿铁路埋设的水泥电杆、自西码头铺至北码头的轻轨铁路、自制的牵引车和28部自动卸料车等都属此类。这些所谓的“双革”成果，到头来，要么被拆除，要么闲置偏隅，再也无人念及。

造成这种偏差的原因，首先是当时社会的政治环境。当时，政治上的要求和思想上的主导是要人们“反右倾，反保守，敢想、敢说、敢干”，在这样的氛围之中，一些不切实际，不讲科学的做法便自然而然地成为“双革”活动中的一部分。比如，1960年的工作总结中，有这样的记叙，“在制造链板机的项目中，利用竹桶代替钢滚筒，就节约了轴承200余套”。竹筒真的能替代钢滚筒吗？显然不能。这样的句子，现在读来令人哑然失笑；由此，亦可窥见当时“双革”中存在着一些不讲科学的虚浮之气。这种风气对“双革”中的浪费起到了推波助澜的作用。当时，因为处在群众运动之中，凡是革新项目，不计成本，不顾及技术能力，匆匆而为，结果，成功的极少，浪费实属必然。其次，是对怎样实现港口机械化存在着认识上的不足。以为只要按照运动的布置，放手发动群众，群策群力，大搞技术革新和技术革命，就可以像装卸生产“放卫星”一样，在规定的时间内，实现机械化。殊不知，港口的机械化是一个系统，决定于众多的技术门类；同时，机械化的实现，也是一个循序渐进的过程。最根本的是，机械化的程度取决于国家的装备制造业的水平，企图于朝夕之间完成机械化无异于空想。

第三节 新客运站落成

1960年，烟台港新客运站落成。新客运站位于烟台港陆域出入口的东侧，与1959年建于西侧的烟台火车站遥相对应。两站之间，形成一个广场，旅客海陆换乘，自然十分便利。

“烟台港客运站”的全称是“青岛区港务管理局烟台分局客运站”，这个名字始称于1954年8月；此前，称作“青岛区港务管理局烟台分局轮船站”，简称“烟台港轮船站”。变更的由来是，1954年5月27日至6月2日，交通部海运管理总局召开了第一届海上客货班轮运输会议。会后，海运管理总局以海总发(业)(54)字第3804号文批准了此次会议的总结，并发至各港航单位，要求贯彻执行。会议总结提出，“凡建有客货班轮航线之各港口(包括华南在内)均成立客运业务的基层组织。一律统称‘客运站’”[26]。该文还规定，“客运站由所在地港务局、分局的业务副局长或办事处主任直接领导，相当于所在地港务局、分局的科、室或办事处股的组织”[27]。

促成烟台港新客运站建设的原因大致有两个方面，其一，客运站面积狭小，设施简陋。1952年，烟台港曾于港池东岸的开平码头建造了一座简易客运站，设计容纳能力为400人至500人。这样的容纳能力并不适应烟台港当时的客流量,据1953年的月度出港旅客数量统计,当年流量最大的月份是3月,为21 277人;其次是4月、8月、9月和11月,月均11 333人;再次则为2月、5月、6月、7月、10月和12月,月均8 550人;一年之中,以1月份旅客最少,为4 861人。当时,烟台港设有烟台至大连,烟台至龙口再至天津的两条航线,烟台至大连航线由"民主一号"担任,间日开航,每月15航次,客位755人;去龙口和天津的航线由"民主二号"担任,每6日1个航次,每月5个航次,客位252人。从以上数字可以算得,当时的烟台港客运站,难以容纳全部出港旅客,一年之中的大部分月份,都有旅客露天候船。对此,交通部海运管理总局在《第一届海上客货班轮运输会议总结》中曾予以指出。称,"港口设备不完善,服务不周到:几条客货班轮航线,除大连港设备比较完善,天津、青岛、上海三港还粗具客运设备外,其他各港口设备均极简陋。特别是烟台、龙口、威海、石岛等中小港设备极差,最基本的候船室也远远不能满足旅客的需要,仅能容纳每航次旅客的百分之五十,其余旅客均须站立露天等候上船"[28]。1954年11月,西码头竣工,客班轮遂停靠于此,旅客上下,无须驳运;开平码头上的简易客运站亦被废弃,港口客运业务随之西移。为适应这一变化,即将西防波堤南端的一座单层仓库改建为客运站。该仓库建筑面积为1000平方米,改建后,旅客购票、候船、行李寄存与托运及站方人员的办公均设于内,拥挤与简陋自在情理之中。单就旅客候船而言,虽然面积增加不少,但与其时的旅客流量相比,平淡时,尚可应付;高峰时,旅客室外候船势难避免。当时,烟台至大连航线的客运量在渤海湾与北黄海区域内的诸航线中占有极大的比重,据统计,1953年占49.4%,1954年占48.3%,1957年升至57.5%。各条航线所占比重详见表4-3-1。

渤海湾及北黄海航线客运量比重表(%)　　表4-3-1

航线 / 年份	烟-连	烟-津	连-龙	连-津	连-青	连-威	津-龙	连-石
1953	49.4	2.6	23.7	3.4	5.5	5.9	1.3	3.4
1954	48.3	2.6	25.3	2.6	6.6	4.6	1.5	3.6
1957	57.5	3.9	18.1	6.5	—	3.3	3.7	1.5

另外,根据交通部当时颁行的《海港及河港客运设计暂行规定草案》,客运站的旅客公共房间及服务房间的面积指标为人均1.4平方米至2.7平方米。公共房间包括门厅、候船厅、阅览室、吸烟室;服务房间则包括行李寄存室、行李托运室、售票室、问询处、卫生间、医疗室等。显然,依此标准,烟台港客运站无论在服务项目,还是人均使用面积都存有较大差距。所以,根据实际需要,短时间内建设一座新客运站实属应该。

其二,蓝烟铁路通车,旅客大量增加。1956年1月1日,蓝烟铁路建成通车,在烟台举行了通车典礼;7月1日,正式交付运营,旅客运输即于下半年开始。其时,烟台火车站每日有烟台至青岛和烟台至浦口两对客运列车,以后又加开了烟台至济南线。显而易见,蓝烟铁路建成,客运专线开通,很自然地就扩大了烟台港的客运腹地;特别是烟台至浦口线的开通,使烟台至大连航线的腹地扩展至苏北、皖北一带。为应对这一变化,1956年1月始,烟台至大连的航班由间日开航改为每日开航,晚上8点,两船分别由大连和烟台相对开出。这样,虽然铁路客运开通仅半年时间,烟台至大连航线的出港旅客即比1955年增加了21.5%。

同期,烟台至天津航线的出港旅客增加了16.6% 。两航线合计增加的绝对数为4万人,达15.7万人。1957年则达到24.7万人,增长了57% 。客运量的增加,更凸现了烟台港客运设施的落后,据烟台港务分局1957年8月编写的《第一个五年计划执行情况和几年来计划工作总结报告》记叙当时烟台港客运站的情况是,“该处可容纳800余人,在1956年上半年以前一般情况下尚可应付,但一届旺季又陷入无法应付的地步。至下半年蓝烟铁路通车后,由于旅客大增,就更显得无法维持。同时由于各种设备简陋和欠缺不全,更使候船旅客备受痛苦。目前本港铁路公路各种运输业务日益发展,旅客与日俱增,客运站的修建和有关设备的改善问题,亟待解决,请上级予以重视”。

客流量大幅增加,运力不足,必然导致船票紧张,一票难求。为缓解客运站面临的压力,烟台港曾采用由火车、旅馆代售船票的办法。据《一九五六年工作总结》称,“客运工作处于非常紧张的状态,我们一方面请求上级增派船舶疏运积压旅客外,又在市党委及市人民委员会的大力支持下举办了火车、旅馆代售船票的业务”。但是,这一措施也招致了旅客的批评。1957年11月26日,《烟台劳动报》发了一则新华社的消息,题目是“烟台旅客的‘过栈费’——交通部里的一张大字报” 。该消息称,交通部的办公大楼里出现了一张大字报,批评了中共交通部党组,也批评了烟台港的领导人。据大字报载,烟台港客运站与当地的交通旅馆签订了所谓解决积压旅客的“合同” ,把客运站的所有客票全部交给当地的小旅馆出售,客运站自己不售票。这样,小旅馆的“店主东”们的亲戚朋友要几张票便有几张;而旅客买不上船票,只能被迫等待3天、5天付出“过栈费” 。且不论烟台港客运站的做法是否合适及操作中是否失控,也不论这张大字报的批评是否有失实之处;这种批评本身就说明烟台港客运站的做法已经引起旅客的不满。

其实,烟台港客运设施落后,早在1954年就已经引起交通部海运管理总局的关注,1954年5月底至6月初召开的第一届海上客货班轮运输会议曾明确指出烟台港客运设施极差,连最基本的候船室也不能满足旅客的需要,仅能容纳每航次旅客的百分之五十,其余旅客均露天候船。此时,烟台港使用的客运设施还是开平码头上的简易客运站。所以,是年12月31日,交通部海运管理总局即以海总发展基(54)字第7575号文指示青岛区港务管理局转烟台港务分局,称,“你港客运站工程拟于1956年办理。为此,希你局研究确定建筑地点,并结合实际情况估计发展趋势及使用价值。对该建筑的规模、面积等有关设计指标提出初步意见,报局参考,以便办理计划任务以及提请航总设计局进行勘测设计”。嗣后,1955年3月25日,青岛区港务管理局以青港计(55)字第73号文通知烟台港务分局,该通知称,接交通部航务工程总局设计局设计(55)字第17号函,要求提供烟台港客运站工程设计所需之资料。这些资料包括:(1)历年旅客到港离港的月人数记录;(2)计划年限内客流量增加的预估数;(3)计划年限内轮船到港离港的班次及一昼夜间到港离港数;(4)客运站内的单项内容:如门厅、候船室、问询处、售票室、母子与军人候船室、书报阅览室、食堂、站方管理人员办公室等;(5)拟建客运站地点及其附近主要地形图及建筑物现状图。

上述两份文件说明,自1954年底始,交通部海运管理总局已有在烟台港建设新客运站的意向。由此,承担设计的交通部航务工程总局设计局亦开始收集设计资料,烟台港务分局也按要求在相关的资料上做了准备。

但是,据相关的档案记载,1956年上半年之前,也就是蓝烟铁路客运线开通之前,烟台港务分局对于立即着手建设新客运站似乎并不着急。比如,前述的1955年3月25日青岛区港务管理局致烟台分局的青港计(55)字第73号通知中便有这样的记叙,"关于何时进行烟台新建客运站工程的建筑问题,你局林局长在青汇报工作时,曾共同作过研究,因现有胜利仓库可代用,初步意见不拟于五六年度修建,但为了作好长远计划,前述有关资料亦仍希供给"[29]。

时间进入1956年,这年2月28日,交通部海运管理总局以海业(56)字第265号通知,函达大连、天津、青岛、烟台、上海、宁波等港务管理局及分局,要求根据当地人民委员会的总体规划和客运发展远景,拟定新建和改建客运站的方案。接此通知后,烟台港务分局即将所拟定的方案以烟港工第375号报告报送青岛区港务局。随后,在与青岛区港务管理局讨论该方案时,烟台港务分局亦表达了不急于建设新客运站的想法。称,"对于目前我局所使用的临时客运站(即原胜利仓库)经过今年的内部修理,在现有情况下,已能基本满足工作需要。在烟台港港湾发展规划尚未批准之前,我局认为新客运站工作不论哪方面之意义,都没有立即兴建的必要。因此,对新建客运站工作,可以推迟,待将来根据港口业务发展情况再进行考虑"。

两份文件都说明,当时,烟台港务分局并不急于建设新客运站。究其原因,大致有两点:第一,彼时蓝烟铁路客运线尚未开通,所用由仓库改建的客运站除客流高峰外,尚可应付,压力不大;第二,打算把新客运站的建设放到客运码头建设方案确定之后再行考虑。这是因为,1954年8月,烟台港务分局拟制了《烟台港十五年长远发展规划(草案)》。关于码头建设,提出拟于"二五"期间"在西防波内侧,西码头以北新建长250公尺,宽100公尺的直码头一处";之后,"三五"时期,"在西防波堤将一九五四年新建客运码头延长220公尺,以扩大客轮停靠能力"。此外,在与青岛区港务局讨论烟港工375号报告,即新建客运站方案的函件中,烟台港务分局还提出,"客运站之建设,为了适应旅客的需要,故应建在码头上,以减少旅客步行之痛苦"。这层考虑,也是基于烟台港当时的现实情况。那时,由仓库改建的客运站位于港外,离停靠客轮的西码头约有500米的距离,旅客上下船,无分老幼,皆须徒步穿行港区,极为不便。故此,为方便旅客,烟台港务分局设想能将新客站的位置、平面布置诸方面与新建的客运码头相配套。这层意愿,更为明确地表述于1957年9月编写的《烟台港客运站设计任务书》中,称,"根据港湾规划,客运码头部署,在目前码头尚未建造之前即预先建成一个按远景规模的客运站建筑,此建筑物建成后即可与现有客运浮码头衔接(距离300米)使用。延至以后新建客运码头时;再按规划使其间相互联成一完整的客运设备体系"。

蓝烟铁路客运线开通之前,烟台港务分局之所以作出缓建新客运站的选择,除以上原因之外,与1952年建设港池东岸开平码头上客运站的经历亦不无关系,或者也可以说是汲取了教训。开平码头上的客运站,使用两年,即因西码头建成而遭废弃。对这件事情,烟台港务分局在1957年的《烟台港客运站设计任务书》中表述了自己的认识,称,"本港前因发展规划之不够明确,在一九五二年曾新建了一座能容400~500人(建筑面积615平方公尺)的简单客运站,后因客运码头之新建,客运业务西移,就不得不遗弃这座不敷使用的建筑物"。有此借鉴,在当时的情况下,建设新客运站,对于烟台港,一是需要不迫切;二是时机不成熟;当然,便不急于建设了。但是,蓝烟铁路客运线的开通,客流量的激增,改变了这种按部就班的想法;建设一座新客运站已成为烟台港务分局所期待的事情。

1957年,经交通部批准,决定建设烟台港新客运站。9月21日,烟台港务分局向青岛区港务管理局报送了《烟台港客运站设计任务书》。在该任务书中,为了使新客运站能与未来的客运码头相衔接,将新客运站的位置选在西防波堤与南岸码头之交角处,即港区的西南隅。据此,提出了3个规划方案。

第一方案:依据将来自西码头向南建设两个客运码头的规划,将客运站建于码头岸上,客运站正面及出入口设在港区以外,而全部建筑凹入港区以内。楼上候船大厅东侧外走廊通天桥直接与船联络。这一方案与烟台港1967年始建的客运候船大厅有相似之处。

第二方案:根据将客运浮码头南移仍作为客运码头使用,并另于南岸码头新建一座钢筋混凝土框架客货轮码头的设想,将客运站建于港区之外,面向港区一面设有长廊,长廊通过天桥与船只联络。该方案的优点是建于港外,不仅不占用港区前方货场,且能与烟台火车站分列于港口出入口的左右,两建筑对称、平衡,组成一个较宽敞的港站广场。

第三方案:若将客运浮码头移至南岸码头处,亦可沿港池西南角之南北岸壁和东西岸壁将客运站设计为一"L"型建筑。这样,在该建筑面向港区侧分别设置旅客出入口,便可以同时以最近距离联络两个船位,以减少旅客步行之距离。但该方案的难点在于需跨在两个不同的地质地段,港区外为炉渣,港区内为沙质坍塌,故基础处理困难。

在设计任务书中,对于新客运站的容纳能力,根据交通部颁发的《海港及河港客运站设计标准(草案)》及预测1962年旅客出港量为503 000人,求得容纳量应为1 500人。据此,计算出客运站的实用面积为3 701.5平方米。

1957年10月21日,青岛区港务管理局对设计任务书提出了审核意见,原则上同意设计任务书,并称"经研究并结合实地勘察,初步认为客运站位置以采用第二方案较好"[30]。此后,设计任务书上报交通部,1957年12月4日,交通部以交基设(57)葛字第201号文批准了设计任务书,客运站的位置亦同意采用第二方案;容纳量核定为1 200人;设计工作交由水运设计院承担。自此,烟台港新建客运站进入工程设计阶段。

新客运站的设计在北京水运设计院港口设计分院进行,烟台港务分局委派戚立心、王济英两位工程师进京参与设计工作。据记载,当时,共设计出7个方案,其中烟台港务分局设计了3个,水运设计院完成了4个。几经比较,选中了烟台港务分局设计的第5号方案的修正方案。1958年3月24日,水运设计院港口设计分院以港土(58)字第17号《为报送烟台港客运站设计方案请审批由》,将设计方案上报交通部航务工程总局,请求审批。5月31日,航务工程总局批准了设计方案,在致烟台港务分局的函件内批复到:"烟台港客运站技术施工设计业经水运设计院编制完毕,兹特函送你局,同意施工"[31]。

1958年6月,新客运站开工,工程由烟台建筑工程公司承建,主要建筑材料,如钢材、水泥、木材均由烟台港务分局申请交通部调配。此时,"大跃进"兴起,大办钢铁之风亦于9月在烟台开始;9月19日,中共莱阳地委召开"钢铁紧急会议",决定调动全区人力、物力参加"钢铁会战",争取9月底日产千吨铁,向国庆节献礼。由此,在全民炼钢、炼铁运动中,人力、物力均向小高炉、土高炉等钢铁冶炼业转移,故交通部调拨至烟台客运站工程的钢材,亦被调出,工程旋于当年10月停工待料。

与此同时,烟台港的管理体制亦处于变动之中,由交通部管理下放至地方政府管理。

故此,1958 年末,山东省交通厅将当年由交通部批拨的烟台港客运站建设资金收至该厅;1959 年初,复被烟台港索回。对于这件事情,1959 年已更名为“烟台专署海运局” 的烟台港在是年的基本建设工作总结中写到:“像烟台港拖年度工程客运站和汽车起重机的拖年度投资,都是去年中央交通部投资,年末被省厅收回,年初为继续施工又将资金索回,但却未列入省或地方投资计划内”。由此可知,当年客运站的建设确实受到了“大跃进”及管理体制变动的干扰。另外,其时,建筑材料亦短缺,据《1959 年烟台港计划扩建工程意见书》记叙,至 1959 年初,客运站工程尚因缺少 400#水泥而不能开工,故请山东省交通厅为之解决。诸多因素、造成新客运站工期拖延。此后,几经努力,在停工 1 年之后,于 1959 年 10 月复工;又经 1 年的建设,1960 年 10 月竣工。新客运站全貌见图 4-3-1。

新客运站建筑面积 3 301. 05 平方米,总造价 237 459. 11 元。建筑整体呈东西方向,正门面西,与烟台火车站相峙;自西向东按其进深依次为门廊、前厅和候船厅。前厅设售票室、问询处、行李寄存室、行李托运室及站方人员办公室;旅客购票之后,便可进入候船厅,候船厅特设母婴候船厅和军人候船厅。候船厅临港区一侧,即北侧设 3 处通向码头的旅客出入口,旅客皆由此检票进港登船。

图 4-3-1　新落成的客运站

新客运站落成,缓解了烟台港客运的压力,方便了旅客,露天候船的情形大为减少。但是,新客运站落成之日正值我们国家处于生产救灾时期;大批工作、生活于东北地区的山东籍职工和家属纷纷返回农村原籍,寻觅充饥之物;再加上山东支边东北移民的往返探视,使得烟台大连间航线的客流量激增。据统计,1961 年第一季度,发往大连的旅客就达到 9. 7 万,全年则为 38. 9 万;加之发往天津及其他地区的 4. 1 万旅客,烟台港客运站当年的旅客发送量为 43 万;接送量为 48. 5 万,合计 91. 5 万。较之 1960 年的 54. 2 万,增加了 68. 8% 。

尽管与旧客运站相比,新客运站已经可以使旅客获得较多的旅行方便,但是,由于外部条件的变化,导致其在使用中亦然存在着一些不便之处。首先,是港区内的客运通道被货运阻隔。当年,客运浮码头以南仅是护堤岸坡,没有其他设施;所以设想客运站建成之后,可以在客运浮码头与客运站检票口之间,形成一条没有任何干扰的客运通道,距离约为350 米。但是,客运站建设初期,“大跃进” 开始,港口吞吐量激增,为解决近海小轮船泊位不足,烟台港在客运浮码头以南的护堤岸坡上,先后建造了 2 座土码头。临南的一座为石块砌筑,其上架设一条装煤用的输送带;其北侧的系栈桥式码头,用木桩打入海中,铺上木板,主要用于木帆船的装卸作业。这样,待新运站建成,原先设想的客运通道便被货运作业所阻断,客货混杂,对旅客自然不安全;故每遇上下旅客,便停止 2 处土码头的货物装卸。其次,是 1959 年烟台海洋渔业公司所建其水产加工厂的铁路专用线自烟台铁路港务专用线分岔引出后,自西向东沿客运站北侧,即设有 3 处检票口的一侧纵向平行而去,铁路距检票口仅 5 米之距离。如此,则经年呼啸震动的火车必对客运站的建筑安全构成隐患,此其一;其二,铁路将检票客运通道切断,对旅客的生命安全造成威胁，若有不慎，后果令人不寒而栗。不用说别的原因，单此一点，就必须于短期内，在烟台港建设一座新客运站，以解决这一隐忧。

参考文献

[1][2][3] 中华人民共和国交通部关于烟台港划归大连港及龙口、威海两港移交山东省领导的通知. 藏烟台港档案室. 1958 年. 永久. 卷号 3 .

[4] 山东省莱阳专员公署关于沿海各小港下放到各县市领导的通知. 藏烟台港档案室. 1958 年. 永久. 卷号 3.

[5] 薄一波. 若干重大决策与事件的回顾(下卷). 第 786 页. 北京:中共中央党校出版社,1993 年.

[6] 当代中国的水运事业. 第 57 页. 北京:中国社会科学出版社,1989 年.

[7] 关于烟台港站及码头铺设铁路线事. 1954 年. 交通部海运管理总局. 藏烟台港档案室. 港史资料. 编号:15-33.

[8][9] 北码头、新码头修建铁路事. 1955 年. 交通部海运管理总局. 藏烟台港档案室. 港史资料. 编号:15-32.

[10][11] 函知烟台铁路暂不修至北码头. 1955 年. 交通部海运管理总局. 藏烟台港档案室. 港史资料. 编号:15-21.

[12] 烟台铁路请修至北码头仓库北面. 1955 年. 交通部海运管理总局. 藏烟台港档案室. 港史资料. 编号:15-20.

[13] 关于蓝烟铁路通至码头请今年施工. 1956 年. 交通部. 藏烟台港档案室. 港史资料. 编号:15-18.

[14] 关于蓝烟铁路修通至码头的问题. 1956 年. 铁道部. 藏烟台港档案室. 港史资料. 编号:15-17.

[15] 青岛区港务管理局 1957 年基本建设计划任务书——新建烟台港铁路线工程. 1956 年. 青岛区港务管理局. 藏烟台港档案室. 港史资料. 编号:15-19.

[16] 批复关于烟台港码头铁路线工程计划任务书. 1957 年. 交通部. 藏烟台港档案室. 港史资料. 编号:15-22.

[17] 复蓝烟铁路修通至烟台码头的问题. 1956 年. 交通部. 藏烟台港档案室. 港史资料. 编号:15-10.

[18] 关于烟台港专用线在新客运站接轨引出增建站线投资问题的函. 1957 年. 铁道部. 藏烟台港档案室. 港史资料. 编号:15-24.

[19] 当代中国水运事业大事记(1949 ~ 1984 年). 1984 年.《当代水运事业》编写组. 第 34 页 .

[20] 薄一波. 若干重大决策与事件的回顾(下卷). 第 886 页. 北京:中共中央党校出版社,1993 年.

[21] 柳新华. 烟台工业概览. 济南:山东人民出版社,1988 年. 第 110 页.

[22][23] 薄一波.若干重大决策与事件的回顾(下卷).第685页.第867页.北京:中共中央党校出版社,1993年.

[24][25] 组织上半年红旗竞赛的总结和经验交流工作.1959年.交通部海河总局.中国海员工会全国委员会.藏烟台港档案室.港史资料.编号:D4-23.

[26][27][28] 第一届海上客货班轮运输会议总结.1954年.藏烟台港档案室.港史资料.编号:25-6.

[29] 为希提出烟台港客运站工程设计所需用之资料由.1955年.青岛区港务管理局.藏烟台港档案室.港史资料.编号:8-3.

[30] 对烟台港新建客运站设计任务书的审核意见.1957年.青岛区港务管理局.藏烟台港档案室.港史资料.编号:8-6.

[31] 中华人民共和国交通部航务工程总局批复烟台港客运站技术施工设计.1958年.藏烟台港档案室.港史资料.编号:8-9.

第五章

港口在调整中恢复与发展

在调整时期(1961 年至 1965 年),烟台港认真贯彻落实党的“八字方针”和“工业七十条”,按照交通部统一部署开展调整工作,先后进行了精减职工、清仓核资等项工作,建立了党委领导下的局长负责制,重点加强了以生产副局长和各级生产负责人为主的调度指挥系统。港口生产在调整中急剧转变,国家吞吐量计划 1961 年至 1965 年比 1960 年减少 40% ~57%,港口开展了以支农为中心的“三支”工作。烟台港抓住国家调整扩大基建计划的时机,争取国家投资建设了两个中级泊位,改善了港口生产和配套设备设施,使 1 号浮泊位和 2、3、4 号泊位(现 K5、19、18 泊位)连成一片,与客运站相衔接形成相对独立的客运小区并运营 20 余年。

第一节　调整改善企业管理

1961 年 1 月,面对国民经济的严重困难,中共中央八届九中全会正式决定对国民经济实行“调整、巩固、充实、提高”的八字方针,国民经济转入调整时期。1961 年 9 月,中共中央制定并颁发《国营工业企业工作条例(草案)》(即“工业七十条”)。交通部对港口贯彻“工业七十条”的工作阶段、步骤、内容、方法等进行了统一部署。港口按照上级安排,对大跃进和反右倾中的冒进和失误、企业内部管理混乱、职工人数盲目增加、劳动组织和行政管理体制不顺、各项工作责任制不落实、港口综合生产能力不确定、完成计划指标无保证等问题,进行了全面调整和整改,重点开展了压缩职工、调整机构、清查物资、核定资金、“五定七保”等工作,从而使港口企业管理局面得到改观、管理工作水平得到提高、企业内部各项工作得到协调发展并进入正常轨道。

一、压缩人员　调整机构

1. 压缩企业职工

在大跃进时期,烟台港为适应“以钢为纲”片面追求重工业高速发展的形势,满足大跃进带来的大运量需求,先后招收工人近千人(大部分从农村招收),致使职工人数激增。1961 年一季度又新增 200 人,职工人数达到 1 830 人,比 1957 年(909 人)翻了一番。1961 年国家调整港口生产计划,安排烟台港当年吞吐量计划为 90 万吨,比 1960 年吞吐量计划

(150 万吨)减少 60 万吨,减幅达 40%。今后几年国家计划将继续调整,港口生产任务将继续减少。在生产任务与劳动力配备方面,职工人数将出现严重超编。在党中央“压缩城镇人口,支援农业生产”的号召下,烟台港在 1961 年和 1962 年分期分批进行了以退工还农为主的压缩企业职工(又称精减人员)工作。

1961 年,烟台港分批压缩人员 504 人,其中下放农村 301 人,下放城市 119 人(包括退休和临时工),其他原因的 84 人(包括调出、参军、开除、死亡等)。当年招工 200 人,全年增减相抵实减 301 人,完成当年压缩 200 人任务的 143%。1962 年压缩职工 296 人,其中下放农村 196 人(后返回 2 人),下放城市 65 人(包括退休 45 人),参军 13 人,其他 22 人。当年其他单位调入顶替工人 111 名,全年增减相抵实减 185 人。职工在册人数为 1 160 人,较上级批准定额 1 272 人还少 113 人。详见表 5-1-1。

烟台港调整时期年末人数统计表　　表 5-1-1

指标 \ 年份		1957	1960	1961	1962	1963	1964	1965
总人数	合计	909	1 630	1 344	1 160	1 129	1 100	1 075
	固定工	909	1 039	1 220	1 112	1 120	1 090	1 067
	临时工		591	124	48	9	10	8
生产人员	小计	695	1 395	1 089	926	928	904	847
	装卸工人	405	795	521	434	474	447	471
	装卸司机	21	23	38	52	56	55	54
	机械保修	3	3	3	14	16	19	30
	船员	40	48	61	58	69	77	77
	其他	226	526	466	368	313	306	215
工程技术人员		4	12	16	16	18	15	17
管理人员		131	93	112	107	109	102	99
服务人员		52	78	69	66	68	64	92
其他人员		27	52	58	45	6	15	20

精减工作是一项细致、复杂、政策性强的工作,烟台港为此成立了局领导牵头的精减职工领导小组和精减职工办公室。在精减工作初期,按照党的政策和上级指示,一方面对全体职工进行党的政策和形势教育,组织职工座谈讨论,广大职工纷纷表态响应党的号召、服从企业安排(有许多职工因城市定粮偏紧,生活困难,自愿还乡);一方面组织人员对职工进行排队摸底和家庭生活出路调查。在确定精减人员时,认真执行“职工自愿申请,领导审查批准”和港口急需的潜水员、船员、机械司机等技术人员尽量不减的原则。对已定精减对象逐一做好工作,解决具体问题。对退休老工人,进行了顶替等妥善处理。特别对精减还乡职工的家乡情况、家庭情况、生产及生活条件进行了重点摸底和妥善安排。在精减过程中,按照尽量不影响生产、先顶后走、边顶边走的原则,采取成熟一批走一批的办法,分批进行处理。精减人员还乡后,烟台港安排干部进行回访,尽力帮助他们解决生产和生活中的具

体困难。经过认真负责的工作和妥善安排,还乡职工大部分能够安心农业生产,有不少人把在港口学到的技术技能运用到农业生产中,受到生产队和农民欢迎,基本达到上级要求的去者愉快、留者安心。精减工作也出现了一些问题,如个别职工还乡后不安心农村劳动和生活,有2个职工还乡后确有困难又返城,还有精减过头的问题(烟台港1962年比上级批准的定员多精减113人,精减后没能及时补充所需人员),对装卸生产和工作造成不良影响。

1963年至1965年,港口针对生产和劳动组织调整中出现的新情况、新问题,严格控制职工总人数增长,做到有进有出、尽量压缩。按照中央关于"填平补齐"的原则和"把企业彻底整顿好"的指示精神,对急需的装卸一线人员和技术工种进行补充。1963年,通过改进调度和装卸组织工作,压缩非生产人员和其他工种人员41人,充实装卸一线,从而减少了长年在港支援装卸的120名外援工人。1965年较1962年,增加了装卸工40人、增长8.5%,增加机械修理工16人、增长114%,增加船员19人、增长60%,还增加装卸司机和工程技术人员各1人;减少生产中的其他人员153人、减幅71%,减少管理人员8人、减幅7.5%。

1961年至1965年的调整工作,基本达到了即减轻企业负担和国家负担,又保证了港口生产计划完成的工作要求。在精减工作中,港口建立健全了考勤制度,加强了劳动纪律教育和奖勤罚懒等措施,提高了劳动生产率,年年完成国家生产计划。1965年,全港装卸工劳动生产率达到2809换算吨/人,比1961年增长1.9倍;装卸工日产量达到12.6换算吨/人,比1961年增长1.8倍(详见表5-1-2)。

烟台港调整时期劳动生产率统计表　　表5-1-2

项目 \ 年度	1957	1961	1962	1963	1964	1965
年末职工人数	909	1 344	1 160	1 129	1 100	1 075
装卸工人数	405	521	434	474	447	471
操作量(万吨)	84.0	113.0	111.0	123.7	102.0	141.8
全员劳动生产率(操作吨/人)	825	864	1 212	1 049	888	1 088
装卸工劳动生产率(换算吨/人)	1 481	1 472	1 572	2 168	2 117	2 809
装卸工日产量(换算吨/人)	6.6	6.9	7.3	9.8	9.3	12.6

2. 调整劳动组织和行政管理机构

在调整时期,烟台港按照上级部署要求,结合港口存在问题和实际需要,对劳动组织和行政管理机构进行了三次调整。

1961年,烟台港根据港口北、西、南三个码头相距较远、作业船舶类型相对稳定的实际情况,调整了装卸生产大轮班的劳动组织,把原来的7个装卸队调整为固定码头、固定人员的北、西、南码头三个装卸队,形成以码头为单位、以队为基础的生产劳动组织。新的劳动组织把码头现场生产和管理统为一体，把码头现场作业各个环节拴在一起，减少和避免了过去各干各的相互扯皮问题，促使各环节为统一的生产任务和计划指标而相互配合、相互协作。过去在大轮班劳动组织下，现场管理人员安排作业主要考虑作业线路简单方便、理货方便，经常出现在卸船码垛的同时进行同一货主的拆垛拉货、在可用机械作业提高效率时却用人力作业等问题。调整后，调度、理货、机械、工班扭成一股绳，加强配合协作，尽量安排直取作业，尽量利用机械作业，避免了重复作业，提高了装卸效率。针对过去司机与机械轮班时车坏了难查责任难找原因的问题，调整了机械司机劳动组织，实行人车固定工作制度，促使司机对固定为自己的车细心爱护检查，及时保养维修，提高了机械完好率和使用率。针对电工在夜班睡觉、现场作业找不到查不着、耽误作业的问题，调整了现场电工劳动组织，把机电科统一调度的电工，改为固定码头、固定人员、固定责任、分片包干的工作制度，电工人数由 42 人减为 34 人，调整出的 8 名电工充实到生产一线。

在调整时期，烟台港对行政管理科室进行了 3 次调整。1961 年，根据业务专业化管理原则，将业务科调整为商务科和调度室，将计财科调整为计划科和财务科，将机电科下属的机械队调整为局下属单位，机电科作为技术管理的职能部门卸掉了管生产的包袱，专注技术管理和培养技术力量。调整后，局属单位和科室由 20 个改为 19 个。1962 年，按照上级继续调整、整顿的工作要求，结合港口精减人员后装卸一线劳动力不足、急需充实的实际情况，调整了生产单位和行政科室。根据西、北两码头相连的实际情况，将西、北两个装卸队合并为西码头装卸队。将机电科、机械队、港机修理厂合并为机务科（机务科下设机械、港作船舶、修理间，实行技术生产管理的统一领导），将行政管理科下属的保健站调整为局下属单位，减少了科室人员人数。按照上级机构设置要求，增设了档案室。调整后，科室和单位由 19 个改为 18 个，将减下来的科室人员和非生产人员充实了一线生产队伍，解决了一线人员不足问题。1965 年，2 号和 3 号泊位相继建成投产。根据生产形势需要，撤消了西码头和南码头装卸队，改设 7 个装卸分队。这次调整加大了调度室对装卸生产的调度指挥权，将劳力、泊位、库场管理归调度室统一组织安排，减少了装卸生产管理层次，适应了港口生产发展需要。调整后，单位和科室由 18 个改为 23 个。

烟台港对劳动组织和行政管理机构的三次调整，使劳动组织和管理机构逐步适应了生产和各项工作需要，使管理机构的人员配备更精干、分工更精细、管理内容更细致，基本形成了本港的劳动组织和行政管理机构的模式。

二、清查物料　核定资金

1. 清仓核资及处理

烟台港的物资管理工作自大跃进后，因管理不善，出现了账、卡、物不符，积压过多，浪费和损失严重，债权债务多年不得清算，流动资金占用偏高等混乱现象。受大跃进“五风”影响，手续制度破多立少，直至发展到进货不验收、发料无手续、用什么拿什么的地步。保管人员调动太频（4 年调动 13 人次），不按规定办理交接手续，致使无法追查账、物、卡不符的问题。曾先后调来 3 名报务人员做记账工作，调来 2 名工人当保管（内有 1 人是文盲）。这些非专业人员业务水平较低，有的责任心不强，多次出现物料错发、错收、错记账等“三错”问题，使物料名称、规格混淆不清，账、卡、物严重不符，特别是机械配件“三错”问题更为严重。受当时物资供应紧张的客观因素影响,在“超额储备、留待后用”的思想指导下,物资积压过多,有的积压二、三年之久,如蓄电池、人力车配件、汽车配件及钢材等,造成流动资金占用偏高,浪费严重。由于当时库场不足,使物资遭受严重损坏和丢失。如钢材因无库存放,长期堆放露天场地,锈蚀严重,有的表面耗损达1厘米左右,造成不能使用、削价处理。如部拨方板材,因无库场存放卸在码头上,被偷拉乱用14.5立方米,损失严重。

按照交通部有关清仓核资指示精神和工作部署,烟台港于1962年4月1日成立由5名专业人员组成的局清仓核资领导小组;以职能科室为主,组成库存材料、固定资产、低值易耗品、港存无主物资及债权债务等5个专业清查小组,在局领导小组指挥下进行工作。局清仓核资领导小组拟定清查工作方案,研究具体工作措施,认真细致地做好了清查前的准备工作。

清查工作自4月5日开始,5月底结束,历时近2个月。清查工作从发动群众开始,结合形势教育,组织职工学习党中央关于清仓核资工作指示和交通部文件,使职工认识清仓核资重大意义,明确工作任务和要求,克服“怕麻烦”、“不在乎”思想,积极参加清查工作。在思想教育的基础上,发动群众开展清查工作,前后发动组织群众84人次参加清查。在清查过程中,按照“全面、彻底、统一、合理”的要求,采取专业人员和群众相结合、分片包干的办法,边清查、边核对、边处理、边改进,使清查工作达到查清查细查透的标准。清查工作结束后,全局进行了两次复查验收。

这次清查物资工作,共清查出库存物资总值为321 753元,其中主要物资有钢材110吨、有色金属1 092公斤、机电设备101 513元。通过清查,需处理多余物资总值为121 319元,其中主要物资有钢材29 344元(83吨)、有色金属5 303元(649公斤)、铁板1 896元、锰铁635元、酒精758元、轮胎8 248元、轴承11 331元、机床附件728元。

清仓处理工作自6月份开始,根据上级指示对清查出的多余物资采取不同方法进行处理。部管统配物资,按规定列表上报统一处理。其他多余积压物资,采取联系收购物资部门予以收购,参加当地举办的三类物资交流大会进行调剂,以及自找门路等办法进行处理。经过积极主动地联系处理,先后处理了多余积压物资总值80 961元,尚余总值40 358元的物资未能处理。不易处理的物资主要是规格特殊、质量差的汽车配件和人力车配件。对清查出的港存无主货,按照规定分类登记造册,交当地清仓核资办公室统一处理。

在核查核定资金工作中,清查核实的“三差”资金损失数字为13 975.77元,其中盘盈6 308.99元,盘亏10 863.66元,价差1 508.11元及报废1 604元。上列“三差”损失数字占有流动资金的4.05%,为定额资产的3.42%。清理债权债务共5笔,计2 268.54元。经反复查对、得到对方签认已解决4笔,计2 020.91元。仅余1笔为垫付的西藏计委峡东转运站的运杂费247.63元,由于对方地址不明、西藏路程太远,查对困难,报经青岛港务局批准,转作呆账损失处理。通过清算把人欠我和我欠人的款项全面查清,并进行了妥善处理。核定的1961年流动资金定额为350 000元,比1961年实际占用额减少36 409元。

2. 巩固清仓核资成果

针对清仓核资工作中发现的问题,港口采取了改进和保证措施,防止前清后乱,加速资金周转,巩固清仓核资成果。

在物料管理方面,港口调整了600平方米仓库作为物料库。物料库由200多平方米增为800多平方米,从硬件上为物料管理打下坚实基础。港口将局属各用料单位的小仓库全部收回,由局统一管理物料。为便利生产一线昼夜维修用料,在机务科设立分库。建立健全了物料管理的入库、领料、收废、统计、平衡会等规章制度。健全了物料入库验收制度,强化仓库验收、车船码头等入库验收,保证入库物料符合要求。改进、统一了领料单,实行全局统一领料单,废除了各小仓库的领料单,堵塞了领料漏洞。严格执行领发单签收核对制度,保证账目相符、账卡相符,防止前清后乱。健全了废旧料回收制度,实行以废换新、收旧利废,控制滥领新物料。完善了物资统计制度,及时汇总和掌握物资管理情况。建立了季度物料平衡会议制度,避免物料积压,公开合理地调配物料。通过一系列改进和保证措施,物料管理工作根治了混乱状态。

在资金管理方面,烟台港认真贯彻落实交通部关于实行资金定额管理、加速资金周转的指示,建立健全并严格执行资金管理方面的预算审查、签收核对、用料计划等各项制度。主要有:加强月度季度预算审查平衡制度,防止"宽打窄用"、盲目采购、造成积压。严格用料计划审批制度,核对落实各单位用料计划,合理调整定货定额,避免所购非所用、进货不能用等现象。加快多余物资合理处理,积极联系有关部门和物资部门,尽快解放、回收资金、加速资金周转。核资工作加强了流动资金管理,1962 年定额流动资金达到 59.9%,较 1960 年增长 11.3%,较大跃进前的 1957 年增长 39.0%,创造了历史最好水平。

烟台港在清仓核资工作中摸清了企业家底,针对清查出来的问题采取了改进措施,建立健全了物资管理一整套行之有效的规章制度,达到了上级关于清仓核资的标准和要求。烟台港的清仓核资工作,经交通部和青岛港务局验收小组来烟验收合格,并发给验收合格证。清仓核资工作提高了全局干部群众爱护国家资财、勤俭办企业的思想觉悟和遵章守纪的自觉性;结束了 1958 年以来物资管理的混乱局面,弥补了漏洞,解决了多年的难题,加强了物资管理的基础工作,提高了物料和资金管理水平,使物资管理走向正轨。

三、落实责任 "五定七保"

1. 建立健全生产和行政管理责任制

1961 年 10 月底至 1962 年 4 月底,烟台港作为烟台市试点单位进行了贯彻试行"工业七十条"的试点工作。在贯彻"工业七十条"的学习和查定阶段后,针对"大跃进"运动暴露出来的港口生产和行政管理体制不顺、责任不清、管理秩序混乱、生产和工作盲目性大、不切实际等问题,对照"工业七十条"进行了理顺生产和行政管理体制、建立健全各级责任制的整改工作。

按照上级要求,党的各级组织除完成本职工作外,主要是对本单位完成生产建设工作起保证和监督作用,实行集体领导和个人负责相结合,建立健全党委领导下的局长负责制,建立健全以局长为首的港口生产和行政管理指挥系统和各级责任制。通过局务会、管理会、调度会和计划、指标、指令等形式,实施各级领导安排生产、计划、财务、技术、劳动管理等工作,保证港口生产和行政工作按计划、按程序、科学有序地进行。局长责任制确定了局长、副局长的明确分工,做到有职有权有责。重点恢复和加强了以生产副局长为主的调度指挥系统,充分发挥生产副局长和各级生产负责人的作用。局长负责制实行后,确定了局长在生产和行政系统的职权,改变了过去有的基层领导对生产和行政方面的问题不找局长和行政领导而找书记汇报处理的做法。经过一年多的努力,建立了港口各级生产责任制,界定了单位和职能科室职责范围，制定了劳动、财务、材料、工具管理办法及理赔实施细则、货运交接班责任制划分实施细则等30多个规章制度。

各级责任制实行后，对加强企业管理、改进工作起到较好作用。装卸队施行了以值班队长为核心的配工调度负责制之后，装卸生产统一指挥、合理安排，克服了多头领导和工间调度频繁、调度时间长的缺点。工具管理办法实行后，各种责任划分明确，工具损坏丢失的现象明显减少，工人爱护工具的自觉性明显提高，还解决了过去争工具造成工组之间闹矛盾的问题。技术管理责任制实行后，加强了机械技术普查、修理检查、验收检查、司机交接班检查等工作，机械到现场作业抛锚的次数大大减少，机械完好率和使用率明显提高。针对港口机械老旧、技术状况严重恶化的情况，在流动机械使用上制定了保证“三个二”和“一个一”的出车责任制，即保证经常出车：吊车二台、拖车二台、万能机（叉车）二台和单斗一台，其余的为机动机械。保证出车责任制实行后，保障了装卸一线机械配工和使用，做到了车坏有车顶、保养修车不误生产，改变了过去机械使用不均衡、无保障的状况。调度和装卸分队的统计原始记录负责制实行后，杜绝了作业票记录造假和统计数据不准现象。建立健全生产、行政管理责任制，提高了干部工人做好国家和企业主人翁的责任感，加强了港口企业管理，促进了港口生产、建设和各项工作。

2.清查制定“五定七保”方案

在试点基础上，烟台港于1962年5月开展“查定”（即清查制定）工作，成立了以职能科室为主的四个方面专业查定小组，分片包干开展工作，于7月基本完成三方面清查工作。在查清综合生产能力方面，查清了码头、库场、铁路、驳运、机械、装卸作业及生产辅助设备的能力和技术状况（详见表5-1-3）。根据交通部《核定港口生产能力的办法》，烟台港制订了《港口能力测算（草案）》并上报。测定了全港货运码头（包括北码头、西码头和太平湾码头）年通过能力为140万吨（由于客运码头能力不足经常占用货运码头1～1.5个，影响货物吞吐量60～70万吨，货运码头通过能力只有70万吨左右），测定客运码头（即浮码头）年旅客通过能力为35万人次（详见表5-1-4）；测定了机构定员标准、装卸定额、燃料材料消耗和配件定额、货物旅客的流向流量。在查清家底方面，查清了固定资产数量和使用年限、流动资金定额和周转天数、库存物资的储备定额和积压情况、低值易耗品的溢短情况和原因、财务收支及债权债务。在查清生产工作中的薄弱环节方面，查清了各种规章和责任制度的执行情况、内外协作关系、影响生产的各种不利因素。

烟台港港口综合生产能力表　　表5-1-3

项目	单位	实有能力	需要能力	较需要能力（+、-）	最短线能力
码头	万吨	140			
铁路	万吨	70	35	+35	
库场	万吨	150	98	+52	
驳船	万吨	10	3	+7	
装卸	万吨	80	140	-60	80

烟台港码头通过能力表 表5-1-4

码头名称	船舶组合	船位数	年通过能力(吨)
北码头	5 000 吨级	2	629 100
南码头	6 000 吨级	1	633 000
太平湾码头	100 吨级	3	133 500
客运浮码头	乙型客货轮	1	350 000(人次)
总计			货运吞吐量 1 395 600 吨
			客运吞吐量 350 000 人次

注:由于客运码头能力不足经常占用货运码头 1~1.5 个,影响货物吞吐量 60~70 万吨,货运码头通过能力只有 70 万吨左右。

1962 年 8 月,"查定"工作在"清查"基础上转入综合平衡(即确定工作),主要是确定港口综合生产能力的短线水平,确定核实各种计算数据,提出港口与上级"定保"的建议指标和方案;上级审核并确定"定保"指标和方案。在"查定"过程中,上级颁布和港口自拟的各种表格 30 余种。当年 9 月中旬,完成综合平衡,编制了"定保"方案。"定保"方案的主要项目是"五定七保",主要内容如下。

交通部和青岛局对烟台港"七保"指标在 5 个方面进行了确定(即"五定"):

(1)定港口生产方案和生产规模:①货物吞吐量:1962 年和 1963 年各为 65 万吨(其中自有能力 53 万吨),1964 年为 70 万吨;②生产规模:1962 年和 1963 年各为 65 万吨,1964 年为 70 万吨;③同时作业舱口 1962 至 1964 年每年为 4 个(包括国轮和外轮);④同时作业火车车辆数:1962 年和 1963 年各为 5 个(其中自有能力 2 个),1964 年为 4 个(其中自有能力 2 个)。

(2)定组织机构和人员:①职工总人数 1 272 人,其中装卸工 485 人、机械司机 70 人、机修工 76 人、港口维修工 33 人、港作船员 16 人、业务管理人员 100 人、客运人员 54 人、装卸工具修理人员 37 人、电工 23 人;②主要人员比例:生产人员占 87%,非生产人员占 13%;③职能科室 12 个,生产及服务单位 5 个。

(3)定燃润料:①国家统配物资消耗定额;②供应品种数量:钢材 49 吨,木材 382 方,水泥 53 吨,铜 1 117 公斤,铝 150 公斤,生铁 23 吨,柴油 17 吨,汽油 106 吨,润滑油 16 吨,煤 1 140吨等。

(4)定固定资产、材料储备和流动资金:①固定资产:生产用、非生产用和土地三大类固定资产。生产用固定资产包括码头、仓库、船舶、装卸机械、辅助运输设备、通讯设备、工具等 9 项;②主要材料储备期限;③生产用自有流动资金:1962 年和 1963 年为 34.1 万元,1964 年为 31.2 万元。

(5)定主要协作关系:港口与生产相关主要部门和单位建立巩固协作关系:①巩固与铁路的协作关系,港口与烟台火车站签书面协作协议,双方保证按车辆接送计划配合协作,保证港内铁路行车安全;②巩固与烟台市东山服务站的劳力协作关系,服务站保证按港口任务要求按时按质供给劳动力,服从港口统一指挥调动;港口保证供应对方必要的工具并扣取20%的工具费;③港口与航运、货主的协作关系,按海运规章制度加强联系沟通、配合协作。

烟台港在交通部和青岛局"五定"的基础上,从7个方面保证完成交通部下达的指标任务(即"七保"):

(1)保证完成年度生产计划:完成交通部下达的货物吞吐量计划:1962年65万吨,1963年预保65万吨,1964年预保70万吨。

(2)保证安全质量:①消灭由于港口责任性质的重大海损、行车、机损、工程事故;②消灭死亡及多人(群伤群亡)恶性事故,最大限度消灭重伤事故;一般事故较1961年负伤总人数减少20%,1963年、1964年逐年减少10%;③消灭重大商务事故,特殊重要物资不发生任何事故;④商务事故损失金额保证1962年不超过1961年(8 160元),1963年不超过1962年(预损金额6 528元),1964年不超过1963年。

(3)保证不超过职工总数、工资总额,保证完成劳动生产率计划:①职工总数按劳动计划规定,1962~1964年不超过1 272人;②装卸工资总额1962年和1963年不超过909 322元,1964年不超过940 333元;③完成装卸劳动生产率计划指标,1962年和1963年各为1 362吨,1964年为1 555吨。

(4)保证完成年度成本计划:完成千装卸吨单位成本计划,1962年和1963年各为1 595元,1964年为1 520元。

(5)保证完成利润上缴计划:完成计划利润额和应交预算利润额:1962年和1963年各为5万元和1.8万元,1964年为10万元和1.8万元。

(6)保证完成流动资金周转率:完成年度核定定额流动资金周转率1962年和1963年各为58天,1964年为54天。

(7)保证主要设备使用年限和完成计划指标:①各类主要设备(船舶、机械、码头、仓库等)按规定的固定资产使用年限使用,不提前报废;②船舶、机械分类比重达到计划指标;③完成港口装卸机械完好率计划指标,1962年和1963年各为65%,1964年为73.25%;④完成装卸机械利用率计划指标,1962年和1963年各为10.6%,1964年为13%。

"定保"方案编制后,根据交通部下达的《关于实行"定、保、奖"暂行规定》,港口又补充了奖励内容,即在"五定"范围内完成"七保"后,按规定提取奖励基金。

"定、保、奖"方案的制定与实行,适应了调整时期的形势需要,加强了国家计划的指导作用。通过"定、保、奖"方案,国家对港口企业提出计划和任务,同时企业对国家也提出了完成计划的切实保证。在港口企业实行"定、保、奖"方案,是贯彻调整时期的"八字"方针、贯彻"工业七十条"的一项重要措施,是计划经济条件下港口企业与国家相互制约、相互促进、力求协调一致的好形式。烟台港在清查制定"定、保、奖"方案后进行了多次修改完善,并在港口内部对西码头装卸队、南码头装卸队、机务科、修建科、客运站等5单位试行了企业内部"定、保、奖"。烟台港在制定"定、保、奖"方案的工作中,掌握了正规、系统的清查和测算方法,摸清了港口家底,搞清了港口实有生产能力和今后需要能力,弄清了定员定编和各种定额、标准,加强了基础工作,为港口生产恢复与发展打下科学坚实的基础。

第二节　调整发展港口生产

在调整时期,国家提出“以农、轻、重为序”,调整了国民经济发展的农、轻、重比例关系,加强了农业战线,缩短了工业和基建战线,经济形势发生了转变。经济形势必然要影响到服务于国民经济的港口,港口生产必然受制于腹地经济的转变。随着国民经济的调整和国家对交通运输计划的调整,港口生产从“以钢为纲”转为农用物资先行,装卸生产出现了计划任务和货物结构两个方面急剧转变。旅客吞吐量伴随着国家政策调整、政治运动和自然灾害而大起大落。港口通过大搞群众运动来贯彻落实国家政策和上级指示,完成中心工作和重点任务,推动生产及相关工作。

一、装卸生产急剧转变

1. 装卸生产计划任务转变

在调整时期,烟台港认真贯彻执行以支农为中心的运输政策。1961 年,开展了以支农为中心的“三优先”工作(即农用物资、市场供应物资、短线原材料优先),对粮食、农用化肥、小农具等农用生产物品和生活用品、救灾物品作为重中之重优先安排、尽快装卸。“三优先”物资尽力做到随来随转,因火车等原因不能即转,则尽快联系有关部门,争取第一时间转走。

烟台港于 1962 年成立了以局长为首,商务、调度、计划和西码头装卸队负责人参加的“烟台港支农运输领导小组”。该小组在支农运输中发挥了重要作用,他们安排人员深入物资部门进行“三支”物资特别是支农物资调查,摸清了流量流向;遵照农、轻、重次序安排物资运输,施行“支农”物资“五优先五不准一确保”(即优先计划、进港、配船、装卸、转运;不准核减变更计划、在港积压、拒装拒卸、退装拖运、原船带回;确保随来随运、有多少运多少);对农用物资 5 天一检查,严格控制运输轻重缓急,采取措施保证安全质量;帮助农用物资货主合理安排经济运输路线,节约运费;主动联系有关港、航、车站、公路、物资部门及市内搬运部门,搞好支农运输一条龙服务。在支农运输领导小组的领导下,保障了农用物资优先安排、安全装卸,合理处理了农业、工业、国防在港口运输中的关系,圆满完成了支农运输任务和“三支”工作。

在调整时期,国家调整了交通运输计划,港口货物吞吐量急剧减少。烟台港货物吞吐量计划 1960 年为 150 万吨,1961 年至 1965 年分别为 90、65、70、65、90 万吨,比 1960 年计划分别缩减了 40.0%、56.7%、53.3%、56.7%、40.0%;1961 年至 1965 年实际完成货物吞吐量 91.9、80.4、84.0、71.7、98.3 万吨,比 1960 年分别减少 29.6%、38.2%、35.4%、44.8%和 24.4%(详见表 5-2-1)。在调整时期,国家计划急剧缩减,1962 年和 1964 年缩减幅度最大,达到 56.7%;实际完成货物吞吐量 1964 年减少幅度最大,达到 44.8%;1965 年货物吞吐量计划和实际完成吞吐量较 1964 年大幅回升。调整时期的货物吞吐量平均每年完成 85.3 万吨,是“一五”期间年均完成货物吞吐量(50.4 万吨)的 1.7 倍。调整时期的港口生产是在高起点上进行调整和恢复的,呈增长趋势。1965 年货物吞吐量快速增长,标志着港口生产已完成调整。

烟台港调整时期与1960年货物吞吐量计划和完成情况比较表　　表5-2-1

项目＼年份	1960	1961	1962	1963	1964	1965
国家计划(万吨)	150	90	65	70	65	90
比1960年缩减(%)		40.0	56.7	53.3	56.7	40.0
实际完成(万吨)	130.5	91.9	80.4	84.0	71.7	98.3
比1960年减少(%)		29.6	38.2	35.4	44.8	24.4
完成国家计划(%)	87.0	102.1	123.7	120.0	110.3	109.2

2.货物结构和流向转变

国家按计划调整农、轻、重比例,烟台港货物结构相应急剧变化。国家调整"以钢为纲"、大办钢铁的政策后,烟台港腹地的冶炼和基建规模大幅压缩,冶炼和基建物资运输相应大幅下降。1962年,烟台地区的炼钢厂、炼铁厂和铁矿(如烟台钢厂、牟平铁厂、牟平铁矿等)全部下马。钢铁和冶炼所用原料转入东北、上海等地;淄博硫酸厂下马,所需硫化铁也转入东北;去上海的生铁和耐火材料减少80%以上,乳山口进口矿石也减少大半。冶金物资中的金属矿石吞吐量下降最大,1960年为15.8万吨,1961年和1962年分别为4.9万吨和1.5万吨,1963年至1965年三年皆为零。钢铁吞吐量下降为第二位,1960年为15.3万吨,1961年至1965年分别降为:5.3、2.2、3.0、2.8和3.6万吨。非金属矿石吞吐量下降为第三位,1960年为11.5万吨,1961年至1965年分别下降为:7.5、4.9、4.1、2.0和2.8万吨。基本建设用的矿建(主要是黄沙),随着基建项目大批下马而大幅下降,1960年矿建吞吐量为20.6万吨,1962年至1965年分别下降为9.2、6.4、10.6、16.6万吨。盐吞吐量下降较大是因为盐和煤不能混在一个码头,被上级主管部门调整到别港。外贸货物急剧下降是因为国家调整政策、加强国防,烟台港停止外轮作业(国务院于1961年10月9日通知"烟台港不继续对外开放"),外贸货物吞吐量1960年为8.0万吨,1961年为0.5万吨,1962年至1965年皆为零。由于国家调整了农、轻、重的发展比例和顺序,号召各行各业支援农业、大搞农业、生产救灾,农业、轻工业及市场供应物资增长较快,化肥和农药吞吐量1960年为3.0万吨,1963至1965年分别为4.7、6.2和5.7万吨。市场供应的农产品、海产品和生活日用品(如蔬菜、肉、油、鱼和日用杂货)大大增加,详见表5-2-2。

烟台港调整时期分货类吞吐量表(单位:万吨)　　表5-2-2

货类＼年份	1960	1961	1962	1963	1964	1965
合计	130.5	91.9	80.4	84.0	71.7	98.3
内:外贸	8.0	0.5	—	—	—	—
金属矿石	15.8	4.9	1.5	—	—	—
钢铁	15.3	5.3	2.2	3.0	2.8	3.6
非金属矿石	11.5	7.5	4.9	4.1	2.0	2.8
矿建	20.6	26.9	9.2	6.4	10.6	16.6
化肥及农药	3.0	2.5	3.2	4.7	6.2	5.7

续上表

货类＼年份	1960	1961	1962	1963	1964	1965
盐	9.0	9.3	8.6	1.6	0.7	3.0
粮食	9.1	5.0	5.3	9.4	9.4	6.8
煤炭	15.3	11.1	25.4	30.7	16.2	31.2
石油	1.1	1.1	1.3	1.7	1.5	2.3
水泥	0.9	0.8	0.9	0.8	0.6	0.8
木材	6.8	5.7	6.4	7.8	7.6	10.6
其他	22.1	11.8	11.5	13.8	14.1	14.9

二、旅客运量大起大落

旅客吞吐量伴随着国家调整政策、政治运动和天灾而大起大落，基本趋势是前两年激增，后两年剧减，中间一年跌宕起伏。

1961年和1962年的客运量急剧增长，烟台港旅客吞吐量分别完成91.5万人次和141.7万人次，比1960年分别增长68.9%和161.4%，比1957年分别增长100.7%和210.7%。1962年旅客吞吐量创造了烟台港有史以来的最高水平。客源激增的主要原因，一是山东省近两年因调整政策贯彻得好和天气好，农业连年丰收，吸引大量回山东老家（主要是返乡和探亲）的东北旅客，这些人主要携带粮食和食品，造成客运吞吐量激增。二是自由市场开放政策，使来往于烟连线的商客（大多为小商小贩）大量增加。三是国家的移民政策（山东向东北移民），使大量的移民往返于烟连线。四是国家加大了烟连线的客运设施和船舶的投资，改善了客运条件，不少旅客被吸引到烟连线乘船。

1963年旅客吞吐量是烟台港客运史上起伏最大的一年，全年完成旅客吞吐量66.6万人次，比1962年减少53.0%。一、二、四季度旅客吞吐量大幅减少，主要原因是国家加强了市场管理，出台了一些政策和措施使所谓的投机倒把和小商小贩大大减少，客源大幅缩减。三季度旅客吞吐量大幅增长，主要原因是8、9月份洪水冲毁了津浦、京广铁路部分路段，途经旅客由铁路改道烟连线乘船，客源激增。8、9月份每日平均压客8 000人以上，最多达1.3万余人。一个多月时间，客源增加10余万人。面对突然加大的客流，烟台港抽调领导干部和人员，成立了客运办公室并充实客运站工作人员，在交通部的统筹下采取非常时期的应急措施：客轮由每日3～4班次增至5～8班次，最多时曾集中15艘客货轮突击疏运。9月中旬，津浦、京广铁路相继恢复通车，客运紧张局面随之结束。

1964年和1965年客运量急剧减少，旅客吞吐量分别完成44.1万人次和39.1万人次，比1963年分别减少了33.8%和41.3%，比1962年高峰年分别减少了68.9%和72.4%，甚至比1957年减少14.3%。1965年旅客吞吐量是调整时期的最低水平（表5-2-3），也是近9年来的最低水平。客源剧减的主要原因，一是全国开展的社会主义教育运动，批判、清查投机倒把分子，大割小商小贩等资本主义的尾巴，使客源锐减。社会主义教育运动也使探亲的旅客大量减少。二是国家移民计划停止,1964 年和 1965 年没有移民流量,减少了客源。三是山东省有些地区农业发生灾情,农民忙于生产救灾,外出外来人员减少。

烟台港调整时期旅客吞吐量表　　单位:万人次　　表 5-2-3

项目＼年份	1960	1961	1962	1963	1964	1965
合计	54.2	91.5	141.7	66.6	44.1	39.1
出港	36.7	43.0	71.4	36.8	24.0	19.7
进港	17.5	48.5	70.3	29.8	20.1	19.4

三、开展群众运动推动生产及相关工作

在调整时期,流行大搞各种群众运动(当时一些活动也称运动)来推动生产及相关工作,有抓运动促生产之说。每年除开展各种政治运动外,与生产有关的运动主要有劳动竞赛群众运动、安全优质群众运动、练功比武群众运动,还有增产节约运动、贯彻工业 70 条运动、"双革"运动、生产救灾运动等运动。

1. 开展劳动竞赛群众运动

开展劳动竞赛群众运动是调整时期常用的劳动组织方式。劳动竞赛通常是按照上级提出的任务和要求,发动群众,贯彻中心工作和重点任务,解决生产和工作的关键问题,完成上级下达的计划任务和指标。调整时期每年都开展劳动竞赛群众运动,在运动中经常穿插其他运动。劳动竞赛群众运动以 1962 年、1963 年和 1965 年的劳动竞赛较具特色和成效。

1962 年,围绕支援农业、整顿企业管理、解决压缩职工后劳力不足的问题,港口制定了以支援农业为中心,以提高劳动生产率、降低成本为主要内容的"六好"劳动竞赛运动。赛前,根据职工队伍的不同职能和重点工作,分别制定了装卸工人、机械司机和维修人员、理货员、科室干部等四种竞赛办法。在装卸工人中,开展了以工时定额、安全质量、出勤率等三项指标 500 分竞赛。在机械司机和维修工人中,开展了以确保安全、加强维修保养、提高质量、降低成本等四项指标的劳动竞赛。在理货员中,开展了"一帮三勤五满意"(即一帮:帮助工人解决生产中的困难问题,三勤:腿、眼、嘴勤,五满意:船方、货主、领导、工人、接班的满意)的竞赛。在科室干部中,开展了以贯彻工业 70 条、整顿企业管理为中心的六好竞赛。在竞赛中,各级领导亲自抓竞赛,按时公布竞赛成绩,建立了月初有布置、月中有检查、月末有评比的制度。年末共评出先进班组 37 个,先进工作者 155 名。通过劳动竞赛,装卸工人出勤率、工班效率和安全质量皆出现上升局面。装卸出勤率和工班效率在四季度劳动竞赛中分别创造了 89.8% 和 10.2 吨的历史最好水平。机械司机和维修人员提高了机械完好率和利用率,使装卸单位成本较计划降低 13.5%。理货员改变了过去被讥为"离货远"的作风,加强了责任心,提高了理货质量。科室干部转变了机关作风,加强了面向生产一线的服务工作,计划科和工资科负责统计和工资计算的科室人员为配合工组劳动竞赛,到装卸一线现场办公。在压缩大批人员劳力不足的情况下,提前 54 天完成 1962 年生产计划并超

额完成总局提出的增产指标(当年有计划和增产两个指标);全员劳动生产率完成1 212操作吨/人,比上年提高了348操作吨/人,增长了40.3%;装卸工日产量完成7.3吨,比上年提高0.4吨,增长了5.8%。通过劳动竞赛,基本实现了竞赛提出的支援农业、提高劳动生产率、完成计划任务、转变机关作风等竞赛目标。

1963年,港口开展了以落实局、基层单位和工组的三级计划指标为重点的比、学、赶、帮劳动竞赛群众运动。这次劳动竞赛加强了比学赶帮的具体措施和针对性,注重了对手赛和指标赛。在装卸工人中,开展了队内的组与组、人与人、舱口与舱口的劳动竞赛;在机械司机和船员中,开展了车与车、船与船的劳动竞赛。为了切实做到比有对手、学有榜样、赶有目标、帮有措施,各单位树立了各自的先进典型,总结推广了先进班组和个人的先进经验。在装卸生产一线,西码头装卸队掀起了比10班的出勤率,学14班的操作方法,赶8班的效率的比学赶帮竞赛。机械队针对提高机械完好率和利用率的问题,开展了互帮互学提高修车技术的竞赛,有的还签订师徒合同、一帮一合同来提高技术。机务科修理间针对降低成本开展竞赛,翻砂组实行按活配工、按炉过秤等措施,使翻砂成本由1.20元降到0.35元,降了3.4倍。1963年港口的主要生产和经济技术指标全面好于1962年,完成货物吞吐量84.0万吨,比上年增长了4.5%;全港出勤率和装卸出勤率分别为88.7%和86.8%,比上年分别增长了3.1%和3.7%;装卸劳动生产率为2 168吨,比上年增长了37.9%;装卸日产量为9.8操作吨,比上年增长了34.2%;装卸机械完好率为50.5%,比上年增长了10.5%;装卸机械利用率为20.0%,比上年增长了8.6%;船舶在港停时为1.9天,比上年减少0.1天;火车一次作业在港停时为2.1小时,比上年减少0.1小时。装卸成本为1 475元/千吨,比上年降低8.2%;实现利润为14.6万元,当年实现了扭亏为盈。

1965年,在全国生产形势高涨、港口生产计划大幅度增加的形势下,开展了"掀起生产高潮、比学赶帮超的劳动竞赛群众运动"。这次竞赛整顿了竞赛指标体系,提高了竞赛指标公布的及时性,注重了集体竞赛。在装卸生产方面,重点开展了以班次作业计划为指标的车船作业竞赛。采取了抓典型、树标兵的方式,先后树立了现场第三班次、装卸23工组、客运站、工具组等单位和个人为先进典型和标兵,先后组织了三次局级各种典型先进经验交流推广活动,为竞赛树立了榜样,创造了你追我赶争创优绩的竞赛气氛。装卸工日产量为12.6操作吨/人,比上年增长35.5%,创造了历史最高水平。装卸劳动生产率为2 809操作吨/人,比上年增长32.8%,创造了历史最高水平。通过群众性的劳动竞赛运动,掀起了一个个生产小高潮,超额完成了国家下达的生产计划,货物吞吐量比上年增长37.1%,创造了调整时期最好成绩。

2. 开展安全优质群众运动

1963年初,国务院、交通部和烟台市委相继下发了关于加强安全质量工作的文件,烟台港高度重视并组织开展了大学习、大检查、大整改的专项安全优质群众运动。广大职工认真学习上级关于加强安全质量工作的文件,学上海安全优质先进经验,吸取"跃进号"远洋轮沉没事件和港口过去发生事故的惨痛教训;针对港口出现的包头货破漏和玻璃丝被煤污染等质量问题,进行安全质量自查。根据部颁"港口货物安全操作、保管工作的若干规定"和"商务监督六条规定",建立健全了安全质量方面的规章制度。主要有"港口装卸安全技术操作规程"、"港口装卸简明安全操作14条纪律和安全组织措施8项规定"、"货物交接手续、包装验收、签订事故记录等三项制度"、"安全与生产三同时制度"等。总结推广了工组搞好安全生产的好经验、好措施,针对包头货破漏,总结推广了14班的"三不捆"(破包、钩在空中、挖井不捆)、"两不走"(破漏、车装不好不走)、"两检查"(查工具、机械负荷)、"二不"(破包不码垛、装车不抽垛)。针对油桶破漏,总结推广了装生油的"三查"(在货场、船边、舱内等三处认真检查)"三换"(在"三查"处发现破漏坚决换桶)等保证货运质量的经验和措施。根据职工查出的问题,及时采取措施,修整了安全网和安全帽,增设了安全网的安全环,增添了新桥板等。通过开展安全优质群众运动,1963年消灭了死亡和重伤事故,与上年相同;一般事故和损失工作日分别为93人次和1 920天,比上年减少32人次和1 395天;货损理赔834.85元,比上年减少2 059.7元,减少71.9%;货损率为万分之0.8,比上年减少万分之0.38;货差率为零与上年相同;通过开展安全质量群众运动,在安全质量方面取得了优异成绩。

1964年,烟台港认真总结推广了上年安全优质先进单位和个人的先进经验,提出"继续深入地贯彻执行'安全质量第一'的方针和'一灭三不'(消灭一切人为的工伤事故,货物一件不损、一件不错、一粒不丢)的安全质量"工作要求。全年认真贯彻武汉会议和上级有关安全质量方面的指示精神,开展了三次群众性的安全质量大检查,进行了"跃进"轮沉没一周年安全教育活动。在安全工作中,各级领导坚持三大抓(大抓活的安全思想教育、大抓安全质量检查、大抓针对性的安全保证措施)和"二大力"(大力表扬安全优质的好人好事、大力处理发生人为事故的坏人坏事),安全质量工作在上年的基础上更上一层楼。1964年全年没发生死亡事故和重大工伤、货损事故,一般事故的次数比上年下降了55.9%;工伤事故频率为万分之3.79,比上年下降了53.0%;货损频率为万分之0.53,比上年下降了89.4%;赔偿金额比例为万分之1.35,比上年下降了82.3%。1964年的安全质量工作取得了建国以来的历史最好水平。

3. 开展练功比武群众运动

1965年,烟台港组织开展了大练基本功、提高技术技能的练功比武群众运动。广大职工立足本职工作,按照干啥练啥、缺啥练啥、急用先练的原则,人人大练基本功。各单位组织开展了丰富多彩的比武活动,全港形成了练功比武热潮。在群众性的练功比武基础上,全局举办了生产技术比武运动会,检阅了职工技术力量,推动了生产和各项工作。在练功比武活动中,涌现出许多先进典型。装卸14工组的15人,仅以13分40秒灌完60袋盐包,取得工组灌盐包冠军。客运站售票员姜树芳练就遮目售票,做到取票、盖印、找零等正确无误。工具组老工人贾维福练就遮目拆换轴承和拆装胶轮车。供应站的保管员唐淑芳、张春饰练就遮目取料,正确无误等等。

练功比武提高了职工的技术技能,为技术革新和技术改造打下良好基础。1965年港口制作与改制工属具共71项423件,经过使用证明效果好的有:火车撬杠、火车门安全卡、拖车自动挂钩、胶皮网络兜等。这些工属具很受工人欢迎,对减轻工人劳动强度、保证安全质量、提高工效起到较好作用。练功比武提高了职工生产和工作的规范操作水平和工作标准,提高了工作效率和技术技能,从而为企业降低了成本、增加了利润。1965年创造了三个历史最好水平(装卸工日产量、装卸劳动生产率、装卸机械使用率)和三个调整时期的最好水平(货物吞吐量、实现利税和利润、装卸单位成本)。

第三节　调整扩大基本建设

随着国家航运事业发展,港口泊位能力不足特别是中级以上泊位不足的问题日趋严重。国家为满足调整后期日益增长的货物和旅客吞吐量的需要,调整扩大了港口基建计划。烟台港抓住国家调整扩大基建计划的时机,争取国家投资建设了两个中级泊位,改善了港口生产设施、配套设施,提高了旅客和货物通过能力。在基建工作中,加强了基建管理,扩充了基建队伍,增加了设备设施,为港口今后发展建设奠定了坚实基础。

一、港口通过能力急需提高

烟台港在"一五"时期(1953~1957年)建设了2座中级泊位(即4号重力式泊位和客运浮泊位),"二五"时期(1958~1962年)没有建设中级及以上级别的泊位,仅自力更生建设了几个土码头。"二五"时期的货物和旅客吞吐量年均为100.8万吨和75.2万人次,分别较"一五"时期增长1倍和1.6倍。截至1962年,烟台港有中级泊位4个(其中重力式泊位3个,浮泊位1个),有小轮泊位(即土码头)2个和靠泊木帆船的南码头。随着国家航运和外贸事业的发展,中级吨位以上的船舶日益增多。港口中级泊位越来越紧张,远远满足不了成倍增长的货物吞吐量需要。由于烟台港旅客吞吐量比货物吞吐量增长更快(增长比为1.6:1),烟连、烟津、烟沪等主要客运航线都是中级吨位的船舶,造成港口中级泊位极为紧张。在"二五"后期,随着客运量增长,到港客船日益增多,一般情况每日到港3~4艘,多时5~8艘,最多时达到15艘,而客运专用码头仅有客浮泊位1个,只能满足一艘乙型客货轮一次靠泊使用。因此造成客船不得不经常占用货运泊位,经常出现货船没装卸完便被迫让位客船靠泊下客。港口中级泊位处于客货混用、交错干扰、拥挤不堪的境地。1960年,港口三个中级码头承担客货运的比重见表5-3-1。

烟台港三个中级码头1960年货、客运比重情况表　　表5-3-1

码头名称	长度(米)	水深(米)	靠泊能力(吨)	1960年实担货运	1960年实担客运
北码头(2泊位)	182.9	5.7	5 000	20.3%	31%
西码头	129.4	6.9	6 000	55.5%	13.5%
客浮码头	107	5.5	3 000或乙型	8.02%	55.5%

另外,货运码头与客运站相距较远,特别是北码头与客运站相距约2公里,又没接客进出港的车辆,旅客须在港内长途跋涉、穿越港内公路及货场,尤其在骄阳、暴雨、大雪、狂风的天气里,过往旅客苦不堪言、极不安全。因此,港口急需扩大客运码头。

二、新建两个中级客运泊位

1. 前期工作

烟台港为改变客运泊位严重不足的被动局面,满足装卸生产和客运任务的需要,更好地衔接客运站和客运泊位,便利旅客进出港,多次向上级有关部门汇报并向上级报送了在靠近客运站4号泊位南面新建两个重力式客运泊位的报告。1961年8月,交通部批准烟台港新建两个客运泊位工程设计任务书,指定码头设计由交通部第一航务工程局设计处承担、码头主体工程由该局第二工程处(青岛)第一工程队负责,基槽部分由烟台港自行开挖。烟台港立即进行组织部署,任命戚立心、王济英为工地代表,安排港口工程队负责基槽挖泥工程的施放基线及协助测定泥标位置,安排烟港"建海"号抓扬式挖泥船负责水下基槽挖泥施工,水上部分工程由烟台建筑公司及服务站等单位承包。

该工程的前期施工主要是拆迁新建码头所在位置的客浮码头、两座土码头、西码头南端的方块石和胸墙、西防波堤块石护岸,以及相关铁路等。由于施工力量不足,前期拆迁等施工用了近两年时间才完成。

2. 工程建设主要内容

1963年2月,第一航务工程局二处第一工程队施工人员到场,施工机具于4月22日进入现场施工。负责基槽挖泥工程的"建海"挖泥船于4月15日开始施工,由于工程量较大、泥质较硬,为赶进度、采取两班作业。在青岛港务局派船员支援后,挖泥船采取三班作业。两个泊位的基槽挖泥工程经过3个多月努力,于8月6日完成并通过验收。三号泊位主体工程于1963年4月15日正式开工,同年7月底码头主体工程基本完工(图5-3-1)。

1964年8月上旬,烟台港根据生产急需,要求对三号泊位尽早验收交付使用。交通部同意将三号泊位已完工程进行交工验收,待二号泊位竣工后一并进行竣工验收。验收人员根据施工单位提交的技术资料,结合现场检查,认为该工程可定为"优良"工程,同意交付使用。因二号泊位施工单位需要继续使用三号泊位南部一段岸壁,决定交付烟台港使用泊位80米(自北端向南),其余20余米由第一工程队施工使用。

1963年9月,交通部水运总局函复烟台港,"最近部计划会议研究意见将工程(2号泊位)列入1964年基建计划,投资60万元,跨入1965年完成"。二号泊位工程经过半年的前期准备工作,于1964年4月12日正式开工,1965年5月底码头主体工程完工。二号泊位工程在码头沥青路面完成后,于1965年6月24日试投产。当年8月底,电力照明尾工完工,至此两个客运码头工程全部完工。全部工程共完成国家基建投资281.23万元,这是烟台港建国以来最大的一项基建投资。二、三号泊位主体工程的结构形式:码头岸壁为带有钢筋混凝土卸荷板的衡重式正砌混凝土方块墙,墙高11.5米,建筑于2.0米厚的块石基床上。码头岸线长度分别为100.60米、100.56米及过渡段20米,码头前沿底标高-6.2米,码头方位和西码头一致,三号和二号泊位连成一直线。码头岸壁背后抛筑卸荷棱体和反滤层,码头顶面前方23米范围内铺筑简易沥青碎石路面,码头面及堆场建有电力照明设备,码头前沿建造了系船柱、系网环和护木等船舶系靠设备。主要工程量详

图5-3-1 二、三号泊位工程施工现场

见表5-3-2。

三号、二号泊位工程完成主要工程量统计表　　表5-3-2

工　程　项　目	三号泊位工程量	二号泊位工程量	合　　计
基床抛石碴和块石	4 756 立方米	4 700 立方米	9 456 立方米
预制混凝土方块	3 390 立方米	4 400 立方米	7 790 立方米
正砌混凝土方块	368 块	354 块	722 块
抛筑棱体块石和海片石	10 096 立方米	11 500 立方米	21 596 立方米
回填细砂	8 838 立方米	7 000 立方米	15 838 立方米
抛填碎石和粗砂倒滤层	2 854 立方米	2 900 立方米	5 754 立方米
碎石沥青路面	1 900 平方米	2 300 平方米	4 200 平方米
电力照明线路(共4条)			26 493.82 元

1965年9月7日,经北方区海运局批准,由青岛港务局负责组织各有关单位对新建两个客运码头工程进行竣工鉴定验收。经验收,该工程被评为优良工程,同意正式交付使用。

新建两个客运泊位竣工投产后,与1号客浮码头连成一片,并与客运站相衔接,形成拥有3个中级泊位的客运小区。该小区运营20余年,直到1984年南岸客运泊位工程建成后才再次扩大。

三、加强基建管理　改善港口设施

1.加强基建管理

在调整时期,烟台港十分重视基本建设,始终坚持"抓革命、促生产、保建设"的工作方针,认真贯彻基建方面的"填平补齐""平衡落实"的调整政策,注重加强基建力量和管理力度,较大地改善了港口的生产设施和配套设施。按照上级指示和港口实际状况,烟台港组织专业人员对港口水工、土建设备设施进行了调查、分类、分级等工作。在普查的基础上,编制了"水工、土建设备(1963~1967年)分年修复规划报告"和定期修复的初步规程与打算,编制了"港口水工、土建设备使用和维修管理暂行规程",制定了"现有水工、土建设备分类分级标准实施办法"及划定"现有水工、土建设备分类情况表"。在基建管理工作中,按季度进行基建工作总结、统计报表和下季度工作打算,并提交职工代表会议审议、监督执行。施工项目按照交通部关于将计划任务、设备、材料、资金等方面平衡落实的要求,港口根据设备、材料、劳力进行合理安排,采取集中力量、重点突破、打好歼灭战的方法,加强基建工作落实和施工管理。在施工过程中,认真开展四项检查,深入检查施工管理、工料、质量和效果。

2.改善港口配套设施

在调整时期,烟台港遵照国家"填平补齐"政策,对生产设备设施(如客浮码头、土码头、仓库、场地、道路、铁路等)和配套设施(如东、西防波堤等)提出维修计划和报告,得到国家批准并获得国家投资。完成主要工程项目有:客运浮码头大修、简易码头(土码头)大修、客运站维修、码头前后方14座仓库维修、货场和道路沥青铺面及排水工程、港内铁路整修、北码头系船桩向码头前沿移位改造、东防波堤维修、西防波堤展宽填筑货场、港内围墙建设等。烟台港第一座职工浴池1965年建成投入使用,解决了装卸一线工人洗浴难的问题,实现了海港工人多年的夙愿。

烟台港利用两个客运泊位建设工程前期的三个拆迁工程,改善了铁路、土码头、客浮码头等设备设施;利用拆迁铁路专用线,延长了港内铁路300余米,增加了27个火车车位;利用拆迁小轮码头,迁建了土1和土2码头、改造了输煤坑道和皮带机;利用拆迁客浮码头,对码头设施进行了检查和部分维修,将客运广场路面铺设了沥青,购置了工程车和旅行车。通过水工、土建设备设施的维修、改造和三个拆迁工程,港口生产及配套设备设施得到较大改善,港口综合能力获得较大提高。

第六章

“文化大革命”初、中期的烟台港

烟台港在“文化大革命”中经受了巨大的考验。在“文化大革命”初期(1966年至1968年),极左思潮泛滥、无政府主义成灾,烟台港一度成立了若干个群众性的造反组织,党政领导机构遭到冲击并瘫痪,许多领导干部被批判或斗争,港口出现动乱局面。广大职工在动乱中自觉坚持生产,“文化大革命”初期两年的货物和旅客吞吐量较前两年分别增长了11%和36.8%。在“文化大革命”中期(1968年至1972年),烟台港于1968年4月成立了临时权力机构“革命委员会”,广大职工在较稳定的局势中发展了生产。“文化大革命”中期年均港口货物和旅客吞吐量分别比“文化大革命”初期增长了22%和20%。

“文化大革命”初、中期,烟台港没有发生一天停产、一次武斗及打砸抢等重大事件,在周边港口和所在地区停产频繁、武斗不断的局势下,实属罕见。烟台港争取国家投资建设了客运站候船厅及廊道,试制了大型的火车卸煤机,新建了装卸一线候工楼、两座集体宿舍楼等后勤设施,改善了劳动生活条件。在1972年的整顿中,恢复设立了烟台港务局党委和基层党支部,恢复建立了生产和工作的主要规章制度,港口在整顿中呈现新气象。

第一节　在政治运动的浪潮中颠簸

一、“文化大革命”初期的动乱局面

1966年5月《中国共产党中央委员会通知》(简称“五一六通知”)公开发表后,所谓史无前例的“文化大革命”爆发了。同年8月《关于无产阶级文化大革命的决定》(即“十六条。”)发表后,红卫兵到烟台港进行“革命大串联”和煽风点火。烟台港与全国一样,“文化大革命”浪潮开始冲击全港。在“打倒党内走资本主义道路的当权派”、“踢开党委闹革命”“怀疑一切、打倒一切”、“革命无罪、造反有理”等极左思潮的推动下,大字报贴遍了机关和现场,港内迅速成立了许多“造反组织”,党、政领导机构遭到冲击并陷于瘫痪或半瘫痪状态,局主要领导和部分中层领导遭到批判或批斗,共产党员被迫停止了正常的组织生活。一时间,无政府主义泛滥成灾,工作秩序和生产经营管理遭到严重干扰破坏,港口处于动乱

之中。1967 年初，在上海“一月夺权风暴”影响下，港内一小批人跟风进行了夺权活动。这场夺权只不过把党、政机构的印章进行了集中，没有形成实际权力，也没有发号施令行使权力，只是一场“自发夺权”闹剧。

1967 年 9 月 22 日，在驻烟部队（26 军）向烟台港派出的“毛泽东思想宣传队”（简称军宣队）的协调下，港口两大派群众组织进行了大联合，成立了烟台港联合指挥部。由于该联合组织是松散的联合体，不是权力机构，这次大联合对烟台港当时的动乱局面虽然起到一定抑制作用，但没有从根本上改观。“文化大革命”初期，烟台港在极左思潮的冲击下，港口生产经营遭受到建国以来最严重的干扰和破坏。

二、“文化大革命”中期的政治运动

1968 年 3 月 30 日，经过群众代表无记名投票选举，产生了由干部 7 人（原局级干部 3 人）、军代表和民兵代表 4 人、群众组织代表 14 人共 25 人组成“三结合”的烟台港革命委员会（以下简称“革委会”），并上报审批。1968 年 4 月 6 日，山东省革命委员会批准了由干部王经五（1967 年 12 月派进港的部队团政委）任主任和军代表杨守武、群众组织代表王曰祥、杨从伟等三人任副主任的烟台港革命委员会。“革委会”由此代替了港务局的行政领导职能，行使对港口管理。随后，“革委会”改组了原港务局行政机构，下设生产指挥部、政工组、办事组三个机构（共 20 人）；同时增设现场和后勤两个服务队（现场服务队包括原调度室、工具组、仓库、带缆组，后勤服务队包括原供应站、卫生所、食堂）。原局机关 11 个职能科室的 60 余名工作人员作为编余人员于 7 月组成毛泽东思想宣传队（8 个小队）到基层协助“抓革命，促生产”。9 月，撤消宣传队，其成员一律下放基层。机关改组后，相继组建了 4 个装卸队、机械队、客运站、南码头、船队、修理厂、修建队等 12 个基层单位的革命领导小组；原装卸队、机械队、机修厂按照军队编制改为装卸连、机械连、机修连，下设排、班。在当时动乱形势下，“革委会”成立对稳定港口局势起到一定的积极作用，但由于“文化大革命”本身的错误，必然会带来一些不良后果。

1968 年 12 月 27 日，在全国建立党组织的新形势下，中共烟台地区革命委员会核心领导小组任命了中共烟台港革命委员会核心领导小组，成员由王经五、杨守武（军代表）、王曰祥三人组成，王经五任组长。至此，烟台港有了“文化大革命”特殊时期“一元化”的党政领导机构。1969 年初，烟台港党员陆续恢复组织生活。1971 年 7 月，烟台港撤消了中共烟台港革命委员会核心领导小组，经中共烟台地委批复同意烟台港恢复建立中国共产党烟台港务局委员会和新党委，高林松任书记，鞠远业、刘丕生任副书记。1972 年 5 月，开始启用“中国共产党烟台港务局委员会”印章。

“文化大革命”中期，烟台港和全国一样，以政治运动为中心，相继开展了一系列大大小小的所谓政治运动，影响较大的有“斗批改”运动，“批清”运动、“三忠于”活动，“一打三反”运动，路线教育和批修整风运动等等。1969 年初，烟台地、市两级宣传队进驻烟台港，主要使命是领导烟台港进行“斗批改”运动。烟台港的“斗批改”运动历时两年多，是“文化大革命”中期时间最长的运动之一。“斗批改”运动主要进行清理阶级队伍、精简机构、改革规章制度、整党建党等工作。在清理阶级队伍中，一些干部因所谓的站错队问题，遭到清理和折磨。在精简机构中，被精简的领导干部和科室人员几乎全部下放到生产一线接收改造

(1972年在落实政策中,原下放的领导干部和科室人员基本被解放并返回机关或领导岗位)。在改革规章制度方面,主要是批判和废除"文化大革命"前的所谓"关、卡、压"的规章制度,很少新建规章制度。在整党建党中,进行了开门整风、群众整党(即让非党员群众向党员提批评意见,得到群众认可后方能过关)。经过整党建党,"文化大革命"前的党员陆续恢复了组织生活,基层党组织也逐步恢复。

"文化大革命"初、中期6年多的时间里,烟台港在政治运动的浪潮中颠簸,每次政治运动都留下了深深的烙印。但是,烟台港没有发生一起港内群众组织间的武斗和打砸抢等重大事件,这在全国沿海港口是少见的。相对稳定的港口形势,给烟台港树立了较好口碑,为港口生产打下良好基础。

三、"文化大革命"对港口的危害

《中共中央关于建国以来党的若干历史问题的决议》指出:"'文化大革命'是一场由领导者错误发动,被反革命集团利用,给党、国家和各族人民带来严重灾难的动乱"。这场动乱也给烟台港造成极大危害,它搞乱了港口的领导、管理机构,搞乱了职工的思想作风,搞乱了职工队伍,搞乱了生产和工作秩序,造成了极其严重的混乱,危害港口多年。

第一,港口的领导机构、管理体制被冲击破坏。"文化大革命"特别是"文化大革命"初期,烟台港原港务局党委被诬为"资产阶级司令部",原港务局主要领导人被诬为"走资本主义道路的当权派""执行修正主义路线",技术带头人和业务骨干被诬为"反动技术权威"和"业务挂帅的黑典型",各级党组织受到冲击,工会、共青团也被迫停止了正常的组织活动,港口的领导机构、管理体制陷于瘫痪和半瘫痪状态,港口的经营管理陷于无政府主义状态。

第二,职工的思想作风被搞乱搞坏。新中国成立后17年中大量正确的方针、政策和成就被否定了,许多好传统、好作风被当作资本主义、修正主义进行批判,而许多错误的东西、不正之风被推崇为"新生事物"、"造反精神",政治思想、意识形态方面的是与非、好与坏被颠倒混淆了。在"文化大革命"中及以后的很长一段时间里,形而上学猖獗,唯心主义盛行,封建主义的、资本主义的思想沉渣泛起,无政府主义、极端个人主义、宗派主义也乘机泛滥起来,歪风邪气甚嚣尘上,致使企业多年的好传统、好作风不能发扬光大。

第三,职工队伍被派性分裂。在"文化大革命"初期,干部队伍和工人队伍被人为地划分为造反派和保皇派;在"一月夺权风暴"后,职工队伍以拥护那派夺权被划分为两大派。各派之间势不两立,视为仇敌,造成职工队伍分裂和隔阂;上下级之间,干部与工人之间,人与人之间,相互争斗,结下仇恨,致使有些职工间的矛盾多年难以弥合,职工队伍的团结和企业的凝聚力遭到严重破坏。

第四,港口生产和工作秩序被干扰破坏。"文化大革命"初期,在"砸乱旧世界"、"破字当头、不破不立"等极左思潮冲击下,港口生产、工作秩序遭到严重干扰和破坏,港口经营管理上许多行之有效的规章制度和规范标准被当成资本主义的"关、卡、压"强行废止,港口生产一度出现了效率低、质量差、事故多、浪费大的现象,野蛮装卸横行一时,重大人身和货损事故频繁发生,1966年和1967年货损率是"文化大革命"前1965年的2倍和9倍,给港口生产造成极大破坏。"文化大革命" 初期受动乱影响,港口腹地的生产、运输、供销都陷于混乱,致使港口对车、船、货无法组织均衡生产,出现了压船、压车、压货的"三压"

现象。“文化大革命”初期的动乱局面，阻挠了港口生产在1965年快速发展势头，港口建设也处于停滞不前状态。

第二节 港口生产在动乱中曲折发展

一、在困境中坚持生产

“文化大革命”初期，烟台港一度出现动乱局面，经营管理陷于瘫痪，生产秩序遭到严重干扰和破坏，有的职工小病大养、无故旷工，有的职工出勤不出工、出工不出力，港口生产陷于困境。面对动乱局面和生产困境，烟台港广大职工经受了严峻考验。正如中共中央《关于建国以来党的若干历史问题的决议》指出的：“文化大革命初期被卷入运动的多数人，是出于对毛泽东同志和党的信赖，但是除了极少数极端分子以外，他们也不赞成对党的各级领导干部进行残酷斗争。后来，他们经过不同的曲折道路而提高觉悟后，逐步对文化大革命采取怀疑以至抵制反对的态度。”烟台港职工队伍具有光荣革命传统，有许多人参加过革命战争、工人纠察队，特别是经历过旧社会受苦受难的老工人，亲身感受到旧社会的苦和新社会的甜，真心热爱社会主义新中国，真心热爱赖以生存的港口。他们怀着工人阶级是港口主人的朴素感情，目睹并认识到无政府主义对港口的危害性，开始对极左思潮进行抵制，响亮提出：毛主席说要抓革命、促生产，搞不好生产就不是革命派，坚决反对“停产闹革命”，坚决拒绝参加港内、外武斗。在有觉悟老工人带动影响下，广大职工自觉上班，坚守工作岗位，干好本职工作，维持港口秩序。在装卸一线，虽然1966年9月将计件工资改为计时工资、干多干少不影响个人拿工资，但是广大装卸工提出干活要对得起良心、对得起国家给的工资，自觉按计件工作量干活。在广大职工努力下，“文化大革命”初期大部分时间里港口装卸生产没有出现大波动。1967年，在港口处于动乱的关键时候，“军宣队”进驻烟台港、军队干部来港当领导，对稳定港口局势、维护生产秩序起到一定的积极作用。

“文化大革命”初期，烟台港主要生产指标比前两年（1964年和1965年）有所增长。“文化大革命”初期两年货物吞吐量共完成188.7万吨，较前两年增长11%；旅客吞吐量共完成113.8万人次，较前两年增长36.8%；全员劳动生产率较前两年增长10%，机械完好率较前两年增长16%。在当时上不上班、干不干活都一样拿钱的情况下，全港出勤率和装卸出勤率比前两年仅减少3%～4%，这在全国沿海港口中是相当高的。由于动乱影响，“文化大革命”初期主要财务和安全质量指标有所恶化，实现利税减少40.6万元，其中利润减少38.6万元，出现了亏损；货运质量指标（货损率和赔偿金额比例）和人身安全指标（工伤人数和事故频率）等安全质量指标也不如前两年。

在“文化大革命”初期，周边港口几乎都发生停产，有的连续几个月停产，而烟台港没有发生一次整班次的停产，并且货物和旅客吞吐量比前两年不减反增，实属全国港口的生产奇迹！烟台港在“文化大革命”动乱中坚持生产的业绩，塑造了良好的形象和口碑。

二、在稳定中发展生产

烟台港革命委员会成立后，急风暴雨式的批斗、夺权运动已经过去，港口形势逐步稳定下来,广大职工把精力转移到发展生产中去。稳定的港口形势为发展生产创造了条件,由于周边一些港口和铁路因停产或武斗等原因,许多货物(主要有煤炭、生铁等大宗货物)改到烟台港中转,这在客观上增加了烟台港的货源。烟台港通过招工,扩大了职工队伍。1968 年职工总人数达到 1 776 人,比上年增长了 54.7%。大规模招收新工人,提高了港口生产能力。特别是 1968 年招收的"老三届"高、初中毕业生共 458 人,他们是烟台港有史以来大规模招收的第一批具有中学文化程度的新工人。在"接受工人阶级再教育"的口号下,"老三届"新工人从装卸一线干起,经过锻炼提高和继续学习,绝大部分人走向管理和技术岗位。他们中的许多人后来被提拔为局、中层(单位、处室)和基层(队、科室)的领导干部,许多人获取了中、高级技术职称,许多人被评为全国或省、市级劳动模范、标兵、先进工作者。他们逐步成长为港口的中坚和骨干力量,为企业发展起到重要作用。

1968 年,由于相关港口和铁路停产,许多货物转口烟台港。如有关铁路停运,大量山西煤炭无法运到南方,用煤单位因此停产,国家采取紧急措施将大量山西煤由铁路转运烟台港再装船运到南方,为了按时完成煤炭转运紧急任务,装卸工人加班加点人力卸火车,来不及倒货位就压货位卸火车,其间出现了动人的劳动竞赛场面,不断刷新卸车记录。国家还将大量东北生铁由铁路转运烟台港再装船运到南方。当年 3 月,中国人民解放军总参谋部批准烟台港船舶单航次对外开放,港口开辟了外贸新货源。在广大职工努力下,当年完成货物吞吐量 105.9 万吨(其中外贸吞吐量 6.8 万吨),货物吞吐量首次突破百万吨,创造了历史最好成绩。

1969 年,周边港口和铁路逐步恢复了生产秩序,烟台港因铁路和港口停产转口货源大幅下降,装卸生产任务严重不足。为了解决劳力过剩和收入不足的问题,烟台港自 1969 年 7 月至 1970 年 1 月,共派出三批装卸工约 500 人次到大连港参与装卸工作。由于近四分之一的装卸工外派到大连港,1969 年港口只完成货物吞吐量 87.4 万吨,较 1968 年减少了 17%。

在"文化大革命"中期,随着全国形势逐渐平稳,交通运输逐步恢复了正常的生产秩序。烟台港腹地经济逐步恢复,港口生产也呈现稳步发展趋势,国家计划年年超额完成,货物吞吐量和旅客吞吐量年年增长,年均递增率达到 17.4% 和 5%。

1970 年 1 月,中共中央发出了《关于开展增产节约运动的指示》。为贯彻落实党中央指示,烟台港开展了"赛革命、赛团结、赛进步、赛贡献"的社会主义革命竞赛(当时不叫劳动竞赛)运动。广大职工在"狠抓革命、猛促生产""要立新功"的口号鼓舞下,苦干加巧干(如改造了火车卸煤机和修建了相应坑道、提高了卸煤和装船效率),取得好成绩。装卸劳动生产率达到 1 508 操作吨/人,比上年提高了 23.6%;货物吞吐量完成 101.1 万吨,比上年增长了 16%;旅客吞吐量完成 66.9 万人次,比上年增长了 2.5%。在"增收节支"方面,也取得好成绩。装卸队利用学习日(当时每 8 天有 1 天学习日)加班出海人力抬沙装船,船队在保证港内作业外抽调拖轮和驳船出海运沙,全年共装运沙 4 万余吨,增加收入 14 万元。机修连在设备简陋的平地上造出一艘 80 马力的消防艇,节约了购置资金。工具组收旧利废修理工属具,节约了修理费等等。通过"增收节支",装卸成本由上年的 2 076 元/千吨,下降到 1 749 元/千吨,下降了 15.8%;实现利润由上年的 -2.9 万元,增至 2.7 万元,实现了扭亏为盈。

1971 年,在上年增产节约运动的基础上,烟台港又开展了"工业学大庆"群众运动。在劳动组织方面,将 4 个装卸连改为 7 个连,将工作班制“四·三制”改为“七·三制”,增加了工作时间,挖掘了劳动力潜力。在提高工效和技术革新方面取得好成绩,如改革使用装散货的簸箕盘子提高工效 1 倍多,改进卸煤机及皮带机达到平均 20 分钟卸 1 个车皮和装煤仓时量 120 吨等。虽然港口抽调人员组织了战备训练(组织了 2 批共 210 人野营拉练,进行了高炮、射击、投弹、刺杀等训练和军民联防训练)和挖防空洞(抽调 40 余人在南山施工),但是全年仍超额完成国家计划,货物吞吐量完成 111.1 万吨,比上年增长 9.6%;旅客吞吐量完成 70.7 万人次,比上年增长 5.7%。实现利税 37.0 万元,实现利润 25.2 万元,创造了近 10 年来的最好水平。

1972 年港口开展了整顿和加强企业管理群众运动,提高了企业管理水平,调动了职工生产积极性,货物吞吐量完成 141.3 万吨,创造了历史最高纪录。

“文化大革命”初、中期,货物吞吐量七年(1966~1972 年)年均 105.1 万吨,年均递增率为 5.9%,比调整时期年均增长 23.2%;旅客吞吐量年均 64.9 万人次,年均递增率为 3.5%,比调整时期年均增长 18.6%。(详见表 6-2-1)。在“文化大革命”初、中期动乱的形势下,货物和旅客吞吐量比调整时期年均有大幅度增长,实在是来之不易。烟台港在文化大革命的困境中,艰难地维护了港口生产秩序,坚持并发展了港口生产,这在全国沿海港口中是非常突出的。

“文化大革命”初、中期烟台港货物和旅客吞吐量及利税指标完成情况表 表 6-2-1

项目 \ 年份	1966	1967	1968	1969	1970	1971	1972
货物吞吐量(万吨)	94.5	94.2	105.9	87.4	101.1	141.3	141.3
其中:外贸	0	0.1	6.8	5.7	4.7	3.0	2.7
旅客(万人次)	59.5	54.3	62.1	65.3	66.9	70.7	75.5
实现利税(万元)	11.6	-8.4	9.6	1.4	7.2	37.0	40.0
其中:利润	7.5	-12.0	5.3	-29	2.7	25.2	26.7

第三节 改善生产设备设施和劳动条件

一、改善生产设备设施

1. 建造客运候船厅及廊道

烟台港建造客运站候船大厅及联接廊道是由新建的水产铁路专用线引起的。烟台渔业公司于 1963 年在距港内候船厅出入口仅 4 米处新建了铁路走行线,它割断了客运站与客运泊位间的客运通道,严重威胁着旅客上下船安全。

烟台港发现这种情况后,立即拟写了有关情况报告逐级上报到交通部。交通部在现场调查确认后,委托烟台市政府对此进行协调。1963 年 10 月 12 日,烟台市政府拟文报国家计委反映情况,建议采用将候船厅迁建港内并以架空廊道与港外客运站连接的方案解决这一问题。1964 年 8 月 5 日,国家计委批复同意将候船厅迁建港内的方案,指定交通部一航局设计院会同烟台港进行初步设计。烟台港新客运大厅设计选址在 2 号泊位前方,分上下两层,上层为候船厅,下层为仓库,建筑面积各为 3 005.65 平方米。港外原客运站北侧房屋改造为梯间。新建架空廊道长度为 218.4 米,面积为 1318.3 平方米,廊道与新客运站相连接构成新的客运区布置。该工程按设计于 1967 年 3 月开工,1969 年末完工,总投资为 96.7 万元。由于种种原因,新客运站候船厅及廊道于 1970 年 12 月正式投入使用。新建客运站候船厅及廊道投入使用后,消除了旅客上下船需跨越铁路进出港的不安全因素,对保障旅客安全发挥了重要作用。同时,增加了候船厅面积,改善了客运设施,满足了新建两个客运泊位投入使用后候船厅不足的需求,扩大了客运站规模,增强了接送旅客能力,促进了港口客运发展(图 6-3-1)。

图 6-3-1　客运候船厅及廊道

2. 试制螺旋式火车卸煤机

20 世纪 60 年代中期,煤炭是烟台港的主要货种,1965 年煤炭占全港货物吞吐量的 31.7%。铁路集运进港的煤炭皆须装卸工用铁锹卸下,人力卸火车是当时最累最脏的活。为减轻装卸工繁重的体力劳动,提高劳动生产率,烟台港向当时上级主管部门北方海运局报送了自力更生制造卸火车专用卸煤机的报告。1966 年 7 月 31 日,北方区海运局拨款 2.7 万元,作为烟台港自行研制费用。

烟台港自造卸煤机困难重重,没有专用设备,没有加工材料,没有专业技术人员,被称为“三无”项目。从开始制造到投产使用干干停停,坎坎坷坷,用了整整 5 年时间。在制造卸煤机的过程中,集中了全港一切可用的人力和物力,得到青岛港务局、济南铁路局等单位的大力支持和帮助。卸煤机于 1971 年正式试制完成,自重 20 多吨,高十几米,座落在西码头仓库后(后来移到北码头)。卸煤机投产时,平均 20 分钟可卸一个 50 吨火车箱的煤炭,用皮带机配套卸煤的仓时量可达 120 吨,可满足当年 40% 的火车卸煤。这台卸煤机在减轻装卸工繁重体力劳动、改进装卸工艺、提高煤炭装卸效率等方面发挥了重要作用,也锻炼了港口机修技术力量。

3. 改善其他设备设施

“文化大革命”初、中期,虽然资金困难,烟台港还是努力完成了一系列较小港口设施的维修、改造和建设工程。1967 年完成了北码头仓库改造和南码头 106 库改造。1970 年完成了卸煤机坑道工程建设和北码头护坡修补、拆除工作。1972 年 8 月,开始物资供应库建设,翌年 5 月竣工。1971 年 6 月,烟台港引进了一艘 400 马力(当时港内最大的)柴油机拖轮,提高了对大中型船舶靠离泊作业能力。

二、改善后勤设施和劳动福利

1. 新建装卸一线候工楼、码头食堂、集体宿舍楼

1968 年以前,西码头装卸工候工室在原调度楼(1979 年拆除)的背面。所谓候工室其

实只是简陋的棚子,房顶是一面坡的瓦顶,架在调度小楼后墙上。候工室低矮黑暗、多年失修、漏雨透风。1968 年,烟台港在西防波堤旁建成一座砖混结构的二层平顶的装卸一线候工楼,建筑面积为 550 余平方米。新候工楼上层为各装卸连连部,下层为三个面积相同大屋的候工室。走廊东面的一个大屋为机械排候工室,走廊西面的两个大屋为装卸连候工室,西面两大屋相通。装卸连候工室内,西半边为高半米多、宽 2 米多的大通铺,下面是防空洞;东半边为长约 10 米的长排桌椅。候工室为装卸连和机械排每班次轮换使用。西码头一线候工楼建成后,解决了多年来一线装卸工和装卸司机候工难的问题(该候工楼于 1985 年西港池一期工程开工后拆除)。

西码头在 1968 年前没有职工食堂、水炉和热饭房。码头现场上班的职工吃饭要从港外食堂和热饭房送到现场,因路远、现场人多、很不方便。特别是冬天,送到现场的饭很难保温,吃凉饭影响职工身体健康。1968 年,烟台港在新候工楼的北面盖起一排建筑面积约为 180 平方米的瓦房,从南向北依次为水炉、职工食堂和热饭房,解决了职工买饭、热饭难的问题(该房于 1985 年西港池一期工程开工后拆除)。随后,又在客运站东面建了一个港外职工食堂,解决了集体宿舍职工吃饭难的问题。

1968 年前,烟台港集体宿舍在烟台山南面的工班大院,房屋是砖瓦平房,距离西码头太远。当时住宿舍的职工大多没有自行车,沿途无公交车,住宿职工大多徒步上下班,特别是集体宿舍太小、人满为患的问题尤为突出。烟台港于 1967 年在北马路(现局办公大楼西边)建成两座三层的砖混平顶的男职工集体宿舍楼,建筑面积为 2 084 平方米。宿舍楼为东西向,每层由走廊分为南北两排房间,每层都有一个洗漱间和一个厕所,这个集体宿舍在当时烟台市是相当好的。1970 年,又在客运站南面建成一座职工集体宿舍,建筑面积为 1 070 平方米。三座职工集体宿舍建成后,改善了单身职工住宿条件。

2. 改善一线装卸工劳动福利

“文化大革命”前最突出的劳动福利问题是装卸工不发棉大衣。从 60 年代以来,按照烟台市劳动局劳保规定,烟台港参加装卸现场工作的各工种及管理人员(除装卸工外)都发棉大衣。装卸工是港口生产一线露天作业工种,冬天最需要御寒的棉大衣,但是劳保规定不发。烟台港为解决装卸工意见最大的棉大衣问题,多次找烟台市劳动局反映情况。市劳动局未复,后表示由港务局“自己看着办”。烟台港迅速给装卸工发了棉大衣,解决了装卸工棉大衣问题。此后,烟台港在工作服、工作鞋、工作手套等劳保用品方面,也相应改善了装卸工劳动福利,满足了一线职工劳动保护需要。烟台港领导关心职工生活、为职工办实事的做法,为一线职工念念不忘、长久称颂。

第四节 在整顿中加强企业管理

一、整顿政治思想 恢复组织机构

1972 年,周恩来总理主持中央日常工作,提出了批判极左思潮的意见,全国开展了整顿和加强企业管理工作。交通部根据国务院和国家计委的文件精神,分别印发了《1972 年全国计划会议纪要》和《坚持统一计划、加强经营管理的决定》,布置了整顿和加强企业管理工作。烟台港坚决贯彻执行上级指示和文件精神,开展了"工业学大庆、赶莱动,整顿和加强企业管理的群众运动"。这次运动从反浪费入手,开展查(路线)、揭(浪费及薄弱环节)、清(资产)、批(大批判)群众运动,重点搞好"三核"(核流动资产、固定资产、资金)和改章建制,在政治思想、组织机构、规章制度、安全质量、劳动纪律等方面进行整顿和加强企业管理。

1972年的整顿工作带有明显的时代特点,如整顿政治思想提出"结合路线教育和批修整风运动,通过大批判会和大批判文章,把搞好企业管理提高到路线斗争高度来认识"。在整顿中,批判了"生产不用领导"、"制度无用"、"政治可以冲击其他"等谬论,批判了干部中存在的"抓政治保险、抓生产危险、抓管理险上加险"的错误思想。这些批判对教育职工克服无政府主义、自觉遵章守纪、听从管理,对教育干部和管理人员克服"满、难、松、怕"错误思想,挺起腰杆大胆抓管理是有积极意义的。

在这次整顿中有一项举措是恢复"文化大革命"前的组织机构。根据上级党组织指示,恢复了"文化大革命"前的"中国共产党烟台港务局委员会",撤消了"中共烟台港革命委员会核心领导小组"。随后,局党委恢复设立了党委领导班子,党委下设政治处,各基层单位相继建立了党支部。在行政方面,取消了"革委会"中的生产指挥部及下属生产组,恢复了"文化大革命"前相应的科室及下属行政机构。把基层单位的名称由"连"又改回"队"。在整顿中,还恢复了各级工会、共青团、民兵等组织,并置于局党委和各基层党支部的直接领导下,实行了党的一元化领导。

二、整顿劳动纪律　加强改章建制工作

在这次整顿中,整顿劳动纪律是重点之一。装卸队下大力气整顿劳动纪律,着重抓了考勤和出工不出力的问题。通过整顿,使小病大养、无病也养的个别职工,迫于压力纷纷上班;使经常迟到早退的个别职工,改掉坏习气,遵守工作时间按时上下班;使那些出工不出力,甚至上班干私活的现象得到扼制。装卸队通过整顿,整出了高出勤率和高工效。1972年装卸出勤率达到83.3%,较上年提高了5%。劳动生产率1972年达到1 030换算吨/人,较上年提高了17%。各单位通过这次劳动纪律整顿解决了各自多年的难题,修理厂刹住了干私活的歪风邪气,电工队纠正了工作时间钓鱼和睡觉的坏风气,修建队按照制定的劳动定额下达工作任务,解决了干多干少都一样的问题。通过整顿劳动纪律,打击了歪风邪气,树立了正气,使职工队伍工作面貌焕然一新。

在改章建制方面,重点进行了生产、计划、财务、安全质量等方面的改章建制工作。建立了调度每日碰头会和月度两次生产会,强化了生产计划编制管理和现场调度管理。恢复建立了岗位责任制、安全技术操作规程、考勤制度、技术管理制度、理货制度及一部分生活管理制度。装卸队通过建立和实行八项指标统计核算制度,使职工关心当班完成的计划任务,重视安全质量,发挥了工人参加管理的积极性。围绕安全质量问题,恢复建立了装卸司机考核和技术学习制度、绞车手培训制度,整顿了班组五大员制度,健全了班组每周安全例会制度。通过整顿和加强遵章守纪教育,全年消灭了重大工伤机损事故,一般工伤较整顿前的1971年减少22.9%。

三、企业整顿呈现新气象

1972 年进行大刀阔斧的企业整顿工作，在当时极左思潮尤兴、无政府主义严重的“文化大革命”中期，对加强企业运营管理起到力挽狂澜作用，在烟台港企业管理史上具有重要地位。这次整顿后，烟台港呈现出敢抓生产管理、敢抓遵章守纪的正气，打击了无政府主义歪风邪气，纠正了管理秩序方面一些不妥规定；党组织和领导机构的权威特别是调度指挥权威得到加强，生产、物资、财务的计划管理得到加强，职工的劳动纪律明显改观；恢复和建立了急需的规章制度，这些规章制度虽不算完善，但在当时发挥了较好的历史作用。这次整顿后，港口生产及管理秩序明显改观，职工队伍作风明显好转，安全质量工作明显提高，货物和旅客吞吐量明显增长。当年货物吞吐量完成 141.3 万吨，创造了历史最高水平，较 1971 年增长 30.2 万吨，增长了 27.2%。当年货损率达到 0.8‰，货差率为零，为烟台港树立了货物安全质量的良好口碑，为争取货源创造了条件。受当时历史条件的限制，这次整顿并不能彻底解决存在的各种问题，且因后来批林批孔运动干扰破坏也没有进行到底。但是，它的历史作用是有目共睹、不可否认的。

第七章

“大建港”改变港口面貌

1973年2月，周恩来总理提出：“三年改变港口面貌”，全国掀起大规模港口建设(简称“大建港”)热潮。烟台港在“大建港”时期(1973年至1979年)争取了国家建港计划及投资，投资额是建国23年(1949年至1972年)基建投资总额的5.7倍。建港大军自力更生、艰苦创业，相继建设了三个深水泊位和三个中级泊位，对老码头三个中级泊位进行了技术改造。大建港后(1979年)，港口通过能力增长了3.1倍，装卸机械台数增长了2.3倍，职工人数增长了1.2倍。新建的通讯枢纽大楼、外轮航修站、供电供油供水设施、局办公大楼、更衣楼、集体宿舍、港外食堂、海港医院、水运技校、黄海宾馆等港口设施，极大地改善了港口生产、办公、生活、服务功能。1979年港口货物吞吐量比1972年增长了3.3倍，其中外贸吞吐量增长了24倍；完成八项考核指标皆好于部颁标准，创造了历史最好水平。在“大建港”时期，烟台港实现了对外轮开放，隶属关系由青岛港代管改为交通部直属企业。“大建港”改变了港口面貌，烟台港在生产、建设、管理等方面实现了跨越发展，一度跃进全国八大海港行列。

第一节 “大建港”的发展机遇与挑战

一、“大建港”前的港口形势与机遇

20世纪70年代初期，中国外交事业取得突破性发展，对外贸易相应快速增长，日益增长的外贸运输给沿海港口带来越来越大的压力。由于我国沿海港口多年没有进行码头建设，码头已经处于超负荷运行状态。随着到港外轮和远洋轮迅猛增长，港口压船压货现象十分严重。1972年，全国沿海港口每天在港的万吨级外轮和远洋轮有200多艘，而万吨级泊位仅有92个，只有三分之一的万吨轮能靠泊作业。外轮停港时间已由1965年的5.8天延长到1973年初的10.9天，每天因此损失7万多英镑的赔偿金，给国家造成重大经济损失和政治上的不良影响。为扭转全国沿海港口压船、压货、压车的“三压”的局面，周恩来总理于1973年2月27日在全国计划工作领导小组会议上提出：“三年改变港口面貌”。国务院成立了港口建设领导小组和建港办公室，领导和落实全国建港工作。沿海各省市相继成立

了省、市港口建设领导小组及建港机构,全国掀起了“大建港”热潮。

烟台港自1973年恢复对外开放后,进港作业的外轮和远洋轮逐渐增多。外轮和远洋轮大多是万吨轮,可烟台港没有一个万吨级深水泊位,且港口设备设施相当落后,根本适应不了外轮和远洋轮作业,更适应不了港口今后发展需要。烟台港货运泊位仅有4个中级泊位(北码头两个和西码头两个)和两个百吨级的小轮泊位(土1、土2)及1个木帆船泊位(南码头),还有两个中级客运泊位。西码头两个中级货运泊位靠泊能力为3 000吨级和5 000吨级,由于靠泊能力不足对万吨级以上轮船需要过驳减载作业;北码头两个中级泊位,靠泊能力为1 000吨级和3 000吨级,因没有铁路、库场狭小,进行外轮作业困难很大。烟台港在没有对外开放的情况下1972年完成货物吞吐量141.3万吨,而核定货物通过能力只有65万吨,泊位已经处于超负荷运用状态。装卸机械数量不足、技术落后、起运量小,大多是土造的和改造的,大多到了报废期,没有一台门机和大型装卸机械。1972年机械使用总台数为42台,其中起重机械12台(大多是1~3吨的,包括改装汽车吊5台、轮胎吊4台、土制吊车3台),搬运机械29台(包括3吨小铲车等装卸机械13台,小单斗6台,各种小拖头10台),落后简陋的机械造成装卸效率低下。另外,铁路专用线短缺、库场狭小,也严重制约港口生产。

国家要在沿海港口大建港的信息传到烟台港后,烟台港领导班子在研究是否争取国家建港任务时,出现了两种不同意见。有的人认为:烟台港没有建深水泊位的大型建港设备,也没有专业设计和施工队伍,何必自找苦吃去争取建港任务。以党委书记张进为首的大部分人认为:“大建港”是政治任务,烟台港应当响应党和国家号召,积极争取“大建港”任务既能为国家分忧还能使烟台港得到发展。经过研究讨论,局领导班子决定:争取国家建港任务,建设发展烟台港。随后,向代管的青岛港务局提出建议:烟台港建设两个万吨级货运泊位。由于烟台港当时没有对外开放,再加上建港方案、资料准备不足,没有被列入国家建港计划。

1973年4月15日,国务院港口建设领导小组副组长谷牧为首的20余人的建港考察组经大连来烟台视察。烟台地、市及烟台港领导向考察组做了汇报。烟台港在汇报时提交了建设两个万吨级泊位的方案和有关建港资料。16日晚上,烟台港党委召开了中层及以上干部参加的建港专题会议。青岛港庞宗义主任在会议上传达了周总理关于港口建设的指示,特别提到周总理提出:从大连到青岛、上海、广州等地方,还有丹东能不能搞?牛庄能不能搞?葫芦岛、烟台如何?周总理关于“烟台如何”的指示对在座的烟台港干部既是鼓舞也是挑战,大家表示:决不辜负周总理的殷切期望,积极争取国家首批建港任务。

当月17日,国务院建港考察组在烟台结束视察后转赴青岛,烟台市委副书记王吉五和烟台港党委书记张进随同前往。经过烟台市和烟台港领导的积极争取,国务院建港考察组在青岛讨论研究后决定:在原定全国新建38个深水泊位计划之外,增加烟台港深水泊位2个。烟台港赶上全国首批“大建港”的末班车,从此开始了改变港口面貌的“大建港”。

烟台港新建两个深水泊位被列入国家建港计划后,局党委立即研究成立了“烟台港建港办公室”。建港办公室下设政治工作组、工程技术组、物资保证组、财务会计组、行政事务组等五个组,其成员以修建科为主共25人,办公室主任为曲海亭。建港办公室主要任务是开展建港工程前期工作,办理建港工程文件的编制和报批工作,联系工程设计、施工单位,筹备建港物资、设备。

中共烟台地委对烟台港建港任务十分重视,成立了由烟台地、市、港三方共17人组成的山东省烟台地区烟台港口建设领导小组,于1973年6月2日予以公布并启用印章(11月29日改为"中共烟台地委建港领导小组")。建港领导小组组长为地委常委、地革委副主任龙卓卿,副组长为烟台市领导邢林、王吉五和烟台港党委书记张进等三人。

1973年10月,经省、市共同批准,"山东省烟台地区建港指挥部"成立。建港指挥部受烟台地委建港领导小组领导,负责建港工程的筹备和实施工作。建港指挥部由邢林任指挥,张进和曲滋章任副指挥,戚立心任主管工程师。指挥部下设办公室、工程处、物资处、运输处和政治处等五个部门,人员由在烟有关单位抽调的110多名干部组成。建港指挥部汇集了在烟有关人员,加强了建港力量,成为烟台港建港专业机构。此后,烟台港港口建设由建港指挥部负责组织实施。

二、建港大军的艰苦创业

1. 建港职工的艰苦奋斗

烟台港"大建港"汇集了烟台港参加建港的职工、铁道部大桥局三处、交通部"上航"和"津航"的挖泥船及派出车队、山东省机械化施工站车队、烟台地区各界支援建港的单位及周边农民、解放军、师生等,形成了规模空前的建港大军。

烟台港没有建深水码头的专业知识和经验,没有建港必需的浮吊等大型设备。面对国家在"大建港"初期派不出专业设计、施工队伍和大型设备的情况,他们没有被困难吓倒,没有等、靠、要。他们把大建港当作政治任务来完成,凭借为国分忧的国家主人翁的责任心,满怀建设发展自己港口的创业热情,积极主动地争取国家建设计划,一次次请示汇报、一次次上报工程建设报告;他们学习"有条件要上、没有条件创造条件也要上"的大庆精神,发扬自力更生、艰苦奋斗的"穷棒子精神",用大会战的方式组织建港,实干巧干拼命干,完成了施工任务,创立了建港业绩。

烟台港建港指挥部和烟台港参加建港的各级领导在工作中率先垂范、兢兢业业,主要领导除开会外几乎整天奔波在施工第一线,每天起早贪黑,一心扑在建港工程上,关键时刻几天几夜工作在施工现场。指挥部办公室副主任曲海亭有着丰富的港口工作经验,哪里有困难有问题,他就在哪里抓具体工作,保证工程顺利进行。有一次,建港浮吊发生了故障,他立即到现场组织抢修。在抢修中,因船体突然晃动被钢缆绳将腿挫伤,流血不止,他全然不顾继续指挥抢修。在冬季大会战中,机械队副队长姜玉模曾连续三天三夜不下火线。有一次,他操作推土机作业,因突然塌方连人带车掉入海底。他从海底爬出来,烤干了衣服又继续工作。领导的带头作用激发了工人的工作热忱,他们奋不顾身地投入到建港工作中。青年突击队在海滩修造浮吊坞道会战中,不顾隆冬刺骨的寒风和冰冷的海水,硬是靠肩扛手抬、日夜苦干,提前建好了临时坞道。在改造浮吊拆卸吊杆的高空作业中,工人李文治发扬一不怕苦、二不怕死的大无畏精神,不顾风雪扑面、高空危险,自告奋勇系上安全带用船台上的吊车把自己吊到高空,抢起大锤就干了起来。在基槽清淤施工中,全国先进生产者、58岁的老潜水员杨培芝主动承担了潜入水底摸清情况的危险任务。他不顾可能陷入稀泥中没顶的生命危险,坚持摸清了海底淤泥情况并提出用空压机排除稀泥的办法,顺利解决了清淤问题。挖泥船锅炉房的工人为了抢时间，在炉条出现故障刚熄火不久的锅炉内，冒着百度高温进炉抢修，争分夺秒修好炉条，使挖泥船继续挖泥作业。

自力更生解决吊装50吨混凝土方块施工是“大建港”初期需要闯过的第一道难关。码头主体工程施工需要把2万多个50吨的混凝土方块从岸上吊到海上进行安装，50吨以上的大型浮吊是吊装的关键设备。烟台港只有一艘破烂不堪的30吨浮吊，用这艘旧浮吊根本无法进行吊装施工。如果等其他港建港浮吊施工完再调来，至少需要一年以后，这将耽误建港的机遇。建港职工决心自力更生解决浮吊这一关键设备，大家献计献策、集思广益，有人建议采取用小方驳联起来组成大方驳、加上吊杆组成60吨起重船。在这一建议的启发下，又有人提出把30吨旧浮吊改造成60吨浮吊。这两项建议得到上级支持后，建港指挥部立即组织干部、技术员、工人三结合小组，迅速制定方案，于1973年冬天组织了改装和拼装两艘浮吊的会战。

拼装浮吊在西海滩上进行，交通部大桥三处从黄河调来25只浮箱，在海滩的简易坞道上组装了浮箱并安装了吊杆，土法上马完成了60吨浮吊的组装。经试验后，该浮吊达到设计要求。改装浮吊在渔业公司船坞上完成，经过75吨破坏性试验，性能良好。在拼、改装两艘浮吊的会战中，没有船坞就在海滩上铺起2根铁轨当坞道，材料不足就节约代用、以土代洋，技术力量不足就组成三结合攻关小组群策群力攻关，没有图纸就用手指在沙滩上划草图、用树棍扎模型，机具加工没有大型设备就“蚂蚁啃骨头”用改装的小车床加工大部件。经过两个多月会战，建港职工硬是靠自力更生、艰苦奋斗，完成了两艘大型浮吊的改、拼装。两艘浮吊改、拼装完成后，解决了吊装关键设备，为混凝土方块吊装施工创造了必备条件，抢回了等待外来浮吊的施工时间，保证了建港施工尽快顺利开展。

烟台港码头建设需要预制50吨的混凝土方块2万多个，若要按时完成，需台班生产量达到200立方米以上的混凝土搅拌楼。这么大的混凝土搅拌楼烟台港没有，烟台地区也没有。建港职工自己动手，土法上马，拼装了一座台班生产量达到生产量要求的混凝土搅拌楼，满足了预制混凝土方块及其他混凝土的搅拌需求。

水下挖泥是建港的第一道施工，也是码头建设的关键施工之一。烟台港只有一艘1936年下水的早已报废的“建海”号挖泥船，该船的抓斗挖泥量小、起升速度慢、又不配套，想要按时完成建港挖泥任务相当困难。一旦不能按时完成挖泥任务，将影响续后的吊装混凝土方块施工。“建海”挖泥船以只争朝夕的精神，争分夺秒，昼夜奋战。正当挖泥的关键时刻，挖泥船锅炉变形、无法作业。更换锅炉需要半年时间，而新锅炉又买不到。建港指挥部立即发动职工出主意、想办法。船队的老工人从冬季拖轮上的锅炉为挖泥船暖油的办法受到启发，建议用拖轮上的锅炉为挖泥船供气，这一提议得到指挥部大力支持。他们利用一艘锅炉还可以使用的报废拖轮，在挖泥船旁为挖泥船供气。“建海”挖泥船就这样坚持完成了自己承担的挖泥任务，又坚持完成了水下任务，为建港工程施工作出了贡献。一件件感人肺腑的建港事迹，谱写了一曲曲艰苦奋斗、建港创业的篇章。

烟台港只争朝夕的建港精神和突出工作成绩多次受到上级表扬和支持。1974年9月，烟台港建港工程已完成年度计划74.3%，居全国完成建港进度计划之首。在国务院港口建设办公室召开的第二次建港工作会议上，谷牧副总理在建港工作总结中表扬烟台港是全民动员、自力更生、成效显著，有一股“穷棒子精神”。国务院领导的表扬和支持，鼓舞了烟台港的建设者,也为以后建港创造了有利条件。

2. 全区各界支援建港

烟台港建港成就凝聚着建港职工的心血和汗水,也是烟台地区各界大力支援的结果。建港伊始,烟台地区革命委员会于1973年12月发出《关于调五百名民工参加烟台港口建设的通知》,通知牟平、栖霞、招远、文登4县分别组织民工150名、120名、110名、120名共500名参加港口建设,使用期到1974年6月底,共计6.3万个劳动日。500名民工参加建港,使建港工作迅速展开。在改装、拼装两艘浮吊会战的关键时刻,烟台市委组织召开了渔轮公司、航运公司、港务局等有关单位的协作会议,成立了由市领导和相关单位领导参加的会战领导小组,动员了30多个单位参加会战。全区各界全力以赴,急会战所急、帮会战所需,渔业公司让出坞道并承担了船体工程,航运公司抽调了电焊工到现场作业,烟台起重队派出了起重组帮助吊装,烟台运输公司担负了到天津、上海运购发电机、柴油机的长途运输,船厂借用了急需的钢材,船具厂改造了设备帮助加工零件等等。在全区有关方面大力支持下,两艘浮吊改、拼装成功,解决了吊装混凝土方块施工必需的关键设备。

水下作业需要几十名潜水员,但当时港口只有十几名潜水员。为解决潜水员短缺问题,烟台地委动员了全区沿海渔业生产队渔民潜水工前来参战。这些过去仅会搞海产养殖的渔民潜水工来到工地后,在建港专业潜水员的带领下,很快掌握了水下安装技能。他们还与老潜水员一起研究出一种水下带灯作业方法,使混凝土方块日安装量由5块跃升到26块,加快了混凝土方块安装进度。渔民潜水工参战,加快了水下施工进度,培养出一支建港潜水施工队伍。

建港需要百万吨以上的沙石材料和回填土,一时无法解决。烟台地委立即在全区范围内进行动员,各县市大力支持,在市郊、牟平、福山、蓬莱、荣成等地迅速开辟了80多个沙石料厂,逐步建立起副业采石和装卸队伍。他们农忙季节白天下地干农活,晚上提着灯笼点着火把开山辟石,农闲季节全力以赴采石,共提供的各种沙石料近200万吨。

"大建港"的运输队伍,除交通部派来的车队和省机械化施工站的70辆车外,主要是由全区民间运力组成。在每年回填高峰时,全区各县市有1 000多个机关、工厂、企业、乡镇、生产队出人出车参加回填,动员的汽车、马车、拖拉机和机帆船等车船多达10 000多辆(只)。工地及沿线公路上,车水马龙、川流不息、昼夜不停、绵延数里,成为"大建港"运输战线一幅壮观的画卷(图7-1-1)。

图7-1-1　各县市组织力量运送沙石料

在施工需要加工各种材料和机具设备时,烟台市委立即动员全市有关行业为港口建设开绿灯。市工办为此专门召开有关会议,决定:凡是建港加工任务一律优先安排。有的单位还在加工单上加盖"急需"或"建港"字样,以示重视,优先加工。还有的单位由于生产任务紧、人员不足,就发动干部和工人利用休息时间义务劳动,保证建港加工任务按时完成。

驻烟部队响应党和国家号召全力支援烟台港港口建设,主动抽派指战员参加工地义务劳动,无偿组织大批车船加入运沙石、运材料的建港会战。在混凝土方块安装和抛石高峰拖轮不足时,他们立即派出舰艇支援;在建港浮吊发生故障时,他们马上派出浮吊支援。

烟台市中小学的广大师生,经常利用节假日为建港工程拣石子、运沙子。交通部文工团、烟台的文艺团体等许多文艺团体多次到工地进行慰问演出,著名相声演员侯跃文和石富宽随交通部文工团来烟台港参加了庆祝万吨级泊位简易投产慰问演出。

“大建港”期间,全区各界汇集在“大建港”的旗帜下,组成了浩浩荡荡的建港大军,为烟台港的建设贡献了自己的智慧和力量。建港大军艰苦奋斗、建功立业的事迹,将永远载入烟台及港口建设发展史册。

三、“大建港”中的工程建设

1. 新建三个深水泊位

1973 年 4 月,国务院港口建设领导小组决定在烟台港增建 2 个万吨级深水泊位后,烟台港由于没有专业设计和施工队伍,立即向交通部汇报求助。交通部经协调提出:工程设计由烟台港务局自理,施工由交通部协调解决,疏浚工程由航道局负责。工程采取“边报批、边设计、边施工”的方法。当时全国 38 个深水泊位的设计和施工任务已下达,全国相关设计和施工单位工作任务十分饱满,短时间无一单位能承接烟台港两个深水泊位的设计和施工。烟台港没有码头设计和施工资质,按常理只有等。但是,烟台港的建设者没有等,他们提出:要学习大庆精神,有条件要上,无条件创造条件也要上。一方面,安排人员加急编制工程计划任务书,于 4 月底编制完成后报送交通部,随后立即着手“工程扩初设计”工作。另一方面,派员多方联系工程设计单位和施工单位,争取尽早完成设计、尽早施工。

编报工程扩初设计需有资质的专业设计单位,烟台港戚立心工程师和张轰成科长到天津、大连等地求助设计单位,均因任务饱满无法接受。不得已,他们把工程项目分开,求助非港口单位配合设计。他们请青岛航务二处提供深水码头设计方案,请青岛铁路分局提供铁路设计方案。在有关单位帮助下,由戚立心执笔编制了《烟台港杂货码头工程扩大初步设计及概算》并报送交通部。1973 年 7 月 12 日,经交通部会审后提出 15 条综合修改意见,由参加会审人员带回后进行补充和修订。8 月 16 日,烟台港务局完成深水码头工程初步设计修订稿并报送交通部。9 月 21 日交通部批复了初步设计及补充文件,并提出 4 条修改意见。批复同意烟台港自现有西码头四号泊位向北顺延 360 米为新建深水码头并预留深水泊位,装卸工艺采用 10 吨及 5 吨门式起重机。烟台港见文后立即委托一航局二处进行技术设计(即施工图设计),委托山东省测设队进行地质钻探。1973 年 9 月,国家计委批复了“烟台港新建深水码头工程计划任务书”,工程内容为:两个 15 000 吨级深水泊位,一个中级泊位及相应配套工程,总投资 2 650 万元,工期 3 年。

两个深水泊位批准施工后,烟台港建港指挥部对两个深水泊位北面预留的一个中级泊位进行了专题研究。在得出充分依据后,向交通部提出:把已批准的与两个深水泊位相连接的一个中级泊位改为第三个深水泊位。得到交通部领导首肯后,建港指挥部编制完成了“烟台港第三个深水泊位工程设计任务书”并报交通部。1974 年 8 月,建港指挥部遵照 8 月份交通部召开的计划座谈会精神,编报了“烟台港新建第三个深水泊位的设备配套工程设计任务书”。9 月 26 日,交通部批准烟台港第三个深水泊位的设计任务书,泊位长度为 180

米,码头前沿水深按 -9.2 米设计。码头上设置门机、仓库及铁路等相应配套设施,工程总投资控制在420 万元之内。

1974 年6 月至7 月,烟台建港指挥部会同建设银行对深水码头原批概算进行了调查。11 月16 日,交通部批准工程总投资由原来的2 650万元调增为3 570 万元。交通部下达1976 年年计划时增加了港外配套的立交桥资金,三个深水泊位工程总投资达到4 105 万元。

烟台港没有按照常规的工程程序待工程设计批准后再组织施工,而是在编报工程设计报告的同时,按照“二尽早原则”(本港干不了的尽早联系施工单位到场施工、本港可干的尽早筹备开展工作)开展工作。1973 年6 月,经多方联系,上海航道局挖泥船红旗号由秦皇岛港来烟台港进行基槽挖泥施工。7 月,开始筹备混凝土方块预制工作,土法上马制作了水泥搅拌楼。待交通部9 月初批准了“工程扩初 设计”时,基槽挖泥已施工2 个多月,混凝土方块预制筹备工作已完成。

1973 年6 月30 日,红旗号挖泥船开始基槽挖泥,打响了“大建港”工程施工“第一炮”。1974 年5 月,第一块60 吨重的混凝土方块安全、准确地放置在水下基床上,标志着泊位主体施工开始。第一个深水泊位于1974 年年末基本完成,第二个深水泊位于1975 年年末基本完成,第三个深水泊位于1976 年6 月基本完成。三个深水泊位总长540 米,列为烟台港5#、6#、7#泊位。泊位岸线在4#泊位向北的沿线上,走向为平行于西防波堤外沿215 米,码头顶面标高 +5.3 米,基床顶面标高 -9.2 米,靠泊能力为15 000 吨级,码头主体混凝土方块共五层,最大块重为60 吨(其中央三层为素混凝土空心块),上覆卸荷板,胸墙为工字型预制块现场浇混凝土填充联结为整体(图7-1-2)。

图7-1-2　烟台港深水泊位建设

为了使三个深水泊位尽快形成生产能力,烟台港自1975 年初开始抓紧配套工程建设,1977 年底完成全部配套工程。深水码头配套工程主要内容有:深 -9.2 米的停船槽,宽80 米、深 -8.5 米的港池,长2 500 米外航道及转向中心导标;陆上配有仓库、办公楼、工具库、候工楼、铁路专用线、供排水、电力及电照等设施;修建场地2.7 万平方米、购置装卸机械35 台、安装门机3 台、购置1 700 马力拖轮2 艘等。

2. 续建三个中级泊位

烟台港在“大建港”前承接的船舶主要是国内沿海及鲁北近海的中小船舶,3 000 吨以下船舶占90% 以上。1973 年烟台港完成货物吞吐量已达169.8 万吨(大多为中级泊位承接),而国家核定通过能力仅为65 万吨,泊位处于超负荷运用状态。烟台港中级泊位不足状况已经严重阻碍了港口装卸生产发展,中小船舶到港后经常要等候泊位,造成船舶在港时间过长,浪费运力,特别是鲁北近海地方船舶尤为严重。据山东省海运局统计,1970 至1973 年该局船舶在烟台港平均停泊时间为31.73 小时,其中因等候泊位的非生产停泊时间占52.5%,运力浪费非常严重。因此,建设中小船舶散杂货码头是烟台港急需解决的问题。烟台港按照全国港口“五五”规划,既是外贸港口,又是国内沿海及鲁北近海的客货枢纽港。中小船舶货物吞吐量“五五”规划为366 万吨,占港口吞吐量65% 以上。为满足“五五”计划货物吞吐量需求,建设中小船舶作业码头势在必行。

第三个深水泊位建设批准后,建港指挥部又抓紧研究从新建的3个深水泊位向北沿西防波堤内侧岸线到北码头西端发展建设3个中级泊位方案。经过3个深水泊位建设锻炼,烟台港建港指挥部初步形成自己的设计和施工队伍,3个中级泊位设计完全自行编制完成。烟台建港指挥部于1974年8月将“烟台港新建中级码头工程设计任务书”上报交通部,交通部于1974年11月审查批准“烟台港建设3 000吨级泊位三个及相应的配套库、场等工程,所需投资控制在500万元以内”。烟台建港指挥部在广泛征求使用单位意见的基础上,全面考虑了原有码头泊位和新建码头泊位的专业用途划分,对新建三个中级泊位平面设置及工艺原则作出了如下安排:自南向北第一个泊位为件杂货码头,设仓库一座,码头前沿后期考虑以能达到通设铁路、安设门机、进行工艺配套;第二个泊位为矿建材料(砂)码头,设货场,后期考虑货场上设置输砂专用机械化配套;第三个泊位为木材码头,设货场,后期考虑扩大后方货场面积。在新建中级码头北端与原北码头西端梯口交接处,设立斜坡式登陆坡道,以满足军运登陆艇装卸军车及炮车,解决平、战登陆舰艇军运需要。

中级泊位主体工程由建港指挥部组织力量施工,于1977年完成。新建三个中级泊位总长为326米,列为烟台港8#、9#、10#泊位。该码头岸线从深水码头7#泊位北端接建,按直线向内折7°50′角后,向北延伸,与原有的北码头交接处留一个20米宽的缺口,做斜坡式登陆坡道,并将原北码头改称11#(登陆坡道泊位)、12#泊位。中级泊位顶面标高+5.3米,基床顶面标高-6.2米,靠泊能力为3 000吨级,码头主体混凝土方块共四层,最大块重60吨,全部为实心混凝土预制安装形成,上覆卸荷板,胸墙为工字型预制块现场混凝土填充联结为整体。

中级泊位配套工程包括一座4 633.1平方米仓库,一幢791.4平方米附属办公楼及相应的货场、道路、电力及照明等工程。配套工程从1977年开工到1979年建成,逐步达到配套投产。中级泊位建成后,烟台港在9#泊位利用技改资金自行设计施工,配置了黄沙堆存和装船配套机械设备。但由于决策失误,造成不适用,搁置日久,不得已于1983年拆除。

3. 改造老码头三个中级泊位

烟台港老码头2、3、4号泊位前沿原无铁路,由于新建深水码头前沿铁路通过老码头前沿,引起了老码头的装卸工艺问题:老码头没有门机只能使用船机作业,当新建深水泊位取送火车或车船直取作业时,火车经过或占据老码头前沿,老码头只能停止作业等火车通过,这将严重干扰老码头作业,影响生产并存在安全隐患。因此,必须变革装卸工艺和改变码头布局。烟台港结合港口改建和扩建设想,对码头装卸工艺和平面布局作出全面规划:2、3、4号泊位今后主要以承担国内客货(件杂货)为主,将来把1号浮码头改建成重力式码头后,使该区段形成客运(1、2号泊位)和件杂货运(3、4号)的布局。按照新码头布局和新装卸工艺要求,老码头前沿应当设置门机和架空客梯,以解决码头前沿火车通过时装卸作业和旅客上下船问题;建设前沿仓库,以适应件杂货码头的仓储需要;安设码头前沿照明灯和电缆、变电设施,以解决照明和供电问题;还有相关仓库拆迁和码头地面改造等问题。为尽快解决老码头存在问题,港口争取结合“大建港”对老码头进行配套设施技术改造。

1974年9月,烟台建港指挥部向交通部报送了“烟台港老码头2#、3#、4#泊位配套工程的设计任务书”。经交通部审查同意将原有2、3、4号中级泊位进行配套,建设仓库、安设门机等设施,工程总投资控制在320万元之内。

老码头三个泊位的配套技改工程于1975年初开始施工,1975年底基本结束。该工程实际总投资为400.5万元。

4.“大建港”时期工程建设主要成果

“大建港”时期,工程建设前期工作从1973年初争取国家建港计划到交通部批准老码头(2、3、4号泊位)配套工程,历时2年(1973年至1974年);工程施工从1973年6月红旗号挖泥船进行基槽挖泥到1979年底外轮航修站建成,历时6年多;从前期工作到工程竣工,历时7年多;因此,烟台港有称“七年大建港”的,也有称“六年大建港”的。截止1979年底,“大建港”工程总投资6 628万元,是建国23年(1949~1972年)基本建设投资总额的5.7倍。“大建港”使烟台港客货泊位增加了6个(包括3个15 000吨级的深水泊位和3个3 000吨级的中级泊位),码头岸线增加了867米,港口年通过能力增加了215万吨。建港工程共制作安装60吨钢筋混凝土方块1 947块,计37 901立方米;现场浇注码头混凝土4 891立方米。港池及航道挖泥83万立方。填海造地11万平方米,回填沙石120万立方。新建铁路2.97公里,新建铁路立交桥1座。新建前方仓库4座,面积为2.5万平方米。生产、辅助生产和生活房屋3万多平方米。全部货场进行了整修扩建,加铺沥青面积达8.4万平方米。码头由没有门机到拥有门机14台,增加了各种装卸机械190余台,其他主要辅助生产设施设备情况如下:

供水:港口共设给水阀20个,单阀给水能力为40~50吨/小时,可以满足国内外船舶在岸壁供水需要。

供电:新建3.5万伏中心变电站一座,并增建1万伏二级变电站。港内铺设一条1万伏线路,供电均为地下电缆。

港作船舶:新增7 100马力/5艘,其中1艘为从日本进口的3 200马力先进拖轮。购置千吨驳船2只,使船队驳船达到2 800载重吨/5艘;购进安全负荷63吨全旋式浮吊1艘。

通讯:新建通讯枢纽大楼座落在港区外正南方向的北马路北侧,建筑面积2 435平方米,内设有线电话800门,供电交换机一台,无线电收、发设施,真迹传真电报,甚高频无线电话等。

机修:新建机修厂座落在港区西侧,厂房按新式要求建设,总面积1.3万平方米,购置安装机床200多台,基本可满足本港机械维修和部件加工,可承担一般的外轮航修任务。

“大建港”是非常时期的工程建设,带有鲜明的时代特色。“大建港”当作政治任务来完成,采取大会战的方式,大打“人民战争”,地市两级党委挂帅指挥,各条战线参加会战,人力物力八方抽调,社会各界大力支援。“大建港”坚持自力更生,厉行勤俭节约,充分利用当地资源,积极发挥人的主观能动性。没有设备,土法上马自己制造;没有经验,大家出主意想办法;做到上马快、工期短、投资省、投产早。大建港也具有时代的局限性,由于突击建港,工程存在一定的盲目性,缺乏正规的建设程序和经济核算管理,出现了多次追加投资以及沙码头坑道建成后不适用而被废弃等问题。

第二节 港口整体实力拓展壮大

一、港口货物通过能力成倍提高

“大建港”前烟台港货物通过能力为65万吨,“大建港”后港口通过能达到285万吨

(1978年核定通过能力),增长3.1倍。码头通过能力成倍提高,主要表现在靠泊能力、集疏运能力、机械化程度、作业工艺等四方面大幅度提高。

1. 靠泊能力提高

“大建港”后,靠泊能力成倍提高,一是泊位数量增多,从6个泊位增加到12个,泊位数量增加1倍。二是泊位长度增长,泊位长度从533.6米增长到1 625米,泊位长度增长1.6倍。“大建港”使西码头与北码头连成一线,极大地方便了港口生产。三是泊位靠泊能力(吨级)增大,“大建港”前5个中级泊位一次靠泊能力为1.3万吨级,新建6个泊位一次靠泊能力为3.9万吨级,新增靠泊能力3倍(详见表7-2-1)。最重要的是“大建港”后,港口从此有了3个万吨级深水泊位,弥补了港口不能靠泊万吨轮这个先天不足的缺陷。万吨级深水泊位为港口对外开放承接外轮和远洋轮创造了基本条件,奠定了港口成为外贸港的基础(图7-2-1)。

图7-2-1 新建万吨级泊位第一次靠泊货轮

烟台港“大建港”前后泊位情况对比表 表7-2-1

	泊位名称	建成年份	前沿水深(米)	泊位长度(米)	靠泊能力(吨)	核定通过能力(万吨)
“大建港”前	北码头(2)	1920	−5.7	182.9	2 000	15
	2号泊位	1965	−6.2	112.4	3 000	10
	3号泊位	1964	−6.2	112.4	3 000	20
	4号泊位	1954	−7.2	125.9	5 000	25
	合计			533.6	13 000	70
“大建港”后	5号泊位	1975	−9.2	180	10 000	35
	6号泊位	1975	−9.2	180	10 000	35
	7号泊位	1977	−9.2	180	10 000	35
	8号泊位	1978	−6.2	108.9	3 000	30
	9号泊位	1978	−6.2	108.9	3 000	45
	10号泊位	1978	−6.2	108.9	3 000	35
	合计			866.7	39 000	215

2. 港口存储和集疏运能力提高

“大建港”后的库场、铁路、公路等配套设施扩建完善,储存和集疏运能力增强。“大建港”前西码头和北码头的前方仓库有4座,建筑面积为8 293平方米。这4个仓库大多库门小、净高低,无法使用流动机械库内作业。大建港后,新增前方仓库2.5万平方米,新建仓库库门和净高按照库内作业使用流机设计。“大建港”后仓库总面积达到31 133平方米,为原仓库面积的3.8倍。“大建港”前的港区货场土场地较多,坑坑洼洼,雨雪天货场泥泞很难作业。“大建港”后,港区货场加铺沥青面积达到8.4万平方米,并全部整修了排水设施。

“大建港”前港区铁路总长1.84公里,“大建港”新增铁路2.94公里,铁路总长达到4.78公里,为原铁路的2.6倍。北码头接通铁路后,实现了港区铁路全面贯通并形成体系,提高了铁路集疏运能力。

“大建港”前港区公路狭窄、破烂不堪,“大建港”后港内公路进行了扩宽整平并全部加铺了沥青路面,雨雪天畅通无阻。港站广场建设扩宽了港口南大门,海港路和北马路皆进行了拓宽整修,港外公路建设大大提高了公路疏港能力。

3. 装卸机械化程度提高

“大建港”后港口的机械台数大幅增加,大大提高了作业效率和港口装卸能力。“大建港”前的1972年实有机械66台,期末使用台数仅有42台,其中起重机械12台,搬运机械29台。这些机械技术落后、起运量小,大多是土造、改造的、已到了报废期的。详见表7-2-2。

烟台港“大建港”前后装卸机械年末实有数统计表　　表7-2-2

年份	期末实有台数		起重机械类(台)					装卸搬运机械类(台)				专用机械类(台)					输送机械类	
	总计	使用台数	小计	汽车式	轮胎式	门座式	其他	小计	叉车	单斗	拖车	小计	推耙机	卸车机	卸车机配套皮带机(台/米)		皮带机(台/米)	
1972	66	42	12	5	4		3	29	13	6	10	1		1	13	240	24	310
1973	61	49	14	5	6		3	34	17	6	11	1		1	13	246	12	150
1974	126	52	29	6	18		5	84	57	13	14	1		1	13	246	12	150
1975	131	65	33	6	22	3	2	96	58	14	24	1		1	16	291	1	26
1976	162	91	39	6	23	3	7	113	66	19	28	1		1	11	217	9	146
1977	169	124	38	2	26	4	6	116	67	19	20	2		2	41	900	13	195
1978	190	112	48	2	26	14	6	127	67	18	42	2		2	41	900	13	195
1979	217	126	50	2	28	14	6	132	67	23	42	9	6	3	42	922	26	451

注:装卸机械年末实有数已减去报废机械,起重机械类的“其他”1974~1979年包括1台浮吊。

“大建港”后(1979年),新增各种装卸机械190余台,且都是新式的、专业化的、起重量和搬运量大的,实有机械台数达到217台,其中起重机械50台,包括轮胎吊28台、汽车吊2台、门机14台;装卸搬运机械132台,其中叉式装卸车67台,单斗23台,牵引车42台;还有专用机械、皮带机等。“大建港”后装卸机械总台数是大建港前的3.3倍,各类装卸起运能力是大建港前的5~10倍。特别是门机从无到有发展到14台,门机投入作业标志着烟台港装卸生产新作业方式、新工艺的重大转变。先进机械设备的购置和使用,使装卸生产实现了半机械化,有的达到机械化(如门机抓散货作业)。

4. 装卸生产工艺改进和装卸作业效率提高

“大建港”后,泊位靠泊能力的增大,先进机械设备和工属具的使用,使港口装卸工艺得到极大的改进和提高。“大建港”前装卸万吨轮采取过驳减载作业,生产过程为:船⇌驳⇌岸⇌库(场),“大建港”后装卸万吨轮生产过程为:船⇌岸⇌库(场),减少了过驳作业环节和万吨轮移船环节,消除了这两个环节的重复劳动和消耗,生产工艺得到改进和提高,缩短了生产过程,提高了生产效率和经济效益。

各种先进机械和工属具的使用，使装卸效率成倍提高，个别的已经接近或达到国际先进水平。"大建港"前，装卸生产主要靠人力，主要操作方法是五个字："扛、抬、挖、拉、扒"。"大建港"后，各种机械设备和先进工属具（抓斗、抓具、成组网络兜、杂货盘等）的广泛使用，改变了过去人拉肩扛的落后装卸工艺，减轻了工人繁重的体力劳动；新生产工艺和先进操作方法，提高了装卸工安全保障系数，减少了生产环节，提高了作业效率。如有了门机后，装卸生产工艺、操作方法、作业效率皆发生重大变化。岸壁装沙作业，采用门机和抓斗作业的作业效率是过去使用船机和铁簸箕盘或胶皮兜作业的4~6倍；岸壁卸原木作业，采用门机和抓具的作业效率是过去使用船机和钢丝绳捆吊的2.2倍。由于装卸作业采用了门机、轮胎吊、汽车吊等各种起重机，结束了用人力直接装卸船的历史，装卸工从此不用扛抬货物过桥板、用溜板装卸货物、人力拉滑轮吊杆等人力装卸船繁重而危险的劳动。由于装卸作业广泛采用拖车、叉车、斗车、万能机等装卸搬运机械，结束了人力拉车的历史。基本结束了装卸船用人力挖煤、挖沙和人力装卸原木、钢材等重体力劳动。由于与大连、上海等港开展了件杂货和袋包货成组运输，减少了人力重复码钩，提高了装卸效率，减少了货损货差。"大建港"后，装卸工人逐步从人拉肩杠等繁重的体力劳动中解放出来，实现了几代码头工人梦寐以求的愿望。

靠泊能力增大、港口存储和集疏运能力提高、装卸机械化程度提高、装卸工艺改进、装卸作业效率提高，从整体上提高了港口通过能力。港口生产逐步向机械化、现代化发展，标志着港口生产已迈向一个新阶段。

二、港口配套功能迅速拓展

1. 港口对外联系、服务功能快速提升

"大建港"期间，港口通信、引航、航修、供水、供油、外供等设施设备相继建成或配置，港口对外联系、服务功能快速提高。新建通信系统增强了港口对船舶，尤其是外轮的业务联系，提高了港口的通信能力。新增5艘拖轮，特别是从日本进口的3 200马力先进拖轮，大大提高了港口对外轮和远洋轮等大型船舶靠离码头能力。新建外轮航修站，使港口有了对外轮航修能力。新建对外供水、供油设施和国际海员俱乐部、外轮供应公司，解决了外轮及远洋轮供水供油问题，提高了港口对外供应、服务能力。

2. 港口办公、生活、服务功能极大改善

"大建港"时期，港口的办公、生活、医疗、接待、培训等设施得到新建或扩建，硬件条件迅速改善，功能相应提高。

局四层办公大楼于1973年底在客运站南建成，港口有了第一座办公大楼，局机关科室从平房搬到大楼集中办公，使办公正规化从硬件上得到保证。1975年和1976年码头前方2座附楼（建筑面积2 084平方米）建成后，解决了两个作业区的调度、商务、机关等办公用房。

装卸一线职工的五层更衣楼于1977年建成使用，该楼紧靠浴池，建筑面积3 357平方米。这座烟台港历史上唯一的更衣楼，在当时装卸一线各队没有独立候工室的情况下，解决了装卸工和司机上下班更衣难的问题，满足了一线职工特别是青年职工多年的愿望。

3座职工集体宿舍和1个港外食堂建成投入使用后，改善了住宿职工的生活条件。集体宿舍面积扩大了1倍多，特别是新建女宿舍解决了女职工住宿难和不方便的问题。3号食堂（建筑面积942平方米）于1979年建成后，解决了集体宿舍住宿职工就近吃饭问题。在"大建

港”期间,职工住宅竣工面积达2.8万平方米(主要是小北疃宿舍区),为“大建港”前24年(1949~1972年)的4倍,解决了职工多年住房难题。

烟台港职工医院于1976年1月15日正式成立,相继设立了内科门诊、外科门诊等13个科室,并配备了救护车。为方便一线职工就医,在港内设立了码头卫生所。1978年,又增设了外科手术室(包括供应室),成立了卫生防疫科等,科室发展到18个,医务人员有49人。职工医院成立后,对港口1万多在职和退休职工看病治病、身体健康发挥了巨大作用。东郊接待站(后改为黄海宾馆)于1976年初步建成,港口从此有了对外接待功能,方便了港口主办会议和接待客人。烟台水运技工学校于1979年9月1日经交通部批准正式成立后,港口有了培养技术工人和理货员的培训基地,可以有计划地为港口技术业务培训服务。

三、组织机构和职工队伍发展壮大

1. 组织机构恢复发展

“大建港”时期,烟台港的党组织得到恢复和发展。1973年7月,烟台地委批复由张进任书记、韩德润任副书记、吴永珊和盛哲卿任常委的烟台港党委领导班子。局党委建立后,下设政治处,迅速恢复建立了局属各基层党支部,加强了党的领导。局党委针对干部年龄老化和文化较低的问题,于1974年选拔了43名青中年工人到基层领导岗位,1975年又选拔了三名青年干部任局党委常委。这些举措,加强了港口各级领导班子的“三化”(革命化、年轻化、知识化)建设,对此后港口干部队伍建设影响深远。

随着港口对外开放,对外轮业务相关机构快速恢复和发展。1973年12月1日,中国外轮代理公司烟台分公司正式恢复机构并启用新印章,开始对外轮办理代理业务。随着外代业务逐年增长,分公司不断充实发展。1973年至1979年,港口通过送出人员进行英语和日语学习培训,外轮理货队伍从无到有逐渐发展起来。1979年9月,外理分公司正式独立,下设办公室和3个班组,共有职工48名。此后,外理分公司快速发展起来。随着外轮进出港日益增多,港务监督处充实发展了引航队伍,增强了引航力量。

“大建港”时期,基层单位得到相应发展。新建泊位相继交付投产后,港口于1976年1月建立了两个装卸作业区。建区伊始,两区的泊位划分为:第一装卸作业区拥有1~4号泊位和南码头,第二装卸作业区拥有5~7号泊位和北码头。两区分别建立了区党总支和区行政领导机构,建立了区属10个单位和党支部(包括1~7装卸队、机械队、库场队和区机关)。区机关初建时只有调度室、综合组(包括财务、劳资、统计、后勤、计费等)、政工组和技术组。两个作业区建立后,装卸生产一线出现了竞争发展局面。“大建港”期间港口配置了门机,烟台港于1975年5月(门机没到港前)派出11名职工到大连港学习门机驾驶和维修。他们学成归烟后,采取带徒弟的方式培养了一批批门机司机和修理工。在1975年至1979年四年多时间,烟台港从无到有先后培养了上百名门机司机、修理工和技术员,并相继成立了门机排、门机队,港口从此有了专业的门机单位和门机职工队伍。“大建港”还锻炼造就了一支具有设计、施工能力的修建队。修建队职工人数从建港前的46人发展到1978年的301人,工程设备从9台(艘)发展到155台(部),固定资产原值从7.9万元拓展到224.2万元,业务能力从只能承担简单的维修任务发展到可以承担一般码头设计和工程施工(包括中小码头设计、码头基础、回填棱体、货场道路及大型土木建筑等工程施工)。机修厂随着新厂房建设、大量机床设备购置和职工队伍壮大而迅速发展起来,职工人数从100多人发展到400多人,年完成修车任务从163台提高到200多台,从只能对港口机械一般维修和简单工属具制作的小部门发展成具有一定规模和技术开发能力的修理制作工厂。

“大建港”使港口的地位得到提高。1976年1月1日,经报请烟台市委、交通部批准,烟台港公安派出所正式升格为烟台港公安局,下设一室、两股、两所(客运站和码头派出所),定员32人,港口公安队伍随之发展壮大。1977年4月7日,烟台港由青岛港务局代管正式改由交通部直接领导,成为部直属企业。在当时计划经济情况下,烟台港搭建了一个建设发展平台,对争取国家建设投资,争取外贸计划处于有利地位,对港口长远建设发展起到巨大作用。1978年6月17日,烟台港取消了烟台港务管理局革命委员会,正式改称为“交通部烟台港务管理局”,港口地位和隶属关系得到提升。局下属单位和行政部门也按部属港口建制,港口行政机构名称和职能开始走向正规。

2. 职工队伍发展壮大

“大建港”期间,港务局招收并培养了大批职工,职工队伍不断发展壮大,在职工人数、工种结构、技术文化素质等方面发生重大变化,详见表7-2-3。

“大建港”前后烟台港主要工种情况表 单位:人 表7-2-3

指标/年份	总计	固定工	生产人员合计	生产人员									工程技术员	管理人员	服务人员	其他人员	女职工总计
				装卸工人	机械司机	汽车司机	机械维修	船员	潜水员	钳工	电气焊工	其他					
1972	1 739	1 737	1 452	677	123	6	75	87	4	21	7	452	17	130	120	20	129
1973	1 744	1 743	1 449	633	142	8	84	100	4	14	11	453	23	123	124	21	133
1974	1 764	1 762	1 395	495	129	15	96	125	4	42	9	480	24	171	143	31	130
1975	2 817	2 732	2 397	1 029	267	27	107	170	7	27	16	747	29	217	139	35	336
1976	2 996	2 991	2 448	948	284	28	110	218	9	36	30	813	41	284	197	26	363
1977	3 509	3 504	2 982	1 077	358	40	163	224	7	47	28	1 038	42	282	185	18	564
1978	3 629	3 619	2 956	850	331	34	229	238	7	56	27	1 184	50	366	225	32	624
1979	3 778	3 778	2 570	760	358	52	460	251	5			684	73	371	309	30	686

注:表内人数为年末人数。1979年有学徒工425人,钳工和电气焊工合计在其他工种。

(1)职工人数倍增。1972年至1979年,职工年末总人数由1 739人增长到3 778人,增长了117%;生产人员总人数由1 452人增长到2 570人,增长了77%;工程技术人员由17人增长到73人,增长了429%;管理人员由130人发展到371人,增长了1 237%;服务人员由120人增长到309人,增长了258%。生产、工程、管理、服务等四大类人员中工程技术人员和管理人员增长最快。在生产人员中,装卸工略有增长,由677人增长760人,技术工种增长迅速,机械司机由123人增长到358人,机械维修人员由75人增长到460人,船员由87人增长到251人。

(2)职工工种数量显著增加。“大建港”后,烟台港拥有工种100多种,是“大建港”前的2倍多。各工种分工更加专业细致,机械队有:门机、推耙机、万能机、吊车、单斗、拖车、铲车、汽车等各种机械司机和流动机械、门机、皮带机、灌包机等各类修理工；修理厂有：钻工、锻工、热处理工、行吊工、铸工、锯工、齿轮工、钳工、钣金工、木模工、床工、剪板工、磨工、铣工、镗工、焊工(电焊、气焊)、喷漆工、车工、铆工、电工(内线、外线、值班、港机、维修、汽车)等工种；船队有：船长、大副、二副、三副、轮机长、大管轮、二管轮、三管轮、轮机员、机匠、一等水手、二等水手、船舶电工、船舶电匠、驾驶员等工种；通信站有：无线机务员、有线测量员、电力机务员、有线机务员、有线话务员、无线话务员、有线线务员等工种。

(3)技术工种比重逐年上升。在生产工人中，装卸工所占比重由1972年的47%，逐年下降到1979年的30%；技术工种由1972年所占比重的22%，逐年上升到1979年所占比重50%以上。

(4)女职工人数和比重不断增长。随着港口招工中女性职工不断增加，职工队伍男女结构发生重大变化(详见表7-2-4)。女职工人数由1972年的129人，增长到1979年的686人，女职工占全港职工比重由1972年的7.4%，增长到1979年的18.2%。随着"大建港"进程，女职工成为企业一支重要力量，她们分布在港口绝大多数部门，发挥着日益重要作用。

"大建港"前后烟台港男女职工构成情况表 单位：人 表7-2-4

项目 年份	职工总数	男职工		女职工	
		人数	占职工总数比例(%)	人数	占职工总数比例(%)
1972	1 739	1 610	92.6	129	7.4
1973	1 744	1 611	92.4	133	7.6
1974	1 764	1 634	92.6	130	7.4
1975	2 817	2 481	88.1	336	11.9
1976	2 996	2 633	87.9	363	12.1
1977	3 509	2 945	83.9	564	16.1
1978	3 629	3 005	82.8	624	17.2
1979	3 778	3 092	81.8	686	18.2

(5)职工年龄结构年轻化。港口通过招工和分配来港的大中专生，使职工年龄结构年轻化，这对港口培训技术工人和管理人员，提高职工队伍文化和技术业务素质十分有利，改变了装卸一线老工人多、身体状况差的问题，适应了港口快速发展对职工队伍年轻化的需要。

(6)职工技术和文化素质极大提高。通过老工人带徒弟、岗位练兵、比武交流和送出去学习等方式，职工技术水平得到较大提高。通过接受大量的大中专毕业生、外派工人上大学、自办"721"大学和海港技校、举办高中班及各种学习班和培训班，迅速提高了职工队伍文化素质。职工队伍技术业务和文化素质不断提高，确保了港口发展对人才需要。

第三节 学大庆运动推动企业管理更上一层楼

"大建港"时期，烟台港年年开展学大庆运动，在企业管理、生产、基本建设等方面年年都有学大庆工作要求。1975年年底，烟台港提出了“苦战两年、把我局建成大庆式企业”的奋斗目标，拉开了创建大庆式企业这一工业企业学大庆新运动的序幕。1976年，烟台港获得烟台市工业学大庆先进单位称号。1978年4月，烟台港分别被山东省、交通部授予大庆式企业称号。创建大庆式企业群众运动历时3年（1975年底～1978年底），对港口生产、建港及各项工作起到巨大推动作用，尤其在政治思想、基础工作、规章制度、管理机制、企业内部改革等方面取得较好成绩，推动港口企业管理工作更上一层楼。

一、创建大庆式企业

1. 创建大庆式企业走出新路子

1975年9月，山东省和烟台地、市相继召开了学大庆工作会议，烟台港把学大庆、建设大庆式企业的问题提到了党委重要议事日程，结合当年的企业整顿，开展了加强企业管理的基础工作。年底，局党委经过讨论和酝酿，提出了“苦战两年，把我局建成大庆式企业”的奋斗目标。为实现这个目标，全局动员，对照大庆经验，揭矛盾、找差距、制定学大庆措施。1976年初，全局落实学大庆措施，充实调整了各级领导班子，加强了职工队伍建设，对企业管理进行了整顿，建立健全了一些规章制度。但是，由于“批邓和反击右倾翻案风”干扰和破坏，学大庆工作还不是理直气壮，对学大庆还缺乏系统认识，对大庆基本经验和大庆式企业标准还心中无数，创建大庆式企业才刚刚起步。

1976年三季度，交通部确定在烟台港召开水运系统工业学大庆座谈会。交通部和兄弟港口的信任和支持，鼓舞了全局职工。为迎接这次会议，全局层层动员、发动群众，广泛宣传这次学大庆会议的重要意义，认真组织学习大庆精神和大庆经验，认真总结局和各单位学大庆的体会和经验。这次会议虽然由于“四人帮”的干扰和破坏没有开成，但是通过几个月准备工作和一系列学习活动，开拓了全局职工眼界，激发了全局职工学大庆热情，坚定了建设大庆式企业信心，引导全局职工迈出了学大庆新步子。随着学大庆、学铁人、创建大庆式企业活动的深入开展，港口学大庆活动热火朝天开展起来，逐步掀起学大庆群众运动高潮。在1976年烟台市学大庆评比中，烟台港被评为工业学大庆先进单位。烟台港在学大庆、建设大庆式企业的道路上走出了新路子。

2. 创建大庆式企业迈向新阶段

1977年初，烟台港在总结上年学大庆的基础上，提出了“举旗抓纲，苦干一年，为把我局建成大庆式企业而努力奋斗”的工作目标。为实现这一目标，全局组织了大张旗鼓地宣传全国工业学大庆会议通知，开展了“四大讲”活动，大讲工业学大庆和建设大庆式企业的重大意义，大讲工人阶级的革命责任感，大讲大好形势，大讲港务局一年内建成大庆式企业的有利条件。通过四大讲活动，使大家认识到：烟台港基础较好，虽然受到极左思潮的干扰和破坏，但不是重灾区。经过1972年和1975年二次企业整顿，全局企业管理取得较好成绩、打下较好基础。尤其是经过1976年学大庆群众运动实践，取得了可喜成绩，积累了宝贵经验，创造了较好条件。只要再加一把劲，真心实意学大庆，深入开展学大庆运动，就一定能建成大庆式企业。为实现这一目标，重点抓了四方面工作。一是整顿和加强了各级领导班子，在组织上进行了调整、充实，从党委到多数基层领导班子实行了老中青三结合；在思想上解决好真学假学问题，提高领导干部带领广大群众学大庆的自觉性。二是加强了职工队伍建设,广泛开展了学铁人学雷锋活动,把做好后进职工思想转化工作列入党委议事日程,对全局后进职工进行了摸底排队,指定了转化工作具体包人等措施。三是派出两个工作组,深入基层抓典型,总结推广经验。四是发动群众,从上到下、又从下到上反复讨论,制定了一年内建成大庆式企业规划。基层单位和个人也分别制定了学大庆和学铁人规划。经过四方面工作,进一步推动了创建大庆式企业群众运动扎实深入地开展。

全国工业学大庆会议召开后,大庆的基本经验和具体做法公开发表了,建设大庆式企业的六条标准提出来了,烟台港学大庆进入新阶段。全局职工认真学习会议文件、学习大庆经验,对照六条标准修改完善了局和各单位创建大庆式企业规划。基层单位开展了"队举大庆旗、人学王进喜"活动。1977 年 7 月,局召开了学铁人、学雷锋积极分子代表大会和半年总结授奖大会,给先进单位和个人佩红带花,敲锣打鼓乘车在全港游行。会后组织巡回报告,大造声势、大张旗鼓地宣传他们的经验和事迹。广大职工学有榜样,赶有目标,推动了学大庆群众运动深入发展。8 月底,港口组织了检查组,对全局创建大庆式企业进行了一次全面检查观摩。12 月中旬,借省、地两级检查团对烟台港学大庆情况进行检查验收的东风,港口预先组织了广泛细致的自我大检查,扎扎实实地落实了建设大庆式企业各项工作。全局上下全部建立了以岗位责任制为中心内容的七项规章制度,加强了六大管理,基本上达到了人人有专责、事事有人管、工作有检查、办事有标准。通过加强政治思想工作,年初摸底的 216 名后进职工有 63 名转变为先进,80 名转变为一般,其他也有不同程度转变。政治思想工作提高了职工队伍政治思想素质,调动了职工社会主义积极性,促进了港口生产及各项工作不断提高,推动了建设大庆式企业工作向前发展。

3. 创建大庆式企业登上新高度

1978 年 4 月,山东省委和烟台地委经过对烟台港检查验收,正式批准烟台港为大庆式企业。随后,交通部对烟台港进行考察验收,批准烟台港为交通系统大庆式企业并颁发了锦旗。1978 年 6 月,交通部安排烟台港在全国交通系统工业学大庆会议上介绍学大庆经验。获此殊荣后,全局上下受到极大地鼓舞和鞭策。局和各单位以各项表彰为动力,开展了找差距、提标准、鼓干劲、上台阶工作。对照大庆式企业六条标准,联系港口实际,逐条找差距、查不足,在新高度上制定了发展完善大庆式企业计划,重点解决后进青年转化、提高货运质量和机械完好率、开展企业内部工资和奖惩制度改革。在政治工作方面,开展批"四害"、肃流毒和整风运动,进行思想整顿、组织整顿和作风整顿。各单位发动群众摆出了无政府主义表现 40 余条,归纳了有严重问题的 10 种人,对照开展查思想、查作风、挖根源、肃流毒活动。一区通过反面典型(一名工人制造质量事故、不听劝告、还打管理人员),召开全区批判大会,并交给各个装卸队轮流批判,以此教育改造了无政府主义严重的青年职工,打击了歪风邪气。各总支和支部对本单位问题严重的青年,逐级包干负责、分工到人、一包到底,用党员帮、先进带、老工人教、谈心家访、忆苦思甜等办法热情帮助问题青年尽快实现转化。

在"三学"(学铁人、学雷锋、学硬骨头六连)活动中,职工队伍精神面貌越来越好。客运站通过"三学"活动,为旅客做好事已形成风气,为方便旅客增设了雷锋车、出租连环画册、代打电话等项目。一年来,全站为旅客做好人好事 7 000 多人次,在长廊为旅客推送行李 9 000余件,收到表扬信 26 封,获得北方区港口客运站流动红旗。"三学"活动涌现出许多先进单位和个人，全局树立了11名各具特色的标兵，召开了“三学”表彰大会，大张旗鼓地表彰了20个先进单位和927名先进个人，并组织部分先进代表在港内巡回报告，推动了学大庆、创建大庆式企业群众运动深入发展。

为发展完善大庆式企业，弥补不足，全局狠抓了货运质量和机械管理两个薄弱环节，组织学习了上级指示和文件精神并开展了货运质量大讨论，开展了大打质量翻身仗和加强机械设备管理活动。为贯彻交通部港口工作会议和交通部上海货运质量现场会议精神，1978年8月，港口组团到上海港学习大打质量翻身仗及“三标六清”先进经验，9月在全港开展了“安全质量月”活动。这一系列活动使“质量第一”的生产方针深入人心，提高了职工大打质量翻身仗的思想认识。全港把46个工种的技术操作规程作了补充修订，并汇编成册发到各有关单位，作为职工学习、掌握操作技术和考核依据。商务科作为牵头货运质量部门主动与基础单位联系，会同两个作业区制定了“四化六清三关”制度、单船验收制度以及相关质量标准。各基层单位纷纷制定安全质量和文明生产（工作）制度，做到质量管理有章可循，有标准可对照检查。一段时间内，“宁肯牺牲效率也要达到质量标准”成为港口生产重要信条。为进一步达到质量保证，港口采取岗位练兵、提高职工基本功训练措施，共举办各种类型的基本功训练班58次，参加训练3 396人次，还组织了两届技术大比武活动，调动了职工学技术钻业务的积极性，提高了广大职工的业务技术水平，进一步保证了货运质量水平持续提高。通过大打质量翻身仗，港口出现巨大变化，库场卫生清洁干净、货物摆放横竖成行、作业按标准操作杜绝了野蛮装卸，全港基本达到“四化六清”；全年货差率达到0.01‰，货损率达到0.11‰，重大货运事故为零，货运质量创造了历史最好水平。烟台港成为交通部大打质量翻身仗的典型，许多港口组织人员到烟台港参观学习。

针对机械完好率1977年没有完成国家计划指标的问题，港口开展了加强机械设备管理活动。发动群众制定了提高机械完好率的进度计划和保证措施，召开了全局机电专门会议，制定了设备管理暂行办法。对机械设备开展“四查”（查数量、查技术状况、查管理措施、查领导思想作风）工作，加强管、用、养、修工作力度。全面开展对两个作业区机械设备考核工作，提高设备管理和机械操作水平。经过齐抓共管、不懈努力，机械完好率逐月上升，1978年平均达到82.2%，超额完成交通部颁布的计划指标，创造港口历史最好水平。

按照经济规律办事，开展企业内部改革，是港口建设大庆式企业又一举措。从1978年6月份起，全局逐步实行了计时工资加奖励的工资制度。11月份，又实施了装卸工人有限计件工资制。计件工资制促进了国家、集体和个人利益的统一，调动了职工多劳多得的劳动积极性。1978年以来，港口先后在两个作业区、机修厂、修建科等基层单位，制定并实施了经济奖惩办法。对作出突出成绩的集体和个人，除精神鼓励外也给予物质奖励。对玩忽职守、违章违纪、造成人为事故或不良政治影响、经济损失的，除给予行政处分外也给予经济惩罚。实行奖惩制度，把思想教育和经济手段相结合，把企业好坏同职工切身利益相结合，提高了职工对企业的责任心，加强了企业管理，推动了生产和各项工作发展。

经过全局上下共同努力，港口在建设大庆式企业六条标准各个方面有了明显提高，取得了学大庆、创建大庆式企业新成就。

二、企业管理更上一层楼

在学大庆、创建大庆式企业运动中,港口通过加强政治思想工作、开展练兵比武活动、加强基础工作、建立专管与群管相结合的制度等一系列工作和活动,政治思想工作取得新成果,职工业务技术水平迈上新高度,企业管理基础工作登上新台阶,企业管理机制开创了新途径,全局企业管理工作更上一层楼。

1. 加强政治思想工作 提高职工队伍政治思想觉悟

在学大庆、创建大庆式企业群众运动中,烟台港认真组织进行了宣传教育工作。局和各单位都召开了“学大庆、创建大庆式企业”动员大会,认真组织学习贯彻烟台市、山东省和全国学大庆有关会议精神,采取发学习文件和学习材料、利用各种会议宣讲、港内广播、宣传栏、标语、黑板报等多种形式大张旗鼓地进行宣传。通过宣讲工业学大庆、建设大庆式企业重大意义,宣讲工人阶级的革命责任,宣讲全国和烟台港的大好形势,使创建大庆式企业家喻户晓、人人明白。大造声势后,局和基层单位通过举办学习班、开办政治夜校、建立业余学习小组、召开经验交流会等组织形式,利用阶级教育展览、浪费财产展览、赃物展览等形式,开展“忆苦思甜”、革命传统教育等活动,提高职工政治思想觉悟。在民兵中抓了组织军事化、思想革命化、行动战斗化的“三化”建设。班前列队点名,班中进行检查,班后集体总结,开会整队入场,使广大职工养成遵纪守法好作风。通过劳动竞赛,广泛开展评、比、选、树活动,教育职工学先进、赶先进,努力把政治思想工作做到生产过程中,提高职工的劳动积极性。

职工队伍中有一部分后进职工,这些人受无政府主义毒害较深,有的好吃懒做、迟到旷工,有的打架斗殴、扰乱治安,有的违法乱纪、胡作非为,有的违章作业、事故多发。要想教育他们改邪归正,必须做大量细致的思想政治工作。烟台港把做后进职工转化工作当作一场“攻坚战”,在转化上狠下工夫,取得了较好效果。一区 5 队党支部把一名后进青年职工当作转化重点靠上帮,又发动群众一起做思想工作,经过多次反复,该青年终于转化成遵纪守法的模范,被评为先进生产者。5 队党支部做后进转化工作经验推广后,带动了全局做后进青年转化工作。一大批后进职工有了重大转变,他们大都成为遵纪守法的典型,有的当了先进,有的当了班长,有的甚至后来当了队长。两年来,后进人物转变为先进的有 89 名,后进变一般的有 140 余名,其他的都不同程度有了转化。通过政治思想工作,广大职工基本上能以大庆人“三老四严”要求自已,自觉履行职责,认真干好本职工作,完成上级布置的任务。

2. 开展练兵比武活动 提高职工业务技术水平

根据港口职工队伍扩大快、成分新、业务技术水平低的实际情况,全局大力开展了业务技术学习活动。在机关举办了业务知识讲座,在基层组织了学习班,重点培训财会人员、统计员、理货员、司机、绞车手。在学习中以老带新、以能带低。根据职工干什么学什么、学什么比什么、缺什么补什么的要求,组织发动群众,很快形成岗位练兵和技术比武热潮。从装卸工、司机到修理工、电工、服务人员,从工人到管理干部都立足本职苦练基本功。许多职工下了班不休息,再练上几小时。有的女司机是两个孩子的妈妈,也抓紧点滴时间苦练。老工人董日胜苦练拆装轮胎的功夫,拆一个轮胎从 12 分钟缩短到 2 分 50 秒。供应科保管员贾乐风苦练基本功，把自己保管的580项物资的编号、规格、型号、价格和数量全部背熟，能闭着眼睛摸出几十种电线的型号、规格，被职工称为“活账本”。局和基层单位及时召开现场会、比武大会，推广经验，交流业务技术，极大地提高了广大职工业务技术水平，锻炼了技术业务过硬的职工队伍。

3. 加强基础工作 提高企业管理基本功

加强基础工作是大庆式企业管理的基本功。烟台港的一些基础工作在“文化大革命”初期遭到无政府主义严重破坏，有些原始记录残缺不全，有些管理制度不敢执行，有些管理知识不敢宣传。针对这种情况，抓基础工作先从解除思想禁锢入手，批判所谓的执行规章制度是“管、卡、压”、钻研技术是“白专道路”、抓业务是“冲击政治”、抓赢利是“利润挂帅”等谬论。结合企业整顿，使广大职工认识基础工作的重要性，放下思想包袱，敢想敢干敢管，敢于执行规章制度。全局首先抓了以岗位责任制为中心的基础工作，先后制定了劳动定额、燃物料消耗定额、财务开支标准、流动资金定额等，扎扎实实搞好装卸生产一线的装卸作业票、派工单、班组生产统计等原始记录和班组理货等计量工作，全局共制订了各种规章制度231种。

烟台港直接腹地没有大宗货源，间接腹地铁路通过能力有限，货源计划不好控制。计划科和商务科的管理人员学大庆加强基础工作，对30多个货主进行走访和经济调查，详细掌握了货源情况，为科学编制货源计划、加强计划管理打下了可靠基础。针对港口仓库管理混乱、材料乱堆乱放、账物卡不符的严重情况，供应科的干部群众学习大庆仓库保管员齐莉莉搞好仓库基础管理工作的先进事迹，组织了仓库基础管理会战。他们集中时间和人力，不分昼夜和节假日，认真负责、一丝不苟，经过5次推倒重来，终于把7 000多项物资分类分区，从账目到卡片统一编号，基本做到了大庆仓库管理的“四定位”、“五五化”和“四对口”要求，基本做到了料架、料签、存料一条线，库存物资分类分区，料架、地面无灰尘，库内库外清洁卫生，仓库面貌焕然一新。

4. 分管和群管相结合 优化企业管理机制

实行分口把关责任制，把七项制度分给5个职能科室，把六大管理分给5个职能科室，把八项指标分给6个职能科室。由分管科室负责分析情况、督促检查、具体落实。如财务科分管的财务管理和八项指标的成本、利润、流动资金，他们把责任落实到人，发现漏项、漏收、错收和管理不严的问题时，就主动帮助基层制定措施、修改制度、传授知识，努力管好分管工作。

在基层单位实行了内部经济核算管理，落实分管和群管相结合的管理制度。1977年先后在第一、二作业区、机修厂、船队等五个单位实行了内部独立核算，在汽车队、供电站等单位实行内部核算。对两类核算单位按年、季、月下达财务成本计划，按月检查计划完成情况并列表公布，较好地解决了吃大锅饭和管理混乱的问题。各核算单位按照“干什么、管什么、算什么”的原则，普遍建立了班组核算，加强了班组管理，提高了广大职工责任心。过去两个作业区在相互支援时，互不清算。实行核算后，为了完成自己的核算任务，相互间认真进行清算，做到了不漏收、不漏项。船队过去出海挖沙不算收入，实行核算后，为了完成核算计划，抓紧港作船空闲时间出海挖沙增加收入。1977年各单位都较好地完成核算计划，保证了全局单位成本较计划降低19.20元，上交利润较计划超额90余万元。

发动工人参加管理,实行分管和群管相结合的管理机制。局党委专门制订了《关于工人参加管理的初步意见》,制订了选拔参加管理人员的条件和办法、工人参加管理的主要任务、应注意的问题等。在群管工作中,一是发挥班组长的作用,让他们学会管理,敢于管理。二是各单位根据自己的实际情况分别设立了六大员、七大员、八大员,充分发挥工人参加管理的作用。机修厂设立了八大员,他们把公用机具如台钻、沙轮机、空气压缩机等都确定了专人管理,按时维修保养,提高了完好率,延长了使用寿命。实行分口把关责任制,落实了各项管理职责,提高了科室和单位的责任心。在"文化大革命"后期的历史条件下,采取分管和群管相结合,起到了改善干群关系、优化企业管理机制的作用。

历时3年多的创建大庆式企业群众运动,在当时历史条件下必然存在历史局限性。在运动中提出了"以阶级斗争为纲"、"抓纲治国"、"批判修正主义路线"、"开展革命大批判"等具有那个时代特色的"左"的口号。但是,这场创建大庆式企业群众运动在烟台港起到引导职工加强企业管理的作用,其影响是积极的,也是深远的。

第四节　港口生产跨越发展

在"大建港"时期,烟台港十分重视港口生产。自1975年6月建港施工由港务局自己负责后,烟台港一手抓建港,一手抓生产,建港和生产一肩挑,取得了建港和生产双丰收。1974年"大建港"开始施工,由于港口抽调人员和机械支援建港、建港占用泊位和库场等原因,当年货物吞吐量比上年下降了20%。1975年港口面对生产任务重和机械、劳力、货源不足等困难,广大职工学习大庆人奋发图强、苦干巧干的精神,克服怨天尤人、畏难发愁的懦夫懒汉思想,通过招收920名新工人和合理安排泊位、库场等措施,当年货物吞吐量比上年回升了34%。1976年至1978年,新建码头相继竣工投产,港口通过"找米下锅"扩大货源、组织生产会战和劳动竞赛、开展"双革"运动等举措,货物吞吐量一年上一个台阶,1978年比1974年增长了2.4倍,港口生产实现跨越发展。

一、加快发展港口生产

1."找米下锅"、扩大货源

"找米下锅"、扩大货源是烟台港根据港口实际情况提出的揽货方针,也是港口发展生产的首要任务。烟台港经济腹地小,外贸任务少,货源不足,这是困扰港口生产发展的先天不足的难题。为了满足"大建港"后新增通过能力所需要的货源,烟台港发动群众出主意想办法,"找米下锅"、扩大货源。局领导和货商科负责人,主动到交通部和有关部门争取多拨船、增加计划内的货源。对间接腹地的六省市派出人员主动登门联系货主,寻找货源。对新货源,认真组织快装快卸,努力搞好货运安全质量,通过优质服务争取货主、保货争货。在烟台地区的直接腹地内,安排人员到周边小港及各县,上门组织短途集运。利用港作拖轮和驳船,在蓬莱、威海等港组织运输煤炭和沙子,组织工人出海挖沙。通过"找米下锅",1977年联系到唐山、天津、上海等地需要建筑用沙,烟台港安排人员主动为货主组织黄沙,跑遍了烟台周围几十公里,选定了20多个沙场,组织马车、拖拉机搞短途集运,全年仅此集运黄沙155万吨。当年港口黄沙吞吐量完成218.1万吨,占全年吞吐量63.4%。通过"找米下锅”,1978 年联系到上海宝钢,确定需要大量建筑用沙后,烟台港安排人员到龙口、蓬莱、威海、石岛、俚岛等五小港,以及福山、牟平、莱山等五个马车管理站,上门组织黄沙货源,积极组织马车、拖拉机等短途集运,高峰期每日马车达 1 200 余辆、拖拉机 400 余辆、汽车 380 辆,日集沙量高达 1.5 万吨左右,全年集运黄沙 300 多万吨。当年黄沙吞吐量完成 312 万吨,占全年吞吐量的 68.2%。

外贸货物是大中港口的重要货源,争取对外轮开放是烟台港扩大货源的重要途径。1973 年初,烟台港抓紧了对外轮开放准备工作,重点对 4 个涉外单位加强筹建和充实,相继组建了中国外轮代理公司烟台分公司和中国外轮理货公司烟台分公司,充实了港务监督的人员,加强了海员俱乐部的力量。同时,对职工进行了登外轮纪律和接待外国船员应注意事项的教育。由于开放的准备工作及时有力,国务院、中央军委于当年 6 月批准烟台港恢复对外开放。烟台港当年争取到国家计划内外贸化肥,完成外贸化肥 7.5 万吨,比上年增长了 1.6 倍。在获悉国家要进口散化肥后,局领导积极向主管部门做工作揽下了散化肥接卸灌装任务,烟台港从此成为我国最早最大的散化肥中转港之一。1978 年 9 月 1 日,烟台港首次接卸外轮“奥克塔”轮装载的 16 380 吨散化肥,当年从无到有完成散化肥 6.5 万吨,完成袋化肥和散化肥吞吐量 17.2 万吨,占外贸进口货物的 80% 以上。

2. 组织生产会战、开展劳动竞赛

学习大庆人组织生产会战的经验,烟台港组织了月度生产会战、百日生产会战、单船生产会战,对重点船组织单船会战是“大建港”时期港口推动生产的重要措施。在单船会战前,局领导亲自主持调度生产会议制定单船会战计划,下达各项指标和要求,确定各仓的仓时量要求和流动红旗评比办法,设立单船会战竞赛台,按班次公布会战成绩。1977 年和 1978 年两个装卸作业区共组织了 70 多次单船会战。单船会战集中了劳力和机械解决生产重点,对提高工效、压缩车船停时、推动生产起到较好作用。1977 年 4 月,第二作业区在组织“星云”号日本船卸化肥单船会战中,面对该轮栈深仓口小、作业条件差等困难,他们认真做好战前准备,召开了战前誓师大会、成立了突击队、组织好四道工序(仓里、垛上、勾底和上杆)的人员搭配,发动群众制订了作业措施。会战一打响,干部工人齐上阵,个个出大力流大汗,仓时量一跃再跃,优胜红旗从这个仓口又插到另一个仓口。经过干群团结奋战,创造了 35 小时 20 分钟卸完袋装化肥 9 200 吨的最好水平。外轮上的二副说“我们在日本的现代化港口,装货用了 12 天,在你们机械化程度较差的港口不到 2 天就卸完了,这是我们没有想到的”。烟台港及时总结这次单船会战经验,召开了全局庆功大会,分别授予第二作业区“永攀高峰作业区”和二区三队“猛虎装卸队”的光荣称号。单船会战对压缩船舶停港时间,加速船舶周转,扩大港口通过能力起到重要作用。

1978 年港口没有灌包机,散化肥灌包完全靠人力。在装卸一线劳力不足、仓库不足、农业急需等情况下,全港组织了多次散化肥灌包大会战。全局各单位按人数分配灌包任务、按包数落实到人,全港上下、男女老少齐上阵,码头上呈现一派热火朝天的灌装散化肥的动人情景。

在“大建港”时期,开展劳动竞赛也是港口推动生产的重要措施。1977 年全港开展了以优质高产、低耗、安全为中心内容的社会主义劳动竞赛。全局划分四个赛区,各单位开展了区与区、队与队、车间与车间、班组与班组、车与车、船与船、人与人等多种形式劳动竞赛,出现了你追我赶的竞赛热潮。各单位组织的突击队,冲关夺旗,生产记录一个个被创造又一个个被刷新,各单位创造了优异成绩就敲锣打鼓到局报喜。修建队在组织更衣楼的劳动竞赛中,各班开展小段竞赛活动,班与班、人与人、你挑战我应战、你追我赶,每天砌砖由960块提高到2 250块,超过定额1倍多,原计划70天完成的主体工程只用了一个月时间就完成了。为了保证职工以健康的身体、愉快的心情、义无反顾地投身到劳动竞赛中去,广大干部加强了生产中的政治思想工作,注意了关心群众生活。从局党委到基层都安排一名副书记专门抓职工生活,认真抓好职工食堂、托儿所、医院等集体福利,尽力解除职工后顾之忧;经常组织开展业余文娱体育活动,切实搞好劳动保护和安全生产,活跃职工生活,保证职工身心健康。劳动竞赛越是紧张,各级领导越是关心群众。夏天有领导干部给现场工人送清凉饮料,雨雪天有领导干部给现场工人送姜汤。领导干部亲自抓食堂工作,使饭菜花样多,物美价廉。还利用港作拖轮的空余时间组织出海打鱼,进一步改善职工伙食。社会主义劳动竞赛调动了职工的生产积极性,提高了劳动效率,推动港口生产及相关工作不断创造优异成绩。

3. 开展"双革"运动　推动生产发展

在"大建港"的后两年(1977～1978年),烟台港开展了向"双革"要时间、要速度、要质量、要发展的技术革新群众运动,涌现出大量技术革新成果。

1977年初,全港集中人力物力组织实施了煤码头技术改造大会战,依靠本港技术力量进行了专业煤码头设计。在施工中,发动职工大搞义务劳动、大搞收旧利废,经过50多天艰苦努力,在北码头建成了卸车装船系列化的专业煤码头,装船比过去提高工效10倍以上。烟台港认真总结并大力宣传了"煤码头改造精神",进一步推动了群众性的"双革"运动。

一区出口石油焦装卸工艺落后(人力卸火车—机械倒垛—机械装船),装卸环节多、工效低、劳动强度大、货运质量差。对此问题,一区职工组织了出口石油焦装卸生产的技术革新攻关。大家集思广益搞好设计,奋战20天搞成卸车装船皮带系列化,使卸车效率提高7倍,装船效率提高4倍。二区机电组经过20多次试验,试制成功门机"晶体管自动加速器",代替了国产门机表式时间继电器,延长了使用寿命,保证了门机安全正常运转,一台门机一年还可节约3 000多元。机修厂职工发挥技术优势,学习钻研新技术、新工艺,试制成功进口铲车的变速器、高压油泵、活塞环等40多种零部件,解决了生产急需;试制成功了油泵齿轮加钛氮化新工艺,提高了部件质量,节约电力和氮气50%,氮化炉生产能力提高4倍;试制成功了低温镀铁新工艺,自制出低温镀铁大部分设备,搞成了镀曲轴、焊接修复轴等四项技术革新项目,解决了生产难题。

在"双革"运动两年里,港口重点组织了煤、石油焦、沙和散化肥等四条装卸作业线的技术革新项目,完成了重大技术革新项目4项、较大技术革新项目22项、完成小改小革115项、推广优选法取得成果224项。"双革"运动改善了生产工艺,提升了设备设施的技术性能,提高了生产效率,加快了装卸生产增长速度,推动了港口生产向专业化、现代化发展。

二、港口生产及各项指标取得优异成绩

"大建港"提高了港口通过能力,为发展生产打下良好基础,港口年年超额完成货物吞吐量国家计划,港口八项经济技术指标逐年好转,1978年全部超过交通部颁发标准,其中产

量、劳动生产率、利润、船停时创造历史最好水平。详见表7-4-1。

烟台港“大建港”时期主要经济技术指标完成情况表 表7-4-1

指标		年份	1972	1973	1974	1975	1976	1977	1978	1979
吞吐量	货物	万吨	141.3	169.8	135.7	182.0	261.2	344	457	460.3
	内:外贸	万吨	2.7	11.7	17.8	18.3	18.1	30.6	34.4	64.9
	旅客	万人次	75.5	80.5	84.1	85.1	97.1	95.4	95.7	120.2
质量	货损率	‰	0.80	0.42	0.27	1.34	0.45	0.34	0.11	0.16
	货差率	‰		0.01				0.01	0.01	0.03
全员劳动生产率		换算吨/人	1 030	1 175	978	1 045	982	1 241	1 377	1 405
装卸单位成本		元/千吨	1 503	1 364	1 908	1 613	1 763	1 360	1 218	1 262
利税	合计	万元	40.0	54.7	64.2	65.3	78.6	173.7	322.4	487.1
	内:利润	万元	26.7	45.6	54.0	52.9	61.2	150.2	292.8	450.0
定额流动资金		%	61.6	74.9	104.0	163.6	207.0	187.0	209.0	208.1
机械完好率		%	74.8	72.9	73.9	78.2	78.3	76.1	82.2	86.2
船舶平均在港停时		天	1.6	1.6	2.2	2.0	1.5	1.2	1.1	1.1
火车平均在港停时		小时	5.8	4.8	5.5	6.3	5.8	4.9	5.2	4.0

货物与旅客吞吐量大幅增长。“大建港”后的1979年完成货物吞吐量460.3万吨,是“大建港”前1972年的3.3倍。其中外贸吞吐量1979年完成64.9万吨,是1972年的24.0倍。货物吞吐量成倍增长,港口生产取得跨越式发展;外贸吞吐量从小到大,取得突破性发展。旅客吞吐量1979年完成120.2万人次,是1972年的1.6倍,突破了百万人次大关。

成本、利税、流动资金取得历史最好成绩。广大职工抵制了极左思潮的干扰,努力降低成本,提升利税。1979年装卸单位成本完成1 262元/千吨,是1972年的84.0%,下降了16%。1979年实现利税487.1万元,是1972年的12.2倍;其中利润1979年完成450.0万元,是1972年的16.9倍。定额流动资金1979年完成208.1%,是1972年的3.4倍。成本、利税、流动资金都取得历史最好水平。

货运质量明显改观。在“文化大革命”初、中期,港口货损率保持在0.8‰~1.0‰。“大建港”期间特别是学大庆运动中,港口十分重视货运质量,货运质量越来越好。1979年货损率达到0.16‰,比1972年降低了80%。

劳动生产率和机械完好率有所提高。由于“大建港”前港口机械化水平较低,加之机械破旧,保修人员少、水平低,劳动生产率一直处于较低水平,机械完好率长年达不到部颁标准。“大建港”使港口新增装卸机械在数量上和性能上成倍增长,装卸机械司机和机械保修人员1979年比1972年分别增长了2.9倍和6.1倍。全员劳动生产率1979年完成1 405换算吨/人,比1972年增长了36.4%,达到历史最高水平。机械完好率1979年完成86.2%,比1972年增长11.4%,达到交通部颁布的标准。

船舶和火车在港平均停时不断缩短。“大建港”提高了港口通过能力和生产效率,增加了港口铁路和公路集疏运能力。"大建港"期间,港口加大了船期车点的管理工作,加大了港口集疏运工作,使船舶平均每航次在港停泊时间(船停时)和火车平均一次作业在港时间(车停时)不断缩短。船停时 1979 年为 1.1 天,比 1972 年缩短 0.5 天。车停时 1979 年为 4.0小时,比 1972 年缩短 1.8 小时。到"大建港"后期,烟台港已经消灭了压船、压车、压货的"三压"现象。

"大建港"时期是烟台港建国以来港口生产发展最快的时期。"大建港"提高了港口的通过能力,提高了港口生产和竞争能力,推动了港口生产跨越发展。通过"大建港",烟台港由一个以客运为主的港口发展成为以货运为主、客货兼备的港口,实现了港口第一次转型。"大建港"后,烟台港由一个以内贸为主的港口向外贸港发展,并在几年后发展成为以外贸为主的港口,实现了港口第二次转型。"大建港"前,烟台港货物吞吐量在百万吨左右徘徊了近 20 年。1972 年完成货物吞吐量 141.3 万吨,列全国沿海港口第 11 位。"大建港"最后一年(1979 年),烟台港完成货物吞吐量 460.3 万吨,列全国沿海港口第 9 位。"大建港"后的 1981 年完成货物吞吐量 540.4 万吨,列全国海港第 8 位。1979 年至 1981 年旅客吞吐量保持在每年 120 万人次左右,三年皆列全国沿海港口第 4 位。"大建港"后,烟台港一度跃入全国八大海港行列,实现了几代人盼望港口崛起的夙愿。

第八章

全面整顿企业和探索内部改革道路

自20世纪80年代起，烟台港加大气力改善企业管理和深化内部改革，快速提升港口竞争能力和适应能力。1983年，烟台港成为全国交通系统首批企业整顿合格单位，并被授予全国企业整顿先进单位称号；1986年，获得国家质量管理奖；1988年，被批准为国家二级企业。同时，烟台港努力探索企业改革道路，在内部实行厂长(经理)负责制，推行承包经营责任制，改革劳动分配制度，转换经营机制，加强、改进党的建设和思想政治工作。企业管理和内部改革的完善深化，对港口生产经营产生巨大的推进力。

按照中央关于对沿海港口实行管理体制改革的要求，自1987年1月1日起，烟台港实行双重领导、以烟台市领导为主的管理体制。1994年10月，山东省政府确认烟台港为大型(一)企业。

第一节　获得全国企业整顿先进单位称号和国家质量管理奖

一、开展企业整顿五项工作

1982年1月，中共中央、国务院根据当时全国的经济形势和工交企业的状况，颁布《关于国营工业企业进行全面整顿的决定》，决定从1982年起用两三年的时间，有计划有步骤地、点面结合地、分期分批地对所有国营工业企业进行全面的整顿，以充分发挥国营工业企业的潜力，提高经济效益，促进我国国民经济的根本好转。针对"文化大革命"使交通企业规章制度遭到严重破坏、企业管理基础工作十分薄弱、事故连续不断的问题，交通部于1982年9月在烟台召开全国交通系统企业整顿工作会议，制定《交通部企业整顿五项工作验收标准》，对交通系统的企业整顿工作提出具体要求。这五项工作是：(1)整顿建设领导班子，加强对职工的思想政治教育；(2)整顿完善经济责任制，改善企业经营管理；(3)整顿劳动组织，加强劳动纪律，进行全员培训；(4)整顿财经纪律，健全财会制度；(5)整顿生产秩序，改善职工福利。

根据交通部企业整顿工作安排，大连港装卸联合公司是全国交通系统企业整顿工作试点单位,烟台港等企业是面上单位。但烟台港领导班子积极贯彻实施中央文件精神,认真开展企业整顿五项工作,以很强的自觉性与试点单位同时起步。

在企业整顿五项工作中,烟台港及时成立企业整顿领导小组和企业整顿办公室,研究制定全面整顿企业规划和措施,一年内先后召开11次专门会议部署企业整顿工作,充分组织发动职工,使企业整顿工作进展顺利、富有成效。烟台港的企业整顿工作,在几个的问题上解决得比较好:一是较早调整了领导班子。1982年6月,召开港务管理局第四次党代会,局党委书记张进从工作需要出发,主动退到二线,推动年富力强的同志挑担子。港务管理局四届一次党委会议选举韩德润为烟台港务管理局党委书记,交通部党组任命曲海亭为烟台港务管理局局长。港务管理局党委由原来19名委员、9名常委委员,改由7名委员组成;行政方面只有局长一人参加党委,不兼副书记,实行党政分工。港务管理局党委成员平均年龄由48.6岁降到43.1岁,文化水平提高,使领导班子增强了活力。同时,冲破习惯势力束缚,大胆提拔中青年干部20名(平均年龄34.2岁)充实到中层领导班子,使基层工作出现朝气蓬勃的局面。二是整顿劳动组织、加强劳动纪律决心大。全局共减员493人,占全局职工总数的12.2%,并妥善进行安置,其中充实生产一线和其他工作岗位180人,参加服务队128人,参加业务培训120人。由于压缩二、三线,充实一线,使一线装卸工人比例增加到21.9%,管理人员只占7.8%。港务管理局制定《劳动纪律试行条例》及相关规定,开展3次劳动纪律集中整顿活动,开除3人,开除留用9人,受其他纪律处分54人。三是虚心好学,真学实干。在推行经济责任制上,认真学首钢,行动快。根据在港口生产中的重要程度、创利难易、劳动条件和技术繁简等不同情况,对全局11个单位、22个科室分别实行利润包干、盈亏包干、费用包干和指标考核4种形式的经济责任制。在全面安全质量管理上,虚心学大连港,急起直追。广泛对职工进行安全质量教育,开展23次全局范围的安全检查,处理违章事故312起。在财会制度上,照章办事,严格自觉。四是不断加强思想政治工作。发扬烟台港的好传统,针对职工中的思想动向,旗帜鲜明地进行思想教育,使全港职工以良好的精神面貌加入到企业整顿工作中。港务局充实专职政工人员、增设政治工作报告员,从上到下形成政治工作体系网;建立健全调查研究、联系群众、后进帮教等多项制度。经过努力,烟台港当年主要经济技术指标都达到或超过历史最好水平,经济效益有很大的提高:完成货物吞吐量616万吨、实现利润1 090万元,分别比历史最好水平增长14%和30%;全员劳动生产率完成1 772吨/人,比历史最好水平增长13%;船舶在港停时为1.1天,火车在港停时为4.6小时,均创历史最好水平。在经过自查验收后,烟台港于1983年1月向交通部提出企业整顿五项工作验收申请。

1983年3月1日至4日,交通部党组会同全国海员工会、烟台地区 行署、烟台市政府派出检查验收团对烟台港企业整顿五项工作进行验收。通过检查,检查验收团领导小组宣布:烟台港企业整顿工作达到《交通部企业整顿五项工作验收标准》,评定总分为955分,烟台港务管理局为企业整顿合格单位。对于烟台港的企业整顿工作,业内人士评价“不是试点单位但走在前面,并且验收评定总分最高”,是“自学成才”。后经全国企业整顿领导小组和国家经委批准,烟台港被授予全国企业整顿先进单位称号。

二、继续推进企业管理

在搞好企业整顿五项工作的基础上，烟台港进一步推行全面质量管理，积极开展企业升级工作，使企业素质得到全面提高。

1. 推行全面质量管理

烟台港的全面质量管理工作经历了学习试点、全面推行、深化提高三个发展阶段。1980年之前，烟台港学习大庆油田“三老、四严、四个一样”（当老实人、说老实话、做老实事；严格的要求、严密的组织、严肃的态度、严明的纪律；黑夜和白天干工作一个样、坏天气和好天气干工作一个样、领导不在场和领导在场干工作一个样、没有人检查和有人检查干工作一个样）工作作风，开展管理制度化、数量定额化、质量标准化的“三化”工作，使安全质量工作开始走向科学管理的轨道。自1980年开始，先后举办学习班，广泛开展宣传教育，特别在企业整顿五项工作中，把全面质量管理推向普及管理阶段。此后，进一步健全全面质量管理组织机构和保证体系，深入实施方针目标管理，认真抓好生产过程中的安全质量管理，严格执行考核奖惩制度，使全面质量管理取得明显成效。其主要做法是：

（1）抓意识，坚持以质取胜。针对经济腹地狭小、铁路运输能力严重受限以及国家指令性计划减少、行业竞争相继而来等情况，坚持走“以质量求生存、以质量求发展、以质量求效益”道路。通过各种渠道、方式把上述认识和思路灌输到全体干部职工思想中去，使之成为提高运输质量和服务质量的自觉行动。（2）开展“求实际效益，让用户满意”活动。在运输生产中，大力提倡落实“三不”（不怕麻烦、不挑肥拣瘦、不单纯追求利润）、“三个一样干”（苦活甜活一样干、利小利大一样干、不出吨位出吨位一样干）的要求。散化肥、散纯碱等货种是港口装卸的苦活，作业条件恶劣，存放对港口设施腐蚀严重，货主曾多方联系中转港都没找成，烟台港克服困难接受下来，年年保质保量及时接卸转运，受到货主船方的一致好评。这也使烟台港成为率先接卸加工散纯碱、散化肥等散装货物的港口，并取得长期的社会效益和企业效益。全港抓安全、讲质量、“客户至上”蔚成风气，尊客爱货、文明经营事迹频频涌现，在业界的知名度和声誉不断提高。（3）实行方针目标管理。按照责权利相统一的原则，运用系统工程理论和方法，制定年度工作方针和奋斗目标，按照货源开发、货运装卸、安全生产、技术设备、基本建设、生活服务、政治工作七大系统，以工作任务、业务流程、管理制度、工作标准、信息反馈、协调关系等内容，建立质量保证体系，动员职工全力以赴实现企业经营目标（表8-1-1）。（4）进一步加强标准化、定额、计量、信息、规章制度、基础教育等企业基础工作。（5）采用先进技术装备，完善装卸运输工艺，促进质量管理。在散化肥接卸灌装作业中，先后引进日本、美国自动灌装机和自动重量检验仪，并平均每两年更新一次。在木材装卸作业中，购置装载机和具有国内先进水平的木材抓具，提高了木材装卸堆码效率，也避免了因工人与木材直接接触而造成的伤亡事故。随着进口散化肥的逐年增加，在生产中完善接卸灌装散化肥工艺流程，有效提高了作业效率和质量。（6）开展群众性质量管理活动。对影响运输质量的关键部位和薄弱环节，建立质量管理点，开展群众性质量管理小组活动，先后有多个质量管理小组获得国家、省部、市级优秀称号。另外，还联合船方、货方和对方港建立烟台至大连、丹东、威海、龙口海上运输线质量保证体系，加强从受理承运—装船—航行—卸船—交付运输全过程的安全质量控制。

烟台港1983年至1987年年度奋斗目标表 表8-1-1

年份	奋斗目标	具体内容
1983年	三创新、二消灭、一保证	吞吐量、利润、安全质量创历史新水平;消灭重大工伤、死亡事故,消灭重大货损、设备事故;保证完成职工宿舍2万平方米和南岸壁改造任务。
1984年	三创新、二消灭、一保证	经济效益、基本建设、全面质量管理创新局面;消灭重大工伤、死亡事故,消灭重大货损、设备事故;保证提高职工队伍的素质。
1985年	三实现、二保证、一争取	实现吞吐量680万吨(其中外贸吞吐量200万吨),实现利润2 000万元和职工人均收入2 000元,实现基本建设投资任务和工程形象进度;保证不发生重大工伤、货损、设备、火灾事故,保证完成车船停时计划;争取各项工作都创全国同行业的先进水平。
1986年	简称"9 3 0 8 2"	完成吞吐量900万吨,实现利润3 000万元,重大工伤、机损事故为0,完成基本建设投资8000万元,夺取两项国家级荣誉称号(国家质量管理奖和卫生港称号)。
1987年	简称"8 3 0 9 2"	完成吞吐量800万吨,实现利润3 000万元,重大工伤、机损事故为0,完成基本建设投资9 000万元,达到国家二级企业标准。

烟台港积极深化全面质量管理,努力为货主和旅客提供良好的运输条件,赢得国内外客户的信赖,提高了港口和国家的声誉。其主要成效是:运输质量连年保持国内同行业先进水平,1983年、1984年两个装卸作业区、外轮理货公司、客运站全部获得交通部优质运输奖;1983年、1984年连续两年杜绝重大工伤和死亡事故,工伤事故频率大幅度下降;1984年完成货物吞吐量673万吨,实现利润1 584万元,分别比1980年增长33%和132%,主要经济技术指标在全国同行业名列前茅;港口素质得到稳定提高,促进企业由生产型向经营开拓型转化。鉴于以上,烟台港于1984年获得交通部质量管理奖,1985年获得全国企业管理优秀奖并通过国家质量管理奖预评,1986年获得国家质量管理奖(图8-1-1)。

图8-1-1 国家质量管理奖奖牌

2. 开展企业升级工作

1986年初,国务院根据企业整顿工作完成情况和全国工业企业管理工作的现状,发布《国务院关于加强工业企业管理若干问题的决定》,确定在"七五"期间,我国工业企业管理的中心工作是"抓管理、上等级,全面提高企业素质",提出了国家特级、一级、二级和省级企业标准。根据交通部的部署,烟台港自1986年10月起开展企业升级工作,制定《烟台港务局"七五"期间企业升级规划》,确定要依靠技术进步和管理现代化,不断提高运输质量,降低物质消耗,增加经济效益,全面提高企业素质。升级工作分三个阶段进行:第一阶段,按照国家二级企业标准,进行高标准、严要求的填平补齐工作;第二阶段,全面落实企业升级规划,实现国家一级企业目标;第三阶段,使港口客货运输和物质消耗指标达到国际先进水平,实现国家特级企业目标。同时,烟台港成立加强企业管理领导小组,定期分析研究企业升级工作;制订企业升级规划实施细则,包括内部八类企业升级标准和考核办法;自下而上进行企业升级工作。在企业升级中,主要从企业管理基础工作、全面质量管理、节能降耗、管理现代化、技术进步与技术改造、加强职工队伍建设、加强领导班子建设、改进和加强思想政治工作方面深入开展工作。

经过一年的工作,1988 年 7 月,交通部批准烟台港务局(含烟台外轮理货公司)、大连港务局等 13 个企业为国家二级企业。1988 年至 1990 年期间,烟台港还被国家有关部门授予全国设备管理优秀单位、国家一级节能企业、国家一级计量单位、国家一级档案管理企业、国家卫生港口等称号。1988 年 4 月,局长朱毅被国家经委、中国企业管理协会授予首届全国优秀企业家称号;1989 年 9 月,党委书记曲海亭被授予全国劳动模范称号。

此后,国务院决定停止在全国范围内对企业的评比升级工作,“七五”期间开展的企业升级及若干评优工作遂告暂停。

第二节　推行企业内部改革

在加强企业整顿和管理的同时,烟台港对企业内部管理体制进行一系列改革。

一、实行厂长(经理)负责制

1986 年 9 月,中共中央、国务院颁发《全民所有制工业企业厂长工作条例》、《中国共产党全民所有制工业企业基层组织工作条例》、《全民所有制工业企业职工代表大会条例》,即“三个条例”,确定:为改革全民所有制工业企业的领导体制,实行厂长负责制,厂长对本企业的生产指挥和经营管理统一领导,全面负责;企业中的党的基层委员会对企业实行思想政治领导,发挥党组织的战斗堡垒作用和党员的先锋模范作用;企业在实行厂长负责制的同时,必须建立和健全职工代表大会制度和其他民主管理制度。交通部于 1987 年 2 月发出《关于加快全民所有制交通企业领导体制改革,全面推行厂长(经理)负责制工作的通知》,要求部直属企业在 1987 年内分批实行厂长负责制,并同时实行厂长任期目标责任制。

在经过充分准备的基础上,港务局第八届职工、会员代表大会对贯彻“三个条例”、实行局长负责制作出决定:自 1987 年 12 月 1 日起,港务局改党委领导下的局长负责制为局长负责制,各直属单位(公安局除外)在 1988 年第一季度内实行经理(厂长、站长、院长、校长)负责制。1987 年 12 月 8 日,港务局党委印发《烟台港务局贯彻“三个条例”的实施办法》、《烟台港务局贯彻执行 <全民所有制工业企业职工代表大会条例> 实施细则》等文件,进一步明确:局长处于中心地位,起中心作用,对全局生产指挥、经营管理和精神文明建设全面负责;党委保证局长负责制的实施,保障职工代表大会行使权力,保证企业沿着社会主义方向发展;经营管理重要规章制度、承包经营责任制、工资调整方案和职工奖惩办法等的建立、修改、废除由局长提出,经管理委员会讨论同意后,再提交职工代表大会审议通过,由局长颁布实施。1988 年 1 月,港务局进行机构调整,撤销政治部及下属机构,党委工作机构为党委办公室、组织部、宣传部;成立宣传教育中心,负责全局精神文明建设的有关事项。同时还决定:原由局党委任命的行政干部予以免职,由局长重新任命或聘任。1988 年 5 月,港务局与局党委发布《批准第一装卸公司等单位实行厂长(经理)负责制的决定》,确定第一装卸公司等 18 个基层单位自本单位职工代表大会或职工大会通过之日起实行厂长(经理、站长、院长、校长)负责制。至此,烟台港按照厂长负责制的要求,理顺党政工关系,调整机构设置,初步建立起适应形势要求的企业领导体制。

二、推行承包经营责任制

1. 试行“百元收入工资含量包干办法”

为克服“大锅饭”的弊端,贯彻按劳分配原则,扩大企业在工资分配上的自主权,实现工资分级管理和工资总额随同企业经济利益浮动,逐步改革直属港口装卸企业的工资管理体制和工资制度,交通部于1984年9月公布直属港口企业百元收入工资含量包干办法,并确定烟台、湛江等6个港务管理局为部首批试点单位。“百元收入工资含量包干”系指按港口总收入扣除外付及固定资产折旧费用的净收入,核定工资含量率;在一定时期不变,使企业工资总额不再按“人头”,而是按企业新创造的价值的多少,采取上下浮动的办法。实行“百元收入工资含量包干”,必须保证安全质量,完成国家指令性计划;否则,将根据货物吞吐量、实现利税总额、安全质量等的完成情况按有关规定扣减工资总额。1984年11月,交通部对烟台港试行百元收入工资含量包干办法作出批复:每百元净收入工资含量率为29.32元,每百元净收入集体福利基金含量率为5.67元。

烟台港以试行百元收入工资含量包干办法为契机,重新调整充实局企业经济改革领导小组成员,积极进行以分配制度为重点的内部改革。以提高经济效益、落实经济责任制为出发点,根据实际情况制定审批各单位1984年至1985年的经济责任制方案,确定:第一、二作业区自1984年1月起试行百元收入工资含量包干办法,并进行配套改革;外轮理货公司、船队、客运站等单位自1985年1月起试行百元收入工资含量包干办法;机修厂等五单位自1985年1月起,根据其生产性质,分别实行“利润包干、超额分成”、“奖金从对外收入按比例提取”、“百元产值工资含量包干”等办法;机关处室实行结构工资制。

这次内部改革,在扩大基层单位自主权、落实责任制、打破“大锅饭”、加大奖惩力度等方面迈出实质性步伐。例如对第一作业区,确定1985年利润计划为850万元,货物吞吐量计划为360万吨,船舶在港停时计划为1.3天,火车在港停时计划为4小时,对完不成计划项目相应扣减工资总额;给予有权确定内部机构设置、任免管理科级及以下干部、局内交流人员、自行确定职工工资和奖金分配形式等18项自主权。港务管理局并在部分单位实行中层干部聘任制试点,全局300多个班组进行民主组班。内部改革有效调动职工的生产积极性,促进了港口生产发展和经济效益提高。1985年,全港货物吞吐量、外贸货物吞吐量、实现利润、上缴国家利税等经济指标均创历史最好水平,其中实现利润达到2 215万元,较上年增长40%;职工收入也有较大增长,其中装卸工人较上年增长48%,装卸司机较上年增长26%。

2. 实行“利润、吞吐量工资含量包干方案”

在试行百元收入工资含量包干办法的基础上,自1986年起,局对两个装卸公司实行利润、吞吐量与工资总额双挂钩的办法,以进一步完善经济责任制、为装卸公司逐步成为相对独立的经济实体创造条件。方案的主要内容是:(1)根据完成计划利润、吞吐量核定百元利润工资含量率和百吨吞吐量(换算吨)工资含量率;按规定提出的工资基金有节余时,可以以丰补欠;(2)规定装卸生产、安全质量、设备管理等方面的指令性计划指标;(3)进一步下放生产经营、资金使用及管理、设备管理、干部管理、劳动工资管理方面的自主权。同时,对其他单位的经济责任制方案也作了相应的补充和完善。

3．实行资产承包经营责任制

为使企业所有权和经营权适当分离，强化经营者的责任，从1988年1月至1990年12月，烟台港在全局范围内实行以资产承包经营为主要形式的责任制。这三年全局承包的总盘子是“4、5、6”，即实现利润分别是4 000万元、5 000万元、6 000万元。

对第一装卸公司、第二装卸公司、修建工程公司、机修厂、轮驳公司、储运公司、动力总站等7单位实行资产承包经营责任制的形式是：缴纳资产租金，上缴利润递增包干，超额全留。承包经营指标分为承包指标和保证指标。承包指标为：核定固定资产原值，按一定租金率缴纳租金；以1987年实现利润为基数，按一定递增率上交利润。保证指标为：货物吞吐量（产值）、资金利润率、人均实现利税按一定比例递增，以及安全质量、设备完好率、精神文明建设等指标。承包期内，承包单位拥有更大的企业自主权。并改进了收益分配和奖罚办法。

其他单位实行承包经营责任制。对客运站的承包经营形式是“实行上缴利润递增包干、超额全留”。承包指标为：实现基数利润；保证指标为：旅客发送量、人均实现利税按一定比例递增。通信站、外轮理货公司承包经营形式与客运站雷同。对海港医院承包经营形式是“预算费用包干、节余自留”，承包指标为：对外收入按一定比例递增；保证指标为：医疗事故为零及服务满意率等。服务公司、技工学校承包经营形式与海港医院雷同。

4．进一步完善资产承包经营责任制

从1991年1月至1995年12月，烟台港进一步完善资产承包经营责任制，扩大基层单位的自主权。

对第一装卸公司、第二装卸公司、修建工程公司、机修厂、轮驳公司、客运服务公司、储运公司、外轮理货公司、物资公司实行的资产承包经营责任制形式是：缴纳固定资产租金，利润、吞吐量（自营产值）或利润递增包干，基数利润留成、超额分成。对其他单位采取的承包经营责任制主要形式是：预算费用包干、节余分成。而对各单位的承包指标、保证指标及收益分配则考虑5年的情况，更加趋于科学合理。在这一轮承包经营责任制中，局进一步放权，有的基层单位的自主权多达20余项。

三、改革劳动分配制度

1．实行全员劳动合同制

经港务局管委会会议和职代会团（组）长会议审议通过，局于1993年10月颁布《全员劳动合同制试行办法》。全员劳动合同制是单位与职工在平等自愿、协商一致的基础上，通过签订劳动合同，明确双方的责、权、利，以法律形式确定劳动关系，依法制管理的新型用工制度。《试行办法》的主要内容是：（1）各单位全体固定职工、劳动合同制工人、承包工、临时工均应按办法规定与单位签订劳动合同。（2）劳动合同应包括合同期限、生产指标或应当完成的任务、生产工作条件、劳动报酬和保险福利条件、劳动纪律及违反劳动合同应承担的责任等。（3）劳动合同期限根据生产工作岗位特点、工作需要和职工本人情况，可分别签订一年的短期合同、五年左右的中期合同、十年左右的长期合同、不定期合同。（4）单位职工签订的劳动合同应报劳动争议仲裁机构依法鉴证，并作为处理劳动争议的依据。实行全员劳动合同制后，干部、工人统称企业职工，享有原有的劳动、工作、参加企业民主管理、政治荣誉及劳动保险福利待遇的权利。这标志,全员劳动合同制开始实行后,在国营企业里工作的延续几十年的国家职工变成企业职工,职工与企业的兴衰更紧密地联系在一起。这是进一步深化劳动制度改革、转换企业经营机制的一项重要措施。

2. 招收使用承包工

港口生产具有面广、线长、流动、分散等特点,与一般企业相比,装卸作业的不均衡性和"脏、累、险、差"特点更加突出。造成装卸作业不均衡性的原因是,车、船、货的不可控性、集疏系统能力的变化及气象条件的影响。而就装卸作业本身来讲,则具有劳动强度高、工人"退役"早、生产环境条件差、昼夜作业、危险性大等特点。在20世纪七八十年代,这些情况使装卸工人队伍不稳定问题非常严重,主要表现在:招不进,待业人员择业意识增强,装卸生产"招工难"的问题日益突出;留不住,装卸工人要求调离或单方面自行离职的现象明显增多。上述种种情况,对港口用工制度提出了特殊要求。要合理地组织生产、提高劳动生产率,必须根据生产形势变化,灵活机动地使用劳动力,及时增减用工人数。而这一点是原有的陈旧、僵化的固定工制度所无法满足的。1986年7月,国务院发布《国营企业实行劳动合同制暂行规定》,初步打破用工制度的"铁饭碗",增强了企业活力。但由于其时,固定工仍然是国营企业职工队伍的主体,劳动合同制的有关配套措施尚不完善,用工制度上的弊端没有完全消除。

为适应港口生产的特点,解决固定工制度、劳动合同制存在的一些弊端,根据劳动人事部《关于交通铁路部门装卸搬运作业实行农民轮换工制度和使用承包工试行办法》的精神,烟台港于1985年作出改革旧用工制度、招收使用承包工的决策。承包工作为用工制度改革的新生事物,具有多项优越性:(1)能有效缓解港口生产不均衡性带来一线劳动力不足的矛盾,企业可以根据生产任务及时调节劳动力,实现劳动力的合理配置。(2)承包工构成为青年人,年轻、身体素质好、具有初中以上文化程度,为职工队伍注入新鲜的血液。另外,承包工一般不涉及调动问题,有效解决了装卸工人队伍不稳定问题。(3)为农村闲余劳动力找到出路。(4)扩大城乡交流,培养了企业地方两用人才。(5)承包工不转户粮关系,减轻了企业负担。自1986年至1989年,烟台港使用的承包工在200~600人左右;1990年,为1 300余人;从1991年至1995年,在2 500人左右。1993年,使用的承包工共为2 655人,所从事的工作扩展到建筑、运输、工业、服务及保安等行业,港埠公司使用的承包工则达到1 600余人。

随着承包工队伍扩大,解决了港口劳动力的供求矛盾,为进一步深化用工制度改革积累了经验。但由于承包工大量涌入企业,也给港口管理工作带来一些矛盾和问题,如,承包工发生病伤残亡的善后工作难以处理,其短期行为造成流动频繁及不求上进,等等。为解决这些矛盾和问题,巩固发展承包工队伍,烟台港于1988年4月和1992年5月,分别与劳务输出地协商共同成立烟台环海劳务公司和烟台霞海劳务公司,将承包工纳入规范管理。劳务公司实行联营,自主承担承包工招收、补充、轮换和发生病伤残亡的善后处理工作;采取用人单位与劳务公司签订集体合同、劳务公司与承包工个人签订劳动合同(经当地政府鉴证)的办法,强化合同法律效力;用工单位与劳务公司共同采取措施,在政治上关心、培养承包工,在经济上保证承包工与正式工同工同酬并原则上享受同等的福利待遇;在使用上对承包工一视同仁并将其优秀分子选拔到管理技术岗位上来。由于不断改进完善,承包工这一用工形式在当时的年代里显示出较强生命力,创造出良好的经济效果。

3. 改进完善分配制度

在粉碎“四人帮”后，国务院于1978年5月印发《国务院关于实行奖励和计件工资制度的通知》，指出：在分配问题上，还必须贯彻执行按劳分配原则，多劳多得，少劳少得的工资政策；在实行计时工资的同时，应当辅以奖励和计件工资制度；要有条件、有计划地实行奖励和计件工资制度。为此，交通部于同年6月提出贯彻执行意见，明确航运、港口、航道、航务工程等企业的职工都属于实行奖励的范围；从事笨重体力劳动和手工操作而产量容易计算、质量容易检查的工种，如港口装卸工人、公路运输搬运工人和公路、航务工程部分土建工人等，属于实行计件工资制的主要对象。特别指出，根据港口生产的特点，采用有限制计件工资的形式是可行的；其特点是以班组为集体计件单位，各等级工人实行统一计件单价，按照完成装卸定额工时（或产量）的多少支付工资，体现同工同酬、多劳多得、少劳少得。烟台港自1979年开始实行底薪计件工资制，即以装卸工人的基本工资的45%为月工资的底数，余下的55%与奖金捆在一起作为计件工资。计件工资按完成的定额工时来计算，加上安全质量所得金额（分值×分数），再加奖金。月底薪计件工资=工人基本工资45%+单价×完成定额工时+安全质量所得金额+奖金。此时期，为改进完善分配制度，进一步加强对定额管理的基础工作，管理方式为局统一制定定额、实行分级管理（作业区主要进行统计分析），并对定额进行修改，修改幅度为24%；全港有定额管理员3人（局劳资科1人，两个装卸作业区各1人）。1983年，烟台港重新制定《烟台港装卸定额管理办法》，详尽规定定额管理的原则和方式、定额修改时间、定额水平控制幅度、考核办法等。1984年底，将定额管理权下放到装卸作业区，由装卸作业区按管理办法对定额进行调整修改。1990年，装卸工人的工资底数由基本工资的45%改为30%，余下的70%仍与奖金捆在一起作为计件工资。是年，装卸工人平均月工资为349.2元，全局职工平均月工资为277.4元。1990年11月，由局组织两个装卸公司对现行装卸定额进行统计分析、合并，全面修订。此次修订，调整为41个货种，共计1 066项定额标准，调整幅度68.7%。1993年至1995年又对装卸定额分别作过调整。

为使分配制度与劳动制度、保险制度等改革相衔接，烟台港于1992年11月印发《烟台港务局岗位技能工资制实施方案》，其基本思路是在进行岗位劳动因素评价的基础上，将现行等级工资制改为岗位技能工资制，实行多种分配制度。岗位技能工资制主要由岗位工资、技能工资、辅助工资和奖励工资组成。岗位工资是根据岗位劳动责任轻重、强度大小和环境好差确定的工资，技能工资是根据岗位对劳动技能的要求、职工所具备的劳动技能水平和劳动实绩确定的工资，上述两项为职工的基本工资。由现行等级工资制改为岗位技能工资制采取先定岗位工资后定技能工资分步过渡到位的办法，并先在工人岗位运行后再推行到管理岗位。并规定在实行岗位技能工资制的同时，各单位可以根据生产经营特点和经济负担能力，实行灵活多样的二次分配制度，如计件工资、定额工资、浮动工资、达标工资等。为进一步提高职工学技术、学业务的积极性，把工资与职工本人的技能、责任和业绩紧密结合起来，建立正常的晋级制度，烟台港于1995年10月又出台《关于改进岗位技能工资制的意见》，对在岗工作且实行岗位技能工资制的正式工人的工资制度进一步规范。改进后的岗位技能工资制由岗位工资、技能工资、业绩工资、辅助工资和奖励工资五个单元组成，其中岗位工资、技能工资和业绩工资是职工的基本工资。对单元工资的标准作出如下调整：(1)技能工资标准，技术工人由现行的12个等级调整为10个等级，非技术工人由12个等级调整为8个等级，技能工资等级根据技术水平确定；(2)设置业绩工资，根据本人档案工资等级确定,共设40个等级。(3)建立起晋升岗位工资、技能工资和业绩工资的制度。

根据上述要求,烟台港于1993年2月出台《装卸工人、装卸司机双向效能工资制实施方案》,以较好地体现"最佳年龄、最佳贡献、最佳报酬"的原则,全方位调动装卸工人、装卸司机的积极性。该方案适用于港埠公司、客运服务公司的装卸工人、装卸司机。双向效能工资制是根据职工个人劳动能力及业绩和集体工作效率及成果,决定工资数额的工资支付制度,由能力工资、效率工资和辅助工资三个单元组成。其中能力工资,装卸工人是由年功工资和业绩工资组成,装卸司机是由年功工资、业绩工资和技能工资组成;效率工资是根据集体(队、班组)作业效率和成果按预定的工资单价计算并支付,由作业工资、加发工资两部分组成。效率工资所涉及的劳动定额、工资单价标准和作业工资、加发工资支付办法按原计件工资有关规定执行。1995年10月,又出台《关于调整双向效能工资制工资标准的意见》,将装卸工人、装卸司机双向效能工资制中的能力工资标准作相应调整,并对建立正常增长机制做出规定,使双向效能工资制更适合装卸生产的特点。调整后,装卸工人的能力工资,年功部分为6个岗次、业绩部分为8个岗次;装卸司机的能力工资,年功部分为6个岗次、业绩部分为8个岗次、技能部分为8个岗次。

为理顺各类管理人员的工资关系,建立符合管理人员特点的工资制度,烟台港于1995年10月印发《烟台港务局管理人员岗位业绩工资制实施方案》。岗位业绩工资制由岗位工资、能力工资、业绩工资和辅助工资组成。岗位工资按职务高低、责任大小和工作难易程度确定,共8个岗位层次,每个岗位层次设一个工资率;能力工资按岗位层次、任职年限和工作资历综合确定,设30个等级标准,以适应不同情况人员和今后正常晋升工资的需要;业绩工资,是与本人档案工资相对应的一个工资单元,根据本人档案工资等级确定。其中岗位工资、能力工资、业绩工资是岗位业绩工资构成的主体,体现按劳分配的主要内容。实施方案还对在生产发展和经济效益提高的基础上正常增资,作出明确规定。

经过一系列的改革完善工资分配制度工作,促进了港口生产发展和经济效益提高,职工生活也得到明显改善。1996年,全部职工人均收入达到9 191元,比上年增长9.4%,其中正式职工人均收入达到9 456元,比上年增长10.6%。

四、剥离分流　转换机制

1994年,为加快国有企业改革,进一步搞好大中型企业,国家组织实施"转机建制,万千百十"工程,即在1万户国有大中型企业中不折不扣落实14项经营自主权和责任,对1 000户关系国计民生的重点骨干企业分期分批派出监事会,选择100户不同类型的国有大中型企业进行建立现代企业制度试点,在10多个城市进行综合试点。在这种背景下,烟台港开始在港口内部进行剥离分流、转换机制试点。其改革思路是:在清产核资和全面核算的基础上,明晰产权关系,明确权力责任,实现港埠公司之外的大部分单位与局剥离,使其成为依法自主经营、自负盈亏的法人实体。剥离分流后,港务局代表国家作为出资者享有资产所有者的权益,被剥离单位以全部法人财产权依法享有民事权利,承担民事责任;同时港务局作为主管局行使行政管理权。1994年6月,烟台市政府批准了烟台港《关于在港口内部进行剥离分流转换机制工作的请示》,同意被剥离单位实现利润上交港务局,港口上交财政利润和以港养港资金抵顶数由港口统一向国家清算;被剥离单位的工资总额基数和增长原则，可由市劳动、财政部门单独核定；招工、职工调动、职工失业保险和退休养老保险等，由被剥离单位单独办理。

按照实施方案，港务局决定对港务工程公司、海港机械厂、轮驳公司、储运公司四单位自1994年7月1日起实行剥离分流试运转，次年1月1日起正式运转。这次剥离分流涉及职工3 000余人，其中正式职工1 597人，具体情况见表8-2-1。

烟台港四单位剥离分流情况表　　表8-2-1

单　位	剥离正式职工（人）	局投入资本金（万元）	基数利润（万元）	固定资产原值（万元）	固定资产净值（万元）
港务工程公司	552	1 010	40	2 570	1 981
海港机械厂	323	1 056	28	1 577	—
轮驳公司	508	5 346	244	7 735	—
储运公司	214	736	37	1 159	—

注：局另将工程船舶大队固定资产（局资产）2 181万元，委托港务工程公司经营管理，以收抵支；收益归港务工程公司。

在剥离分流、转换机制工作中，按照清产核资所确认的被剥离单位的全部资金额，参照国内同行业平均利润率水平，结合其近3年的效益情况，确定该单位资金利润率。同时，给予被剥离单位固定资产折旧各自留用以及干部管理、内部机构设置调整、劳动工资管理等方面的自主权力，为其增强活力、进入市场创造条件。被剥离单位经过一年时间的正式运营，除个别单位，基本做到人员减少、收入增加、效益提高，达到预期的目的。剥离分流、转换机制，是发展港口经济、提高生产效率、推进企业制度建设的有益探索和尝试。1995年5月，交通部部长黄镇东在视察烟台港听取汇报时指出：烟台港搞剥离分流、实行内部机制上的转换，对于搞活企业是必要的。这样的好处是可以减轻港口负担，增加被剥离单位压力，促使他们走上社会市场。

烟台港务局1995年1月机构设置如图8-2-1所示。

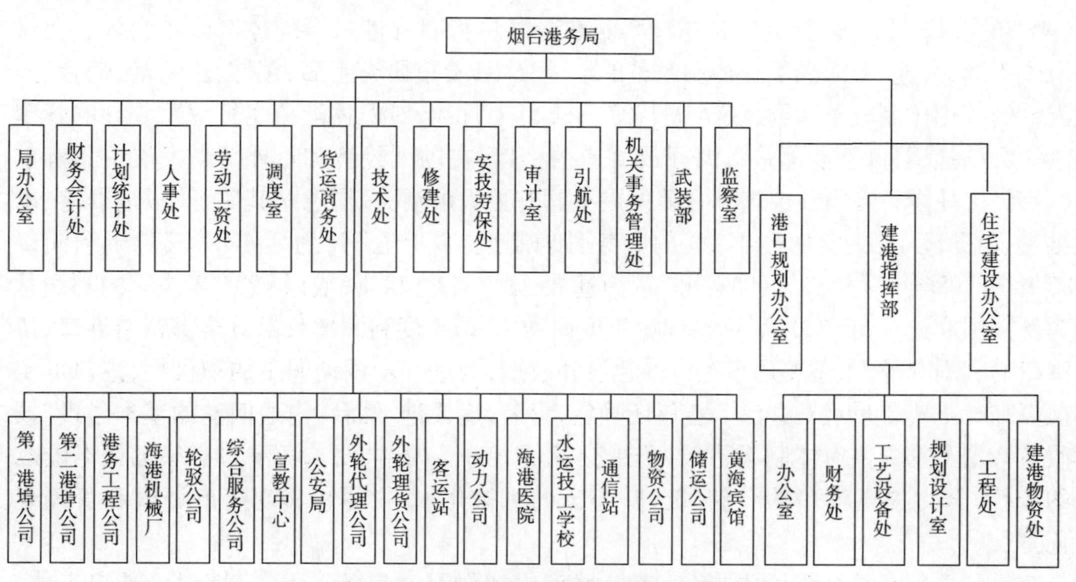

图8-2-1　烟台港务局机构设置图（1995年1月）

第三节　实行双重领导以地方管理为主领导体制

一、中央对港口体制进行改革

20世纪80年代，中央对沿海港口实行管理体制改革。改革的目的，是为了给港口企业更多的自主权，以增强港口活力、加快运输生产的发展。

党中央、国务院十分重视港口体制改革工作。1984年5月，中共中央、国务院批复交通部、天津市委、市政府《关于天津港管理体制改革试点问题的请示》，批复同意天津港自1984年6月1日实行体制改革试点。天津港体制改革试点的主要内容，一是天津港由直属交通部领导为主的体制，改为双重领导、以地方领导为主的管理体制。二是下放企业的利润和设备折旧基金全部用于"以港养港"，按国家核定的计划，实行以收定支、财务包干，从1984年起执行，为期3年不变。1986年2月，天津市向国务院请示，要求把天津港实行的以收抵支、"以港养港"的办法延续到1990年或1995年不变。国务院于同年8月批复天津市和交通部，指出，为进一步积累经验，同意天津港继续实行双重领导、以地方领导为主和以收抵支、"以港养港"办法到1990年。为加强航政的统一领导，行使国家海上安全监督管理职能，将港务监督从天津港划出，组建天津海上安全监督局，实行由交通部和天津市双重领导、以交通部领导为主的管理体制，引航和岸线管理工作仍由港务局负责。

按照国务院的要求，交通部继续把港口体制改革引向深入。从1986年1月起，全国沿海港口体制改革全面铺开。交通部和大连、上海市人民政府先后于1986年4月28日和5月8日完成大连、上海两港的下放、交接工作。至1988年2月，除国务院决定秦皇岛港仍由交通部直属管理外，其余港口的下放工作均告完成。

二、烟台港下放

1986年12月7日，国务院副总理李鹏在青岛主持召开港口管理体制改革会议。会议听取了天津、大连、上海港管理体制改革的经验介绍，着重研究青岛、黄埔、连云港、烟台、南通五港的管理体制改革问题，议定从1987年1月1日起，对上述港口实行双重领导的管理体制。会议强调，该五港都是沿海开放城市的港口，在国民经济和对外贸易发展中具有重要作用。为使港口在自我改造和自我发展上具有更大的活力，同意对其实行"以港养港、以收抵支、财务包干、一定四年不变"的财务管理制度。"七五"计划后四年，其包干利润以1985年和1986年两年决算的利润总额为基数，国家让利14%，或以1985年决算的利润总额为基数国家让利10%，以后不再计算年度递增率，即年度利润增长部分全部留给港口；留给港口的利润和外汇，主要用于港口的建设和改造；为进一步调动职工的积极性，港口可实行换算吨货工资含量包干办法。会议还确定，青岛、连云港、烟台、南通四港的基本建设、技术改造计划和物资供应体制不下放，仍由交通部管理。同时，要求各港口必须加快老港改造的步伐，努力提高港口的仓储、装卸、疏运的机械化水平，尽快实现生产调度和管理现代化。

李鹏副总理在总结讲话中指出，港口城市要加强对港口的领导，定期讨论港口工作。

市里不要多头领导,要提高港口在市里的地位。当参加会议的烟台市副市长陈建国汇报到烟台港客运站已经不适应旅客运输需要时,李鹏副总理讲:过海的客人不走铁路走水运,有前途,可以考虑客滚船、水翼船,扩建客运站。需要投资,记下来,可以商量。

经过一系列的协调准备,交通部与烟台市人民政府于1987年2月24日在烟台市举行烟台港管理体制改革交接大会。交通部副部长林祖乙和烟台市市长董传周在交接仪式上签署改革交接议定书及计划管理、技改管理、财务管理、劳动工资和人事管理、物资管理、公安管理六个方面的交接记录,宣布烟台港务局和交通部烟台海上安全监督局成立。林祖乙副部长表示,交通部对港口工作将一如既往,一视同仁,更加关心,更好服务。这次烟台港管理体制的重要变革是:(1)从1987年1月1日起,实行双重领导、以烟台市领导为主的管理体制;(2)实行以港养港、以收抵支、财务包干的财务管理制度,"七五"后四年,包干利润以1985年和1986年两年决算利润总额平均数为基数,由国家让利14%,年度利润增长部分全部留给港口。根据测算,烟台港1986年应交财政收入合计为1 258万元。(3)将港务监督划出,组建烟台海上安全监督局,实行交通部和烟台市双重领导、以交通部为主的管理体制;(4)中国外轮代理总公司烟台分公司,实行由烟台港务局和外代总公司双重领导以港务局为主的管理体制;(5)中国外轮理货总公司烟台分公司随烟台港务局体制一并改变,实行港务局和外轮理货总公司双重领导、以港务局为主的管理体制;(6)烟台港公安局随烟台港务局体制一并改变,管理体制以港务局领导为主,公安业务实行烟台市公安局和交通部公安局双重领导,以烟台市公安局为主。烟台港与天津港管理体制改革内容的最大不同点是,天津港的利润全部用于"以港养港",而烟台港则是在确定的基数上由国家让利14%,这在很大程度上制约了港口活力的增强。

港口下放后,烟台港得到山东省委、省政府和烟台市委、市政府各方面的巨大支持和帮助,从而发展比较迅速。1994年6月,中共山东省委、山东省政府任命烟台港新的领导班子成员:朱毅任烟台港务局局长,刘先林、刘炳敏、刘延洪、石祖勋任副局长,杨国秀任总工程师,杨玉生任总经济师,于德义任总会计师;朱毅任烟台港务局党委书记,刘先林、陈江令任党委副书记,刘炳敏、刘延洪、石祖勋、尹怀惠、都新伟、孙茂海、王松贵任党委委员。1994年10月,山东省政府发文确认烟台港务局为大型(一)企业。

这次管理体制改革,是建国后烟台港管理体制第二次重大变革,其效果和作用很快显现。它对于进一步发挥中央和地方两个积极性,扩大港口的自主权,增强企业活力,加快港口的改造和建设,扩大港口通过能力,促进所在地区的改革开放和国民经济建设产生了积极的作用。港口下放后4年,烟台港共实现利润1.7亿元,为管理体制改革前26年实现利润的15倍。养港资金的增加,有效缓解了国家长期对港口建设投资的欠账和企业急需改造资金的困难。在烟台港改革发展的进程中,1987年管理体制改革起到重要的作用。

第四节　加强党的建设和思想政治工作

一、加强党的建设

烟台港紧紧围绕港口生产经营实际,从政治、思想、组织、作风上全面加强党的建设,使党组织的政治核心作用、战斗堡垒作用和党员的先锋模范作用得到较好发挥。

1978年,烟台港有基层总支和直属支部13个,党员658人;至1995年,有基层党委、总支和直属支部22个,党员2 000余名。烟台港通过各种有效形式和载体,不断加强基层党组织建设和党员队伍建设。1991年10月,港务局六届三次党委(扩大)会议召开,讨论并通过《关于提高党组织战斗力的决议》。决议要求各级党组织和共产党员自觉、完全地服从和服务于港口发展这个大局,真正把工作的出发点和落脚点放在发展港口生产、提高经济效益这个根本目的上,开拓创新,干则必成;为了达到上述目的,必须把党的工作重点放在全面提高党员队伍素质和各级党组织战斗力上。长期以来,烟台港一直按照《决议》的要求加强对党员的教育,在全体党员中深入系统地开展学党章活动,并根据港口工作进展情况编写党课教育辅导材料。每年举行全局党员教育电视片评选,生动形象地向党员进行党的宗旨教育。同时,认真落实"三会一课"、"双达标"、"党员责任区"等项制度,巩固教育成果。要求各级党组织以改革的精神参与全局的中心工作,强化服务意识,发挥保证作用,使党建工作贯穿于改革和生产经营的全过程,把生产经营中的难点、职工关心的热点,作为党建工作的重点来抓。局党委每年于"七一"期间召开全局党建工作总结表彰大会,大力表彰和推广先进基层党组织和优秀党员的先进经验和模范事迹,并广泛开展"争先创优"、"树形象、创业绩"等活动,促进党支部战斗堡垒作用和党员先锋模范作用的发挥,为党的基层组织建设带来活力。

自1979年至1995年,烟台港共召开4次党代会,对港口发展产生重要作用。1982年6月,召开港务局第四次党代会。会议回顾了烟台港在党的十一届三中全会以来的工作,要求全局振奋精神,同心同德,以建设"两个文明"为目标,加强党的建设,加强思想政治工作,搞好企业全面整顿,全面完成国家生产计划和基本建设计划,力争一年达到"六好企业"(国家、企业、企业职工三者兼顾好、产品质量好、经济效益好、劳动纪律好、文明生产好、政治工作好)的标准。此次党代会对党委领导班子组成做了重大调整,取消了党委常委,减少12名党委组成人员,组织、宣传、工会、共青团部门的中层干部第一次进入党委领导班子。会议选举产生中共烟台港务局第四届委员会,委员会由韩德润、林嘉祥、曲海亭、宋玉俊、张英湖、陈江令、裴静波7人组成;四届一次党委会议选举韩德润为书记,林嘉祥为副书记。

1987年10月,召开港务局第五次党代会。会议要求加快企业改革步伐,改善企业经营管理,推进企业升级工作,特别要加快港口建设步伐,进行企业发展战略性研究,实现港口"七五"规划。会议选举产生中共烟台港务局第五届委员会,委员会由曲海亭、朱毅、陈江令、尹怀惠、毕庶田、石祖勋、王松贵7人组成;五届一次党委会议选举曲海亭为书记,陈江令为副书记。

1991年3月,召开港务局第六次党代会。会议要求充分发挥各级党组织的政治核心作用和党员先锋模范作用,实现"一创"、"四保"、"五落实"目标,即争创全国先进基层党组织;保证党和国家的路线方针政策的贯彻,保证全局总体方针目标的实现,保持全局获得的主要荣誉称号,保证企业的社会主义方向;党建工作落实,思想政治工作落实,精神文明建设落实,群团工作落实,企业经济效益落实。会议选举产生中共烟台港务局第六届委员会,委员会由朱毅、陈江令、刘先林、刘延洪、尹怀惠、石祖勋、孙茂海、王松贵、都新伟9人组成;六届一次党委会议选举朱毅为书记,陈江令、刘先林、刘延洪为副书记。

1995年4月，召开港务局第七次党代会。会议指出，烟台港要建成现代化、国际性港口，任务十分光荣而艰巨；全局要以全新的姿态、更高的标准、严谨的作风，全力以赴搞好港口改革和建设，继续抓好各级领导班子建设，大力加强党的组织建设和党员队伍建设，大力推进精神文明建设，进一步加强对工会、共青团工作的领导。会议选举产生中共烟台港务局第七届委员会，委员会由朱毅、刘先林、陈江令、刘炳敏、刘延洪、石祖勋、尹怀惠、都新伟、王松贵、纪少波、吕波11人组成；七届一次党委会议选举朱毅为书记，刘先林、陈江令为副书记。

据统计，在1979年至1995年期间，烟台港历届党委召开党委（扩大）会议50余次，都在港口发展和深化改革的关键时刻及时把握方向，作出指导全局性的决议或决定并认真加以落实；对于企业发展的重大问题，按照程序和规定进行研究决策。

坚持以思想政治建设为重点，以“有干劲、讲团结、守纪律、勤学习”为标准，努力提高各级领导干部的政治素质和业务能力。通过提高认识、建立制度、加强监督，抓好领导干部廉洁自律；教育干部克服官僚主义作风，重视解决职工群众的合理要求，真正把职工群众的温暖放在心上。各级领导干部注意发扬艰苦奋斗精神，率先垂范，经常出现在条件艰苦的生产现场和工人一起奋战，以模范行动影响和带动职工群众。

加强党风廉政建设，树立党员干部良好形象。深化党性党风教育，落实廉政准则和其他规定，增强领导干部廉洁从政意识和拒腐防变能力，提高党员干部遵纪守法的自觉性；坚决查处违纪案件，维护企业和职工的切身利益；认真加强行风建设，促进港口经济健康发展。另外，还集中力量对领导干部在车辆、通信工具、电话费等方面的热点问题进行专项清理，并建立相关规章制度。至1999年7月，由纪委主持共清理违规小汽车43辆，收缴和封存处理小汽车46辆、小型客货两用车74辆，并制定加强车辆管理的纪律规定，发动职工对车辆使用情况进行监督。

局党委加强对工会、共青团等群众组织的领导，发挥他们在企业中的特有作用。每月坚持召开一次党政工团联合办公会议，定期听取他们的专项工作汇报，及时研究讨论群众组织工作中的重大问题，指导按照法律和各自章程创造性地开展工作。局党委专门制定《关于全心全意依靠职工群众办好企业的意见》和《关于维护职工合法权益的有关规定》，增设职工权益保障部门，使民主管理和职工合法权益保障工作进一步规范。

二、加强思想政治工作

在改革开放的新形势下，烟台港始终把思想政治工作作为重要任务来抓，组织各方面力量齐抓共管，把思想教育和解决实际问题结合起来，真心真意地尊重职工、关心职工，使思想政治工作具有说服力、感召力，促进港口各项工作顺利进行。

（1）注重围绕港口工作特点，有针对性地对职工进行思想教育，并把这种思想教育和严格管理、严格纪律结合起来，促进企业管理水平提高和港口生产建设发展。坚持引导和教育职工正确处理国家、集体和职工利益关系，顾全大局，摆正位置，处处以国家利益为重，尽职尽责地完成国家下达的生产计划。在装卸生产中，大力提高职工质量意识，广泛开展尊客爱货活动，杜绝野蛮装卸，装卸生产中出现“三多一少”局面（自觉按照标准作业的多，不徇私情、大胆管理的多，主动提建议改进工作的多，违章违纪的少）。在“天竺山轮”装花生米作业中，由于严格按照标准作业，曾得到该轮大副“世界水平、第一流”的评价。客运服务,严格落实职业道德准则和服务规范,建立各项优质服务规定。1986年一年,烟台港就收到旅客、货主和船方表扬信(意见)近1万封(条)。关心职工生命安全,围绕安全生产进行思想教育。20世纪70年代和80年代初,港口曾连续几年发生重大工伤事故,1981年、1982年两年就因工死亡5人。自1983年开始,烟台港坚持局与基层单位每月召开一次安全生产例会,利用班前会、班后会、船前会、车间会等形式向职工进行安全教育。同时,建立健全规章制度,制定26种安全生产制度和安全技术规范;各级领导干部坚持严字当头,严格要求,严格管理。自此,扭转了安全生产的被动局面,安全生产形势稳定好转。1985年、1986年连续两年无工亡事故。

(2)把思想政治工作的着眼点放在培养"四有"职工队伍上。港务局领导班子深刻地认识到,人是企业的主体,现代企业是以人为中心的管理,这就要求既要抓生产,又要抓人的思想。在实际工作中,加强马列主义基本理论教育、工人阶级主人翁意识教育和文化教育。开展军事化活动,要求职工以军人的姿态和风度参加生产劳动和集体活动,做到班前列队点名配工,上班列队出工收工,班后列队讲评总结,生产井然有序。烟台港还制定实施《烟台港保护公共财产维护公共秩序奖惩规定》、《烟台港港口治安管理暂行规定》、《烟台港职工社会道德规范》和《烟台港职工职业道德规范》等规章制度,广泛宣传,奖罚分明,实行依法治港,培养职工令行禁止、一丝不苟的严细作风。

(3)尊重关心职工,激发职工的爱港热情。始终把关心职工生活、帮助职工解决实际问题看做是"第二政治部"的工作,坚持"既讲道理又办实事、办了实事再讲道理"的原则,不断增强职工的国家主人翁责任感、集体荣誉感和企业自豪感。重点解决职工的"三难一差"问题,即:增建幼儿园,解决职工子女"入托难"问题;整顿食堂,解决职工"吃饭难"问题,食堂服务提高质量,饭菜供应做到多样化、营养型、快餐式;新建职工宿舍,解决职工"住房难"问题,职工生活区增加通勤班车,设立医务室、公用电话、水炉;改善单身职工宿舍条件,解决职工"宿舍条件差"问题,职工宿舍配备衣柜、桌椅、沙发,宿舍楼增设游艺室、电视室、图书室(图8-4-1)。烟台港特别做到在政治、经济、生活上把装卸工人摆到企业主人公的地位。在发展党员、评选劳模、选举职工代表等方面,都按照条件适当增加装卸工人的比例;在分配住房、液化气时,先从装卸工人开始;工资奖励方面,明确规定装卸工人不低于中层干部的水平;还组织工人和管理人员一起外出参观学习,共同探讨改进管理、办好企业的途径和办法。20世纪80年代初中期,烟台港务局除千方百计为职工建设住宅外,还发动基层单位建房(图8-4-2)。第一装卸公司、第二装卸公司、修建公司、动力公司等基层单位采取与市

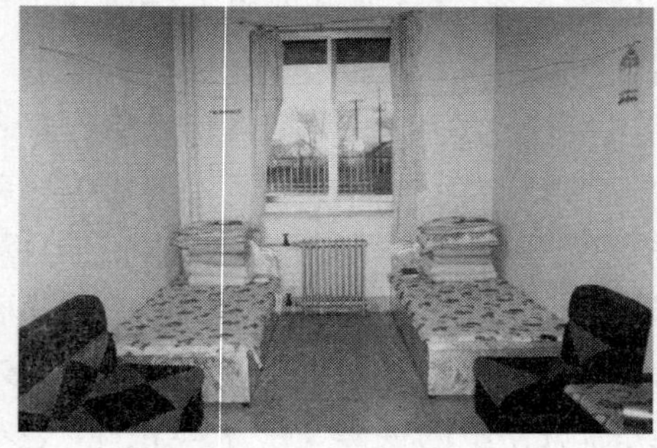

图8-4-1　单身职工宿舍

图8-4-2　海港新村职工宿舍

有关单位合作建房方式，共建设职工住宅 5.28 万平方米。1986 年、1987 年两年，有 700 余户职工搬进新居。“八五”期间，烟台港进行海港新村一期工程建设，竣工交付职工住宅 5.9 万平方米，计 944 套。至 1995 年，全港存量职工住宅建筑面积为 25 万平方米，为 1978 年的 20 倍。在港口生产发展和经济效益增长的基础上，职工收入明显提高。1995 年，职工年人均收入达到 8 368 元，为 1978 年的 13.3 倍。

(4)建立港口标志和荣誉象征。1984 年 8 月，港务局七届三次职代会通过关于烟台港港徽、港旗、港歌、港庆日的决议。港口标志、荣誉象征是全体职工意志和力量的体现，是向职工进行热爱祖国、热爱港口、热爱本职工作教育的一种好形式，对进一步增强职工港口主人翁责任感、荣誉感和自豪感产生了重要作用。为表彰海港工人建设发展烟台港的卓著功绩，根据局长朱毅提议，港务局七届职工代表大会常设主席团于 1985 年 12 月决定在港口规划区中心花坛建造海港工人铜像。1990 年 9 月 21 日，烟台海港工人铜像(图 8-4-3)与西港池一期工程竣工验收仪式同时揭幕。

图 8-4-3　海港工人铜像

(5)建立健全思想政治工作体系，积极探索新形势下思想政治工作的科学方法，生动活泼地开展思想政治工作。在工作体制上，除党委设组织部、宣传部、办公室外，又在行政序列设立宣传教育中心作为精神文明专职工作机构。在工作内容上，把培养“有理想、有道德、有文化、有纪律”的“四有”职工队伍作为根本目标和任务。在工作制度上，每月定时召开联合办公会议和局精神文明建设工作例会，对全局的精神文明建设进行研究、统筹安排和部署。在阵地建设上，全局设有 8 所党校、12 处青工培训基地和 1 个综合性图书馆，每月出版 8 期《烟台海港报》(1986 年 1 月创刊)、制作播放 2 期电视《海港新闻》，每年制作 10 余部电视专题教育片，各单位建立图书分馆、健身房、台球室和棋牌室等。在活动载体上，实施敬业爱港工程和开展做文明职工、创文明港口活动，凝聚全港职工在岗位尽职、创最佳效益，塑造港口良好形象；同时，本着“基层、业余、小型、多样”和“自娱、自乐、自教”的原则开展文体活动，全局定期举行职工田径运动会和海港之声音乐会。

1986 年，烟台港被命名为全国思想政治工作优秀企业。1987 年 4 月，中共烟台市委作出推广烟台港务局思想政治工作经验的决定，并在烟台港召开现场会议。1989 年 9 月，党委书记曲海亭被授予全国优秀党务工作者称号。1989 年 8 月，中共山东省委书记姜春云在听取烟台港务局负责同志关于加强思想政治工作的汇报后指出：烟台港两个轮子一起转，不仅好在业务上有了很大发展，有开拓，而且好在坚持四项基本原则、加强思想政治工作，这一点更有意义，是非常可贵的。

三、加强企业民主管理

烟台港认真落实职代会制度，增强工会干部、职工代表的参与意识和代表意识，支持职工代表的源头参与和源头参与后的监督。“文化大革命”结束后,1980 年 2 月,烟台港召开第五届职工代表大会,此后,每年定期召开职代会会议、团(组)长联席会议,听取和审议局长工作报告、财务工作报告,讨论决定企业发展的重要事项;先后审议通过《烟台港劳动管理制度》、《调整工资和改革工资制度实施方案》、《烟台港全员岗位合同制实施方案》、《关于剥离分流转换经营机制实施方案》、《职工医疗保险制度改革试行方案》等多项重要制度和方案;同时,加强基层单位职代会制度化建设的监督落实。支持各级民主管理工作,畅通企务公开渠道,实现了局、基层单位、车间(队)、班组四级民主管理网络和局、基层单位、车间(队)三级企务公开。以促进生产经营、重点工程建设为重点,组织开展多种形式的合理化建议、技术革新活动,发动职工群众为企业发展和改革建功立业。自 1981 年至 1995 年,职工群众共提出各类合理化建议 3 万余条,完成技术革新 1 500 余项,产生巨大的经济效益。烟台港还积极开展“全员、全方位、全过程”技能培训、岗位练兵、技术比武活动,较好地发挥了职工群众的主动性和创造性。

烟台港的民主管理和工会工作,得到上级工会组织的表彰和充分认可。1986 年 10 月,烟台港工会被授予全国“模范职工之家”称号。1988 年 10 月,局党委书记曲海亭以特邀代表身份出席中华全国总工会第十一次代表大会。局工会主席尹怀惠于 1998 年 10 月、2003 年 9 月出席了中华全国总工会第十三、十四次代表大会。

共青团组织努力抓好青年职工思想品德教育,发挥好导向功能,大力开展适合青年特点的岗位建功、青春立功活动和争创“青年文明号”、“共青团号”竞赛活动,特别针对港口生产建设中一些急、难、险、重任务,组织青年突击队开展突击活动,为港口发展作出了重要贡献。

四、海港卫士——“5.23”英雄群体

1995 年 5 月 23 日 18 时 20 分许,烟台港公安局客运站派出所值勤民警、二班班长王德利(37 岁,中共党员)在烟台港客运站售票大厅发现一手提密码箱的可疑男子,遂将这位男子领到客运站派出所值班室里屋进行盘查,遭其枪击。听到枪声后,正在外屋审查案犯的治安民警牟彦峰(23 岁,中共预备党员)意识到里屋出现紧急情况,即起身冲向里屋进行救援,也遭到夺门而逃的持枪歹徒枪击。此后,牟彦峰捂着流血的伤口向歹徒逃跑的客运广场追去,边追边喊:“抓住他!”正在广场西北角值勤的客运站派出所所长顾正泽(48 岁,中共党员)见状迅速向南追击歹徒,与牟彦峰会合。二人与烟台市民谭新军一同拦下一辆出租车沿海港路向南追去。正休班回单位的客运站派出所民警孙国明(23 岁,中共党员)见此情况,也驾三轮摩托车追去。在乘出租车追击歹徒途中,顾正泽见牟彦峰流血过多,生命垂危,遂安排司机将牟彦峰送往医院抢救,自己与谭新军继续跑步追击。孙国明驾车超过歹徒 1 米后突然向后调转车头迎面扑上去,被歹徒开枪击中心脏,扑倒在地。顾正泽、谭新军在后紧追不舍,将歹徒逼进路边一陶瓷商店。顾正泽见歹徒逃进店内,便上前把住店门,并叫谭新军打电话叫刑警大队来。顾正泽向歹徒喊话:“你跑不了了,快放下枪!”随后,又将店门外的陶瓷样品货架推向门口。这时,歹徒从门里向外疯狂射击,周围群众纷纷用砖头向歹徒砸去。在人民群众的生命安全受到严重威胁的危急关头,顾正泽撞开店门扑向歹徒,赤手与其

展开激烈搏斗，身中数枪昏倒在地。

随后，接报的烟台港公安局机关和刑警大队干警在副局长李国敏、李立明的带领下持枪赶到商店门外，芝罘公安分局干警也在局长杨志顺带领下赶到。在公安干警的包围和攻势下，歹徒走投无路，自毙身亡。顾正泽、王德利、孙国明、牟彦峰均因伤势过重，经抢救无效壮烈牺牲。

芝罘岛含悲，渤海湾呜咽。烟台港职工为失去四名优秀的共产党员、忠诚的海港卫士而万分悲痛！

“5.23”事件发生后，中共中央政法委、交通部、公安部、山东省政府、中国海员全国委员会发出慰问信（电）对顾正泽、王德利、孙国明、牟彦峰四位烈士表示沉痛哀悼，向其亲属表示亲切慰问。5月29日上午，交通部、公安部、山东省政府和烟台市委、市政府在市体育馆联合召开烟台“5.23”英雄群体命名表彰大会。交通部授予烟台港公安局客运站派出所“港航公安英雄派出所”荣誉称号，追授顾正泽、王德利、孙国明、牟彦峰“海港卫士”荣誉称号；公安部追授顾正泽全国公安系统一级英雄模范，王德利、孙国明、牟彦峰全国公安系统二级英雄模范荣誉称号；山东省政府批准顾正泽、王德利、孙国明、牟彦峰为革命烈士；交通部、公安部、山东省政府号召全国交通、公安系统广大干部职工和全省人民迅速掀起向“5.23”英雄群体学习的活动。烟台市委、市政府作出《关于命名表彰在“5.23”事件中勇斗歹徒的英模人物和英雄集体的决定》，追授顾正泽、王德利、孙国明、牟彦峰“港城卫士”荣誉称号；授予谭新军、杨泉、栾旭先、李广东、陈晓亮、王连锋6位市民“见义勇为好市民”荣誉称号；授予烟台港公安局客运站派出所“港城英雄集体”荣誉称号。

“5.23”英雄群体面对丧心病狂的持枪歹徒，置个人生死于不顾，视群众安危重如山，奋勇擒敌，前赴后继，直至战斗到生命的最后一刻。他们奋不顾身、英勇顽强的革命精神，忠于职守、敬业爱岗的优良作风，无私奉献、勤政爱民的高尚品德，感天动地，与日月同辉。他们不愧是时代的英雄。他们的壮烈业绩，在烟台市和烟台港全体共产党员和人民群众的心中竖起一座不朽的丰碑。

附件1

烟台港港徽、港旗、港歌、港庆日介绍

港徽。于1984年8月确定。港徽是以“烟台港”的汉语拼音缩写“Y、T、G”字母为图案的主体结构，Y意为海燕在空中展翅飞翔，T型像系缆桩，G表示港湾和码头，共同象征烟台港在飞跃发展。

港旗。于1984年8月确定，后于1992年6月修改。修改后的港旗由上蔚蓝下米黄两部分颜色和港徽图案构成。蔚蓝色代表大海，米黄色代表陆地，象征烟台港北临黄海、南靠陆地的特有地理位置；港徽将大海与陆地连接在一起，寓意烟台港成为水陆交通运输枢纽，标志港口日益发展壮大。

港歌。曾多次更改，后于1991年7月决定《光荣的烟台港人》（杨衍陶作词，时乐

濛作曲)为烟台港港歌。歌词为:我们眷恋浩瀚的大海,我们热爱秀美的海岸,我们光荣的烟台港人,奋斗在蔚蓝的港湾。汗水写就艰辛的创业历史,心血浇铸辉煌的时代壮观,讲开拓,求创新,我们干则必成,勇往直前,企业精神,鼓舞我们谱写新篇。我们呼唤排排门机,我们拥抱千船万船,我们光荣的烟台港人,奋斗在蔚蓝的港湾。文明服务迎送那四海宾客,安全优质引来了五洲货源,多层次、全功能、集团化的战略,指引我们,面向世界,迎接未来,走向明天。

港庆日。于1984年8月确定港庆日为每年的9月14日,为尊重历史,于1990年7月重新确定为8月22日。港庆日定于9月14日的理由是,1921年9月14日为烟台港海坝工程落成典礼的时间,此后,烟台港形成现代港湾,为港口今后的发展奠定了基础。将港庆日重新确定为8月22日的根据是,1861年8月22日,清政府在烟台港设立正式管理机构,标志港口正式开埠。这是中国近代史上发生在北方地区的重要事件,曾对改变区域性经济结构和促进城市兴起和发展起到决定性作用。1921年9月14日烟台港海坝工程落成,实为烟台港建设史上的一个工程阶段和标志日,与1861年8月22日烟台港设立正式管理机构,两者相比,把8月22日确定为港庆日更有其深刻的内涵。1991年8月22日,烟台港隆重举行开港130周年纪念仪式,当晚,在海港礼堂演出大型组歌《从历史走向未来》。

附件2

烟台海港工人铜像铭文

港务局七届职工代表大会常设主席团于1985年12月决定在港口规划区中心花坛建造海港工人铜像。1990年9月21日,烟台海港工人铜像揭幕。

烟台海港工人铜像由四川美术学院余志强教授设计,四川美术学院铸造,铜像和基座各为5米高。铜像为海港工人全身形象,面部沉稳自信、刚毅乐观,平视的双眼凝望远方,表现出对繁忙港口的深情和对美好生活的向往。基座背面镌刻着朱毅局长撰写的铭文。基座两边各立一块浮雕,反映解放前后码头工人的劳动场面。烟台海港工人铜像铭文主题鲜明、立意高远,计370余字。全文如下:

烟台港地处山东半岛北侧黄海之滨,域阔水深,岛山环抱,扼渤海,拱京津,向为海上交通要冲。传因秦皇曾三次巡幸而得名芝罘。

春秋时期烟台港即为海船停泊地。迨一八六一年设立东海关始正式对外开放。继而修灯塔,建码头,筑海坝,中外商贾云集,一度贸易称盛。然终因列强入侵、国治不力,致港口萧条,每况愈下。新中国使百年老港焕发青春,规模不断扩大,功能日臻完善,经济腹地扩展几为半个中国,海外联系数十个国家百余港口。今日之烟台港已成为我国的重要枢纽港之一。

百多年来,海港工人为建设发展烟台港,不屈不挠,历尽艰辛,用血泪和汗水铸就烟台港的历史。为纪念先辈的卓著贡献,激励后人团结奋进,烟台港务局第七届职工代表大会常设主席团于一九八五年十二月决定建立烟台海港工人铜像。凡历四载,于今落成。

愿我港职工抚今追昔，继往开来，以“开拓创新、干则必成”之精神，艰苦奋斗并世代相传，则烟台港必将更加兴旺发达而跻身于世界先进港口之林。

烟台港务局局长　朱　毅

一九九〇年元月

第九章

开创港口生产经营新局面

改革开放的春风焕发了烟台港蓬勃的生机和活力。烟台港穷则思变,精心运作,不断开拓新的运输货种和运输方式,使客货经营达到新的层次,从而推动港口快速发展。烟台港由一个地区性港口,跨入中国水运枢纽港的行列,实现发展历史上的新跳跃。

期间货物运输的特点是,外贸货物运输成为港口经济的支柱,中转运量大幅度增加,运输货类范围进一步扩大,并逐步形成基础性、支柱性货源。

同时,充分发挥烟台至大连黄金水道的客运优势,旅客和滚装车运量稳步增长、规模逐步巩固,使烟台港成为我国北方客运滚装运输的主枢纽港,为促进我国海上客运交通事业发挥了重要作用。

烟台港在发展过程中,切实把技术装备建设作为第一生产力来抓,坚持不懈地提升其技术水平和使用效益,使之成为在港口经济中活跃的、具有能动性的要素之一,较好地适应了生产经营的需要。

第一节　货物运输快速增长

一、运输货类和经营业务得到不断拓展

20 世纪 60 年代至“三年改变港口面貌”前,烟台港港口规模、通过能力、辐射面均在小港口之列,并曾一度为周边大港口的分流港。期间,烟台港年货物吞吐量一直在 70 ~ 140 万吨之间,其中外贸进口量(1968 年至 1972 年)仅为几万吨,外贸出口量仅 1961 年有 0.5 万吨;货类多为煤炭、钢铁、矿建(沙石)、木材、水泥之类。由于货物通过量小,经济效益非常低下,除去 1962 年、1967 年、1969 年亏损外,其余年份利润也只在 27 万元以下。1970 年,全港实现利润 2.7 万元,职工人均利润也只有 16 元。党的十一届三中全会以后,中央采取了一系列改革开放的方针政策,极大地解放了社会生产力,烟台港也焕发了前所未有的生机和活力。烟台港职工穷则思变,精心运作,一个一个地开拓新的货种,使货源经营不断走上新的层次,从而推动港口得到快速发展。

“六五”期间(1981 年至 1985 年),烟台港积极开展国内外货物中转业务,完善木材和

散化肥作业线工艺及设备配套，相继开展国外散化肥加工灌包中转、国外进口木材中转、散碱加工灌包中转等业务。1985 年木材接卸量创历史最好水平，达到 103 万吨。烟台地区需用煤炭一直依靠铁路由山西运进，自 1981 年以来，由于胶济铁路通过能力紧张，国家要求交通部直接安排这部分煤炭改由秦皇岛港下水，经烟台港上岸。1982 年烟台港煤炭接卸量达到 132 万吨，该地区煤炭由水上运进的这种运输方式一直持续到 1986 年。1983 年 11 月，与香港福广达公司签订散纯碱来料加工包装协议，烟台港成为首家开展此项业务的国内沿海港口。"六五"期间，烟台港货物吞吐量、外贸吞吐量分别以每年 6.4%、27% 的速度递增，1985 年分别达到了 688.7 万吨和 248.3 万吨。1983 年 8 月，交通部批准烟台港务管理局由县团级升格为局级（地师级）单位，同年 11 月，交通部批复第一、二装卸作业区为处级（县团级）单位。1985 年 11 月，第一装卸作业区、第二装卸作业区更名为烟台港第一装卸公司、第二装卸公司，为局直属处级单位。

"七五"期间（1986 年至 1990 年），由于国家相继采取一系列治理整顿的措施，压缩投资和消费需求，缓建基本建设项目，大宗货物（如建筑材料）需求量下降。因此，烟台港货物吞吐量增长速度缓慢，1988 年达到 772 万吨，其他年份一直在 600 ~ 700 万吨之间徘徊。1987 年，全国铁路实行"大包干"改革，运力好转，烟台地区煤炭改由铁路运输直达，烟台港煤炭运量相应减少。1990 年，国家化肥经营渠道放开，省级外贸部门可以直接对外经营化肥，山东省地方外贸化肥进口量随之增加，促进了烟台港化肥接卸中转业务。1988 年，烟台港新开辟集装箱运输业务，开通国内南北集装箱运输航线和烟台至日本国际集装箱班轮航线。1990 年，烟台至大连客运滚装航线开通，实现汽车渡海门到门运输；当年还建立烟台地区最大的保税仓库，开展保税仓储业务。"七五"期间，烟台港外贸货物吞吐量增速较快，年平均增长速度达到 13.3%，1990 年外贸货物吞吐量达到 463 万吨。1989 年 1 月，第一装卸公司、第二装卸公司更名为烟台港第一港埠公司、第二港埠公司。

"八五"期间（1991 年至 1995 年），受国家宏观经济形势好转的影响，烟台港生产持续快速发展，特别是从 1992 年以后，港口年货物吞吐量一直在 1 000 万吨以上。1993 年，由于受国家外贸体制调整、人民币对外汇汇率变化等因素影响，港口外贸吞吐量有所下降，主要是外贸进口总量减少。但由于国内大规模进行基本建设，钢材进口量剧增，烟台港钢材接卸量达到 98.4 万吨。"八五"期间，烟台港货物吞吐量、外贸货物吞吐量年平均增长速度达到 13.2% 和 9.1%；1995 年货物吞吐量、外贸货物吞吐量分别达到 1 210 万吨和 716 万吨。

1. 接卸散化肥

20 世纪 70 年代末 80 年代初，我国每年要从国外进口大量化肥，其中大部分散化肥先由美国运到新加坡、韩国、台湾等地灌包后再运至我国有关口岸，为此花去大量外汇。1978 年，国家经委与上海港、烟台港商定在中国港口灌包。这样，可为国家节约大量外汇，港口也有很大收益。烟台港抓住"机会"，挖掘内部潜力，主动承担来料加工业务，成为全国最早开辟散化肥灌包的港口之一（图 9-1-1）。

图 9-1-1　散化肥灌包作业

接卸当年,散化肥灌包中转6.4万吨,从此持续30余年。1981~1995年,化肥接卸量呈波浪式增长形势,一度成为烟台港的基础骨干货源。"六五"期间,化肥接卸量平均增长22.3%,1985年达到82万吨(其中散化肥30万吨);"七五"期间,平均增长18.1%,1990年达到188万吨(其中散化肥154万吨);"八五"期间,平均增长2.8%,1995年达到216万吨(其中散化肥210万吨),见表9-1-1。

1981~1995年烟台港接卸化肥情况表

单位:万吨　　表9-1-1

年份	1981年	1982年	1983年	1984年	1985年	1986年	1987年	1988年	1989年	1990年	1991年	1992年	1993年	1994年	1995年
接卸化肥	39	44	48	114	82	46	154	177	137	188	187	194	99	154	216
其中:散化肥	19	23	17	58	30	25	107	128	90	154	149	172	83	149	210

接卸加工中转散化肥业务,带来巨大的社会效益和企业效益,它填补了港口业务的空白,而且比进口袋装化肥每吨节省外汇40多美元。当时,为烟台港提供塑料编织品(散料包装袋)的企业达12个,分布在附近8个县区,从业人员2 000多人,仅1986年为国家创汇640多万美元。

烟台港化肥货源一直比较充足,曾连续几年保持散化肥接卸灌包数量全国第一。但随着全国港口货源紧张、竞争激烈,各港口先后开展化肥灌包业务,1993年已有26个港口进行散化肥灌包并公开提出与烟台港竞争,此年烟台港接卸化肥数量降到全国接卸化肥港口第3位(表9-1-2)。

1993年沿海港口接卸化肥数量表

单位:万吨　　表9-1-2

大连	营口	秦皇岛	天津	烟台	青岛	石臼所
80.1	16.9	16.2	111.5	99.4	33.8	19.7
连云港	上海	宁波	汕头	广州	湛江	海南
22.3	21.2	59.9	3.3	79.2	138.2	19.1

2. 海上驳装原油

自改革开放后,国家出口原油量年年增长,1984年达到2 223万吨,创造了原油出口量、运输量和创汇的历史最高纪录。为积极组织推销,不断扩大原油出口新市场,国家确定1985年计划出口原油3 300万吨,比1984年实际增长1 077万吨。在出口原油任务异常繁重的形势下,国家要求烟台港抓紧筹建第二过驳锚地,进行胜利原油过驳出口,以提高黄岛港2.5万吨级泊位的利用率,确保黄岛出口原油计划。

在生产能力几近饱和特别是没有石油过驳经验的情况下,烟台港克服困难,服从国家需要,积极进行各项准备工作。组织了专业原油过驳队伍,进行专门技术培训,安排骨干人员到青岛、大连港参观学习并跟班实习操作;邀请有关专家、技术人员对港口海况、海流进行综合考察,对锚地海域的水产资源进行科学论证;建立原油过驳基地,从国外引进先进的围油缆、充气垫等设备,自制必要的防污设施和机属具。烟台市副市长陈建国主持专门会议,对试验工作进行具体部署,确定过驳锚地选择在芝罘岛北部海域,试驳为面积 0.9 平方海里的范围内。期间,交通部、石油部、化工总公司、商检总局在烟台召开现场会议指导过驳工作,烟台口岸部门到作业现场解决业务问题。为了保证试驳“万无一失、务求全胜”,烟台港周密部署,详细制定作业方案,严格落实保证措施,两次进行模拟作业。1985 年 8 月 8 日,日本籍油轮“晓光丸”抵达指定锚地,先后有“大庆 16”、“大庆 85”等轮靠泊泵油,共装油 90 482 吨。“晓光丸”轮在港总停时 208 小时,实际作业时间 80 小时,未发生泄漏冒油事故。首次原油过驳出口工作组织严密、指挥得当、非常成功,受到上级部门一致称赞。同年 9 月 26 日,烟台港圆满完成“比斯卡亚”轮装出口巴西原油 95 246 吨过驳任务。此次作业各方配合默契,进展顺利,“比斯卡亚”轮船长对港口的优秀工作方法和密切合作致函感谢。1985 年,烟台港进行了原油过驳出口作业的尝试和实践,共过驳原油 40 余万吨。

为扩大货源市场,1986 年至 1993 年,烟台港还争取开展国外进口原油过驳业务,过驳小船转国内安庆、南京、武汉等地。期间,烟台港共过驳进口原油 185 余万吨。由于国家原油过驳政策发生变化,至 1994 年烟台港海上原油过驳业务告一段落。

3. 接卸灌装氧化铝

散氧化铝是一种制铝金属的原料,为白色粉剂。中国需每年从国外大批进口。由于其灌装难度大、易飘浮和污染其他物品,所以都是从国外灌装后以袋装形式海运至国内,每年要花掉大量外汇。为此,中国有色金属进出口总公司曾多次到国内各大港口探求接卸灌包,均未成功。1986 年 4 月,该公司到烟台港洽谈此项业务,经过考察协商签订协议,由第一装卸公司承接这项任务。同年 5 月 27 日,外籍“金奈德男爵”轮载 21 865 吨散氧化铝乘潮进港靠泊作业。根据协议,由货主提供氧化铝漏斗式灌装机三台、卸船用密封抓斗两台,由于漏斗式灌装机多处不适应生产实际情况、密封抓斗并不密封,第一装卸公司对其进行了多处革新改造,提高了工效和计量精度,达到预期效果。作业中,工人身穿防尘服,在高密度粉尘环境下,克服诸多困难,精心操作。7 月 9 日,第二艘“摩星岭”轮载 10 500 吨散氧化铝到港靠泊作业,取得效率提高、撒漏率降低、计量精确的好成绩。鉴此,货主单位对合理装卸工艺、工人操作技能和改造后的抓斗抓海水滴水不漏给予高度评价,并在烟台港召开现场会议。自此,烟台港接卸灌装散氧化铝业务进入一个新阶段。开始接卸当年,烟台港接卸灌装散氧化铝 12 万吨。烟台港成为国内第一个散氧化铝接卸灌装基地,成功实现国外包装向国内包装的转移。至 1995 年,烟台港共接卸灌装散氧化铝 350 余万吨(表 9-1-3)。

1986～1995 年烟台港接卸氧化铝情况表

单位:万吨　　表 9-1-3

年份	1986 年	1987 年	1988 年	1989 年	1990 年	1991 年	1992 年	1993 年	1994 年	1995 年
接卸量	12.5	24.5	16.1	28.4	57.8	75.1	75.9	49.0	47.6	16.2

烟台港在氧化铝灌装上开始是北方唯一港口,南方只有湛江港。烟台港发运氧化铝遍及整个北方省市,包括东北三省。但此后,各港也纷纷开展氧化铝灌包业务,竞争十分激烈。1993 年,氧化铝灌装港口已达 7 个,除烟台港外,青岛港灌装 25 万吨,大连港、连云港

港、湛江港各灌装10万吨,营口港灌装6万吨。东北三省所需氧化铝货物全部由营口港灌装中转;其他北方省市,一些港口采取压价竞争和铁路快速转运等措施进行有力分流。由此,烟台港氧化铝灌包货源组织十分困难,业务量随之逐渐减少。

4. 出口水泥

自20世纪90年代起,在一段时间里,因国内建筑市场和转出口需要及韩国等国家进口大量水泥,水泥运量很大。烟台港抓住时机,开发了外贸出口水泥新业务。自此,水泥运量快速上升。1990年至1995年历年水泥吞吐量达到71万吨、125万吨、131万吨、153万吨、169万吨、152万吨。

5. 接卸金属矿石

由于国内钢铁产量的增加和铁矿石产量的下降,20世纪80年代末和90年代,我国外贸铁矿石进口量一直保持较高的增长势头。1989年,烟台港开发进口铁矿石接卸中转业务,当年,完成接卸量9万吨,由此拉开烟台港接卸铁矿石的历史,延绵20余年,并成为支撑港口生产的大宗货源(图9-1-2和表9-1-4)。

图9-1-2 接卸金属矿石作业

1989~1995年烟台港接卸铁矿石情况表

单位:万吨 表9-1-4

年份	1989年	1990年	1991年	1992年	1993年	1994年	1995年
接卸量	9	16	110	106	168	237	209

6. "6.30"工程项目

20世纪80年代末,齐鲁石化公司为扩大产品出口归还贷款、增创外汇,急需在省内建立液体化工产品出口储运设施。经过积极工作,齐鲁石化公司与烟台港务局于1990年1月签订协议,决定在烟台港建设此项设施。因齐鲁石化公司方要求在当年6月30日前在烟台港运出第一船化工产品,故该项目称为"6.30"工程。齐鲁石化公司是山东省境内最大的石油化工企业,主要业务为石油化工产品及无机化工产品的生产、加工、销售、仓储、运输等。"6.30"工程项目是烟台港第一个吸引货主投资建设装卸仓储设施的项目,并由此与齐鲁石化公司形成长期的合作关系,表明烟台港经营意识和策略的转变。

"6.30"工程地址在东港区12泊位附近,改造利用几乎废弃的13号码头及后方场地。工程建设贮罐5座(容积8 000立方米)、铁路850米、鹤管84套、管线8公里、各种泵7台、水电气及污水处理设施,由齐鲁石化公司方投资1 200万元。双方商定:工程施工完毕并经验收合格后,固定资产移交港方;为保证化工产品安全顺利出口,5年内罐区及其他出口设施由齐鲁石化公司方管理使用,有关管理费用由其支付。为保证"6.30"工程项目尽快建成,双方严格责任分工,落实进度计划。经过艰苦努力,建成液体化工储罐群,配备专用铁路装车平台,储存能力近3万立方米。同年7月,与"6.30"工程相配套的铁路专用线建成,在东港区原有铁路线末端铺设道岔、专用线(化1股、化2股)及专用卸车设施,最大批次卸车量为36辆。"6.30"工程项目投产当年出口液体化工产品计1.4万吨。至1995年,烟台港共出口液体化工产品20余万吨,有环氧氯丙烷、液碱、苯等产品。

7. 三菱水泥储运出口("951"工程项目)

中日合资建设烟台三菱水泥合资项目(图9-1-3),于1991年由国家计委正式批准立项。烟台三菱水泥公司成立于1992年9月20日,由烟台市建材工业总公司、国投建化实业公司和日方合资建立,后由日本三菱综合材料株式会社、日本三菱商事株式会社、日本株式会社组合贸易、国际金融公司独资经营。该项目总投资1.35亿美元,注册资本4 809.6万美元。公司拥有一条日产3 400吨熟料、年产110万吨水泥的干法窑外分解生产线,采用世界最先进的工艺设备和技术,主要产品为硅酸盐水泥,产品70%以上出口,销往美国、韩国、东南亚等国家和地区及国内部分省市。公司产品质量控制严格。

图9-1-3　三菱水泥储运出口设施

烟台三菱水泥合资项目地处栖霞市中桥镇,距烟台港38公里,烟台港为其最佳出口港。在烟台港建设出口水泥设施的全部资金由烟台三菱水泥有限公司承担。该工程计划在1995年1月1日前竣工,故称"9511"工程,后又称"951"工程。根据其提出的运输散水泥船舶为1~2万吨级和后方仓储用地的要求,烟台港选择装船泊位为西港池21、22泊位,所需仓储用两个万吨水泥罐设置在22泊位后方190米处。按照方案设计,仓储工艺全过程配套专业化、自动化,传送设施架空设置。1994年12月,出口散水泥储存装船设施的主要部分——两座水泥筒仓竣工,每筒仓净高44.8米,可储存水泥1.5万吨。该工程储罐和输送线为全封闭,以最大程度减少对环境的污染,日装船效率为7 000吨。三菱水泥储运出口工程项目投产当年出口散水泥41.6万吨,后10年平均年出口量为89.1万吨,取得了显著的经济效益。

8. 国际集装箱运输(图9-1-4)

烟台港对集装箱运输进行了长期的探索。第一港埠公司经理马元乐、外轮代理

图9-1-4　集装箱码头

公司经理刘太忠在对烟台港经济腹地适箱货物调查后,又与一些船公司进行协商,终于开展了烟台港的集装箱运输。1988 年 8 月 14 日,烟台港第一艘国际集装箱班轮首航日本,当年作业船舶 16 艘次、吞吐量 732TEU。1989 年 2 月,由第一港埠公司、外代公司组建烟台港国际集装箱货运站专事集装箱运输。当时,作业条件简陋,一无集装箱专用泊位,只能利用杂货泊位及其后方场地装卸堆存集装箱;二无集装箱专用设备,只能采取门机吊装(有时集装箱超出门机负荷还得从箱内搬出部分货物)、两台门机吊装一个集装箱、改造门机加大吊装能力等办法装卸。国际集装箱货运站克服困难,创造条件扩大业务,于 1989 年开辟三条班轮航线,开始接转运往世界各地的适箱货物。这三条班轮航线是:烟台至日本大阪、横滨,烟台经日本神户转美、加、澳、新,烟台经香港转东南亚、波斯湾、地中海、西北欧等。1989 年作业船舶 87 艘次、吞吐量 6 939TEU。1989 年 12 月 1 日,烟台港国际集装箱货运站更名为烟台港国际集装箱货运公司。经过 7 年发展,到 1995 年开辟集装箱航线四条,其中国际航线三条:烟台至日本,烟台至韩国,烟台至香港;国内航线一条。期间,集装箱运输平均增长速度为 89. 1% ,1995 年完成集装箱吞吐量 60 018 TEU,为港口集装箱运输快速发展奠定了良好的基础(图 9-1-5)。

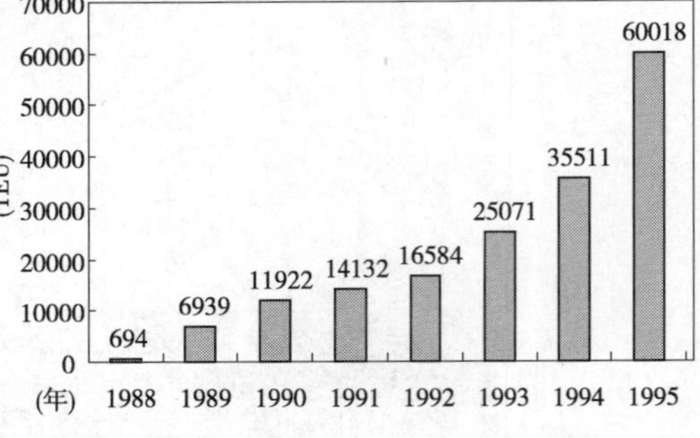

图 9-1-5　1988 ~ 1995 年烟台港集装箱完成情况表

二、揽货经营体系进一步完善

随着改革开放不断深入,运输市场对货源的竞争日趋激烈,这给港口的生存发展带来严峻的考验。优胜劣汰迫使港口改革货源经营体制,提高应变能力,以占据主动,满足港口发展的需要。烟台港较早认识到货源经营在港口发展中的重要性,认为:货物是港口生产经营的关键,开拓货源是港口生存发展的生命线。从 20 世纪 80 年代后半期烟台港就开始进行港口货源经营机构、制度及配套措施的建设,率先在沿海港口组建专业揽货队伍和经营公司,取得可喜的成果。到 90 年代前半期,烟台港散杂货运输保持较高水平,外贸货物比重不断增加,吞吐量吨收入明显高于周边港口,在一些主要货类上占有不同优势。这些,都与货源经营工作抓得早、整个货源组织工作措施有力密切相关。

长期以来,由于国家计划经济的束缚,港口货源组织工作也一直处于计划分配、坐等货源阶段,而经济形势的发展要求港口作为以一个经济组织和市场经济的主体尽快进入承揽货源阶段和培育货源阶段。因此,建立完善的、强有力的揽货组织和机制,对于烟台港来说,是一次从货源经营理念到具体组织的新的变化和尝试。

1. *建立货源保证体系*

烟台港于 1985 年 12 月决定,建立货源保证体系,以“综合治理”的办法开发货源。基本要求是:货物运输中长远规划及年度、季度计划编制由计划处负责,货商处为辅;货源组织工作由货商处牵头归口,东北、北京、山东、华北、西北工作组由货商处负责组建和领导;石油兑现由调度室负责、煤炭按月度计划组织兑现由第二装卸公司负责、黄沙按月度计划组织兑现由第一装卸公司负责并办理出口运输货票和统计;铁路装车计划组织兑现由调度室负责并成立铁路工作小组;1986 年,第一、二装卸公司应分别保证 200 万吨黄沙、100 万吨煤炭货源。此后,第一装卸公司在落实黄沙货源、组织运力集沙和建立工作规则方面开展一系列工作,并背着沙样到上海、南通、天津、大连推销黄沙,开辟新的货源市场。第二装卸公司"以质取胜",采取改进煤炭装卸质量措施,着重解决煤炭装卸过程中的"亏吨关""混票关"问题,并积极工作,由近及远吸引客户,不断拓展货源腹地。建立货源保证体系的决定,改变了装卸公司旧有的单纯生产性单位模式,适应了市场经济的发展要求(图 9-1-6)。

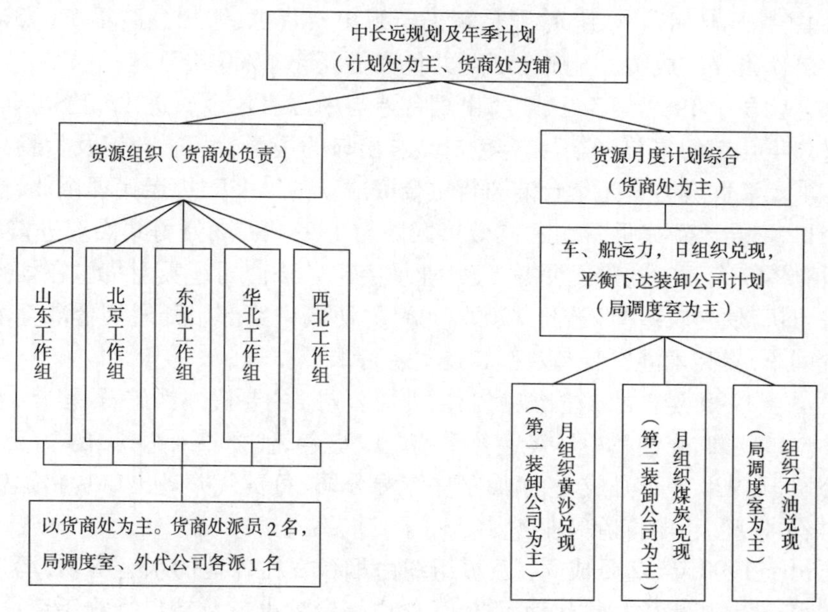

图 9-1-6　烟台港货源保证体系示意图

为进一步完善货源保证体系,局于 1991 年 1 月起建立货源例会制度,及时协调处理货源经营中出现的问题;并成立总货运室,统一港口货运计划管理,下设货运调度室和三个货运室(一、二港埠公司货运室,客运服务公司货运室)。同年 4 月,建立货源经营注册登记管理制度。管理制度规定,对有货运业务联系的单位必须进行登记注册;对在货运质量、运输服务等方面达不到货主要求或根据统一管理需要应改变注册的,可以变更注册登记。

1993 年 4 月,局进一步提出改造与完善货源保证体系的意见。主要是:(1)重新明确货源经营的方针是"疏运、价格、服务、质量","以疏运保生产,以生产保货源"。(2)整个货源保证体系是一个大的体系、大的范围,它包括以货源组织为核心及疏运、堆存、装卸、结算等多个环节,必须各个环节相衔接。(3)为适应经济环境的变化,揽货主体应当完成由货商处向港埠公司的过渡,货商处应实现职能根本性转变。揽货主体应当是经营公司。局里要逐步实现由微观管理向宏观管理的过渡。(4)建立本地运输市场,成立运输交易所。届时各经营公司的本地货主注册自行撤消,各经营公司作为受托方进行交易。(5)港埠企业是支撑港口大厦的主要支柱,要把主要精力来支持一线生产和港埠企业的发展。这些措施的提出和实施,对统一货源经营机构和全体工作人员思想及行为,进一步改造与完善货源保证体系建设、提高货源经营能力产生了积极影响。

2. 建立货运代理服务机构

在不断完善货源保证体系的同时,烟台港注重建立货运经营实体,从而使整个货源保证体系更加敏捷有力。这些经营实体负责货源经营开发,实行一个门办事,办理货物运输全部手续,为货主提供全方位服务。自"六五"初期到"八五"末期,烟台港成立"风""华""正""茂"等10余个货运经营公司,在港口生产经营中起到举足轻重的作用。

华海公司于1985年4月成立,是烟台港最早成立的一个货运经营公司,隶属第一港埠公司,负责代办水路运输,兼营建筑材料、计划外木材等。该公司率先走出港门,吸引货源到港,对走向市场起到示范作用,特别是积极组织出口货源,增加到港重车,为调整港口货源进出口比例作出突出成绩。至1995年,共揽取货源计1 700余万吨。

鑫海联合公司于1989年7月成立,由烟台港与中国有色金属进出口公司合资组建,负责烟台港进口氧化铝的包装、转运和有色产品进出口的报关、报验、仓储及货物到港后的各种费用结算。鑫海联合公司是烟台港与货主合资成立的第一家货运代理企业,这种货运代理企业是港口稳定经营、发展货源的有效形式。至1995年,该公司共代理进口氧化铝350余万吨、铜精矿40余万吨的货运业务,经营业绩突出。该公司还吸引货主在烟台港投资购置氧化铝灌包机、铁路轨道衡(造价120万元),并协调铁路部门开通烟台港至淄博生产厂家自备车皮列车,提高了港口装卸效率和技术装备水平。

风海公司于1990年2月成立,隶属第二港埠公司,主要代办铁矿石、粮食、水泥、钢铁、矿建等货物港口装卸、仓储及中转等业务手续。1995年,代办收入达到164万元。

正海公司于1990年3月成立,隶属第一港埠公司,负责代办进出口货物运输、装卸、仓储、中转及报关报验、租船订舱等业务。

茂海公司于1990年12月成立,负责组织由烟台发往各地的水运货物,承揽全国各港口至烟台的水运货物;提供货物代理服务,代办由烟台港出口及转口货物手续;提供在烟台港的国内船舶代理服务等。

振海公司于1993年4月成立,隶属第二港埠公司。主营进口化肥的港口装卸、包装、仓储转运、保税转口,代理进口货物报关、报验等。1995年度,该公司准确分析市场动态,扩大进口化肥市场占有率,完成进口化肥组货量145万吨,为港口增加营业收入7 000余万元。当年,加上华海公司揽取的化肥货源,烟台港共接卸加工进口散化肥210万吨,在沿海港口中稳居化肥货源市场占有率第一的位次。

三、跨入中国水运枢纽港行列

1981年至1995年间,港口发展迅速,货物吞吐量由1980年的506万吨上升到1995年的1 210万吨;外贸货物吞吐量由1980年的75万吨上升到1995年的717万吨。烟台港由一个以前主要靠装运黄沙等货物而生存的地区性港口,跨入中国水运枢纽港的行列,实现历史上的跨越。此期间,烟台港货物运输呈现四个特点:一是外贸货物增长迅速,外贸货物运输成为港口经济的支柱。1988年至1989年外贸货物吞吐量占总货物吞吐量的比例为40%~50%,1990年之后一直保持在50%以上,1991年达到77%。二是中转货物大幅度增加,先后开展了散化肥来料加工中转、散碱加工灌包中转、进口木材中转、海上原油过驳等中转业务,港口运输功能得以放大。三是货物运输范围进一步扩大,在巩固传统的散杂货及旅客运输的基础上,开展了集装箱和客运滚装运输业务。四是逐步形成基础性、支柱性货源。期间,烟台港的主要货类为化肥、水泥、金属矿石,这三大货类1990年以后占到港口总吞吐量的近50%，成为烟台港的主导货源(图9-1-7和图9-1-8)。

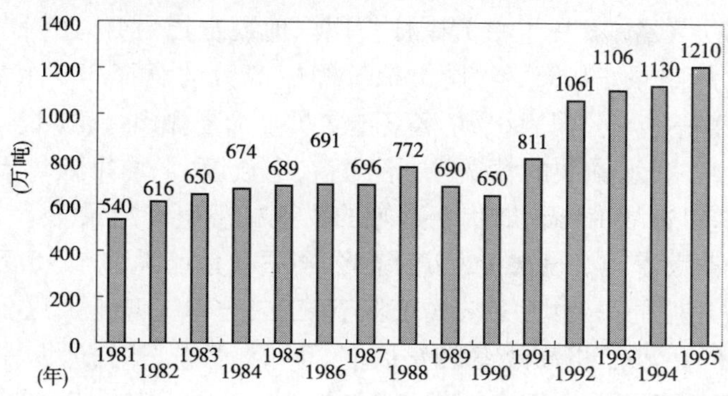

图9-1-7　1981～1995年烟台港货物吞吐量完成情况

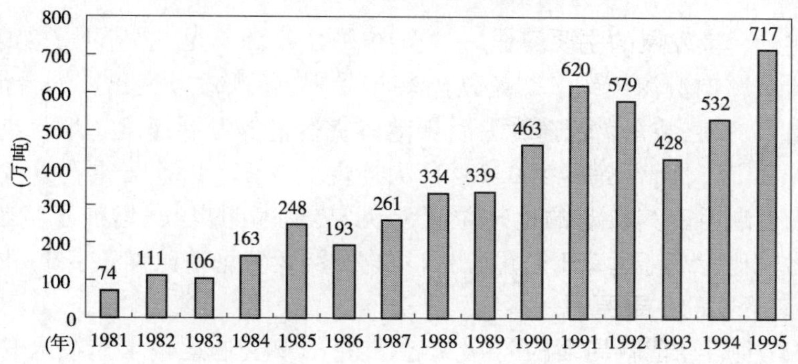

图9-1-8　1981～1995年烟台港外贸货物吞吐量完成情况

港口生产的快速发展推动了营运收入和经济效益迅速增长。“六五”至“八五”期间烟台港主要经济指标增长情况见表9-1-5。

烟台港主要经济指标平均增长速度情况表　　表9-1-5

时　期	货物吞吐量(%)	外贸吞吐量(%)	旅客客运量(%)	营运收入(%)	实现利润(%)
“六五”时期	6.4	27	7.1	18.7	24.1
“七五”时期	—	13.3	2.4	26.3	13.8
“八五”时期	13.2	9.1	7.7	24.9	12.1

烟台港1981年至1995年间完成吞吐量在全国沿海主要港口中排位有12年在10位次前后，3年在12位次。1988年全国沿海十大港口完成吞吐量情况及位次见表9-1-6。

1988年全国沿海主要港口完成吞吐量情况表　　表9-1-6

位次	港口	货物吞吐量(万吨)	外贸货物吞吐量(万吨)	位次	港口	货物吞吐量(万吨)	外贸货物吞吐量(万吨)
1	上海	13 320	2 779	6	天津	2 109	1 667
2	秦皇岛	5 812	1 868	7	宁波	2 002	520
3	大连	4 853	3 451	8	湛江	1 531	649
4	广州	4 735	1 224	9	连云港	1 114	690
5	青岛	3 109	1 513	10	烟台	780	334

在开拓货源经营、完成装卸任务的过程中,烟台港职工以国家主人翁的责任感和奉献精神,奋力拼搏,努力工作,发挥了中流砥柱作用。他们吃苦耐劳,连续作战,特别能战斗,不断创造和刷新生产纪录。1995 年,局组织装卸生产劳动竞赛 300 余次,创造生产纪录 28 项。同年 9 月,第一港埠公司组织 50 名突击队员参加麦伽山号轮(载 11.8 万吨铁矿粉)港外锚地减载作业,在淡水紧缺的情况下,不洗脸、吃盒饭,平均每人每天只在甲板或通道上睡 4 个小时,创造了奋战 13 天、卸货 5 万吨的锚地减载生产纪录。第二港埠公司先后 9 次刷新散肥、散糖、散大麦台机班次昼夜记录和公司昼夜散肥灌包 1.15 万吨纪录。在接卸“凯思天空号”轮袋化肥的作业中,一公司四队五班、二公司三队十一班分别创造班次卸货 626 吨和 608 吨的作业纪录,提高效率 30% 以上。同时,引航、外轮理货、外轮代理、动力、机修、通信、公安、后勤服务等单位坚持全港一盘棋原则,全力以赴支持一线生产,发挥了强有力的保障作用。

期间,影响烟台港发展的主要问题,一是港口泊位水深不足,适应不了船舶大型化发展趋势的要求,严重影响货源组织。二是铁路装车受限,瓶颈效应突出。烟台港货源结构特殊,进口大于出口,铁路装车增长速度滞后于港口货运量的发展速度。烟台港 1993 年进出口比例达到 2 ~ 3.5∶1,而青岛港为 0.23∶1,大连港为 0.32∶1,连云港为 0.5∶1,天津港为 0.47∶1。三是烟台港由于其特定的地理位置所决定,运输距离长,增加了货物运输成本费用。如,铁路运输比青岛港远 131 公里,出口货物铁路运费每吨比青岛多 9 ~ 12 元。这是没有大宗稳定出口货物的主要原因。

在开创港口生产经营新局面的同时,烟台港将军事交通运输工作纳入其中,丰富和发展军事交通运输正规化建设的内容,创新工作思路,完善工作机制,圆满完成部队演习、新老兵转运、弹药物资运输等军事运输任务。在济南军区多次重要军事演习中,烟台港实施立体化综合管理,提供强有力装运保障,运输保障效果突出,得到部队领导机关“军民团结,胜利之本”“积极参演,保障有力”的高度评价。同时,坚持贯彻国防要求,为军事交通运输提供有力的技术装备保障。烟台港完成的“滚装连接桥贯彻国防要求”科研项目获得全军军交运输和交通战备优秀科技成果奖。烟台港多次被交通部、总后勤部评为军交正规化建设先进单位,被国家国防动员委员会、济南军区交通战备领导小组、交通部、山东省政府评为交通战备工作先进单位。

第二节　旅客运输取得长足进步

一、重要的水上客运枢纽

渤海湾天然形成的“C”字形地理结构,使烟台与大连的公路里程达 1 640 多公里,而海运里程仅有 89 海里(合 159 公里),优越的地理位置使烟台至大连航线成为连接东北与山东半岛乃至华东地区的重要水路通道,其客流量一直呈稳定增长的趋势。山东半岛与辽东半岛物产丰富,经济发达,都是中国经济发达和发展迅速的地区,而且经济文化交流频繁。特别是通过铁路和公路,烟台至大连航线可连接东北和山东乃至华东地区。该海上航线客源腹地辽阔,加之改革开放的不断深入,为人口和物资流动创造了特别优越的条件。

改革开放前期烟台港的来往客流有如下特点:(1)客流成分季节性变化十分明显。春运期间,主要是民工、探亲的旅客和学生;暑运期间,主要以游客为主;而在平时则以因公出差、做生意、探亲等为主。(2)民工是春运客流中的最大成分。自改革开放以来,大量的农村剩余劳力经烟连线外出打工,形成若干次民工潮。到20世纪80年代后期,民工已成为烟台港春运客流的最大成分。经烟台港去东北各地的民工,大多来自山东中西部及安徽、河南、苏北等经济相对落后的地区。由于进入冬季后活路减少,民工结队返乡过春节;春节过后又集中返回东北。而随着山东等沿海城市经济的发展,东北、内蒙古东部来关内打工的人也大量增加。党的十五大召开后,国有企业改革用人制度,实行减员增效,造成民工客流在一定程度上减少。(3)探亲客流一直是重要成分。山东与东北三省自古以来就有深厚的历史渊源,山东人自古有"闯关东"的习惯。现在东北地区,祖籍山东的人员占有相当大的比例。由于这种亲缘关系,烟连航线成为连接山东与东北两地旅客探亲访友的重要纽带。(4)旅游客流成为新的重要客源。随着物质生活的不断改善,利用假期外出旅行成为人们追求的一种生活时尚。在烟台港的暑运客流中,以旅游为目的的旅客占大多数。尤其随着双休日的实行和法定节假日的增多,旅游客流所占比重在不断上升。(5)学生也是不可忽视的成分。东北地区高等学府众多,山东、江苏、河南、安徽及其他地区的学生大多数取道烟连线上学返家。(6)其他人员成分在不断增加。因公出差、参观及个体商贩、做生意的旅客呈逐年增多趋势。

由于改革开放不断深入和国内经济发展,烟台港旅客和滚装车运量稳步增长,运量规模逐步巩固,成为我国北方客运滚装运输的主枢纽港。"六五"期间,烟台港旅客进出口量增长较快,到1985年达到169.9万人次,年均增长率为7.1%;"七五"期间,烟台港旅客进出口量增长较为平稳,1990年达到191.2万人次,年均增长率为2.4%;"八五"期间,烟台港旅客进出口量增速加快,1995年达到277.1万人次,年均增长率为7.7%,较全国沿海港口平均增长水平高出一个百分点。15年间,烟台港旅客进出口量平均每年递增5.7%,1995年较20世纪80年代初期增长1.4倍。1990年,烟台港开通滚装车运输航线,经过5年发展,1995年滚装车进出口量突破10万辆,年均增长66.7%。期间,烟台港旅客运量在全国沿海港口中基本保持在第6位,成为全国沿海港口中的客运大港,为促进我国海上客运交通事业发挥了重要作用。需要说明的是,以上旅客进出口量和滚装车进出口量均不包括烟台地方港和救捞局码头的业务量,而这两个码头虽然自1993年才开展客运滚装业务,但至1995年旅客进出口量和滚装车进出口量已分别达到39.5万人次和10.2万辆,由此可见烟台至大连海上客运业之盛(表9-2-1)。

烟台港"六五"至"八五"期间分航线旅客进出口量统计表

单位:万人次　　表9-2-1

年份	合计	烟台—大连		烟台—龙口—天津		其他	
		小计	比重(%)	小计	比重(%)	小计	比重(%)
1981	113.9	110.6	97.1	3.3	2.9		
1982	122.1	118.7	97.2	3.4	2.8		
1983	124.7	120.9	97.0	3.0	2.4	0.8	0.6
1984	133.7	129.3	96.7	3.4	2.5	1.0	0.8
1985	169.9	164.1	96.6	5.0	2.9	0.8	0.5

续上表

年份	合计	烟台—大连		烟台—龙口—天津		其他	
		小计	比重(%)	小计	比重(%)	小计	比重(%)
1986	195	185.7	95.2	7.9	4.1	1.4	0.7
1987	226.9	215.0	94.8	10.3	4.5	1.6	0.7
1988	234.8	224.5	95.6	9.1	3.9	1.2	0.5
1989	215.3	206.6	96.0	8.6	4.0	0.1	—
1990	191.2	182.5	95.4	8.7	4.6		
1991	215.7	204.3	94.7	11.4	5.3		
1992	270.3	253.7	93.9	16.6	6.1		
1993	271.8	256.0	94.2	14.7	5.4	1.1	0.4
1994	259.3	248.7	95.9	10.1	3.9	0.5	0.2
1995	277.1	263.7	95.2	12.7	4.6	0.7	0.2

从表9-2-1可以看出,"六五"及"七五"初期烟台港旅客进出口量增势迅速。从1981年旅客进出口量110万人次开始,达到200万人次只用了6年,增长率为12.2%。此后,1995年旅客进出口量达到277.1万人次,用了9年,增长率为2.5%。

烟台港客运滚装运输进出港比例比较合理。从15年间旅客进出港情况来看,进出口量大致持平,各年度进口总量与出口总量基本保持在1:1。1990年至1995年滚装车进出口比例,前三年为1:1,后三年为1:1.1,出口量略高于进口(图9-2-1)。

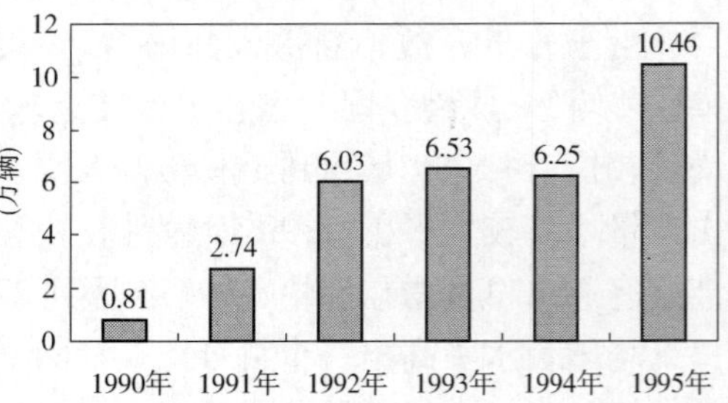

图9-2-1　1990～1995年烟台港滚装车进出口量情况

烟台港把全心全意为旅客服务作为根本宗旨,坚持服务标准,落实服务规范,抓好购票、候船、上下船三个重点环节,定期召开旅客座谈会和定期对旅客进行抽样质量调查制度,围绕提高服务质量,大力开展"五讲四美"和"优质服务"活动,对重点旅客提供长廊"雷锋车"、折叠式"姊妹车"等服务,受到广大旅客广泛称赞。烟台港客运站多次被交通部评为部级优质运输先进集体、文明客运站。1991年1月烟台港客运服务公司(后更名为烟台港客运总公司)成立后,认真推行以服务质量标准化、服务管理规范化、服务过程程序化为内容的"三化"目标管理,文明服务,礼貌待客,广泛开展多种形式的优质服务竞赛活动,努力搞好站容站貌,为旅客提供良好的旅行环境。客运服务公司被交通部评为交通系统两个文明建设先进集体,客运服务公司客运站被交通部评为文明客运站,被烟台市评为"十佳窗口单位"。

二、新型运输方式和国际客运航线

1. 滚装运输

为适应人们对海上客运快速、方便、舒适的需要,渤海湾客运船舶逐渐向高速化、滚装化的方向发展。滚装运输作为一种新型运输方式,在港口是通过设在船岸之间的连接设备由汽车实现的。与原有的运输方式相比,具有显著优越性:一是,长期沿用的件杂货海运方式,需经过出入港、理货、贮存和码头前沿吊装吊卸等作业工序,运输环节多,周期长。而滚装运输则在简化港口作业,缩短货物运输周期的同时,保证了运输质量。二是,在港口方面,由于把垂直提升的装卸技术改变成水平连接船岸的通道技术,大幅度减少了码头前沿设施的造价,提高了装卸效率和泊位通过能力。三是,由于缩短了船舶停泊时间,使船舶航行率和单船客运、货运生产能力大为提高,改善了船舶的营运效益。

1989年1月17日,随着天鹅轮首航烟台—大连航线成功,渤海湾第一条客运滚装船运输线正式投入运营,标志着我国海上运输新工艺的成功实现。天鹅轮是大连轮船公司从丹麦引进的当时全国最大、最豪华的客运滚装船,总吨位7 988吨,航速16节,载客1 100人。随后的“天鹏”、“天鲲”两轮相继投入营运。这些客运滚装船一般都在船艏或船艉设有可以开启的大门或吊桥,供汽车“滚”进“滚”出(图9-2-2)。

进入20世纪90年代后,国家对渤海湾海上客运市场实行放开政策,客运业竞争日趋激烈。至1999年,烟台航驶辽东半岛之间的海上客运企业已达10余家,共有各种客轮31艘,其中大部分是滚装客轮。期间,运输市场混乱、无序竞争情况十分严重。由于地方加入运输的滚装客轮多为二手旧船,加之管理不善,造成事故频发。1999年11月24日,“大舜号”客运滚装船自烟台地方港开出后在烟台牟平养马岛东部海域翻沉,造成282人遇难,为震惊中外的海难事件。

图9-2-2　客运滚装运输码头

为改变运力老旧短缺、船型滞后的不利局面,大连海运集团公司于1995年后相继购进客滚船“棒棰岛”、“海洋岛”轮投入烟连线营运。“棒棰岛”和“海洋岛”轮是由荷兰GN船厂采用20世纪90年代世界先进造船技术和工艺建造的豪华客运滚装船,船舶总吨位15 560吨,船长134.8米,航速20节,客位937个,可装载小汽车215辆或货车80辆、小车15辆。

2. 高速客轮运输

1992年9月15日,由大连远丰轮渡有限公司购进的双体高速客轮“飞鱼”轮首航烟台港。此后,由大连海运集团公司购进的高速客轮“海鸥”、“海燕”轮,烟台海运总公司购进的高速客轮“新世纪”轮也先后投入烟连航线。高速客轮“海鸥”轮是大连海运集团公司在挪威订造的豪华高速双体客船。该轮拥有客位400个,航速33节,正常气候条件下,从烟台到大连仅需2小时40分钟。该轮拥有世界先进水平的防摇装置MDS系统,客舱配有闭路电视和豪华航空座椅。高速客轮的投入营运,大大缩短了航行时间,满足了人们外出旅行对高速化、舒适化的要求,为繁荣东北和山东两地的经济和交流起到重要的作用。

“八五”末,烟台港至大连客运航线运营的客轮达到17艘,其中常规客船4艘,客滚船9艘,高速客船4艘;烟台地方港和救捞局码头至大连客运航线运营的客轮为6艘,其中客滚船4艘。从旅客需求上来讲,常规客船满足了较低消费水平旅客的需要,高速船满足了旅客对时间的要求,客/车滚装船满足了货主的需要,基本做到不同船型互相补充、合理搭配。

3. 国际海上客运航线

"六五"至"八五"期间,烟台港开辟了国际海上客运航线。

1983年4月,巴拿马籍"北欧宝珠"轮首航烟台港,新辟国际旅游航线。以后,又有"金奥德萨"轮加入这一航线。两轮每轮载客400余人,航线不固定,每年的4~11月,从韩国的釜山以及香港、青岛等地驶至烟台。

1993年8月,烟台港开辟烟台—韩国釜山定期国际客箱班轮航线,由烟台真星公司"黄海"轮营运。该班轮航线每周一班,周四自烟台开航,周日返回烟台;航程514海里,航行时间27小时。1995年12月,烟台—韩国釜山航线改由烟台中韩轮渡有限公司"紫玉兰"轮营运。该轮系德国制造的超豪华客/箱运输船,载客392人,载箱293TEU,航行时间26小时。

三、港口客运基础设施得到不断完善

为适应客流增大、航班频繁和运输方式改变的需要,烟台港的客运设施建设进入不断完善和发展的时期。

1. 改建1号客运泊位和南岸客运泊位

1979年,交通部海洋局发出《关于对港工土建设备维护和技术改造的通知》,烟台港相应提出"1号泊位浮码头"及"南护岸"两项结合维修的技术改造方案。1980年7月,交通部批复同意烟台港对客运浮码头进行全面改造和将"南护岸"改建为南岸客运码头。

1号泊位即客运浮码头,于1956年由两只老旧趸船改建而成。因使用年限过久,船体锈蚀严重,且船体甲板负荷较小,不能承担货物装卸。因此,长期以来,客货轮无法靠泊作业,使用率很低,维修却很频繁。1981年5月,烟台港首先将客运浮码头移到西南河口附近,对一号客运泊位进行全面改造。改造后的码头采用重力式混凝土方块结构,总长140米,水深-6.2米。该工程1981年5月开工,1982年5月竣工,工期短,投产快,没有过多的配套设施,总投资226万元。1号泊位用于烟连航线主要船型天山、天华轮直接靠泊上下旅客和装卸货物,增加年发送旅客能力20~25万人次,并与2号、3号客运泊位一起构成新的客运区。

南护岸原是二十世纪初期的水工建筑物(驳岸),因其地处港口东南角而得名,岸线长度255米,为当时唯一可资利用改造的岸线。改建后的南岸客运码头为两个重力式码头,一个作为客运码头,一个作为港作船码头(图9-2-3)。码头水深-6.2米,自1号泊位顺岸向东设置,交角为85度;端头设长20米、宽8米、水深-5米的小突堤式码头的预留段,以备将来建设工作船码头用。工程于1983年4月开工,1984年5月竣工,由港务局修建公司施工。

2. 建设客滚船码头

烟台港客滚船码头工程是以"天鹅"号客滚船为设计船型,适应渤海湾地区开展滚装运输的需要而建设的一座专用客滚船码头（图 9-2-4）。该码头是在东港池南岸客运泊位东端小突堤基础上向港内延伸而成。

图 9-2-3　南岸客运泊位工程施工中

图 9-2-4　客滚船码头联接桥

1984 年 4 月，交通部在大连召开渤海海峡滚装运输会议，决定在烟台至大连线开展滚装运输，要求大连港和烟台港配套建设客滚船码头。烟台港决定利用位于港内南端、西南河口西侧、已建成的 80 米突堤式港作船码头（宽 8 米）向外延伸 80 米，形成 162 米长的窄突堤码头，其西侧作为客滚船码头，东侧作为工作船码头。码头采用重力式混凝土方块结构，总长 162 米，宽 8.1 米，设计水深 -6.9 米。工程包括接长突堤码头 80 米和在码头根部安设滚装联接桥一座，以及相应的港池挖泥。主体工程由港务工程公司承担施工。该工程于 1989 年 5 月竣工。

3. 建设烟台港国际客运站

烟台港原客运站为 20 世纪 70 年代初所建，候船厅仅 3 000 平方米。进入 90 年代后，烟台港客流量发展较快，日均客船达到 4 至 6 艘。由于开船时间大多在 20 时前后，候船时间集中，每天候船厅内旅客拥挤不堪；时逢雪天和雨天，很多旅客只能在广场候船，条件非常艰苦。另外，客滚船码头距离候船厅 600 米远，旅客上下船要横穿 3 个泊位，造成客、货、车交叉的不合理局面。再加之城市对外进一步开放和国际海上客运航线的开辟，使国际客运站的建设成为必然。

国际客运站（图 9-2-5）位于客滚船码头南部后方陆域和市区西南河入海口一段河面上，建设客运站房、汽车存放场、道路等，与客滚码头共同构成完整的客货滚装运输设施。工程的建设规模按年旅客发送量 90 万人次、汽车 10 万辆、吞吐货物 20 万吨的能力建设。总投资严格控制在 3 300万元以内。建筑总面积为 19 162 平方米，其中国际旅检厅 1 712 平方米，国内候船厅 2 875 平方米，售票厅 535 平方米，地下停车场 2 993 平方米。国际客运站工程于 1995 年 12 月建成，其中国际客运站旅检厅

图 9-2-5　烟台港国际客运站

于1996年6月,国内候船厅和售票厅于1997年1月投入使用。国际客运站设备先进,环境优越,为旅客提供了极大的旅行方便和舒适的候船环境。

4. 建设汽车轮渡码头

汽车轮渡码头是黑龙江同江至海南岛三亚的国家公路主干线的重要环节。为搭建起经大连跨越渤海海峡至烟台的海上桥梁,交通部于1994年批复同意在烟台港四突堤北侧建设汽车轮渡码头。该工程于1995年5月开工,1996年12月竣工,1997年2月通过验收。

该码头位于芝罘湾西岸、烟台市三里桥东、烟台港四突堤北侧根部。汽车轮渡码头工程新建5 000吨级汽车滚装专用泊位两个,并配套建设相应港池航道及停车场2.8万平方米,进出港道路1.1公里。设计吞吐能力为年到发车辆38万辆次、吞吐滚装货物95万吨。为满足远期发展的要求,码头结构按万吨级荷载考虑设计,采用高桩墩台式结构型式,工程分为靠船墩、工作平台、引桥、人行钢桥、引堤五部分,工程总投资6 301万元。泊位序号自东向西分别为71、72号。码头主体工程由交通部第一航务工程局第一工程公司施工,港池、航道工程由天津航道局第二疏浚工程公司施工,道路停车场、房建等工程由烟台港务工程公司施工。但由于该工程项目进出码头航道较窄且水深不足、通航条件差,加之周边海上养殖对船舶航行影响较大等多方面原因,船公司客轮不愿停靠,致使71、72号泊位10年来一直没有使用。

截至"八五"末,烟台港拥有客运泊位10个,码头岸线总长1 253.4米。其中专用滚装泊位为K1、K2、K4泊位及三里桥汽车轮渡码头两个泊位(71、72号)。K1泊位双向联接桥、K4泊位联接桥和71、72泊位联接桥最大设计通过能力均为50吨(表9-2-2)。

烟台港客运泊位长度及水深表(1995年)　　表9-2-2

泊位编号	长度(米)	水深(米)
K1(客滚船客运泊位)	160	-6.2
K2、K3(南护岸客运泊位)	266	-6.2
K4(改建1号客运泊位)	141	-6.2
K5	112	-6.2
19	112	-6.2
18	126	-7.2
71、72(三里桥汽车轮渡码头)	165	-6.5
南码头	153	-1.6

第三节　技术装备水平明显提高

一、技术装备得到更新换代

装卸设备是先进技术、先进材料和先进工艺的载体,是港口效率的重要影响因素,是港口生产力最活跃、最具能动性的要素之一。因此，烟台港在其发展过程中，把港口技术装备建设切实作为第一生产力来抓，坚持不懈地提升其技术水平和使用效益。

1981 年，烟台港拥有主要装卸设备 164 台套、船舶 11 艘（其中拖轮 6 艘，总功率 13 070 千瓦；驳船 3 艘，总吨位为 2 600 吨）。至 1995 年，主要装卸设备增至 446 台套，为 1981 年的 2.72 倍；船舶增至 26 艘（其中拖轮 12 艘，总功率 46 542 千瓦；驳船 9 艘，总吨位 7 500 吨），船舶总功率和总吨位分别为 1985 年的 3.56 倍和 2.88 倍。

期间，烟台港装卸转运的主要货种为矿石、化肥、粮食、水泥、煤炭和其他件杂货。这些货物的装卸效率与设备尤其是重点装备的接卸能力及技术性能紧密相关。1981 年，烟台港拥有重点装备 106 台，其中轮胎式起重机 33 台，门座式起重机 14 台，5 吨以上铲车 42 台，5 吨以上轮胎式装载机 9 台，出仓用推扒机 6 台。至 1995 年，烟台港拥有重点装备 312 台，较 1981 年增长 2.94 倍，其中 16 吨以上轮胎式起重机 63 台，门座式起重机 47 台，5 吨以上铲车 97 台，5 吨以上装载机 52 台，推扒机 26 台。新增浮式起重机、液压曲臂吊运机、正面吊运机、轨道式龙门起重机、4.5 吨牵引车、液压挖掘机、斗轮堆取料机七种装卸设备 33 台套（表 9-3-1）。

1981 年和 1995 年烟台港装卸机械拥有量比较表

单位:台　　表 9-3-1

<table>
<tr><th rowspan="2">序　号</th><th rowspan="2">设 备 名 称</th><th rowspan="2">规 格 型 号</th><th colspan="2">1981 年拥有数</th><th colspan="2">1995 年拥有数</th></tr>
<tr><th>数　量</th><th>小　计</th><th>数　量</th><th>小　计</th></tr>
<tr><td rowspan="5">1</td><td rowspan="5">轮胎式起重机</td><td>8～15t</td><td>21</td><td rowspan="5">33</td><td></td><td rowspan="5">63</td></tr>
<tr><td>16t</td><td>6</td><td>58</td></tr>
<tr><td>20t</td><td></td><td>1</td></tr>
<tr><td>36.5t</td><td>6</td><td>3</td></tr>
<tr><td>40t</td><td></td><td>1</td></tr>
<tr><td rowspan="2">2</td><td rowspan="2">汽车起重机</td><td>5t</td><td>1</td><td rowspan="2">1</td><td></td><td rowspan="2">2</td></tr>
<tr><td>8～16t</td><td></td><td>2</td></tr>
<tr><td>3</td><td>浮式起重机</td><td>63t</td><td>2</td><td>2</td><td>1</td><td>1</td></tr>
<tr><td>4</td><td>液压曲臂吊</td><td>9～12t</td><td></td><td></td><td>3</td><td>3</td></tr>
<tr><td rowspan="5">5</td><td rowspan="5">门座式起重机</td><td>M5－30</td><td>3</td><td rowspan="5">14</td><td></td><td rowspan="5">47</td></tr>
<tr><td>M10－25</td><td>11</td><td>20</td></tr>
<tr><td>M10－30</td><td></td><td>10</td></tr>
<tr><td>M16－30</td><td></td><td>16</td></tr>
<tr><td>M32</td><td></td><td>1</td></tr>
<tr><td rowspan="3">6</td><td rowspan="3">龙门式起重机</td><td>5t</td><td></td><td rowspan="3"></td><td>3</td><td rowspan="3">10</td></tr>
<tr><td>10t</td><td></td><td>6</td></tr>
<tr><td>40t</td><td></td><td>1</td></tr>
</table>

续上表

序号	设备名称	规格型号	1981 年拥有数		1995 年拥有数	
			数量	小计	数量	小计
7	正面吊运机	40t			1	1
8	铲车	2~2.5t		55	5	148
		3t	13		46	
		5t	36		81	
		6t			9	
		10t	6		5	
		15t			1	
		40t			1	
9	装载机	2t	6	15		52
		5t	9		29	
		6t			1	
		7t			4	
		8.15t			5	
		11.5t			13	
10	牵引车	1t	19	38		81
		2t	19		72	
		4.5t			9	
11	推扒机	BD2F	6	6		26
		D31P-18			17	
		D3BLGP			1	
		TB70			5	
		TB(S)70			3	
12	推土机	$200m^2/h$			1	1
13	斗轮堆取料机	取 600 堆 1 000			2	2
14	液压挖掘机	$0.8\sim1m^3$			9	9
总计			164		446	

新增的重点装卸设备开创了烟台港散杂货装卸的新局面。36.5 吨轮胎式起重机投入使用，结束了 20 吨以上件杂货不能装卸运输的历史；轨道式龙门起重机的投入使用，则使装火车的生产效率较轮胎式起重机提高数倍；1987 年引进的 KLD85Z 轮胎式装载机和 1989 年引进的卡特皮勒 980C 轮胎式装载机，技术水平均为当时世界最先进的，具有运行故障率低、效率高、装载货物量大的特点，为港口矿石、化肥、粮食的倒搬作业立下汗马功劳，显著提高了港口的装卸效率和效益。装卸设备的更新换代，进一步解放了港口生产力，有效提高了企业竞争能力。

为了完善设备管理，保障设备具有良好的技术性能，烟台港根据《全民所有制工业交通企业设备管理条例》和交通部有关设备管理法规的要求，先后制定实施《烟台港务局机电设备管理办法》、《烟台港务局机电设备技术改造工程招（议）标管理办法》、《烟台港设备润滑管理措施》、《浮吊管理规定》、《关于龙门吊行走制动管理的暂行规定》、《烟台港设备评优细则》等10多项设备管理规章制度。在设备管理的过程中始终坚持推行“针对性维修”管理模式，保证了设备技术状态的完好，并开创了港口设备实施计算机管理的先河。

二、专业化设施发挥重要作用

烟台港拥有散化肥灌装生产线24条，其中从德国进口的固定作业线6条，英国进口的流动作业线4条，国产及自制的流动作业线14条。昼夜散肥灌装能力可超过1.5万吨，为国内沿海港口之最（图9-3-1）。散化肥灌装基本工艺是：门机→漏斗→皮带输送机→导料槽→分料漏斗→皮带机→灌包机→上垛（装车）。

图9-3-1 散化肥灌装生产线码包设备

另拥有散水泥装船专用生产线一条，为烟台三菱水泥有限公司出口散装水泥储存装船的工程设施，年装船能力70万吨，船型为5 000吨级至35 000吨级。其装船工艺为：散装水泥车→受料斗→BE1斗式提升机→分料器→AS1空气斜槽+圆筒仓1和AS2空气斜槽+圆筒仓2→AS3～AS8空气斜槽和AS9～AS14空气斜槽→AS15空气斜槽→BE1斗式提升机→BC1带式输送机→BC2带式输送机→装船机。

烟台港对散化肥灌包机、氧化铝灌包机进行过多次革新改造，使其技术性能、作业效率、计量精度达到当时国内领先水平。尤其是采用电子装置检测计量手段，对所有氧化铝灌包机、散化肥灌包机安装电子计量称，实现计量精度的电子监控，使计量合格率达到99%以上，同时，对龙门起重机安装电子钩头称，使货物装火车实现计量精度二次抽检，实现以技术为保障的质量效益型发展目标。

1991年，海港机械厂自行研制50吨滚装连接桥，用于港口客货滚装运输。同时，客滚船专用客梯、移动叉车、行包货物机动托盘的投入使用，结束了客梯人力移动、行包货物人力搬动的历史。此外，电子售票系统的投入使用，使客运管理逐步实现计算机化。

三、信息化建设建立起良好技术基础

随着港口生产规模的扩大，烟台港于1985年提出计算机信息管理技术规划。经过10余年的发展，烟台港计算机应用水平达到中级阶段。至1995年，烟台港信息化建设进入了系统集成阶段，以IBM9370中型交换机为核心，搭建烟台港局域网，形成了以ORACLE关系型数据库为主、Foxbase数据库为辅的计算机网络信息系统（表9-3-2）。运行在烟台港局域

网上的信息管理系统有港口生产管理信息系统、船舶代理管理信息系统、人事劳资管理系统、

烟台港"六五"至"八五"期间主要装卸工艺表

表 9-3-2

序号	货　名	操作过程	操　作　方　法
1	二铵、尿素(散)	船—库场	舱内(抓斗)—门机—漏斗—传送带—库 自动灌包机—铲架码垛
2	二铵、尿素(散)	船—场	舱内(抓斗)—门机—岸铲斗—库
3	生铁、石块	船—岸	舱内(抓斗)—门机—岸
4	生铁、石块	船—场	舱内(抓斗)—门机—拖车—吊车上垛
5	废钢	船—岸	舱内(抓斗)—门机—拖车—吊车上垛
6	废钢	船—岸	舱内(抓斗)门机—岸
7	砂、石子、煤	船—岸	舱内(抓斗)门机—岸
8	砂、石子、煤	岸—船	岸—门机—抓斗入舱
9	二铵、尿素(袋)	船—场	舱内(人力网兜)—门机—拖车—吊铲上垛
10	二铵、尿素(袋)	船—场	舱内(人力网兜)—门机—拖车—铲架上垛
11	二铵、尿素(袋)	船—车	舱内(人力网兜)—门机—拖车—吊车入车
12	二铵、尿素(袋)	场—船	垛(垛上成组吊)—拖车—门机—入舱
13	二铵、尿素(袋)	库—船	垛(垛上成组铲架)—拖车—门机—入舱
14	二铵、尿素(袋)	库—车	库(铲架拆垛)—拖车—吊车—入车
15	二铵、尿素(袋)	场—车	场(铲架拆垛)—拖车—吊车—入车
16	二铵、尿素	场—车	货位吊车拆垛直接入车
17	钢材	船—场	舱内(人力捆钩)—门机—拖车—吊车上垛
18	钢材	场—船	场(人力捆钩)吊铲—拖车—门机—入舱
19	木材	船—场	舱内(人力捆钩)—门机—拖车—吊车上垛
20	木材	船—场	舱内抓具—门机—拖车—吊车上垛
21	木材	船—岸	舱内抓具门机—岸
22	百杂货	船—库	舱内人力装盘—门机—铲车入库
23	百杂货	船—库	舱内人力装盘—门机—拖车—人力码垛
24	百杂货	库—船	库(人力装盘)—拖(铲车)—门机—人力装舱
25	集装箱	船—场	舱内(人工协助)—门机—铲车—场
26	集装箱	场—船	场铲车—拖车—门机—入舱
27	集装袋	场—船	场吊车—拖车—门机—入舱
28	集装袋	车—船	汽车—门机—入舱
29	煤、矿粉 (适用21泊)	船—场	门机—漏斗—传送带—堆取料机上垛
30	燃油(适用12泊)	船—罐	船上油泵—输油管—油罐
31	燃油(适用12泊)	罐—船	罐区油泵—输油管—船

设备管理系统、物资管理系统和财务管理系统六个管理软件,涵盖了港口生产所涉及的

调度、库场、财务、人事、劳资、作业票统计、物资管理、船舶停时统计、吞吐量统计、设备管理等50多个工作内容，有力提高了港口生产运作效率，也建立起信息化建设良好的技术基础。

四、铁路管理登上新台阶

烟台港自铁路通车后，铁路管理实行以青岛铁路分局为主的办法，具体运作是由铁路方面将车皮送进拉出，货位通过港口调整解决。港口方面对铁路的管理，自1976年至1981年由一、二港埠公司(装卸作业区)分段负责，各设3个看铁路道口和扳道的辅路班组。1981年7月，烟台港成立铁路管理队，迈出了港口铁路正规化管理的第一步。铁路管理队由一、二港埠公司原附路班组合并组成，单位类型为小型(二)，行政由一公司代管，业务由局调度室统一安排。铁路管理队的成立，初步实现统一的专业管理，对加强与铁路方面的对外联系、落实岗位工作职责，减少责任事故等起到良好作用。1990年1月，西港池一期工程铁路建成通车，该铁路由第二港埠公司接管并成立铁路管理队。至此，全港铁路形成由一、二港埠公司两个铁路管理队分段管理的局面。

1991年12月，烟台港成立铁路管理办公室，主要负责港内铁路规划、建设和管理(暂归口局规划设计处)，局修建处、规划办有关铁路方面的业务划归铁路管理办公室。此后，烟台港积极引进国家铁路的管理模式、规章制度和设备设施。在青岛分局、烟台火车站的支持下，烟台港自1992年1月29日起实行铁路工务自管，港口铁路管理登上新台阶。1992年5月，烟台港购进2台GCY—350型铁路轨道车。从此，烟台港拥有了铁路机车，并相应增设机车司机、机车修理工、连接员三个铁路工种。一、二港埠公司相继将铁路管理队更名为铁路作业站，下设站部、修理班和三个作业班次，实行三班二运转，形成正规铁路基层单位的雏形。

1993年1月，铁路管理办公室从局规划设计处划出，更名为烟台港铁路管理处。此后，烟台港积极开展完善铁路队伍和铁路功能工作，并从急需解决的港内铁路建设工程和铁路维修养护工作入手，成立铁路工务工程队。工务工程队承接了港内铁路维修养护工作(原为青岛铁路分局工务段托管)，使铁路的技术状况保持在一个良好的水平。

在铁路建设方面，烟台港于1994年相继完成东、西港池铁路联络线和西港池1~3股铁路联络线等铁路建设工程，解决了东、西港池铁路和港区内股线不能连通等难题，使港口铁路形成相互连通的网络，铁路车辆可调到各股线作业，极大方便了港口铁路车辆调动和装卸车作业。1995年，烟台港又购进2台GCY—350型铁路轨道车，进一步增强了港口铁路牵引力，基本满足一、二港埠公司各自调车作业的需要(表9-3-3)。

烟台港“六五”至“八五”期间铁路装卸车情况表　　表9-3-3

期　间	年均装车(车)	日均装(车)	年均卸车(车)	日均卸(车)
“六五”期间	7 233	20	3 917	11
“七五”期间	24 595	67	6 315	17
“八五”期间	54 591	150	20 730	57

第四节　迅速发展的“八五”时期

一、制定比较完整的港口发展五年规划及修改规划

经过“六五”“七五”时期的努力，烟台港各方面的工作都有较大发展，拥有了良好的基础和阵地。进入“八五”时期，随着国民经济治理整顿的基本完成，国家转为以发展为主的阶段，交通运输是国家扶持和发展的重点。在这种形势下，烟台港制定实施港口发展“八五”规划。这是烟台港首次在广泛集中基层单位和部门意见的基础上，制定的比较完整的港口五年发展规划。规划涉及到主要任务和发展目标、经营开发和生产组织、港口建设和技术改造、企业改革和对外开放、企业管理、技术进步、港口秩序、环境保护和卫生防疫、劳动保护和卫生防疫、职工生活10余个方面。

“八五”规划确定的指导思想是：大力弘扬“开拓创新，干则必成”的企业精神，积极实施“多层次、全功能、集团化”发展战略，发挥港口优势，壮大经济实力，使港口在各个方面有一个较大较快发展。奋斗目标是：1995年，货物吞吐量和旅客进出口量分别达到1 000万吨和300万人次，分别比1990年增长53.8%和50%；营业收入和实现利润分别达到2亿元和6 000万元，分别比1990年增长60%和42.9%。五年内，投资规模计划达到8.64亿元，其中自筹资金2.2亿元。这些数字，显示烟台港进入一个新的发展阶段，将实现新的飞跃。

经过1991年至1992年的努力，烟台港货物吞吐量、营业收入等主要指标提前实现港口发展“八五”规划的奋斗目标。为适应经济发展要求，抓住机遇，进一步实施港口发展战略，港务局决定重新确立“八五”后三年的行动纲领，于1993年1月作出修改港口发展“八五”规划的决定。修改调整的主要内容是：(1)发展目标。1995年货物吞吐量达到1 200万吨(原为1 000万吨)，比1990年增长79.6%(原为53.8%)；1995年营业收入达到3亿元(原为2亿元)，比1990年增长123.9%(原为60%)；1995年实现利润达到6 800万元(原为6 000万元)，比1990年增长60.6%(原为42.9%)。(2)经营开发。修改为：积极开拓市场，扩大生产业务范围，实行多元化、集约化经营，在稳定发展港埠业的同时，扩展其他行业领域，在“八五”末期形成具有港埠业、航运业、仓储业、建筑业、工业、通信业、物资供销、代理服务、商业饮食服务业、农业、金融、文教卫生、房地产业等多产业结构。(3)增加一些内容。如，1995年港口生产总值达到1.6亿元，比1990年增长90%；以及港埠业、航运业、仓储业、代理服务业营业收入和工业、建筑业产值等。修改后的港口发展“八五”规划，对于烟台港来说，体现着追求更高目标的希冀，也展示出实施扩张发展的激情。

二、港口全面发展的五年

经过5年艰苦努力，烟台港比较圆满地完成“八五”规划及1995年计划指标，港口生产和经济效益明显提高，经济实力和竞争能力得到增强。实际执行结果是：1995年，货物吞吐量达到1 210万吨，其中外贸吞吐量716万吨，分别比1990年增长86%和45%；旅客进出口量达到277万人次，比1990年增长45%；营业收入和实现利润分别达到4.1亿元和4 200万元，分别比1990年增长200%和74%。五年内，投资规模达到6.4亿元。“八五”期间，是

烟台港历史上前所未有的快速发展时期。1992 年,烟台港被评为中国 500 家最大服务业企业之一。1995 年,烟台港被评为"中国的脊梁——国有企业 500 强",位列第 285 名,为港口企业第 7 名。

在港口主业快速发展的同时,生产辅助单位也拓展思路,积极寻找本行业发展的突破口和增长点,提高生产能力,扩大企业规模,成长为港口企业群体中的重要成员。

1. 港务工程公司

经过不断发展壮大,先后取得港口与航道工程施工总承包二级、房屋建筑工程施工总承包二级、预拌商品混凝土专业承包二级、市政公用工程施工总承包三级等资质,多次参与国家和地区重点工程施工,多项工程被评为优质工程。1995 年,建筑产值达到 6 900 万元。

2. 轮驳公司

拥有固定资产 8 000 多万元和全回转拖轮、常规拖轮、驳船及运输船舶 30 余艘。主要业务包括港口服务、劳务输出和海上运输。具有劳务外派和海外工程承包资质。1995 年,船舶货运周转量达到 2 000 万吨公里。

3. 海港机械厂

拥有固定资产 610 万元。从事机修、制造、机加工、热加工、外轮航修等业务,形成完整的生产经营体系,成为从主要面向港内服务逐步拓展到港外、主要以修理为主发展到以产品制造为主的设计生产企业。形成以大吨位抓斗、客滚联接桥、卸车机等钢结构件及装卸设备、工业泵等为主导产品的企业,大型起重设备维修在山东省占有很大的份额。1995 年,工业产值达到 3 000 万元。

4. 海湾实业发展公司

于 1992 年 4 月成立,是集科、工、贸为一体的企业集团,主体部位在烟台港及烟台市黄务镇卧龙民营经济园。主要从事国际国内贸易,组织生产塑编产品、塑料餐具、环保餐具及房地产开发等,拥有 13 个紧密层企业。创业之初即按照"以贸易为先导,以实业为基础"思路开展多种经营。年营业额曾达到 3 亿元,实现利税 1 400 万元。

5. 海港房地产开发公司

于 1993 年 1 月成立,先后完成海港新村职工住宅小区、烟台国际客运站、三里桥客滚配套设施改造及商品房开发等工程建设任务。

6. 海港医院

20 世纪 90 年代前期,烟台港建设海港医院新院(占地 3.2 万平方米,建筑面积 1.36 万平方米)并投资 1 000 多万元购买先进医疗设备,在烟台市医疗界处于领先位次。1994 年 5 月,烟台海港医院新院正式开业(图 9-4-1)。1994 年 10 月,通过烟台市卫生局对"二级甲等医院"的评审。海港医院围绕"立足本港,稳定周边,开发农村"和"小综合、大专科"的思路,积极采取引进人才、合作、融资等措施,业务发展迅速,专科建设初见成效,在社会的影响力、竞争力逐步提高。1995 年,医疗工作量达到 9.4 万人次,对外部收入达到 256.6 万元,分别比 1990 年增长 4.2% 和 313.8%。

7. 水运技工学校

于 1979 年 9 月经交通部批准成立,初设在几栋经过改造的老仓库内。为改善办学条件,烟台港投资购买原烟台芝罘区党校校址,学校于 1989 年 10 月由港区搬迁至只楚镇小沙埠。学校以培养中级技术人才为主,后又设立职业中专、中专、大专。1993 年 3 月,达到二类技工学校标准,同年 10 月被烟台市教委确定为市级重点职业学校。山东省劳动和社会保障厅于 2004 年 12 月批准水运技工学校为山东省重点技工学校(图 9-4-2)。

图 9-4-1　海港医院

图 9-4-2　水运技工学校校舍

"八五"时期,由于过度强调"多产业结构"、"多元化"、"全功能",加之经营管理措施不落实、监管不力等原因,致使在港口发展中出现一些问题。这一点,在多种经营问题上尤为突出。1995 年之前,全港大搞"三产",出现失控现象,除少数盈利外,大多亏损,形成多起经济纠纷,严重影响港口正常的工作秩序。1995 年下半年,港务局对几年内兴办的"三产"企业进行清理整顿,实查明"三产"企业为 103 个,其中未经局批准擅自成立的 38 个,占全部"三产"企业的 37%。据报表统计,亏损企业 37 个,亏损额 439 万元;盈利企业 44 个,盈利额 123 万元;盈亏相抵,亏损 316 万元;共有债权 2 520 万元(其中大部分为"死账"),债务 3 707万元,损失巨大。这次清理整顿,注销"三产"企业 52 个,强化管理保留的"三产"企业 51 个,同时采取了一些针对性管理措施。尽管如此,"三产"问题仍然延续若干年,不仅给企业造成巨大经济伤害,也给企业职工造成重大思想伤害。

第十章

总体布局规划与西港池开发建设

改革开放后，烟台港根据港口生产快速发展需要，加快了西港池规划和开发。为了使港口建设规模和布局更加科学合理，烟台港于1989年至1991年编制了《烟台港总体布局规划》。这部规划是交通部审批的全国第一部港口规划和范本，它为烟台港发展绘制了宏伟蓝图、制定了建设步骤、奠定了法律基础。

"六五"期间(1981～1985年)，烟台港争取国家投资完成了西港池起步工程——西围埝工程和后方场地填筑工程，拉开了西港池开发序幕。1985年至1990年，完成了西港池一期工程；1992年至1997年，完成了西港池二期工程。至此，烟台港泊位通过能力达到1 221万吨/年，在港口设施设备硬件上保障了港口生产持续发展。

第一节　烟台港总体布局规划

一、编制背景与筹备工作

1989年3月，全国交通工作会议提出"大力加强规划和前期工作"的任务和建设项目以规划为依据的要求。当年6月，交通部颁发了《关于进一步加强公路、水运、交通建设前期工作的通知》，明确要求"沿海主要港口的总体布局规划，经由部和省(区、市)人民政府联合审批后，作为建设项目的实施依据"。全国主要海港于1989年上半年先后行动起来，或组织专门机构，或安排专业部门和人员，纷纷开展了港口总体布局规划的筹备、编制工作。

1989年4月，烟台港成立了局主要领导和相关部门负责人组成的港口建设规划委员会，随后成立了港口建设规划委员会办公室(简称规划办)，具体负责编制《烟台港总体布局规划》(简称《总体规划》)及相关事宜。对该项工作，局责成总经济师杨玉生牵头组织实施。

烟台港一方面派员赴北京到交通部水运规划设计院(简称水规院)，就委托该院承接编制进行磋商，初步确定了工作程序，草拟了规划大纲及准备资料的要求，讨论了双方如何协调配合等问题。另一方面，积极与烟台市府及市经济研究中心联系，争取支持和帮助。1989年7月27日至30日，烟台港与市府办公室、市经济研究中心联合举办了"港口发展与沿海经济讨论会”,参加会议的有关领导和专家共60余人。会议就烟台港总体布局及芝罘湾规划布置进行了深入论证探讨。这次会议为编制《总体规划》,从理论和舆论宣传方面做了准备工作,争取了市领导和相关部门支持。

二、送审本的编报与审查

1989年10月,烟台港正式委托交通部水规院编制《烟台港总体布局规划》。水规院组成该规划编制组后,立即到烟台港开展工作。烟台港抽调部分经济和工程技术人员会同水规院编制组进行《总体规划》编制工作。交通部水规院和烟台港规划办经过半年的工作,对烟台港经济腹地各省、市进行了全面调查,对芝罘湾岸线进行了实地勘察,对烟台市海岸线进行了系统分析,全面系统地研究了港口的性质和功能,明确了港口发展总体建设目标,按5年(1995年)、10年(2000年)和30年(2020年)等三个时间段,提出了具体规划目标和建设要求,拟出了三个规划方案。随后,多次到山东省和烟台市有关部门和单位广泛征求意见。1990年4月,依据交通部2月份颁发的《港口总体布局规划编制办法》进行了文字编写和制图工作,完成了《总体规划》草稿。

1990年5月,烟台市召开“烟台港总体布局规划汇报会”,市府副秘书长迟焕然主持了会议,市人大城乡委、建委、计委、规划处等部门有关负责人,烟台港有关局领导和处室负责人,水规院和规划办有关编制人员共20余人出席了会议。烟台港和水规院有关负责人对《总体规划》有关问题和要点作了汇报。会后形成了会议纪要,原则上肯定了《总体规划》并提出了重要修改意见。经过2个月的修改、补充,由水规院于7月印制成100套送审本。烟台港规划办编写了《烟台港总体布局规划编制说明》,介绍了《总体规划》的编制过程和主要内容,随《总体规划》送审本同时分送烟台市府及相关部门。

1990年8月,烟台市召开第42次市长办公会,专门研究《烟台港总体布局规划》。会议基本同意《总体规划》送审本,并确定了修改原则和要注意做好的工作。经过一个多月的修改和工作,烟台市府拟文《关于呈批〈烟台港总体布局规划〉的报告》,报请山东省人民政府审批。同时,烟台港拟文《关于呈批〈烟台港总体布局规划〉的报告》于10月23日上报交通部审批。

交通部对第一个报批的烟台港总体布局规划十分重视,于1990年11月29日在北京对《总体规划》送审本组织了专家预审会。会议提出17个问题,要求对《总体规划》进行补充说明并形成《补充材料》。烟台港规划办与水规院有关人员经过半个月努力完成了《补充材料》草稿并报送交通部。交通部于1990年12月19日在北京召开了《补充材料》汇报会,交通部、水规院和烟台港规划办有关人员参加了会议。会议提出九条补充意见,要求进一步修改、完善《补充材料》。12月28日,《补充材料》按要求修改、补充后,再送交通部、山东省府、烟台市有关部门。

1991年2月1至4日,交通部和山东省在北京联合召开《烟台港总体布局规划》审查会。参加会议的有国家计委、建设部、交通部、山东省和烟台市有关部门,以及有关铁路、港口、设计院等30个单位的领导、专家和工程技术、规划管理人员及烟台港有关人员等60余人。会议指出,《烟台港总体布局规划》和《补充材料》送审本“基本符合交通部颁发的编制办法,具有一定深度,会议原则同意。认为再进一步修改、完善后可以报请交通部和山东省

烟台港总体布局规划图（1991年4月）

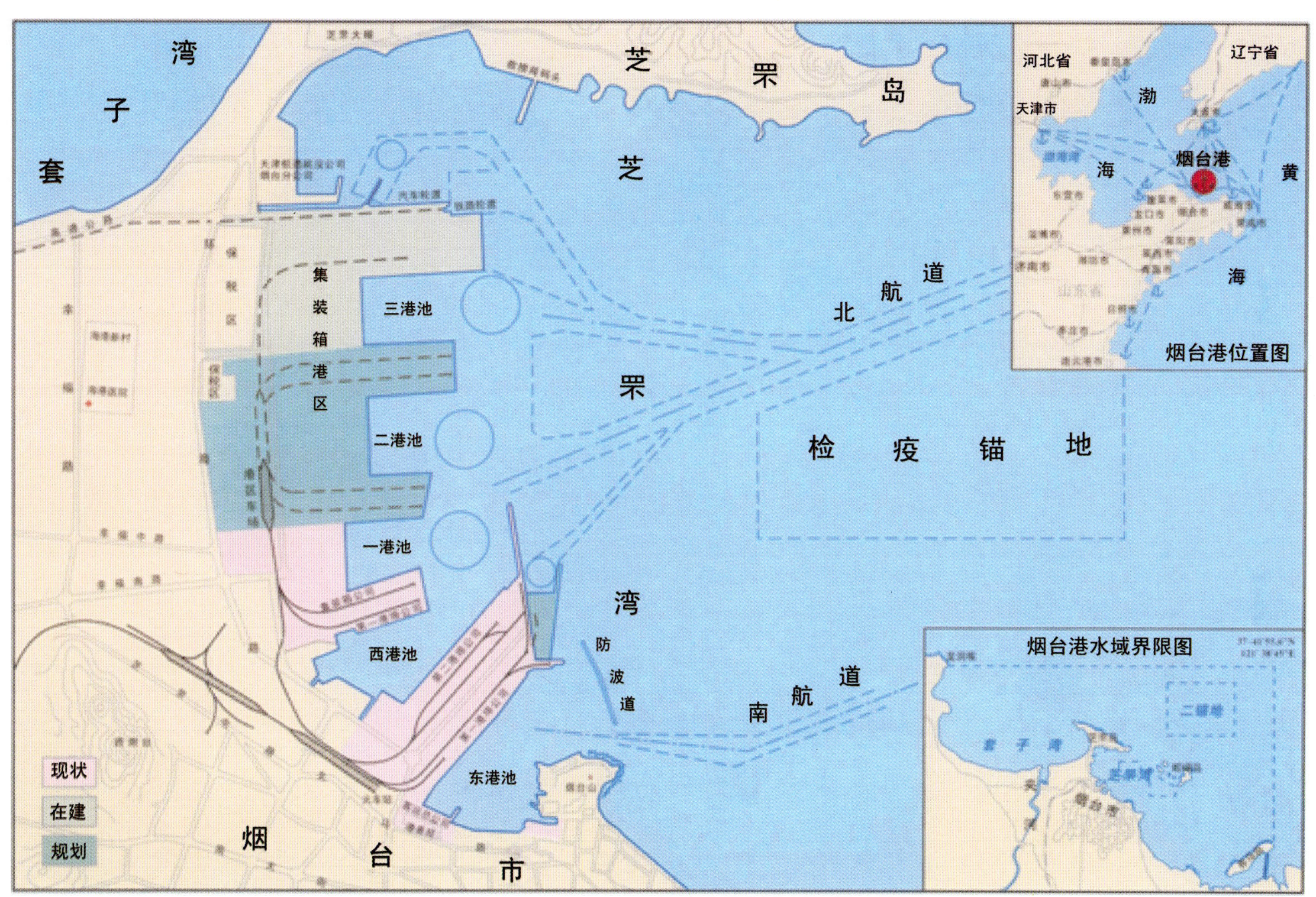

人民政府审批”。会议提出8条主要审查意见。

会后,烟台港与烟台市有关部门进行联系沟通,于1991年2月26日邀请烟台市规划处、电业局、自来水公司、环保局等4部门有关领导,召开了“烟台港总体布局规划修改协调会”。会议结合2月4日“审查会”提出的问题进行了研讨协商,多年累积的难题取得共识、得以解决,并签署了会议纪要。会后,烟台港与烟台市4部门办理了有关文件。至此,“审查会”提出的问题皆协调解决。

三、报批本的编报与批复

1991年3月7日至13日,烟台港派员赴北京与水规院研究确定《总体规划》报批本编写大纲,后到交通部请示确定了报批程序和工作日程。3月中旬,水规院周子文、傅金芳来烟与烟台港研究《总体规划》报批本草稿,并确定报批本修改由烟台港负责,报批本署名为烟台港务局,不再用联合署名。烟台港对报批本草稿进行了大幅度改写和重写,并送烟台市和山东省有关部门征求意见。

1991年3月21日至23日,交通部阎庆彬、刘鹏、任红等三人来烟召开《总体规划》批复意见专题会议,市政府杨金镜副市长和相关部门领导及烟台港有关人员出席会议,会议拟定了“批复要点讨论稿”。

1991年3月底,烟台港拟文《关于请转报〈烟台港总体布局规划〉的报告》送烟台市府审查后,由市府转报山东省府。4月初,烟台港分两路报签。一路赴北京到交通部呈送《总体规划》(报批本),请部审批。4月4日,交通部黄镇东部长在批复文件上签字。另一路赴济南到省府呈送《总体规划》(报批本),请省府审批。4月10日,山东省常务副省长李春亭在批复文件上签字。

1991年4月11日,交通部和山东省府联合发文《关于〈烟台港总体布局规划〉的批复》。该批复共9条,扼要地将《总体规划》中的九部分(十章)主要内容写入文件。

批复文件主要内容为四部分。(1)烟台港的作用与评价:烟台港在山东半岛北部港口群体中发挥着主导作用,是全国14个沿海开放城市的港口和港站主枢纽之一。(2)烟台市海岸利用:自马山寨至龙洞嘴的海岸线划分为七段,确定了港口发展岸线有二段,包括芝罘湾南部至三里桥7公里岸线作为港口发展岸线,柳林河口至龙洞嘴近22公里作为预留港口发展岸线。(3)港区水、陆域界限划分。①港区水域界限:从龙洞嘴灯塔向东至N37°41′55.6″,E121°38′45″,再以此点向南至养马岛东北连线以内水域为烟台港港区水域范围。水域范围内设有第一、二引航检疫锚地,避风锚地和油轮过驳锚地,并确定4个锚地控制点坐标(插图)。②港区陆域界限:以烟台山脚海关街北端为起点(A),沿海关街向南至阜民街(B),沿阜民街向西经(C)与北马路相交(D),沿北马路向西经(E)与海港路相交(F),沿海港路向北至港务局东港池南大门(G)。自港务局东港池南大门向西沿港区围墙至边防检查站西围墙(H),沿边防检查站西围墙向北至邮电码头前(I),沿路向西北经(J)至粮油码头门前(K),再向西与环海路相交(L),沿环海路向北经(M)至三里桥(N)。自三里桥沿环海路至芝罘岛东端暂作为未定港界。以上向海一侧属港区陆域,并确定港界(烟台山至三里桥)各点的控制坐标值(烟台城建坐标系)。(4)烟台港要加强规划工作,尽快提出规划港区内与港口发展无关单位的专项搬迁规划,经烟台市人民政府审批后组织实施;划定自三里桥沿环海路至芝罘岛东端港界;研究预留新港区具体位置,尽快研究围埝造陆方案,安排好港区地质探测、防波堤建设等前期工作,确保港口总体布局规划实施、管理。(5)自本文下达之日起,在西南河口以东至烟台山港区范围内,根据港口功能和发展需要逐步调整。在西南河口至三里桥港界内不得再新建与规划港口无关的其他永久性建筑物;必须建的临时性建筑物,在港口规划实施时应无偿拆除。批准的港口总体布局规划由烟台市人民政府和烟台港务局监督实施。如需修改或调整,必须经批准机关审查同意。此外,还有同意港区功能划分、船型预测、港区公路铁路布置和供电、给排水、通信等配套设施布局等。

1991 年 5 月上旬,烟台港规划办公室按交通部新要求,对《总体规划》(报批本)进行了个别文字修改加工,依据最近空中摄制的烟台市区照片重新制图、绘图、着色,按交通部要求编制、打印、装订成册,并派人赴京呈送交通部最后审定。

1991 年 5 月 17 日,交通部最后审定了《总体规划》(报批本),并确定了印刷规格、式样、颜色等精装本格式要求。烟台港于 6 月 20 日在深圳赶印完毕,并将 100 套《总体规划》精装本派人送到交通部。交通部于 6 月下旬将《烟台港总体布局规划》作为样本发至部属各港口。

《总体规划》共 10 章、附图 8 张,附件为《烟台港吞吐量发展水平预测报告》。《总体规则》主要内容为四部分,(1)烟台港吞吐量规划:货物吞吐量为 2000 年 1 600 万吨、2020 年 3 000 万吨;旅客吞吐量为 2000 年 425 万人次、2020 年 980 万人次。(2)港口发展规划:逐步发展成为客货兼备、以外贸为主、内外贸结合的综合性港口,具有装卸、储存、中转换装、多式联运、运输管理与代理、便利的通信信息、必要的生产生活服务设施功能的山东北部沿海的主枢纽港。(3)港口建设规划:重点规划建设芝罘湾内粮油码头至三里桥 3.8 公里岸线,至 2020 年在西港池建设 4 个突堤和 3 个顺岸码头,以及相应的配套设施设备。分期实施方案为优先建设规划港区南部的一突堤,以该工程围埝填筑区为依托,由北向南逐次实施。第一阶段完成四突堤和三港池顺岸段。第二阶段完成三突堤和二港池顺岸段。第三阶段完成二突堤和一港池顺岸段。配套工程布局规划有铁路、公路、供电、给排水、通信、导航、住宅、其他配套设施。(4)港区布局规划:①客运区,包括 K1 ~ K5 泊位和 18、19 泊位。②件杂货区,包括西港池一期工程、一突堤、二突堤、三突堤。③集装箱区,包括一、二、三港池的顺岸码头。④散货区,即四突堤。⑤远景发展区,即开发区至龙洞嘴港口发展预留区,主要功能为液体及大宗散货区。《总体规划》还有对烟台港的评价、船型发展预测、岸线利用规划、环境保护规划、问题与建议等。

《总体规划》历时 2 年得以完成,其间多次审报、几番修改、数易其稿、几经周折、历尽艰难,终于通过了交通部和山东省政府审批。《总体规划》是港务局领导、有关部门及人员的意志和智慧的体现,是群策群力、努力奋斗的结晶,是烟台港历史上第一部全面完整的、具有法力效力的规划法规,是港口发展的宏伟蓝图。交通部有关领导称赞说:“烟台港决心大,精神好。这本规划从审查到印刷,时间短、质量高,是目前最好的一本。”《总体规划》对烟台港此后的西港池二期工程、三期工程、顺岸码头工程、三突堤工程和西港区工程(即远景发展港区)等港口建设工程审批起到权威性的依据作用。

第二节　西港池开发及起步工程

一、西港池急需开发

20 世纪 80 年代初期(1981 年至 1984 年),烟台港南部的浮码头和南护岸相继改建成混凝土方块重力式中级泊位。烟台港在芝罘湾东港池的港口岸线(西南河口至北码头)已建了 13 个泊位,已无岸线新建泊位。东港池西南河口至烟台山岸线,已被渔业公司、海军、修船厂等单位全部占用,整个东港池已不能新建泊位。

烟台港 20 世纪 80 年代初期货物吞吐量增长较快, 1984 年已达到 673.9 万吨,而泊位核定年通过能力仅为 301 万吨,泊位能力仅是 1984 年货物吞吐量的 44.7%,泊位能力不足已影响港口生产发展。按照烟台港货物吞吐量预测,1990 年货物吞吐量将达到 1 000 万吨以上,尤其是烟台港没有分货类的专业码头,装卸效率和货运质量很难提高,急需散化肥、集装箱、木材等专用码头。由于码头建设周期为 5 年,烟台港若不提前建设泊位,1990 年以后泊位不足将严重阻碍港口生产发展,烟台港开发新港区已成燃眉之急。

新港区选址首选西港池。在以往勘察研究基础上,经进一步研究确认芝罘湾西港池开发条件最优越:西港池水深符合建设深水泊位要求,水文(潮汐、波浪、潮流、海冰)、地质、掩护条件皆符合建设码头要求。老港区到幸福河口约 4 公里岸线,可建设 30 个以上的深水泊位,设计通过能力可达 2 000 万吨以上。该岸线大部分空置未占用,已占用的只有修船厂的几条坞道、幸福镇的几个小型土码头,便于拆迁施工。该岸线靠近老港区,新老港区联成一体将便于管理。在以往规划基础上,烟台港启动新一轮建设规划和起步工程。

二、西围埝和后方场地填筑工程

在西港区码头建设审批之前,烟台港努力争取“烟台港西围埝工程”。1981 年,交通部批准该工程,部批控制国家投资为 420 万元。烟台港利用该工程做为西港池开发建设先导,提前形成港区后方陆域、创造码头施工条件,按西港池开发建设总体布局,建造新港区的岸线南边界和码头起始点。该工程设计围埝 9.21 万平方米,收容市内建筑弃土形成一块后方场地,开辟港区西向出入口。该围埝一面靠陆三面临海,西侧自通伸河口入海延伸,设单侧挡墙 380 米;东侧自海阳河口入海折角延伸(72°40′),设单侧挡墙 460 米;北侧原设计为抛石斜坡,在施工中改为直立式岸壁(备小船或过驳用)。岸壁长 180 米,采用扶壁重力式结构,内做滤井,上覆卸荷板,顶标高 4.8 米,基床标高 -5.0 米。另外,为开阔西向出入口,在两条河道处建造公路桥两座。

1983 年初,国家计委批准交通部“过驳措施专项计划”,经烟台港积极争取,交通部分配给烟台港“后方货场填筑工程”。该工程使烟台港得以与西围埝工程合二为一开发施工。该工程批准控制投资为 1 700 万元,解决了西围埝工程埝内填土和围埝加高资金不足问题,使场地面积扩大 10.8 万平方米,与老港区货场联成一体。西围埝和后方场地填筑工程,由烟台港设计(一航处参加对直立式岸壁部分校审),施工主要单位为烟台港修建公司,集体运输企业参加了运土,市公路段承担了桥梁及河道(海阳河)挡墙及盖板。工程自 1983 年 3

月正式开工,1984 年底完工。该工程形成 20 万平方米场地,建造 200 米岸壁,延伸海阳河 300 多米暗沟,奠定了西港池建设的陆域纵深和码头起始点。该工程购置的 30 台大型土方运输机械,成为烟台港工程公司机械化施工主要设备。该工程为后来开工的"西港池一期工程"施工争取了一年半的时间。

由于后方场地工程节余了投资,1985 年烟台港又按西港池一期工程陆域纵深展宽老港区护岸 100 米,增填了 5 万平方米场地,使陆域场地扩大到 25 万平方米。与此同时,形成了通向港口西出入口的道路(主干道快车线 21 米宽),建成了 4 600 平方米的 7 层办公大楼,解决了烟台港建港指挥部和工程公司的办公用房。西围埝和后方场地填筑工程建设,拉开了西港池开发建设序幕,成为西港池一期工程起步工程。

第三节 西港池一期工程

一、前期工作

1981 年末,交通部交通计划会议决定:烟台港西港池建设工程(后改为西港池一期工程)列为国家"六五"末开工项目,其前期工作责成交通部水运规划设计院承担。1982 年 2 月,交通部水规院经济室会同烟台港计划处有关人员组成"烟台港经济运量调查组",对腹地内 1985 ~ 1990 年运量进行调查并提出报告。

1982 年 5 月,交通部水规院(港口室主任张克山等人)与烟台港(戚立心、王济英等人)组成"西港池工程可行性研究编制组",对基础资料进行整理及汇集,对平面布置方案、工艺及结构方案进行研究和探讨,征求山东省和烟台市有关部门意见后,8 月底形成初稿,12 月将《烟台港西港池建设工程可行性研究》报交通部审批。

1983 年 1 月中旬,交通部在北京组织了"烟台港西港池建设工程可行性研究"审查会。会议确定:西港池工程经济运量为 390 万吨/年,深水泊位 6 个,最大船型可按 2.5 万吨考虑。设计任务书由烟台港务局编报,初步设计由交通部一航局设计院承担。

1983 年 3 月,烟台港务局编写西港池建设工程设计任务书并报部审批。5 月 27 日,国家计委、交通部批准烟台港西港池建设工程设计计划任务书。当月,一航局勘察设计院有关人员来烟并进入现场。1983 年 8 月下旬,以一航局原局长王禹顾问为首的设计、施工和建设单位座谈会在烟台举行。会议肯定了烟台港戚立心提出的近、远结合布置方案作为初设依据,补充了一个延长老港东防波堤方案交设计单位比较,从而为初步设计工作铺平了道路。随后,烟台港委托交通部一航院编制完成"烟台港西港池建设工程初步设计"并报交通部。

为加强一期工程建设,烟台港务局建港指挥部于 1983 年 7 月 21 日同修建科合编,保留建港指挥部名称。新组建的建港指挥部由朱毅任指挥,石祖勋和刘翠元任副指挥(后任命王济英任副指挥),戚立心为主任工程师。指挥部下设办公室、规划设计室、工程处、物资处、财务处和政工处。

1984 年 2 月下旬,交通部在北京召开"烟台港西港池建设工程初步设计"审查会,会议同意初步设计推荐方案。交通部于 3 月批准烟台港西港池工程初步设计,总投资 35 193 万元,设计能力390万吨/年,建设6个深水泊位和相应辅助工程及设备配套。当年作为预备项目进行前期准备工作。

二、工程建设主要内容

1985年4月20日,烟台港举行西港池一期工程正式开工仪式。参加一期工程施工的单位有:交通部一航局二公司,天津航道局二工区,烟台港修建公司及市属有关建筑施工队伍。

西港池一期工程码头(图10-3-1)走向平行于老码头岸线平推400米,总长1 236米。新建6个泊位编号为18#~23#泊位(1988年10月13日,烟台港公布一期工程泊位编号:自北向南依次排列为21、22、23、24、25、26,小轮泊位为27、28),码头结构为预制钢筋混凝土小沉箱,重量为416~465吨/个,上覆钢筋混凝土卸荷板及钢筋混凝土胸墙,码头顶面标高为+4.3米,基床顶面标高分别为18#、19#泊位-10.3米、20#~23#泊位-11.3米,其中21#泊位(后改为24#)在施工中加深为-12.0米。一期工程共建设深水专用泊位6个,从北到南依次为:1.6万吨煤炭泊位1个,年通过能力140万吨;2.5万吨木材泊位2个,年通过能力120万吨;2.5万吨化肥泊位1个,年通过能力70万吨;1万吨杂货泊位1个,年通过能力30万吨;1.6万吨非矿泊位1个,年通过能力50万吨。专用化肥泊位为全国最先进的散化肥灌装专业线,对港口生产发挥了巨大的作用。煤炭专用泊位后因货源变化,其装车设备设施闲置日久、锈蚀报废后被拆除。

图10-3-1　西港池一期工程施工现场

一期工程附属配套工程有:新扩北航道长3.8公里,水深-10.3米,开挖港池-9.9米,新建防波堤570米,端部外护岸740米,码头北端内护岸170米,陆域形成约0.5平方公里,堆场道路25.8万平方米,各类生产及辅助生产房建6.09万平方米,宿舍5.28万平方米,港区铁路5.24公里,还有装卸机械和供排水、电力照明等。港外配套项目有立交桥、海岸电台、市区水网改造等三大项工程。

工程实施中由于材料价格变化,1987年8月经交通部(87)交计字605号文批准,投资总概算调整为人民币3.79亿元。

1990年9月21日,烟台港举行西港池一期工程竣工验收仪式。1991年10月9日,烟台港西港池一期工程通过国家审计署和国家交通投资公司组成的审计组的审计检查,烟台港建港指挥部被评为国家A级建设单位。

西港池一期工程是烟台港开发西港池第一个码头工程,是烟台港有史以来建设规模最大、投资最大的专用码头工程项目,是码头建设改变混凝土方块结构、第一次采用沉箱结构的码头工程。一期工程建成投产,标志着烟台港由运行120多年的东港池开始向西港池挺进,向以外贸为主、中转为主、多功能、综合型的主枢纽港挺进。

第四节　西港池二期工程

一、工程建设的必要性及前期工作

烟台港在完成一期工程前期工作后,一面进行一期工程开工前准备工作,一面开展二期工程前期工作。为了使二期工程建设规模有比较可靠的经济依据,烟台港与交通部一航院组成经济调查小组,历时3个月,对山东省和烟台市的计划、外贸、交通等部门及胜利油田进行了调查研究;对烟台港客、货流历史和现状及其发展趋势进行了系统分析预测。由于外贸进口化肥和木材货流涉及到全国性宏观经济预测和沿海各港分工问题,由中科院水科所进行咨询。综合以上调查研究成果,烟台港和一航院编制了《烟台港1995年客、货吞吐量预测报告》,预测1995年货物吞吐量为1 220万吨,旅客发送量140万人次。

烟台港已有13个泊位年通过能力为301万吨,西港池一期工程1990年建成后将增加设计通过能力390万吨,届时港口年通过能力为701万吨,较预测的1995年货物吞吐量1 220万吨相差约520万吨。为使港口通过能力满足吞吐量增长需要,烟台港必须在1995前后建设完成二期工程以增加约500万吨港口通过能力。

烟台港西港池二期工程是按照《烟台港总体布局规划》实施步骤进行的第一个工程,又称西港池一突堤工程。该工程选址在芝罘湾规划港区南部,老港区西侧(图10-4-1)。二期工程项目建议书由烟台港于1986年6月编制完成,并由交通部会同山东省人民政府上报国家计委。同年11月25日,国家计委批复了该工程立项。1987年,烟台港开始亚洲银行贷款等一系列建设资金落实工作。二期工程可行性研究方案于1987年10月进行了评审。同年12月,交通部对该方案定标报告进行了批复,同意选定交通部一航院为设计中标单位。该工程可行性研究报告由一航院于1988年3月编制完成。1988年6月20至24日,召开了"二期工程可行性研究报告审查会"并获得通过。1989年10月交通部会同山东省府向国家计委报送了"二期工程可行性研究报告"。1991年2月7日,国家计委批复同意了二期工程可行性研究报告。二期工程初步设计于同年6月完成并上报国家交通投资公司。同月,国家交通投资公司组织了初步设计审查会。同年7月,国家交通投资公司批复了该工程初步设计和概算:总投资62 300万元(不含建设期利息),其中亚洲银行贷款3 880万美元。二期工程亚洲银行贷款因"八九风波"暂时搁置,经努力争取,亚洲银行同意贷款。1991年底,中国人民银行、交通部代表和烟台港代表石祖勋副局长在菲律宾的马尼拉签定了贷款协议,贷款资金得以落实。国家计委和交通部根据二期工程资金落实进度和烟台港运量情况,于一期工程竣工验收后的当月(1991年10月)

图10-4-1　西港池二期工程码头鸟瞰

批准了烟台港二期工程单项工程开工。经过紧张地筹备工作,1992 年 7 月二期工程全面开工。

二期工程采用招投标制,经招投标,该工程的主体设计单位为交通部一航院,铁路设计单位为济南铁路局勘察设计院。监理单位为烟台港建设监理公司,质检单位为烟台港港口工程质量监督站。工程水域形成和疏浚工程由天津航道局二公司施工,码头水工由交通部一航局二公司施工,铁路工程由济南铁路局铁路建设总公司下属工程队施工,堆场和港内道路工程由烟台市政总公司施工,港外配套工程由烟台市自来水公司和烟台市电业局施工。陆域形成和护岸由烟台港宏海公司施工,抛泥围堰、仓库、生产及辅助设施、给排水工程由烟台港港务工程公司施工,供电照明和供热采暖工程由烟台港动力公司施工,通信工程由烟台港通信信息中心施工。

二、工程建设主要内容

烟台港西港池二期工程从 1992 年 7 月疏浚施工正式开工,1997 年 12 月铁路施工竣工,历时 5 年半。二期工程主要工程项目的工程量和开、竣工日期详见表 10-4-1。

烟台港二期工程主要工程项目的工程量和开、竣工日期一览表　　表 10-4-1

序号	工程名称	单位	数量	开工日期	竣工日期	施工单位
1	陆域形成	万平方米	44	1990.7	1995.8	烟台港宏海公司
2	水域形成	万平方米	1 063	1992.7	1996.12	天津航道局二公司
3	疏浚工程	万立方米	380.57	1992.7	1996.12	天津航道局二公司
4	水工工程					
	码头	米	1 497.59	1992.8	1996.6	航务二公司
	护岸	米	354	1993.3	1995.7	烟台港宏海公司
	抛泥围堰	米	2 185	1992.2	1993.12	烟台港港务工程公司
5	仓库	平方米	12 002	1994.10	1997.7	烟台港港务工程公司
	堆场	万平方米	24	1995.4	1997.7	烟台市政总公司
6	港内道路工程	万平方米	3	1995.6	1997.6	烟台市政总公司
7	铁路工程	米	7 600	1995.4	1997.12	济南铁路局
8	生产及辅助设施	平方米	37 595	1995.4	1997.4	烟台港港务工程公司
9	供电照明工程			1994.5	1995.12	烟台港动力公司
10	通信工程			1992.3	1994.10	烟台港通信信息中心
11	给、排水工程			1994.3	1996.11	烟台港港务工程公司
12	供热采暖工程			1992.8	1997.5	烟台港动力公司
13	港外配套工程			1992.10	1995.12	烟台市自来水公司、电业局

资料来源:烟台港西港池二期工程竣工报告。

二期工程建设深水泊位 6 个,设计年通过能力 340 万吨。其中,2 万吨级钢铁泊位 1 个,年通过能力 75 万吨;2 万吨级多用途泊位 1 个,年通过能力 75 万吨;1.5 万吨级杂货泊位 3 个,年通过能力 120 万吨;1 万吨级盐杂泊位 1 个,年通过能力 70 万吨。突堤南侧建设泊位三个,泊位长度557米,码头前沿设计水深为-10.5米;突堤北侧建设泊位三个,泊位长度605.5米,码头前沿设计水深北侧根部-14.0米,其余为-11.5米。建设件杂货仓库2座(建筑面积12 002平方米),集装箱交接库1座(建筑面积4 500平方米),其他配套生产办公建筑30座,总建筑面积37 595平方米。建设堆场总面积24万平方米,建设港内道路3万平方米,建设铁路7 600米(包括铁路调车场、码头线、联络线等)。还有港内供电照明、通信、给排水、供热采暖、导助航设施和港外供电、给水、大庆路东段道路、环海路立交桥等港外配套工程。

二期工程形成突堤式码头宽335米,长为北侧557米、南侧605米,形成港区陆域44万平方米,形成港池、航道、锚地等水域1 063万平方米,完成疏浚工程381万立方米。消耗三材用量为钢材11 020.31吨,木材4 878.19立方米,水泥69 046吨。

二期工程主要设备是利用亚洲开发银行贷款、采用国际招标和国际采购方式购置的(烟台港曾采取措施进行了调整,增加了集装箱专用设备),所采购的设备性能均为国际和国内先进水平,完全满足工程设计要求。该工程配置装卸机械设备共132台(套),主要设备有:35t/38.5m集装箱岸桥2台、集装箱轮胎式起重机3台、集装箱正面吊3台、集装箱牵引车5台、集装箱半挂车10台、2t集装箱箱内叉车5台、集装箱空箱叉车1台、集装箱计算机管理系统一套;10t/30m门机5台、16t/30m门机2台、25t/30m门机1台、16t轮胎吊20台、25t轮胎吊2台、3t叉车6台、5t叉车23台、20kN牵引车20台、45kN牵引车7台、装载机6台、推耙机2台、挖掘机2台、10t/35m起重机3台、15t/5t/35m单主梁吊钩门式起重机1台、地衡3台(50t、60t、80t各1台);还购置2 500kW全回转消防两用拖轮1艘,五十铃客货两用车一辆。

二期工程建立了3#、4#两大门。3#门位于大庆路(现幸福南路)东端、烟台港内贸集装箱大门西侧,4#门位于环海路立交桥北侧。

二期工程概算由交通部1995年12月批准调整概算投资为人民币56 557.74万元(含建设期贷款利息4 714.06万元,投资方向调节税55.87万元)、外币3 880万美元(未含建设期贷款利息及承诺费600万美元)。工程实际投资为人民币54 383.5万元,外币4 442.42万美元(已含建设期贷款利息及承诺费576.78万美元)。工程实际投资比概算节省人民币2 174.24万元、外币37.85万美元,如按实际账面汇率8.296折合人民币311.76万元,总共节省投资2 483万元。

三、竣工验收与评价

烟台港二期工程是国家"八五"重点建设项目,该项目由烟台港建港指挥部组织建设,1997年9月9日通过了烟台港务局组织的初步验收。交通部受国家计委委托于1999年9月30日组织有关部门组成国家验收委员会,对该工程进行竣工验收。验收委员会按照国家有关基本建设规定和标准进行了认真审议,一致认为:(1)烟台港西港池二期工程6个泊位及港口配套工程已按照设计规模和标准建成,生产机构和经营管理制度已经建立,生产准备工作基本就绪,同意验收并正式交付使用。该工程总平面布局、装卸工艺、主体工程及配套工程设计严谨、合理。工程中北侧码头采用CDM工法加固码头地基的成功,为该项技术在国内水工工程建设中的设计、施工积累了经验。工程质量等级:同意总评为优良。竣工档案资料完整、准确、系统，案卷符合国家标准；环保、劳动安全卫生和消防设施已按“三同时”要求和初步设计批准的内容同时完成，符合验收规定，并通过了各主管部门的专业验收。工程建设资金控制在交通部批准的调整概算之内。(2)该工程建设始终认真执行国家基本建设的各项政策、法规，积极推行工程招标制度和监理制度，强化工程建设管理；工程建设的质量、进度、投资控制较好，实现了控制投资、保证质量、按期建成的目的。二期工程经过验收鉴定质量合格率达 100%，优良品率达到 65% 以上，水工工程优良品率达到 100%。

二期工程成功引进并开发应用“海上 CDM”新工法，填补了全国港口在软弱地基上建造重力式深水泊位的一项技术空白，具有加快工期、节约投资等广泛的推广应用价值。二期工程中，烟台港率先在北方沿海港口成立了建设监理公司，推行了工程建设监理和质量监督制，加大了工程管理力度，保证了工程质量和工期。

二期工程投产后，投资效益十分明显，发挥作用十分突出。截至 2001 年底(三期工程投产前)，二期工程投产 4 年(1998 年至 2001 年)共完成货物吞吐量 1 370.6 万吨，特别是 2001 年完成货物吞吐量 615.8 万吨，完成了全港货物吞吐量约三分之一(若不计滚装车计费吨承担了全港二分之一)。4 年共完成集装箱吞吐量 46.2 万标箱，承担了全港集装箱吞吐量的全部任务。由于在二期工程中采取了调整措施，改多用途泊位为以集装箱装卸能力为主的生产泊位，装备了集装箱岸吊、场吊及其他集装箱装卸生产配套设备，港口集装箱作业向正规化、现代化迈出了关键一步。

第十一章

实施二次创业工程

进入“九五”时期，烟台港在主客观因素的影响下，出现连续的生产滑坡、效益下降和部分年份亏损，港口面临严峻的经济形势。为尽快走出困境，烟台港直面严峻现实，采取应对措施，增强港口核心竞争能力，步入再创业之路。

经过全体干部职工艰苦努力，烟台港二次创业工程取得阶段性成果。2004年，货物吞吐量、外贸货物吞吐量、集装箱吞吐量、旅客发送量、营业收入等指标均创历史最好水平。

烟台港适时展开三期工程(一阶段)建设。该项工程适应船舶大型化、集装箱化的需求，结束了烟台港没有集装箱专用泊位和冬季不能接卸大型矿船的历史，对港口生产发展和二次创业产生了重要作用。

2003 年 12 月，中外合资烟台环球码头有限公司正式挂牌营业；2002 年 4 月，中外合资烟台益海粮油有限公司建成投产。同时，实施“借低还高”、实现债务置换。由于成功实施合资合作、资产运作和资金运营，为港口发展创造了宝贵机遇，提供了有力的资金支持。

第一节　二次创业工程的环境和目标

一、港口经济面临严峻形势

进入“九五”时期，烟台港在主客观因素的影响下，港口出现连续的生产滑坡、效益下降和部分年份亏损。

1996 年，发生“铁路货车使用费风波”。1 月，青岛铁路分局向烟台港发出《催缴欠款通知书》称，根据铁道部关于核收货车使用费规定，烟台港自 1981 年至 1995 年间欠缴货车使用费 912 万元，要求 20 日内补交，否则，将按有关规定办理。4 月间，国家经贸委经济运行局召开由铁道部、交通部和国家计委有关司局负责同志参加的协调会议。《会议纪要》指出：铁道部自 1994 年 3 月 1 日起实行《铁路货车使用费核收暂行办法》，“鉴于在研究制定《暂行办法》过程中，已明确征收范围不包括港口专用铁路，铁道部印发《暂行办法》时也没有抄送交通部，因此港口暂不执行这个办法的规定。但港口和铁路部门原有加速在港货车周转的经济协议仍要继续执行。"直至当年末,烟台港与铁路部门关于铁路疏运和货车使用费的谈判才达成协议。由于在与铁路方面协商谈判期间到港货车大幅度下降,受其制约,烟台港铁路装车1996年减少装车2.5万辆,少发运货物150万吨(当年外贸吞吐量减少100多万吨),造成港口货物积压、货源流失,给货源组织特别是对外贸货源的组织带来长时间的负面影响。转入1997年,在全国港口能力供大于求矛盾突出的形势下,前一年度铁路疏运的负面影响更使烟台港受到制约。为挽回失去的货源,港口付出加倍的艰辛和努力。1998年,受亚洲金融危机的冲击,加之国内需求不足的影响,全国对外贸易额出现较大减幅,直接制约外贸海运业(沿海主要港口外贸货物吞吐量当年减少6.9%)。烟台港因地理位置和相对运输距离长等原因,不具备竞争优势,导致货物吞吐总量出现较大幅度下降。1998年一季度货物吞吐总量仅完成235万吨,比上年同期减少28.6%;全年散化肥、水泥、铁矿石分别完成150万吨、98万吨、133万吨,比上年分别减少32%、41%和38%。从港口能力利用来看,1998年至2000年,虽然集装箱和滚装吞吐量有一定幅度增长,使货物吞吐总量超过核定能力,但散杂货吞吐量相对于港口能力明显不足。散杂货在港口核定能力中占据87%的比例,而这三年的实际吞吐量只为核定能力的65%、61%和80%(表11-1-1)。

1998年至2000年烟台港实际吞吐量与核定能力比较表

单位:万吨　　表11-1-1

货类	核定能力	1998年		1999年		2000年	
		实际	为能力的比例(%)	实际	为能力的比例(%)	实际	为能力的比例(%)
总计	1 146	1 260.6	110.0	1 310.9	114.3	1 566.8	136.7
散杂货	1 001	653.4	65.3	614.9	61.4	804	80.3
集装箱	30	73.5	245.0	85.3	284.3	97.8	326.0
滚装	115	533.8	—	610.7	—	665.0	—

注:滚装核定能力数为重量吨,实际数为计费吨。

同时,"九五"期间沿海港口生产能力大幅度增加,运输市场出现激烈竞争,港口作业费率几度下降。随着港口规模扩张,烟台港货物吞吐总量虽有所增加,但由于市场份额减少,严重抑制了港口经济效益的增长。从烟台港的地理位置和货源腹地来看,周边构成竞争性的港口主要有:青岛港、日照港、连云港港、天津港。其中,与烟台港共有间接腹地的是青岛港,其次是日照、天津和连云港三港。另外,周边相邻地方港口在客运滚装运量和当地部分集装箱货源方面与烟台港有一定竞争。自1997年起,烟台港在周边港口中的吞吐量比重逐年下降,1996年至1999年为8.0%~8.8%,2000年为7.0%。煤炭、金属矿石、集装箱等货类吞吐量也都呈下降趋势,特别是金属矿石吞吐量比重从14%下降到6.9%,下降近7.1个百分点。2000年,在8个主要货种中,烟台港吞吐量份额超过20%的有3个货种,即化肥21.1%、粮食24.5%、水泥31.8%,但因其总量较少(三个货类共计400万吨),难以给市场总份额带来大的变化。而煤炭、金属矿石、钢铁三个大宗散杂货种,烟台港吞吐量份额都在9%以下;集装箱吞吐量份额更是呈持续下降趋势,持续上升的货种仅为粮食(但年吞吐量仅为20万吨左右),见表11-1-2。

烟台港与周边港口主要货种总量及所占比重表

单位:万吨　　表11-1-2

货种	1995年		1996年		1997年		1998年		1999年		2000年	
	五港合计	烟台港所占比例(%)	五港合计	烟台港所占比例(%)	五港合计	烟台港所占比例(%)	五港合计	烟台港所占比例(%)	五港合计	烟台港所占比例(%)	五港合计	烟台港所占比例(%)
总计	15 419	8.8	16 246	8.8	18 566	8.4	18 847	8.0	20 221	8.1	25 353	7.0
煤炭	5 510	0.2	5 817	0.2	6 536	0.2	6 811	0.1	7 139	0.03	9 280	0.1
金属矿石	1 491	14	1 664	6.9	2 088	10.3	1 754	7.6	1 962	7.9	2 561	6.9
钢铁	922	4.9	811	4.3	976	3.5	825	4.7	852	8.2	1 212	8.8
化肥	604	35.8	574	36.2	580	39.1	559	27.0	611	21.2	592	21.1
粮食	652	12.0	430	10.7	388	19.1	385	21.3	347	17.6	752	24.5
水泥	476	37.2	479	50.3	504	33.5	307	31.8	298	33.1	295	31.8
集装箱(万TEU)			182	5.0	219	4.6	243	4.1	308	3.6	423	3.0

注:五港为烟台、青岛、日照、连云港、天津五港。

由于市场份额减少、生产下降,直接造成港口收入减少、经济效益下滑。全港实现利润由1996年的4 500万元下降到1997年的2 760万元、1998年的-3 552万元、1999年的9万元、2000年的-3 420万元;而按权责发生制计算,1999年则亏损,1998年、2000年的亏损额则更多一些。

另外,由于国家实施投资体制改革,港口基础设施建设由拨款改为贷款,企业背上沉重债务负担,资金链流转严重不畅。烟台港每年支付的贷款利息,在"九五"前两年每年平均为1 967万元,后三年增加到每年平均为4 241万元,超过了1995年4 200万元的利润总额。而从2002年起,烟台港将对二期工程、三期工程贷款同时还本付息,这一过程将持续近20年。2010年前,每年的还款本息在1.28~1.69亿元。一方面债务负担沉重,一方面盈利能力不强、资金紧张,如这一局势得不到快速改变,港口经济势必形成恶性循环。

港口经济陷入如此困境,从客观原因分析,一是铁路瓶颈制约突出,港口疏运能力和运输生产需要越来越不相适应,1996年发生的"铁路货车使用费风波"使这一问题雪上加霜;二是烟台港铁路运输距离长,货物疏运成本高,严重影响港口吸引货源的竞争能力;三是周边港口发展迅速,彼此之间竞争加剧。总之,经济环境、政策环境、市场运作方式的深刻变化,要求烟台港必须解放思想,更新观念,以应对新局面、接受新挑战。

二、制定《烟台港二次创业工程实施方案》

为了尽快走出困境、扭转被动局面,烟台港按照"求生存、谋发展"的要求,直面严峻现实,积极克服困难,采取应对措施,步入再创业之路。

1997年,烟台港围绕年度工作方针目标,建立严格的领导干部责任目标考核制度。局级领导干部及单位处室负责人均签订落实《领导干部责任目标考核书》,将各项任务层层分解,进一步量化细化工作标准和责任,并实行月度季度检查考核。特别在货源经营中,以骨干货源为重点,加大开发力度,取得一定效果。1997年,化肥吞吐量达到225万吨,比上年增长8.8%,再次成为全国接卸化肥最多的港口;矿石吞吐量达到215万吨,比上年增长90.1%,成功接卸"大洋征服者"轮、"阿玛真"轮等5艘10万吨级以上大型铁矿船。根据集装箱运输的实际情况,港务局作出关于加快烟台港集装箱发展的决定,确定港口发展集装箱运输的指导方针、发展目标和行动措施,并付诸实施。年内,清理外部欠港口款项6 000余万元。

是年初冬,发生救助"浮吊一号"工程船的感人事件。12月5日15时,工程公司"浮吊一号"工程船由"烟港拖10"轮拖带自大连返烟台。6日凌晨,在距烟台25海里处突遇7级以上大风袭击,两船不能前进,处境非常危急。轮驳公司派遣"烟港拖9"、"烟港拖14"两艘拖轮,配合烟台救捞局"烟救11"轮将"烟港拖10"轮安全撤出险境。在风浪不断增大的情况下,"浮吊一号"工程船吊机吊臂折断,40吨重的配重铁坠落主甲板,船舱进水,船体倾斜,专业海上救助船也无法靠近救助。在十分危急的情况下,经港务局抢险指挥部同意,担任现场抢险指挥的轮驳公司副经理邹波带领"烟港拖14"轮选择时机,利用波浪间隙,实施靠船救人。经过多次惊心动魄的对接,7日7时左右,终于将"浮吊一号"工程船9名船员安全救助上岸。在风浪稍减后,"浮吊一号"工程船被拖带回港。这次海上抢险救助,生动体现了烟台港职工舍生忘死、顾全大局的高尚精神和不怕艰险、勇于拼搏的工作作风。

1998年3月,港务局在全面分析港口面临的经营形势、困难和存在问题的基础上,制定了"调整产业及经营结构,坚持有所为、有所不为,使之收紧拳头,集中精力,消除摩擦,降低开支,增强经营能力"的对策方案,以第一、二港埠公司(含所属经营公司)、铁路管理处及货商处、调度室的部分业务为基础,组建烟台港联合港埠公司,主营散杂货码头作业及散杂货的货运服务,并以建立条块结合、全方位、富有活力的经营体系为目标,有针对性地调整经营公司和区域办事处。港务局对联合港埠公司的运作寄予厚望,在给公司成立的贺信中要求"大鹏羽翼张,势欲摩穹昊",真正成为构筑港口大厦的基石和改革发展的示范者。8月,局党委针对当时出现的生产滑坡、企业亏损状况,制定"抓好当前、兼顾长远、加大经营工作力度,抓好清欠工作,降低成本,节约开支,深化企业改革,提高劳动生产率"等措施,要求各单位、部门树立过紧日子的思想,发扬艰苦奋斗、勤俭节约的优良传统,努力扭转港口经济的被动局面。当年,在整个港口货源受到严重影响和冲击的情况下,烟台港接卸化肥继续保持了该货种在沿海港口市场占有率第一的位次,达到150万吨。为了发挥带头作用,采取了局党政领导班子成员下浮工资的做法。

1999年7月,召开港务局第八次党代会。会议分析了港口生存的基本环境和有利条件,要求调动一切积极因素,着力增强港口综合实力、市场竞争能力和持续发展能力;全局必须团结一心、努力拼搏,完成年度生产计划,实现扭亏为盈;各单位要按照计划要求,足额完成应当上缴的利润和各项费用任务,亏损单位必须扭亏。会议选举产生中共烟台港务局第八届委员会,委员会由朱毅、刘先林、陈江令、刘炳敏、刘延洪、石祖勋、尹怀惠、都新伟、纪少波、裴静波、王德乐 11 人组成;八届一次党委会议选举朱毅为书记,刘先林、陈江令为副书记。之后,港务局党委进一步研究探讨相应对策,确定了走出困境、实现港口经济健康发展的若干措施,并建立发展(扭亏)目标责任制、工作保障机制和局领导包扶制度。所制定的若干措施,包括扭亏为盈、债权转股权、改制上市、招商引资、盘活资产、优化设备配置、营销网络建设等 8 个方面的对策。当时制定的烟台港客运总公司进行股份制改造方案,拟以 K1 至 K5 泊位的客运码头及售票、候船、办公用房等优质经营性资产进行股份制改造,并联合中海客轮有限公司等企业以客滚船资产投入或现金出资方式共同发起设立股份有限公司。该方案虽经上级部门批准,并积极运作,但因有关发起人退出而终结。由于积极落实一些有效措施,取得当年扭亏为盈的明显成效。

2000 年,港务局制定提高经济效益、探讨"债转股"、实施改制上市、加强招商引资、优化设备配置、建设营销网络、完善企业管理、宣传动员职工等 8 项措施,大部分措施得到较好落实并奏效。实施"二道门工程"(即利用将码头南卡门后撤腾出的场地和港湾大道以北至西港池岸壁场地,用于商业运作),具体由副局长刘延洪、海港物业管理公司总经理刘国民负责组织实施,通过内部统一思想认识、与市有关部门反复协调沟通等一系列工作,克服多项困难,使首期装饰材料市场项目启动成功。优化设备配置措施,盘活冗余设备资源净值 750 万元,组建了设备租赁公司。年内还先后进行客运总公司、综合服务公司、动力公司、海港机械厂、轮驳公司、集装箱公司、储运公司、港务工程公司、建设监理公司、外代公司、外理公司、海港医院及规划建设处、房地产管理处副职领导干部竞聘上岗工作,竞聘职数达 40 余个。在此基础上,还进行了海港医院院长竞聘上岗试点工作。

2001 年,在全局范围内深入开展"效益年"活动,并在体制整合、机构调整、完善政策、深化改革、加强管理和改善外部环境等方面采取一系列措施。全年外贸货物吞吐量首次突破 1 000 万吨,并赋予货源经营总公司独立法人地位。"二道门工程"装饰材料市场于 5 月正式开业,进驻业户 200 余家,港口当年收益 795 万元。

2001 年,中共中央决定在县以上党政领导班子、领导干部中集中时间开展以讲学习、讲政治、讲正气为主要内容的党性党风教育活动。根据中共山东省委的统一安排,烟台港作为全省第二批开展"三讲"学习教育的企业,自 2001 年 7 月底至 9 月初历时 41 天,在省国企"三讲"办公室的领导和省指导检查组的帮助指导下,精心安排,较好地完成学习教育任务,领导班子讲出团结、信心和正气,在中央和省委提出的"四个新"(企业领导班子的精神面貌有新的变化、企业在提高市场竞争力上有新的举措、企业的党群干群关系有新的改善、企业党组织的凝聚力和战斗力有新的提高)要求方面取得实效。在"三讲"学习教育中,局领导班子和成员认真回顾党的十五大以来思想、工作、作风情况,逐条梳理和反思存在的问题,深刻剖析产生问题的原因,按照"一人谈、众人帮、逐人进行"的方式开展严肃认真的批评和自我批评,根据确定的努力方向和基层单位、处室、职工提出的意见建议制定整改方案。学习教育活动取得的收获是:(1)统一思想,振奋精神,增强了领导班子加快港口改革发展的政治责任感和紧迫感。(2)查找影响改革发展的突出问题,主要是:开拓创新意识不强,超前决策、抢抓机遇做得较差,特别是港口货源经营仍囿于传统的经营模式,经营思路、经营策略、经营机制等与市场经济不相适应,致使货源市场份额下降、连续发生亏损;深化改革力度不大,在投资主体多元化、合资合作、资产重组、资本运营等方面的举措不够;管理创新步伐不快，企业管理不到位；领导班子成员存在官僚主义、形式主义，深入调查研究不够。(3)剖析原因并制定整改措施。产生问题的主要原因是，缺乏强烈的事业心和高度的责任感，没有做到理论紧密联系实际、不断更新观念；在港口处于深化改革攻坚阶段的情况下，不能当机立断、开拓进取；不同程度地存在"船到码头车到站"、"求稳怕乱"的思想和盲目骄傲自满情绪，在政治和工作的要求上降低了标准。根据整改重点，制定了提高领导班子的凝聚力和战斗力、提升港口竞争力、集中力量发展核心业务、优化港口资源配置、提高企业管理水平等8个方面的整改措施并实行任务分工。(4)经受一次比较严格的党内生活锻炼，提高了党组织的凝聚力和战斗力。这次学习教育活动，对于振兴港口、推动二次创业深入开展奠定了思想和组织基础，发挥了重要的作用。

2002年，港务局党委在全面分析港口面临的内外环境和变化因素，凝聚广大干部、职工的共识，决定启动二次创业工程：不断发展生产力，提高生产力水平，增强港口核心竞争能力，实现港口生产力升级换代，努力提高经济效益，保持港口快速持续稳定发展，建设现代化新型港口。2002年1月，在全局工作会议上，港务局印发了《烟台港二次创业研究报告》，对二次创业工程进行具体部署。2002年7月，港务局正式颁发《烟台港二次创业工程实施纲要》，确定二次创业工程的目标是：自2002年起，用3年时间，实现当年扭亏，达到收支平衡；再经过3年的努力，消化掉累积的亏损实现系统性扭亏，为港口以后的发展奠定深厚的基础。其主要对策是：(1)进行产业结构调整和产业发展；(2)转换经营机制；(3)发展对外经济合作；(4)进行信息技术开发和应用；(5)提高职工队伍素质；(6)加强企业文化建设。从2002年到2004年，各单位、部门按照《实施纲要》要求，制定二次创业工程分工程实施方案，并逐年落实相应的保障措施。这些保障措施包括强化货源经营、实施资本运营、加大清欠力度、构建以全面预算管理为主的财务运行机制、加强房地产集中统一管理、加强招商引资、加强法制环境建设等十几个方面，保证了二次创业工程顺利进行。同时，局党委对中层干部做了较大范围的调整，使基层主要领导干部的年轻化、知识化水平有了很大程度的提高；在广泛征求各方面意见基础上，经过多次研究，提报上级党组织考察、批准，提拔三位年轻的基层主要领导干部充实到局级领导岗位。

经过全体干部职工艰苦努力，烟台港二次创业工程取得阶段性成果：2003年，提前一年实现二次创业第一阶段的目标，实现扭亏，比上一年增盈6 017万元；2004年，货物吞吐量、外贸货物吞吐量、集装箱吞吐量、旅客发送量、营业收入（按可比口径计算）等指标均创历史最好水平，实现利润985万元。

第二节　二次创业工程主要措施的落实及作用

一、突出发展港埠业

为实现二次创业工程目标，烟台港首先确定：抓住机遇，加大经营工作力度，突出发展港埠业，争取更多的市场份额。

在散杂货运输方面，巩固和扩大大宗货物的运输规模，以效益为中心调整货物的进出口结构和货类结构。突出抓好出口煤炭、进口矿石、化肥、粮食、木材等重点货源的组织；抓好货运质量管理,实施骨干货源品牌战略;发挥港口多种运输方式交汇集散中心和综合运输枢纽的作用,特别是公路运输和水路二程中转运输的作用,提高港口集疏能力和辐射能力,扩大中西部地区的腹地范围;为重点货主、客户和企业提供更优质的服务,建立更加紧密的合资、合作、联营关系;定期研究分析货类变化动态,有针对性地开发具有增长潜力的新货源。纵观烟台港 2001 ~ 2004 年间的散杂货运输有如下三个特点:一是散杂货成为构成烟台港吞吐量的主导货类。2004 年散杂货吞吐量达到 1 771 万吨,占货物总吞吐量的比重达到 58.1%。四年间港口散杂货占总吞吐量的比重保持在 50% ~ 60% 之间。二是煤炭、金属矿石、钢铁、木材四个货种持续快速增长。2004 年其吞吐量分别达到 114 万吨、1 023 万吨、112 万吨和 23 万吨,年增长速度分别达到 71.6%、55.1%、14.8% 和 79.2%;水泥、粮食、化肥等重点货类,吞吐量基本保持稳定。三是货源越来越趋向于矿石、煤炭、钢铁、水泥、化肥和粮食等货类的集中,所占比重逐年增大。2004 年这些货类占散杂货总量的比重达到 90.7%,特别是矿石、化肥、粮食、水泥已经稳定在一定的规模上,成为港口的支柱货源。

需要说明的是,烟台港这一时期货物吞吐总量的增加属于恢复性增长,仍落后于周边一些港口,更落后于先进港口。2001 年至 2004 年,全国沿海主要港口货物吞吐量平均增长速度达到 18.3%,营口港为 27.4%、天津港为 21.2%;而烟台港为 18.1%,低于全国平均水平,分别低于营口、天津港 9.3 和 3.1 个百分点。其时,全国沿海大多数港口抢占先机,创新发展,或迅速扩大港口建设规模,或实行投资经营多元化,或与大企业、货主结成利益共同体,或吸引大项目发展临港工业,使港口竞争能力和生产能力得到迅速提高,从而进一步加大烟台港与"标兵"的距离。

在客运滚装运输方面,烟台港确立发展以环渤海经济圈为服务主体的旅客、滚装运输业,逐步形成具有烟台港特色的客箱、客货、客滚水上综合运输服务中心。继续把运力组织作为经营工作的重点,积极探索和有实力的船公司合作、合资经营客运码头的有效途径;加强计算机售票网络建设,加大营销力度,联络更多的内陆货栈、客站、宾馆及旅游团体,从源头上组织和开发客(车)源;进一步拓展思路,积极发展客滚延伸服务业,如旅游开发、休闲观光以及客货、快递、甩挂、配货等业务,从而带动了客运滚装运输的规模发展。2001 ~ 2004 年间,烟台港旅客年进出口量在 250 ~ 300 万人次,2004 年为 300 万人次;滚装车年出口量一直保持在 20 万辆以上,2004 年为 20.1 万辆,滚装运输成为构成烟台港吞吐量的三大主导货类之一(另外两个主导货类是散杂货和集装箱)。烟台港滚装运输呈现出如下两个特点:一是小型车特别是轿车运量增幅较大,主要是高档商务客车和自驾旅游客车增加;二是大型货车数量的增长比较平稳,但是每辆车的载重量明显增加。总的来看,烟台港的客运滚装运输的旅游化、滚装化的发展趋势十分明显。在这一时间,烟台地方港和救捞局码头旅客年进出口量在 110 ~ 169 万人次,2004 年为 169.2 万人次;滚装车年出口量在 20 ~ 35 万辆,2004 年为 34.3 万辆。

在集装箱运输方面,烟台港保持"九五"以来的持续快速增长势头,以三期工程(一阶段)集装箱码头验收投产为标志,进入新的发展阶段。2001 年 12 月三期工程(一阶段)集装箱码头投入使用后,烟台港自此开始拥有一座新的专业化集装箱码头,新增深水泊位 2 个(长度 543 米、水深 -14 米、设计年吞吐能力集装箱 24 万标准箱)、超巴拿马型岸桥 4 台、轨道场桥6台及相应的其他配套设施。在集装箱运输营运上，集装箱公司以日韩航线为重点，以远洋航线为补充，开通日本、韩国、东南亚等7条国际集装箱航线和2条内支线，相继开发粮食、化肥等大宗散货等适箱货源，促进了外贸集装箱运输增长。同时，2000年3月与国内第三大内贸集装箱船公司——南青公司合作开启烟台—上海—深圳蛇口航线，积极推动内贸集装箱运输业务，3年时间使年吞吐量达到11.2万TEU。2003年，内外贸集装箱吞吐量合计达到26.5万TEU，比“九五”末期增长103.8%，成为全国沿海港口集装箱增长速度较快的港口之一。

自2001年下半年开始，烟台港加紧与美国环球货柜码头有限公司（CSX环球货柜）合资建设经营烟台港三期集装箱码头项目的协商、谈判、报批等项工作，经过努力于2003年取得突破性进展，同年12月18日，烟台环球码头有限公司正式挂牌营业。根据合资协议，烟台港集装箱运输一分为二，外贸集装箱业务由烟台环球码头有限公司经营，内贸集装箱业务由烟台港集装箱公司经营，3年后内外贸业务可以交叉经营。由此，集装箱公司撤离三期集装箱码头迁往二期工程场地，现代化的码头和先进的设备转给环球码头有限公司；同时，集装箱公司140余名职工调入环球码头有限公司（其中调离的技术、业务骨干为原集装箱公司人员的80%以上）。集装箱公司留下的132名职工中，40岁以上的占40%以上，大学专科以上的经营、技术人员屈指可数；当时，两台装卸桥只有3名司机和技术人员，中控室、闸口等岗位人员几乎空缺。但以总经理刘遵和为首的集装箱公司干部职工豪气不减，背水一战，坚信“留下的都是金子，是金子就要发光”，经历了一次深刻的变革和洗礼。改组后的集装箱公司利用一周时间，将生产指挥系统及人员、设备调整到位，当月完成集装箱吞吐量1.8万TEU。

集装箱公司重新审视国内内贸集装箱运输发展趋势，确定进一步发挥烟台港地处渤海湾咽喉的地理优势，以中转为突破口把内贸集装箱运输业务做大。公司快速出击，派出市场开发人员南下广州、上海开辟和巩固航线航班，扩大与南青公司等的合作，还遍访省内外客户帮助船公司揽取货源。经过努力，开通环渤海湾及上海、广州、泉州等10条内贸航线，开发鲁西地区粮食、纸张等适箱货源和铁矿石内贸集装箱运输业务，为使烟台港成为环渤海湾内贸集装箱中转枢纽港奠定了基础。同时，烟台港积极改善内贸集装箱生产条件，扩建码头库场、增添装卸设备，2004年新增岸桥2台、场桥6台。集装箱公司以高效装卸生产、工作全面提速和优质快捷服务，赢得内贸集装箱运输市场更多的份额。他们优化装卸工艺，力保航班准点，创造了船舶单条作业线小时效率45TEU、单船作业1 302TEU、单船出口676TEU等多项佳绩。他们靠优质高效、诚信服务，打动客户，巩固经营成果。在为上海（烟台）通用东岳汽车公司提供物流配送业务中，达到厂方提出的“从接到计划进场（港口）押箱到运抵厂家生产线55分钟完成”的苛刻要求，使船方、货方、厂方惊叹，并被美国通用汽车公司作为物流配送品牌推广。2004年，烟台港完成内贸集装箱吞吐量12万TEU，作业船舶达到410艘次。

在突出发展港埠业的同时，其他一些生产经营举措也取得明显成效。如“二道门工程”（物流园区装饰材料市场），不断加大工作力度，通过对园区内的“海港家饰”进行布局调整，实施品牌形象工程，完善软环境建设，建设“烟台家装网”，已形成板材、陶瓷、五金、灯饰、布艺等9个区域，达到“格局清晰、运作规范、形象提升、资产增值”的效果，年利润额可达1 000万元。至2006年，“海港家饰”以烟台芝罘区为中心，已先后在芝罘区、威海、蓬莱等地开设

5 家连锁商场,实现规模化连锁经营,总营业面积近 40 万平方米,商场营业总额近 30 亿元,成为胶东地区装饰建材行业的龙头。物流园区"海港家饰"被评为"国家物业管理示范商业区"、"山东省三十强市场"(图 11-2-1)。

图 11-2-1　物流园区"海港家饰"市场

二、实施三期工程(一阶段)和顺岸码头扩建工程建设

二次创业过程中,烟台港在进一步完善二期工程建设的同时,适时展开三期工程(一阶段)和顺岸码头扩建工程建设。

烟台港三期工程早于 1992 年即开始进行工程可行性研究。其时,港口货运量与泊位能力极不适应,港口吞吐量已超过核定通过能力(711 万吨/年)50% 以上,压船压港现象严重;泊位长期超负荷作业,严重影响码头的正常使用。根据统计,1991 年作业船舶为 1 267 艘次,由于泊位不足、压船压港,船舶在港非生产停泊时间为生产停泊时间的 1.25 倍。这给港口、船方和货主在经济上造成很大损失,也严重影响港口吸引更多的货源。除了码头数少、库场狭小和设施陈旧诸因素外,影响船舶正常作业的重要因素是泊位吨位级别低、水深不足。当时,全港泊位吨位级别最大的是化肥泊位 2.5 万吨级,而 1991 年就有 20 余艘 5 ~ 7 万吨级化肥船舶到港,靠泊困难,使用很不方便,而其他货类船舶吨位也日趋见大,港口与之极不适应。特别是随着腹地外向型经济迅速发展,集装箱运量快速增长,烟台港集装箱码头设施建设与市场需求差距甚大,大量适箱货舍近求远流转其他港口。虽然其时已着手进行二期工程建设,但由于计划管理和行政干预的原因,也只安排一个多用途泊位装卸集装箱,同时,对其他泊位的布局和设计安排也缺乏长远考虑。二期工程建设远不能适应外贸货物和转运货物迅速增长的趋势,以及集装箱新型运输方式的变化要求。在这种情况下,烟台港以远见和执著开展三期工程前期工作:1993 年 6 月,烟台港向交通部上报工程项目建议书的报告,同年 9 月,交通部会同山东省政府向国家计委报送该工程项目建议书;1994 年 1 月,国家计委批复该工程项目建议书;1994 年 8 月,烟台港向交通部上报工程可行性研究报告;1995 年 1 月,交通部会同山东省政府向国家计委报送该工程可行性研究报告;1996 年 6 月,国家计委向国务院报送关于审批烟台港三期工程可行性研究报告的请示,同年 8 月,国务院召开总理办公会议,批准国家计委的请示。1996 年 9 月,国家计委正式印发关于利用亚行贷款建设烟台港三期工程可行性研究报告的通知。烟台港三期工程成为"九五”期间全国沿海港口第一个国家重点建设项目开工工程。

国家计委关于利用亚行贷款建设烟台港三期工程可行性研究报告的通知指出，建设烟台港三期工程是必要的。工程规模为：建设集装箱泊位2个和杂货泊位5个，吞吐能力390万吨。为解决烟台港无集装箱泊位的矛盾，缓解港口生产的压力和提高项目的经济效益，三期工程分两个阶段实施。第一阶段，建设集装箱泊位2个和杂货泊位2个，年设计吞吐能力255万吨，其中集装箱175万吨、24万标准箱；第二阶段，建设杂货泊位3个，年设计吞吐能力135万吨。工程总投资为17.14亿元（不含建设期贷款利息）。第一阶段投资为12.39亿元（不含建设期贷款利息），其中：利用亚洲开发银行贷款6 300万美元，国内资金由国家开发银行安排部分贷款。这就确定烟台港三期工程建设为“4+3”模式，即第一阶段建设4个泊位，第二阶段建设3个泊位。

此后，烟台港与中港集团第一航务工程勘察设计院于1996年10月完成项目的初步设计，当年交通部批复三期工程（一阶段）的初步设计和概算。1996年12月11日，中国政府和亚洲开发银行签订利用亚行贷款建设三期工程（一阶段）贷款协议，同日，烟台港和亚洲开发银行签订项目协议。1997年8月，三期工程（一阶段）项目开工报告正式得到批准。1997年9月，烟台港三期工程水工工程由中港集团第一航务工程局第二工程公司以1.5亿元中标，疏浚工程由中港集团天津航道局以0.6亿元中标，其中标标的分别比批准概算降低20%和30%。

为适应三期工程（一阶段）项目建设的要求，烟台港于1996年10月成立三期工程开发建设公司作为该项目的建设和经营业主。以牟增平为总经理的三期工程开发建设公司怀着强烈的使命感和责任感，勇于自我加压，创造性地开展工作，以“优、省、快”为目标，精心推进工程建设。项目建设期间，该公司在坚持业主负责制的基础上，严格实行工程监理制、招标投标制、合同管理制和质量责任终身制。他们充分吸取西港池一期、二期工程建设的经验教训，本着“确保质量、加快进度、节省投资、提高效益”的原则，急生产所急，适时调整原码头设计，科学合理地组织工程建设；严格控制建设规模和标准，在加深码头、航道和增添设备的情况下，不但没有超出原概算，还节约建设资金3亿多元。港务工程公司承担围堰、土建等重要工程项目的施工，顾全大局，积极配合，圆满完成工程任务。项目自1998年6月主体工程开工以来，在多方面的支持和配合下，经过设计、建设、监理和施工单位的努力，于2001年10月建设完成。

三期工程（一阶段）位于芝罘湾四突堤南侧根部和南侧顺岸。规模为建设深水泊位4个，其中集装箱泊位2个，泊位长度543米，设计水深-14米（图11-2-2）；杂货泊位2个，泊位长度418米，设计水深-16米。码头结构采用大沉箱重力式结构，安装沉箱63个，卸荷板174块。建设集装箱交接库1座（建筑面积5 485平方米），其他配套生产办公建筑12座，总建筑面积

图11-2-2　三期工程（一阶段）集装箱码头

1.24万平方米。建设堆场总面积18.5万平方米、港内道路4 260米。建设铁路4 945米，包括铁路调车场、码头线及联络线等。形成港区陆域108万平方米，形成港池航道等水域89万平方米，完成疏浚工程1 197万立方米。工程配套各种装卸机械87台(套)，主要包括集装箱岸桥4台、轨道场桥6台，供排水、供电、通信均同期完成。为实现对港区全方位、全天候的监控管理，建设完成监控管理系统，对港区出入口、重要通道、货场、生产现场、船舶等重要区域都可进行实时监控。工程总投资人民币5.64亿元，外币4 949万美元。主要施工单位为中港集团一航局第二工程公司、中港集团天津航道局、济南铁路局五公司、烟台市建设集团、烟台港务工程公司、烟台港动力公司、烟台港通信信息中心等。

三期工程(一阶段)在工艺上进行较大革新，使用一些新型材料和技术，保证了工程顺利进行。如对码头基槽抛石体的夯实，采用爆夯工艺，累计爆夯100多次，夯实基床980米，工期比传统机械工艺节约300天，费用节约80%。对码头沉箱(每个沉箱约1 200吨、高17米)采用半潜驳出运新工艺下水，提高了工作效率，降低了船机成本，该工艺还申请了国家专利(图11-2-3)。

图11-2-3　采用半潜驳出运工艺运送码头沉箱

2001年10月23日，载铁矿4.95万吨的合作号轮成功靠泊63、64泊位，标志三期工程(一阶段)进入试投产阶段。2001年12月，国家验收委员会对工程项目进行竣工验收。三期工程(一阶段)在质量、工期、投资控制、基建程序等方面得到验收委员会高度评价，质量总评优良。2004年，三期工程(一阶段)被评为国家“第四届詹天佑土木工程大奖”，获得国家土木建筑业的最高荣誉。

三期工程(一阶段)适应船舶大型化、集装箱化的需求，有效解决了烟台港深水泊位不足和超负荷运转的矛盾，结束了烟台港没有集装箱专用泊位和冬季不能接卸大型矿船的历史，对港口生产发展和二次创业发挥了巨大作用，投资效益十分明显。至2004年，三期工程(一阶段)已完成货物吞吐量2 342万吨、集装箱吞吐量48万标箱。具体情况如表11-2-1所示。

烟台港三期工程(一阶段)投产后完成吞吐量情况表　　表11-2-1

时　间	货物吞吐量(万吨)	其中：外贸货物吞吐量(万吨)	集装箱吞吐量(万TEU)	其中：外贸集装箱吞吐量(万TEU)
2002年	577.4	481.2	9.9	9.9
2003年	868.7	726.4	21.5	15.3
2004年	896.5	820.3	17.1	17.1

烟台港顺岸码头(38、39号泊位)扩建工程于2002年初开始进行工程可行性研究(图11-2-4)。当时，集装箱装卸主要是在37泊位作业，该泊位处于西港池第一突堤根部为兼顾

集装箱运输的多用途泊位，码头陆域纵深狭小，集装箱堆场距码头较远且面积不足。由于该泊位还需要接卸其他货种，影响了集装箱装卸效率；同时，由于存在内外贸集装箱同在一个泊位作业，造成海关难以监管，不符合通关要求。虽然三期工程（一阶段）建成后外贸集装箱作业将转移至61、62泊位，但内贸集装箱运输的专业化泊位建设急需抓紧解决，否则就很难谈及利用烟台港区位优势与船公司合作开发和拓展内贸集装箱班轮航线。另外，老港区杂货主要泊位15、16、17泊位时被客滚船占用，不能发挥正常功能，而其余货运泊位年久失修、吨位小，不适应杂货船靠泊作业的需要。为适应城市化改造和泊位功能调整需要，港口杂货装卸功能急需重新布局规划。为此，烟台港于2002年3月向山东省发展计划委员会上报顺岸码头（38、39号泊位）扩建工程可行性研究报告。山东省发展计划委员会于2002年4月批复项目工程可行性研究报告，2002年9月批复项目初步设计。三期工程开发建设公司作为工程建设管理单位，为适应港口生产急需，紧紧围绕“确保质量，加快工期，尽快投产”的要求开展工作。在施工条件比较复杂、工期要求十分紧张的情况下，制定合理的工程控制计划，利用合理施工工艺，加强现场管理，认真落实责任制，达到预期要求。工程于2003年12月竣工，工期只为一年半时间。

图11-2-4　顺岸码头扩建工程施工现场

顺岸码头（38、39号泊位）扩建工程位于烟台港西港池一突堤根部北侧顺岸，规模为：建设3万吨级内贸集装箱专业化泊位1个和2万吨级多用途泊位1个，码头水深-14米，年设计通过能力96万吨，其中内贸集装箱10万TEU。工程总概算为1.93亿元。工程实际决算为19 134.79万元，节省225.21万元。疏浚工程，完成工程量200万立方米；水工工程码头主体工程，预制安装沉箱39个，建设码头630米，结构采用大沉箱重力式结构；水工工程护岸，完成护岸长191米，结构采用重力式斜坡堤结构，空心四角块护面；陆域形成，完成码头后方回填区域为3.4万平方米，回填总量约8万立方米；堆场，完成堆场面积3.4万平方米，面层为500#高强联锁块；装卸机械设备（集装箱码头设备和杂货码头设备），通过全港调配方式搬迁到顺岸码头，搬迁的机械设备有40t/40m集装箱岸桥2台、16吨门机1台、10吨门机2台。该工程水工工程设计和施工由中港集团第一航务工程局以优化设计和低价中标，疏浚工程施工由中港集团天津航道局第二疏浚工程公司中标，陆域形成、护岸、堆场、变电所房建等工程施工由烟台港务工程公司承包，供电照明工程和给排水工程施工由烟台港动力公司承包，通信工程施工由烟台港通信信息中心承包。

2004年4月，由山东省发改委组织有关部门对烟台港顺岸码头（38、39号泊位）扩建工程进行竣工验收。验收委员会认为：工程总平面布置、主体工程和装卸工艺设计合理，满足集装箱船舶和通用杂货船舶的作业要求；工程质量控制较好，同意工程质量总评为优良。验收委员会同意工程竣工验收，并于2004年4月6日起正式交付使用。

顺岸码头（38、39号泊位）扩建工程为争取时机、发展烟台港内贸集装箱运输和有效调整转换老港区功能发挥了重要作用。自工程交付使用至2005年不到两年的时间，完成货物吞吐量785万吨、集装箱吞吐量48万标箱,体现了较高的投资效益。

三、合资经营集装箱运输和粮油加工项目

1. 合资建设经营烟台港三期集装箱码头项目

集装箱运输是一项系统工程,强调网络运营。只有纳入并扩大这个网络,集装箱运输才能更方便、更快捷、更经济。而网络运营当前主要由货主、船公司和港口通过合资合作进行。20世纪末期,大连、秦皇岛、天津、上海、宁波等10余个沿海港口均与外方船公司或码头公司进行合资,据2001年统计显示,其合资率分别占集装箱泊位总数和集装箱泊位总通过能力的64.2%和72.2%。从港口发展的经验看,通过合资建设经营集装箱码头可以利用国外资金,引进国外先进的管理方式,提高港口的生产经营水平和生产效率,扩大港口的知名度,发挥各方优势、有效增加班轮航线,使集装箱运输获得更快的发展。同时,合资合作有利于盘活国有资产,实现股权多元化,有效改善企业资产结构,提高港口的竞争力。基于以上考虑,烟台港抓紧促成合资建设经营烟台港三期集装箱码头项目的各项工作,经过比选,合资合作对象选择美国环球货柜码头有限公司(CSX环球货柜)。

合资合作的前期工作自2001年7月开始,先由烟台港集装箱公司负责人与天津东方海陆集装箱码头公司负责人进行接触,双方均表达了合资合作的意愿。2001年8月,CSX环球货柜中国投资及项目发展董事和项目经理来烟台港考察访问。此后,双方一直保持往来和交流。2002年6月,CSX环球货柜中国投资及项目发展董事和项目经理再次来烟台,烟台港与来访客人就合资建设经营烟台港三期集装箱码头项目的具体事宜进行磋商和洽谈。2002年7月,CSX环球货柜副总裁、环球货柜亚洲有限公司总裁马文彪先生来烟台与烟台港领导进行高层次磋商和会谈。先后共经过9轮谈判后,烟台港于2002年7月,与美国环球货柜码头有限公司签订合资建设经营烟台港三期集装箱码头意向书,确定合资成立烟台环球码头有限公司,并迅速开展报批工作。2003年1月,烟台港向上级呈报合资建设经营烟台港三期集装箱码头可行性研究报告,并经山东省发展计划委员会转报国家发展和改革委员会。2003年6月,国家发展和改革委员会批复同意烟台港与美国环球货柜码头有限公司合资成立烟台环球码头有限公司,建设经营烟台港三期集装箱码头工程;并享受免征进口设备关税和进口环节增值税政策。2003年6月,烟台港上报合资公司合同、章程,经转报,同年11月,国家商务部批复并颁发批准证书。2003年12月18日,烟台环球码头有限公司正式挂牌营业。该合资项目从前期工作到公司正式运作历时两年半,是国内进展速度最快的同类项目之一。

该合资项目,范围以烟台港三期工程已建成的543米集装箱泊位为基础,包括码头、港区陆域及陆域内建筑物、装卸设备、配套设施等。投资总额为8.23亿元(折合9 916万美元),公司注册资本为2.9亿元,其中烟台港务局以现有等值固定资产出资1.45亿元,占注册资本的50%,环球货柜码头中国(烟台)有限公司出资1.45亿元人民币,占注册资本的50%。注册资本以外投资5.33亿元,按出资比例由烟台港和外方分别以等值固定资产或等值现汇投入。合资范围内烟台港现有资产评估价值为7.49亿元,除以注册资本和股东贷款出资外,其余现有资产由合资公司以现金购买。合资公司经营范围为建设经营烟台港三期集装箱码头;集装箱货物、大件散杂货、滚装货物的装卸业务;集装箱中转、堆存、保管、拆

装、修洗、冷藏箱预检业务；保税仓储及港区内短途运输业务。

自2004年起，烟台港外贸集装箱运输具体由烟台环球码头有限公司负责运作。2004年、2005年烟台港 外贸集装箱吞吐量达到17万TEU和24万TEU，分别比上年增长11.1%和41%，显示该合资项目取得初步成果。这次合资合作，为港口发展创造了宝贵机遇。由于成功实施码头、设备、土地等资产运作和资金运营，烟台港直接获得现金流入5亿多元，为港口发展提供了有力的资金支持。

2. 合资经营益海粮油加工项目

随着中国加入WTO和农村经济向着产业化和深加工化方向转化，粮食与农副产品加工和精细加工面临着广阔的发展机遇。有关全球范围的大豆及其制品市场供求状况的统计资料表明，亚洲特别是中国是大豆及其制品消费增长最集中、需求潜力最大的地区。由于世界范围内养殖业的蓬勃发展，大豆加工的主要产品豆粕的需求量将迅速增加。但目前国内的粮食与农副产品加工企业普遍存在设备水平不高、生产规模小、产品附加值低、技术手段落后等问题，而相应的是，国外的相关技术和设备经过一段时间的迅速发展，已基本能够解决上述问题。同时，出于在短时间内打开韩国饲料市场的考虑，新加坡丰益中国投资私人有限公司欲在沿海港口城市扩大投资建厂。而烟台港也正在谋求通过发展临港工业，使港口宝贵的土地资源产生尽量大的“过货量”，培育起长期稳固而充沛的货源，进一步提高港口的核心竞争力。在这种情况下，烟台港以地理优势和临港加工优势促成与其“双赢”合作，决定共同创办国际一流的粮食深加工企业。

合资方新加坡丰益中国投资私人有限公司具有资金和工艺技术方面的优势。该公司是由新加坡丰益贸易公司和美国ADM公司合资成立。丰益贸易公司是亚洲食用油、油籽以及相关产品的最主要的加工商和贸易商，公司年产值约20亿美元。其在印度尼西亚和马来西亚拥有4个棕榈油精炼厂、4个棕榈油压榨厂，年棕榈油总产量达300万吨。其在中国与中方合资建立日加工5 000吨大豆的东海粮油，创出“福临门”品牌；在山东合资成立闻名全国的莱阳浓香花生油有限公司，其“鲁花”花生油已畅销东南亚及世界其他地区。丰益贸易公司凭借其骄人的业绩，被授予“新加坡2000/2001年国际商贸奖”。美国ADM公司是世界最大的油籽、玉米、小麦和可可的加工商之一，在全球有350个工厂和2.3万名员工，年销售收入达180亿美元。新加坡丰益中国投资私人有限公司作为美国ADM公司的战略合作方，近年在华进行大举投资，共成立合资企业近20家，在华投资总额达80亿元人民币。而另一合资方烟台丰禾投资有限公司（原为济南康惠油脂有限公司）是生产销售油脂、油料的专业性公司，多年来一直与国内外客商保持良好的进出口贸易往来，具有市场经营优势。

三方合资经营益海粮油加工项目的前期工作和建厂工作进展相当迅速。2000年9月，烟台港受另外合资方委托向烟台市计划委员会上报中外合资烟台康益工贸有限公司（后相继改名为烟台康益谷物有限公司、益海（烟台）粮油工业有限公司、烟台益海粮油有限公司）豆粕加工项目的建议书和可行性研究报告，同月获得批复。2000年10月，烟台港上报合资公司合同、章程，同月，烟台市对外经济委员会批复并颁发批准证书。2000年10月，山东省发展计划委员会向该合资项目颁发《国家鼓励发展的内外资项目确认书》。2001年2月，烟台港向烟台市计划委员会上报合资项目初步设计，同月获得批复。2002年4月，烟台益海粮油有限公司正式建成投产（图11-2-5）。在该项目的引进、谈判和筹建中，烟台港工作组克服经验不足、时间紧迫等困难,善于捕捉信息,深入研究政策法规,及时沟通协调,特别是注意以诚招商,在筹建过程中积极帮助解决外商提出的土建、设备方面的调整事项,使合资方坚定建厂信心,多次大幅度追加投资。

图 11-2-5　烟台益海粮油有限公司厂区

益海粮油加工合资项目位于烟台港西港池二期工程顺岸码头(38、39 泊位)后方场地,占地面积约 6.87 公顷,总投资近 1.8 亿元人民币。公司注册资本为 1.452 亿元,其中,新加坡丰益中国投资私人有限公司以现汇作为出资,占注册资本的 79.31%;烟台港务局以土地使用权作为出资,占注册资本的 20%;烟台丰禾投资有限公司以现金作为出资,占注册资本的 0.69%。该项目主要从事大豆及其他粮食的深加工、高蛋白脱皮豆粕、植物油等相关产品的生产、经营和销售业务,属国家鼓励类项目。项目规模为年加工大豆 43.2 万吨,年产豆粕 36.98 万吨、植物油 5.3 万吨。益海粮油项目,引进世界最先进的粮油系列加工设备和工艺技术,实现全电脑监控、一体化生产线,确保产品的质量符合国际标准。公司日可加工大豆 2 000 吨,灌装小包装油 300 吨,生产的"丰苑"牌高蛋白豆粕及"口福"系列小包装油成功打入日本、韩国及东南亚等国际市场。

该项目自投产至 2003 年底,不到两年时间完成进出口金额 2.5 亿美元,形成港口过货量 120 万吨,直接支付港口费用近 7 000 万元。2003 年,港口从该项目中得到收益 1 000 万元。益海粮油加工合资项目较好体现了烟台港引进资金、盘活资产、增加过货量"一石三鸟"的招商引资要求。

四、"借低还高"　实现债务置换

降低财务费用,减少经营成本,优化债务结构,规避外债风险,是实现二次创业目标的另一项紧迫任务。烟台港于 1992 年、1997 年两次通过中国人民银行向亚洲开发银行贷款用于烟台港二期、三期工程建设。第一笔贷款 4 680 万美元,用于二期工程,期限 25 年;第二笔贷款 5 300 万美元,用于三期工程,期限 24 年。2003 年初,未还贷款余额共计 8 666.2 万美元(含日元 43.5 亿元)。两项工程同时利用国家开发银行 6.58 亿元,2003 年初贷款余额为 4.97 亿元。进入 21 世纪,以上贷款逐渐进入还贷高峰,仅年利息就达 8 000 多万元。由于亚洲开发银行贷款的利率反映的是其以前平均筹资成本加利差,明显高于市场平均筹资成本。例如,2003 年初两笔贷款的贷款利率分别为 5% 和 6.69%,而同期美元 LIBOR 利率在经过多次降息后已降至1.5%左右。另一方面,我国外汇储备大量增加,国内银行外汇资金充裕,存贷差加大,且融资成本低,汇率稳定。同时,在政策上,国家外汇管理局、国家计委、人民银行出台《国有和国有控股企业外债风险管理及结构调整指导意见》,鼓励国有大中型企业优化债务结构,并允许运用远期外汇买卖、债务掉期等金融衍生工具。这一些,为烟台港调整外债结构带来机遇。

经过多方调查和充分论证,烟台港于2002年11月制定融资方案,对办理融资审批手续、资产评估抵押手续和贷款资金落实工作程序进行周密的运筹,具体由总会计师于德义、财务会计处处长赵秀坤等组成的融资项目小组实施。从2003年1月起,烟台港分别向财政部国际司、国家外汇管理局烟台中心支局分别提交申请提前偿还亚行贷款报告;同年4月,财政部国际司根据亚行的批复,同意提前偿还亚行贷款,规定还款日期为当年5月9日。与此同时,资产评估抵押、选择融资金融机构工作紧张有序开展。资产评估工作从2002年12月起,利用4个月时间结束,共评估资产31亿元,经测算,可融资金能满足贷款置换要求。在办理亚洲开发银行贷款置换的同时,开行贷款提前偿还工作也迅速展开并很快置换完毕。

本次亚行贷款置换共向国内三家金融机构融资,实际偿还用款8 554.3万美元。综合计算,由于提前还款需支付贴水212万美元、二期工程需用日元支付取得汇率风险收益520.6万美元、提前还款减少利息支出137.8万美元及为锁定汇率风险对日元实施远期购汇减少支付7.3万美元,当年可节约财务费用453.7万美元,折合人民币约3 760万元。预计在亚行贷款合同偿还期内,可节约财务费用3 036万美元,折合人民币约2.5亿元;外币贷款综合利率由5.91%降至不足2.5%,财务费用节约61.5%。开行贷款置换,对外融资4.5亿元,利用企业沉淀资金4 713万元,融资综合利率较融资前利率降低了11.5%,综合计算,当年可节约财务费用260万元,预计在合同偿还期内可节约财务费用3 160万元。两类贷款共融资折合人民币约11.6亿元,当年合计节约财务费用4 000万元,预计在贷款合同偿还期内共可节约财务费用2.8亿元。

这次债务成功置换,有利于国家降低外债风险,也使企业、银行获得双赢。对企业而言,一是汇率风险得到控制;二是大大节约利息支出,降低了财务费用;三是优化企业贷款结构,缓解了贷款本金支付的时间性压力,通过商定,企业在按时偿还贷款利息的情况下,可以根据资金状况灵活确定贷款本金的偿还数额;四是通过以现有资产抵押方式,盘活企业资产;五是与多家金融机构建立合作联系,提高了企业的融资能力。实施债务置换,对企业以后的资金运转提出更高的要求,同时也存在不同程度的风险。对银行而言,从国内金融机构的角度看,近年来由于外汇存贷差仍然较大,银行寻找外汇需求市场的愿望日趋强烈,此次置换外债资金全部来源于国内银行的外汇贷款,提高了中资银行外汇资金的使用效率。

五、减员增效　分流富余职工

减员增效、分流富余职工是转变经营机制的"碰硬"措施,也是国有企业深化改革的艰巨任务。在二次创业过程中,烟台港紧密结合实际,积极慎重地做好这项工作。1997年,烟台港制定《关于减员增效分流下岗职工的试行意见》,采取定编定员、优化组合、精简人员、清退外来工等措施,年内清退外来工 467 人,分流安置富余职工 257 人。1998 年,烟台港制定《关于努力拓宽渠道千方百计安置下岗职工的意见》等 4 个文件,按照规范化、制度化要求对下岗分流、再就业进行操作。年内清退外来工 917 人,分流安置富余职工 419 人。同时,局成立再就业服务管理中心,实行二级服务管理;有关单位为分中心,加强对下岗职工的管理。2001 年,确定全局总的减员比例不低于 5%,各单位减员比例根据具体情况商定。人员的流向是:开辟新的经济增长点分流安置,符合内退条件的退养安置,必要时裁员失业安置,等等。年内,清退外来工 143 人,分流安置富余职工 435 人。自 2002 年起,对劳动合同到期人员全部实行竞聘上岗(2002 年当年顺利实现 1 600 余名合同到期职工重新竞聘上岗),共有 550 余名职工办理解除、终止劳动合同手续。联合公司等单位在分流人员多的情况下,积极探索安置富余人员的路子,较好实现平稳过渡。

随着港口剥离社会服务功能、生活服务逐步社会化,至 2003 年,综合服务公司业务进一步萎缩,职工人数已由 1 000 多人减至 200 余人,在岗职工只有 93 人,年内合同到期人员 86 人。由于公司本身已经不能为职工提供足够的工作岗位,不少职工面临下岗失业,改革面临攻坚的选择。为解决好这一问题,2003 年 10 月,烟台港将综合服务公司成建制划归物业公司,由物业公司充分发挥企业优势,尽最大努力提供力所能及的工作岗位,妥善安排这部分职工。

六、抗击非典型肺炎疫情

2003 年春,全国部分地区发生传染性非典型肺炎疫情。面对突如其来的非典疫情,烟台港及时成立以副局长刘炳敏为组长的预防非典型肺炎工作领导小组,调整工作中心,强化领导,积极应战,严防死守,坚持一手抓非典防治,一手抓生产经营,切断了疫情输入烟台的海上通道,在港口筑起防治非典型肺炎的坚固防线,有效防止疫情在烟台地区的扩散和蔓延,同时,努力化解和减轻非典疫情对港口经济的影响,保持了港口经济健康发展的良好态势。烟台港获得全省防治非典型肺炎工作先进集体称号。

2003 年 5 月间,按照烟台市和大连市政府《关于联合加强海上防控非典型肺炎工作的规定》要求,港务局卫生防疫站党支部书记王德生作为烟台市协查组成员被派往大连港工作,负责对登船旅客进行防“非典”健康状况检查。5 月 12 日 20 时,由于连日工作、过度疲劳,王德生患突发性心肌梗塞,不幸以身殉职。他在这场特殊的斗争中,以自身的模范行为,树立了光辉的榜样。王德生在平日工作中,始终以一名共产党员的标准严格要求自己,勤勤恳恳,恪尽职守。在接到参加协查组任务后,他不顾年纪大、体质弱和妻子去世的情况,主动请缨:“我懂业务,有经验,应该到一线去!”在大连市工作期间,他对大连港口的7 个客运站防“非典”情况进行调查摸底,熟悉工作流程;面对过往旅客,逐一检查、测试体温,发现异常,果断处理。虽然工作紧张繁忙、寝食不安,但他总讲:再苦再累也要把好关,让人民群众放心满意。由于他认真负责,与当地有关部门和人员严防死守,没有“发热”旅客通过水路流向烟台,确保了一方平安。鉴于他的英雄事迹,中共烟台市委作出追授王德生同志“烟台市优秀共产党员”荣誉称号和开展向王德生同志学习活动的决定;中共山东省委、山东省政府授予其全省防止非典型肺炎工作先进个人称号,记个人一等功。王德生同志是烟台港的骄傲,是继“5.23”英雄群体之后的又一个英模典型。

第十二章

港口进入快速发展新时期

根据中央、省关于深化港口管理体制改革的要求,2004 年 9 月,烟台港实施管理体制转变。烟台港集团有限公司作为独立的法人实体,实行国有资产授权管理。

烟台港与地方港、蓬莱东港及龙口港的重组整合,为站在新的起点上参与更大范围的竞争,把港口做大做强、全面拉动城市经济和社会发展创造了前提条件。

烟台港迅速制定突出发展集装箱运输、壮大港埠业的战略举措。2006 年,烟台港完成货物吞吐量 8 088 万吨,芝罘湾港区完成集装箱吞吐量 105 万 TEU。烟台港被誉为“爆发式增长的港口”。这一些,为创建亿吨大港、实现又好又快发展奠定了坚实的基础。

烟台港成功对环球码头公司、港通货柜码头公司、港务工程公司等实行投资主体多元化改造,加快了企业市场化进程,形成新的投资主体多元化和投融资机制。

2005 年 9 月,烟台港西港区建设正式启动,为烟台港的西移大发展拉开帷幕。烟台港正在向建设具有国家战略意义的现代化大型港口迈进,为促进区域经济腾飞发挥更大的作用。

第一节　深化港口管理体制改革

一、转制为国有独资公司

1984 年以后,国家对沿海和长江干线主要港口的管理体制进行了重大改革,形成秦皇岛港由中央管理,沿海和长江干线 37 个港口由中央与地方双重领导、以地方政府为主的管理体制。为了有利于政府进一步转变职能、加强港口行业的行政管理,有利于港口企业按照建立现代企业制度的要求自主经营、走向市场,根据中央关于党政机关与所办经济实体和管理的直属企业脱钩的要求,国务院办公厅于 2001 年 11 月转发交通部、国家计委、国家经贸委、财政部、中央企业工委《关于深化中央直属和双重领导港口管理体制改革的意见》,决定将由中央管理的秦皇岛港及中央与地方政府双重领导的港口全部下放地方管理。其计划管理,由现行中央管理改为地方管理;财务管理由“以港养港、以收抵支”改为“收支两条线”,同时按照国家税收管理的有关规定征缴港口企业所得税。港口下放时,其财务关系相应划转。港口的资产无偿划转地方管理(交由国家开发投资公司管理的资产除外),其债权、债务一并随之转移。随后,山东省政府确定,自 2002 年 8 月 1 日起,将中央和地方双重领导的港口与省属沿海港航企业整体下放所在市管理。其中,烟台港与省属的龙口港、蓬莱港、长岛港、海庙港、凤城港、山东烟台国际海运总公司、山东渤海轮渡有限公司一起下放烟台市管理,人员成建制移交;组织人事关系划转所在市,烟台港的省管干部管理问题按照省委组织部意见执行。

根据中央、省关于深化港口管理体制改革的要求,在深入调查研究的基础上,烟台市政府于 2003 年 4 月出台关于港航体制管理和改革的意见。其主要内容是:(1)成立市港航管理局,为正处级事业单位,隶属市交通局,授权行使全市水路运输、港航企业的行政和行业管理职能;(2)成立烟台市港口管理领导小组;(3)按照“港航分离”的原则,把山东渤海轮渡公司、烟台国际海运公司的港口资产剥离出来,纳入港口企业统一管理;(4)把地方港划归烟台港;(5)烟台港集团有限公司作为独立的法人实体,为市管企业,实行国有资产授权管理。2004 年 9 月 15 日,烟台市政府公布:将烟台港组建为烟台港集团有限公司,同时撤销烟台港务局。9 月 29 日,在烟台港中层以上干部会议上,中共烟台市委组织部部长赵强代表市委公布烟台港集团有限公司领导班子成员名单。烟台市政府委派周波为烟台港集团有限公司董事会董事长,纪少波为副董事长。公司董事会聘任纪少波为公司总经理,刘延洪、石祖勋、曲延词、王钺为副总经理。经公司职代会团(组)长会议选举,尹怀惠为公司董事会职工董事。中共烟台市委决定周波任公司党委书记,中共烟台市委组织部决定纪少波任公司党委副书记,刘延洪、石祖勋、尹怀惠、曲延词、王钺、都新伟、裴静波、王德乐为党委委员。至此,烟台港务局转制为国有独资公司,市国有资产监督管理委员会为国有资本出资人。

为适应转制要求,烟台港集团有限公司于同年 11 月 4 日公布公司机关整合和机关职能调整转换方案,新组建 8 部 3 室 1 委 1 会,共 13 个部室,具体是:办公室、生产业务部、总工办公室、企业发展部、财务部、安全质量部、技术工程部、人事部、劳动工资部、法律事务室、党委工作部、纪委、工会。公司机关总定员 128 人,暂设中层管理岗位 34 个。

烟台港集团有限公司成立后,正值中共中央在全党范围内开展以实践“三个代表”重要思想为主要内容的保持共产党员先进性教育活动,中共烟台市委确定烟台港为第一批先进性教育活动单位。自 2005 年 2 月至 6 月,历时近半年,烟台港在市委领导和先进性教育活动督导组指导下,精心组织,较好地完成先进性教育活动各个阶段的任务,达到“提高党员素质,加强基层组织,服务人民群众,促进各项工作”的目标要求。取得的重要成效是:党组织的创造力、凝聚力和战斗力明显增强,党员干部作风有新的转变;找准影响港口改革发展的突出问题,制定整改措施,增强了跨越发展的信心;激发党员干部干事创业的积极性,港口经济进入新的阶段。这次先进性教育活动,为企业平稳转制、实现港口快速发展奠定了重要的思想基础,注入新的活力。集团公司被中共烟台市委授予 2006 年度“创建四好领导班子”先进集体称号。“四好”,即政治素质好、经营业绩好、团结协作好、作风形象好。

在山东的中央和地方双重领导港口及省属沿海港航企业体制改革完成后,山东省政府于2004年5月颁布《山东省港口管理办法》,进一步规范完善港口管理制度;又于2005年8月出台《关于加快沿海港口发展的意见》,要求到"十一五"末,实现全省港口吞吐量比2004年翻一番,初步建成结构合理、层次分明、功能完备、信息畅通、优质安全、便捷高效、文明环保的山东沿海港口群,确保山东沿海港口在长江以北地区的领先地位;其主要任务是,一是构建东北亚国际航运中心,二是打造3个亿吨大港(青岛港、日照港、烟台港),三是建设大型集装箱、矿石、煤炭和原油四大运输系统;并提出具体要求和政策性措施;对烟台港进一步加快改革发展、实现新的跨越指出明确方向,赋予历史重任。

烟台市委、市政府对烟台港的发展,倾注了巨大关注和全力支持,多次召开会议研究部署。2005年9月,烟台市委召开烟台港西港区建设调研座谈会。2005年11月,烟台市政府专门印发《关于强化政策扶持措施加快烟台港西港区建设的通知》,以全面推动西港区工程加快建设。2006年5月,烟台市代市长孙永春主持召开加快烟台港发展现场办公会,指出,从历史和现实情况看,港口和城市发展密不可分,港兴则城兴,城市要发展,港口发展是第一位的;要切实把烟台港的建设放在战略层面,放在全市经济发展的龙头地位来进行。烟台市政府并于5月17日印发《加快烟台港集团公司发展现场办公会议纪要》,就抓好市委、市政府扶持烟台港建设发展政策措施的贯彻落实,努力推进集团公司更快更好地发展作出具体部署。2006年7月,烟台市召开港口工作会议。市委书记焉荣竹指出,港口是烟台未来发展的最大潜力、最大希望所在,各级各部门必须重视港口建设和港口经济发展,以科学发展观来统领,紧紧抓住全国新一轮结构调整的机遇,开拓前进,奋起直追,掀起全市新一轮港口建设发展热潮。市长孙永春要求加倍努力,位次争取前移,要把营口港、连云港、日照港作为首赶目标,在此基础上瞄准新的工作目标,努力实现赶超发展。2006年7月,烟台市政府印发《关于加快港口发展的意见》,对在税费、土地使用、海域养殖、基础设施建设、西港区港内铁路专用线占用土地等方面加大政策扶持力度,为港口快速发展创造条件作出若干规定。上述政策延伸到烟台港集团公司整体,以及今后整合到集团公司的其他港区。其中土地方面,规定:西港区建设,采取划拨方式使用土地;烟台港新增建设用地,原则上办理协议出让手续;存量划拨土地,有计划地补办出让手续,土地出让金作为国有资本注入企业。在存量划拨土地补办出让手续方面,至2006年,芝罘湾港区有9宗土地(老港区、太平湾码头、南码头、客滚码头、集团公司办公大楼、原通信楼、房地产公司办公楼、黄海宾馆等)共2 500余亩已由划拨变为出让,缴纳的6.8亿元土地出让金全部返还,其余的土地出让手续正在办理当中,集团公司资产总额和净资产以及融资能力大幅度攀升。

二、整合港口资源

1. 整合地方港

为整合港口资源,加快港航企业发展,2005年1月,烟台国有资产管理委员会确定,从2004年12月31日起将山东省烟台地方港管理局(山东烟台国际海运公司港务公司)的人、财、物全部划转给烟台港经营管理;2005年4月,确定将山东渤海轮渡公司客运公司中烟台地方港(客滚码头)、港湾宾馆(服务中心)、和信修船厂、烟拖8等资产无偿划转给烟台港集团公司,相应人员一并转入。

2005年1月18日,烟台港集团公司决定将山东省烟台地方港管理局(山东烟台国际海运公司港务公司)划归联合公司代管,对外暂时保留“山东省烟台地方港务管理局”名称,对内改称为“烟台港环海港务公司”,实行一个机构两个牌子,待条件成熟后,再进行彻底整合;环海港务公司企业规格为中型(二),其党、团、工会组织关系分别归口联合公司党委、团委、工会管理。

2005 年 4 月 12 日,烟台港集团公司决定:山东渤海轮渡烟台客运公司资产划转烟台港客运总公司,其办公楼以外的网点房,划归物业公司接管;和信修船有限责任公司(法人)资产划转机械厂代管;港湾宾馆(法人)资产随服务中心划转物业公司代管;“烟拖八”轮资产划转轮驳公司。对于人员,按照“人随资产走、平稳过渡、确保稳定”的原则执行。4 月 25 日,烟台港客运总公司全面接管原地方港客滚运输业务,原渤海轮渡客运站对外称“烟台港环海路客运站”,对内称为“烟台港客运总公司环海路客运站”。客运总公司遵照“按现有运作模式组织客运生产,业务相对独立”“客滚运输一体化经营”的原则,采取多项工作措施,使地方港客滚运输业务迅速进入正常运营轨道。

烟台港所处的芝罘湾是一个以商为主的港湾,除烟台港外,还有地方港、打捞局码头(拥有浮泵码头 1 座,5 000 吨泊位 5 个)、邮电港(拥有 1 000 吨泊位 1 个)、粮油储运公司码头(拥有 1 000 吨泊位 2 个)等商业码头,其中地方港规模最大。原山东省烟台地方港管理局(烟台国际海运公司港务公司)和山东渤海轮渡公司客运公司客滚码头即合称地方港,为山东省交通厅管辖港口。地方港于 1988 年开始承接货运业务,1990 年 5 月对外开放,1993 年起从事客运滚装业务。码头岸线长度 741 米,拥有生产泊位 5 个,其中万吨级泊位 1 个,库场面积 6.53 万平方米。2004 年,完成货物吞吐量 298 万吨、旅客进出口量 85 万人次、滚装车运量 18 万辆。长期以来,地方港虽然与烟台港毗邻、同在芝罘湾内,但由于分属不同部门、政出“两门”,重复建设、竞相压价、市场混乱等现象时有发生。这次对地方港的整合有利于芝罘湾港区的统一规划、统一港政,实现了港航界有识之士长年之祈望。

2. 与蓬莱东港重组整合

2005 年 8 月,烟台市政府印发《关于渤海轮渡有限公司国有股权转让及蓬莱港重组整合问题的会议纪要》,将蓬莱港东港区整合给烟台港集团公司,整合后蓬莱港东港区成为烟台港集团公司的全资(或控股)子公司(独立法人)。9 月 1 日,烟台港集团公司决定将蓬莱港改建为烟台港集团蓬莱港有限公司,企业类型为中型(二),聘任张亚林为公司总经理;成立中共烟台港集团公司蓬莱港有限公司委员会,张韶缙任党委书记。

蓬莱东港位于蓬莱市以东 8 公里处,水深、地质条件理想,属国家一类开放口岸。蓬莱东港的陆路及水路交通都很方便,其陆路距龙口市 59 公里、烟台市 72 公里,并与全省的公路干线相衔接;其水陆距长岛港 6 海里,龙口港 39 海里,大连港 89 海里。蓬莱东港位居龙口、烟台两港之间,具有发展的互补优势。蓬莱东港是服务于蓬莱市及周边地区经济及社会发展的区域性中型港口。经营业务为货运装卸和客滚运输代理,货运装卸主要以煤炭、木材、水泥等散杂货为主,客滚运输主要从事蓬莱—大连航线的代理业务,由烟台渤海轮渡公司所属的 3 艘客滚船在线营运。

蓬莱东港于 1995 年 12 月正式验收投产,是“八五”期间由国家、山东省及蓬莱市共同投资建设的地方性港口;1996 年 7 月对外开放。蓬莱东港原为山东省属港口,2002 年 8 月 1 日,与烟台港一起下放烟台市管理;2003 年 4 月,烟台市出台港航体制管理和改革的意见,下放蓬莱市管理。现拥有 3.5 万吨级、1 万吨级、5 000 吨级杂货泊位各 1 个,5 000 吨级滚装泊位 2 个、2 000 吨级杂货泊位一个。年货物吞吐量 500 万吨(其中散杂货 100 万吨),旅客发送量 20 万人次,车辆发送量 5 万车次。

蓬莱东港可利用自然岸线约 7 公里,水深条件较好,适宜建设大型深水码头。蓬莱市经济发展较快,在做大旅游品牌的同时,积极招商引资,尤其是以蓬莱东港为依托的蓬莱经济开发区,配套建设基本完善,进驻规模企业 70 余家,为港口提供了稳定并不断增长的货源。将蓬莱东港划归烟台港集团公司,可有效解决功能重叠、竞争过度问题,使烟台港重新组合港口资源、发挥整体优势。同时,也为蓬莱港突出重点做大做强港口业奠定了基础。为适应货物吞吐量快速增长态势,提升港口硬件设施水平,更好地为腹地经济及临港产业服务,烟台港制定建设蓬莱港区 2 个 5 万吨级通用泊位工程和航道工程计划,该两项工程可行性研究报告于 2006 年 11 月通过行业审查。

3. 与龙口港重组整合

2006 年 4 月,烟台市委、市政府从全市经济社会发展的战略高度,决定对烟台港、龙口港实行重组整合。重组整合后,龙口港由市管国有独资公司变为烟台港管理的法人独资公司,法人主体地位保持不变,实行独立核算,自负盈亏,独立承担民事责任。这是烟台市加快全市港口资源整合的又一重大举措,也是全市资产数量最大的一次资产重组整合。同年 5 月,烟台港集团有限公司委派周波为龙口港集团有限公司董事会董事长,孟祥罡、徐明熙为副董事长;烟台港集团有限公司党委任命徐明熙为龙口港集团有限公司党委书记;龙口港集团有限公司董事会聘任孟祥罡为公司总经理。

龙口港始建于 1914 年,由于其地理位置的重要性,孙中山先生在《建国方略》中曾有过论述。解放后,进行几次扩建,1984 年 12 月获准为一类对外开放港口。该港一直是山东沿海地方港口中规模最大的港口,现已发展成为区域性的重要港口。2002 年 8 月 1 日,龙口港与烟台港一起下放烟台市管理;2003 年 4 月,烟台市出台港航体制管理和改革的意见,确定其由烟台市交通局和龙口市共同管理。龙口港现有码头岸线 5 000 米,生产性泊位 21 个,其中 5 万吨级 5 个、1 万吨级 6 个、5 000 吨级 5 个,主航道水深 12.2 米,年设计通过能力 1 023 万吨;库场面积 140 万平方米,其中仓库面积 5 万平方米,公用型保税仓库面积 3.4 万平方米,散粮罐存储能力 10 万吨,石化仓储能力 61 万立方米。资产总额 17 亿元。2005 年,港口货物吞吐量达到 1 602 万吨,其中集装箱吞吐量 9.2 万 TEU。港口主要经营煤炭、石油化工、散粮、铁矿石、铝矾土、水泥及熟料、钢材、集装箱等装卸堆存业务。

龙口港地处胶东半岛西北部、渤海之滨龙口湾内。其港湾条件良好,后方陆域广阔;北有连岛天然沙坝为屏障,南有金沙滩环抱,史有"稳油盆"之称,具备建设深水泊位的良好条件。龙口港以烟台至潍坊、龙口至青岛等干线公路及威乌高速公路为框架的公路网,构成陆路集疏运体系;德州—龙口—烟台铁路正在建设之中,其中大家洼—莱州—龙口段已全线拉通。龙口港经济腹地自然资源丰富,工农业发达,外向型经济活跃。

烟台港、龙口港实行重组整合的意义有三点:一是符合烟台市经济和社会发展的总体战略。烟台对城市的定位为现代化国际性港口城市,其落脚点就是港口城市。港口是烟台最核心的战略资源。重组整合之后的烟台港集团,控制着烟台市北部近 200 公里的岸线资源,直接经济腹地是山东省和烟台市经济实力最强、最具活力的区域。如此港口资源、岸线资源和经济资源,是把港口做大做强、全面拉动城市经济社会发展的前提条件。二是符合两港的长远利益和根本利益。重组整合之后,可以有效地利用各种有形和无形的资源,合理分工,优势互补,形成一个拳头,站在新的起点上参与更大范围的竞争。三是符合上级关于一市一政一港的要求。

第二节　创新理念　加快发展

一、以集装箱运输为突破口壮大港埠业

自实行转制后,烟台港迅速制定突出发展集装箱运输、做大做强港埠业的战略举措。

集装箱运输是国际现代化运输的主要模式,其规模既体现港口现代化水平和规模实力,也代表城市对外开放程度和投资环境状况。对于发展集装箱运输,烟台港具有一定的区位优势、运输网络优势、基础设施优势和发展空间。多年来,烟台港一直在探索如何立足位于黄渤海之交的区位,扬长避短、奋起直追来发展自己。在充分分析宏观环境、行业环境和主客观条件的基础上,他们突破"大树下面不长草","先天不足后天缺养"等思维定式,坚持把发展集装箱运输作为壮大港埠业的核心推动力。

1. 外贸集装箱运输

烟台港以增线增班为手段,重点发展近洋航线,同时兼顾远洋航线建设,扩大港口辐射力。2005 年 7 月,烟台港与中远集团协调争取运力,开通出口东南亚集装箱周班运输,并可利用中远公司遍布全球的航线网络中转至欧美。2006 年 8 月,烟台港吸引国内最大的集装箱船公司中海集运公司参股环球码头。烟台港开通日本(关东、关西)、韩国(仁川、釜山、平泽)、东南亚(欧美直通)等 32 条国际集装箱航线和 2 条内支线(大连、天津)。通过不懈努力,2006 年 11 月 14 日,烟台港直达美国西海岸长滩港及奥克兰港的集装箱周班航线正式开通。这是烟台港集团与中远集运公司合作开辟的烟台口岸第一条远洋集装箱运输周班干线。中远集运公司在该航线共投入 5 400 箱位的超巴拿马集装箱船舶 5 艘,每周二从烟台港出发,途经青岛港、日本横滨港,13 天后到达美国西海岸的长滩港,16 天后到达奥克兰港。该航线的开通,为烟台市及周边地区的对美贸易开辟了新的便捷运输通道。烟台港正在逐步发展成为对日、韩、东南亚地区的近洋集装箱航线的干线港,对欧、美、澳地区的远洋集装箱航线的基本港。货源经营上,烟台港主动出击,以培育、"养殖"为手段,与大客户零距离沟通,利用集中定舱等方式平衡货源和运价,成功推广"一站式服务",使得位于威海石岛港区以及周边地区货源稳中有升,填补了烟台舱位。并配合中海公司确保烟台到广州的精品航线正常运行,组建东营办事处承揽东营华泰纸业、潍坊晨鸣纸业等大客户。2006 年,承揽外贸适箱货 2.13 万 TEU,较上年增长 56%。烟台市政府也通过改善通关环境、采取优惠政策等积极措施扶持烟台港外贸集装箱的发展,形成了前所未有的鼎全市之力发展集装箱的良好氛围。烟台市政府领导多次主持召开集装箱运输工作会议,并率领有关部门走访中海集团、中远集团、上海南青公司等船公司达成良好合作意向。烟台市两次召集外贸企业、各县市区外经贸分管领导会议,要求集全市之力对欧美航线和直达干线进行扶持,寻求和保障远洋干线数量和航班密度的突破。市领导还亲自带队赴日韩,举办烟台港招商

引资推介会。2006 年，烟台港外贸集装箱吞吐量达到 36 万 TEU、航班数增加到 1 111 班，分别较上年增长 33.3% 和 22.5%。

2. 内贸集装箱运输

烟台港充分发挥地处渤海湾入海口和黄渤海海上运输要道之利，提出"汇渤海湾箱量向南中转，聚北上货物在烟台港分拨，变地缘劣势为优势，立足胶东，辐射西部，视东北、华北为经济腹地"的经营理念和资源共享、合力同荣的共赢理念，实现内贸集装箱运输密度、地位、效率的全面突破。烟台港继续加大与南青公司的合作力度并于 2005 年 7 月签署港航战略合作协议，确定优势互补、港航一体共同发展的目标：以开发南北内贸集装箱运输，构筑环渤海湾、长三角、珠三角和华南地区物流网络作为战略目标，在整体物流体系中确立烟台港作为环渤海内贸集装箱的集疏港和南北沿海运输的干线港；烟台港把航班航线作为基本线，提供装卸、仓储、配送及拖轮、引航等一切方便条件。经过双方不懈努力，内贸集装箱航线布局逐步完善，渤海湾支线船由 8 艘增至 12 艘，形成了连接渤海湾七港的海上直通巴士，先后开通环渤海湾及上海、广州、泉州等 11 条内贸航线，与渤海湾北部 7 个港口全部通航，上海干线基本实现天天班，黄埔线实现隔天班，上海至泉州线加密至 2 天班，并开通经上海中转的长江沿线各港航线。东北、华北、华东、华南以及西北、西南的适箱货物均可经烟台港转口。烟台港成为环渤海湾地区连接长三角、珠三角、厦门湾三大经济圈的内贸集装箱运输枢纽港，也是国内内贸集装箱运输网络最为完善的港口之一。2006 年，烟台港内贸集装箱吞吐量超过 80 万 TEU、航班数增加到 1 701 班，分别较上年增长 68.4% 和 91.2%（表 12-2-1）。港通货柜公司以完善的运营网络、快速的箱量增幅及一流管理水平被中国港口协会集装箱分会评为全国内贸集装箱码头五强之一。新成立的集装箱货运经营公司在总经理盛肇华的带领下，通过加强与船公司、货主的沟通与协作，搭建社会货代网络平台，推广"一站式"服务理念，以全方位服务吸引货源，并以船公司的需求为出发点，改善货类结构，提高船舶积载率，使经营工作步入良性发展轨道，2006 年集装箱代理总量达到 14.2 万 TEU，其中，外贸代理量增长 57%，内贸代理量增长 59.7%。

烟台港 2005 年至 2006 年集装箱吞吐量完成情况表　　表 12-2-1

项　目	2005 年吞吐量（万 TEU）	2005 年较上年增长（%）	2006 年吞吐量（万 TEU）	2006 年较上年增长（%）
合计	69	86.9	116	68.4
外贸集装箱	27	30.4	36	33.3
内贸集装箱	42	156.1	80	91.2

为创造良好的经营氛围，推动集装箱运输快速发展，烟台港还致力于发挥整体优势，实现经营一体化；完善服务功能，提升服务质量；各有关单位部门坚持从大局出发，按照集装箱发展"一盘棋"原则不折不扣做好各自工作。为此，烟台港还于 2006 年 8 月成立集装箱发展公司，负责协调芝罘湾港区与集装箱运输的有关事宜，对集团公司所属和对外合资合作的各类集装箱码头公司、物流公司、堆场等与集装箱运输有关的生产经营单位进行管理或协调指导。

在散杂货运输方面，烟台港主动分析市场形势，采取得力措施，积极应对市场竞争，继续扩大矿石、化肥、粮食等大宗货源，千方百计改善货类结构和进出口结构，开发培育新货源。2006 年，烟台港完成散杂货吞吐量 4 171 万吨，较上年增长 16.4%。其中，芝罘湾港区完成散杂货吞吐量 2 100 万吨，同比增长 2.4%；龙口港区完成散杂货吞吐量 1 910 万吨，同比增长 31%；蓬莱港区完成散杂货吞吐量 161 万吨，同比增长 112%。

在旅客滚装运输方面，烟台港充分发挥港口整合优势，加强运力组织和市场营销，稳定运力规模，努力开拓客滚运输市场，"烟台港客运"被认定为山东省服务名牌。2006 年，烟台港完成旅客运量 396 万人次，其中发送量 200 万人次，较上年分别增长 8.5%、9.3%；完成滚装车运量 44 万辆，其中发送量 22 万辆，较上年分别增长 16.3%、18.2%。

同时，为解决陆路运距长和经济腹地小的问题，烟台港积极开展一系列工作，把向西发展作为重大战略举措之一，确定进行莱州港区开发建设项目和山东西部货源开发项目，以进一步扩大港口辐射范围、巩固主枢纽港地位。

烟台港、芝罘湾港区、蓬莱港区和龙口港区 2006 年主要生产指标见表 12-2-2 ~ 表12-2-5。

2006 年烟台港主要生产指标完成情况

表 12-2-2

名　　称	计算单位	2006 年实际	2005 年实际	2006 年比 2005 年增减(%)	2006 年全国平均增长水平(%)
货物吞吐量	万吨	8 088	6 108	33.8	16.9
外贸货物吞吐量	万吨	2 387	2 181	9.4	17
散杂货吞吐量	万吨	4 171	3 584	16.4	
旅客运量	万人	396	365	8.5	
其中:发送量	万人	200	183	9.3	
滚装车运量	万辆	44	38	16.3	
其中:发送量	万辆	22	19	18.2	
集装箱箱量	万 TEU	116	69	68.4	22.3

2006 年芝罘湾港区主要生产指标完成情况

表 12-2-3

名　　称	计算单位	2006 年实际	占全港比重(%)	2005 年实际	2006 年比 2005 年增减(%)
货物吞吐量	万吨	5 629	69.6	4 367	28.9
外贸货物吞吐量	万吨	1 849	77.5	1 768	4.6
散杂货吞吐量	万吨	2 100	50.3	2 050	2.4
旅客运量	万人	382	96.5	353	8.0
其中:发送量	万人	192	96.0	176	8.9
滚装车运量	万辆	39	89.5	34	15.3
其中:发送量	万辆	20	88.7	17	17.0
集装箱箱量	万 TEU	104	89.8	60	74.4

2006 年蓬莱港区主要生产指标完成情况　　表 12-2-4

名　称	计算单位	2006 年实际	占全港比重（%）	2005 年实际	2006 年比 2005 年增减（%）
货物吞吐量	万吨	446	5.5	498	-10.4
外贸货物吞吐量	万吨	66	2.8	34	95.3
散杂货吞吐量	万吨	161	3.9	76	111.5
旅客运量	万人	14	3.6	30	-54.1
其中：发送量	万人	8	4.0	18	-55.6
滚装车运量	万辆	4	10.5	9	-50.5
其中：发送量	万辆	2	11.3	5	-49.5

2006 年龙口港区主要生产指标完成情况　　表 12-2-5

名　称	计算单位	2006 年实际	占全港比重（%）	2005 年实际	2006 年比 2005 年增减（%）
货物吞吐量	万吨	2 012	24	1 537	30.9
外贸吞吐量	万吨	471	19	391	20.6
散杂货吞吐量	万吨	1 910	45	1 457	31.0
集装箱箱量	万 TEU	11	10	9	29.2

通过两年多的艰苦努力，烟台港港埠业取得显著成绩。2005 年、2006 年，烟台港货物吞吐量、集装箱吞吐量、旅客与滚装车发送量、营业收入等指标连续创历史最好水平。2005 年烟台港（芝罘湾港区、蓬莱港区）完成货物吞吐量 4 506 万吨，较上年增长 47.7%；完成集装箱吞吐量 60.2 万 TEU，较上年增长 106.7%。2006 年烟台港（芝罘湾港区、龙口港区、蓬莱港区）完成货物吞吐量 8 088 万吨，较上年增长 33.8%，较全国平均增长水平高出 18.7 个百分点；完成集装箱吞吐量 116 万 TEU，较上年增长 68%，其中芝罘湾港区完成 105 万 TEU，首次突破百万标箱大关，较上年增长 74%。集装箱吞吐量在全国沿海港口中的位次由上年的第 14 位上升到第 10 位，增幅在全国主枢纽港中位列第 1 位，烟台港成为山东省第二家集装箱年吞吐量过百万 TEU 的港口；货物吞吐量在全国沿海港口中的位次由上年的第 15 位上升到第 13 位。2006 年，烟台港获得全国交通行业百强企业称号位列第 35 位（2005 年第 68 位）、中国服务业企业 500 强称号位列第 415 位。在中国国际海运网和大连海事大学世界经济研究所共同推出的《2006 年中国港口综合竞争力指数排行榜报告》中，烟台港综合竞争力名列排行榜第十一位，被评为“爆发式增长的港口”。这一些，为港口成为亿吨大港、实现又快又好发展奠定了坚实的基础。

二、实施资本结构优化调整

烟台港加快企业市场化进程，努力形成新的投资主体多元化和投融资机制。

1. 出让部分国有股权改造烟台环球码头有限公司

烟台港在与美国 CSX 集团合资一年多后，烟台环球码头有限公司外方持股人发生变化——由迪拜港口国际(DPI)有限公司代替美国CSX集团。2004年12月9日,世界重要港口企业迪拜港口国际(DPI)有限公司,宣布他们和美国CSX集团签署一份最终协议,以11.5亿美元的价格收购CSX环球货柜旗下的国际(主要为中国大陆、香港以及韩国)码头业务以及其他一些相关权益。本次交易融资由德意志银行安排和承销。迪拜港口国际(DPI)有限公司一直坚持国际扩张战略,此前在中东、欧洲和印度都曾进行过成功的收购并签署了管理合同。本次交易将主要为其带来以下收益:晋身为全球第六大集装箱码头营运商,积极参与全球交通运输和物流行业,进入新兴的亚洲和拉丁美洲国际海运市场,扩大潜在的收入增长来源。该项交易于2005年10月20日完成。烟台环球码头有限公司英文名称由"CSX World Terminals Yan Tai Company Limited"变更为"DP World Yantai Company Limited"。

为加快合资公司集装箱业务的发展,烟台环球码头有限公司董事会决定将中、外方股东各持有的17.5%股权(5 075万元人民币)转让给中海码头发展有限公司(隶属中国海运集团公司)。股权转让后,中海码头发展有限公司出资额为1.015亿人民币,占注册资本的35%,烟台港集团有限公司和DP World China(Yantai)Limited出资额各为9 425万元人民币,各占注册资本的32.5%。该项目于2006年7月份获得国家商务部批准,8月份完成了工商注册变更。在原合资评估的基础上对其资产再次进行评估,资产评估增值1 334万元,增值率为4.8%,烟台港获得转让股权现金流入5 075万元。实现合资合作后,通过产权纽带与中海集团形成利益共同体,建立起战略合作伙伴关系。环球码头有限公司吸引中海码头发展有限公司控股经营,开启了烟台港与国字号海运集团实行战略层面的合作、利用其网络优势实现箱量持续快速发展的先河。

中海码头发展有限公司是中国海运集团麾下的从事国内外码头投资开发、经营和管理的专业公司,主要从事国内外集装箱、油品、化学品杂货等码头投资开发与经营,物流配送、仓储及陆上运输,码头设施设备租赁、港口机械设备国际贸易及相关的资本经营等业务。公司总部设于上海市,注册资金22亿人民币。该公司依托中国海运航运主业的整体优势,在国内外合资经营及管理12个码头公司,年集装箱吞吐能力达到1 300万TEU。近年来,该公司在天津、大连、锦州、连云港、上海、湛江、广州等国内沿海港口合资经营集装箱码头的基础上,积极加大码头实体投资力度,努力在环渤海湾、长江三角洲、珠江三角洲等国内沿海经济区港口和国外重要枢纽港、中转港拓展码头投资经营及相关业务,建设中国海运全球十大集装箱转运中心。作为烟台环球码头公司控股股东,中海码头发展有限公司将烟台港作为重点合资合作项目。依托中海集团的航线及网络资源,当年10月中旬,成功开辟了烟台至国内南方沿海的超大型内贸集装箱精品航线。承担首航任务的"新锦州"轮船长215米,箱位2 200TEU,是烟台口岸内贸集装箱运营载箱量最大的船舶。

2. 吸纳国家资本金组建及出让部分国有股权改造烟台港通货柜码头有限公司

在烟台港西港池一期及二期工程建设过程中,烟台港务局使用了国家开发投资公司的中央级基本建设经营性基金委托贷款,截止到2001年底本息合计人民币1.61亿元。2001年11月,国务院办公厅《转发交通部等部门关于深化中央直属和双重领导港口管理体制改革意见的通知》规定:"港口下放时,港口资产无偿划转地方管理,但交由国家开发投资公司管理的资产除外,仍由其持有"。之后,国家开发投资公司授权国投交通公司作为港务局上述资产的国家出资人。为妥善解决国家开发投资公司的国家资本金问题,烟台港与国投交通公司进行多次交流协商，最后一致同意将该资本金落实在目前烟台港集装箱码头的项目上，通过组建有限公司的形式，明确国家开发投资公司的股权。烟台港与国投交通公司双方于2005年9月8日签署《关于落实国投交通公司国家资本金合同》和《烟台港通货柜码头有限公司章程》，其主要内容是：(1)组建的有限公司名称为烟台港通货柜码头有限公司，经营期限为30年，主要经营集装箱及其货物的装卸作业、集装箱中转、堆存、保管、拆装箱、修洗箱等业务。(2)公司投资总额为人民币4.03亿元，其中烟台港以目前集装箱公司现有部分资产作价，国投交通公司以1.61亿元国家资本金投入。公司注册资本为人民币3.5亿元。其中烟台港出资2.1亿元，占60%；国投交通公司出资1.4亿元，占40%。新设立的烟台港通货柜码头有限公司实行自主经营、自负盈亏并独立承担民事责任。该公司于2005年12月28日正式挂牌营业。

为加大招商引资力度，加快港口发展，提高港通货柜码头公司融资和抗风险能力，烟台港于2006年11月以评估后的土地使用权、办公楼及资本公积金转增注册资本。增资后，港通货柜码头公司注册资本由3.5亿元提高到6亿元，其中烟台港占74%，国投交通公司占26%。同时，为推进合资合作和投资主体多元化，经烟台市国资委同意，烟台港决定将其持有的港通货柜码头公司部分国有股权向国际知名集装箱码头公司转让。

自2006年初起，烟台港与菲律宾国际集装箱码头服务集团公司(ICTSI)就双方合资发展和经营烟台港集装箱泊位项目进行实质性接触并开始正式谈判，并于8月签署合作意向书。合作采用通过收购烟台港在港通货柜码头公司54%股权的方式进行，达到合资集装箱码头的目的。通过国有股权的评估和公开交易，国际集装箱码头服务集团公司收购烟台港在港通货柜码头公司54%的股权，收购国投交通公司在港通货柜码头公司6%的股权。股权转让完成后，港通货柜公司股权比例如下：国际集装箱码头服务有限公司占60%，烟台港占20%，国投交通公司占20%。新公司更名为烟台东龙国际集装箱码头有限公司。

菲律宾国际集装箱码头服务集团公司(ICTSI)是一家菲律宾上市公司，成立于1987年。该公司在发展、管理和经营集装箱码头和港口方面有16年以上的经验，目前在世界范围内的7个国家参与经营10个集装箱码头，并设有3个地区发展办事处。该公司曾被亚洲开发银行及全球多家知名财经杂志评定为“世界主要码头经营商”、“亚洲最佳运输与航运企业”及“世界200家最具潜力企业”称号。烟台港与菲律宾国际集装箱码头服务集团公司(ICTSI)的合资合作，将实现与国际集装箱码头公司的战略联盟，有效提升烟台港在集装箱运输市场的竞争力，进一步扩大发展空间。

3. 以增量方式对港务工程公司实行投资主体多元化改造

烟台港务工程公司其前身为烟台港修建工程公司，1981年更名为烟台港务工程公司，主要从事港口水工工程建筑、施工以及土木工程建筑、建筑设备安装等，具有港口及航道工程施工总承包二级、房屋建筑工程总承包二级、市政公用工程施工总承包三级、土石方工程专业承包三级等施工资质。为转换企业机制、创新管理体制、进一步增强企业核心竞争力，烟台港与中港第一航务工程局第二工程公司就烟台港务工程公司的投资主体多元化改造进行多轮深入、实质性的谈判，在合资经营的问题上达成共识，并于2005年12月签订合资合同。主要内容为：(1)改建后的公司名称为烟台中交航务工程有限公司；(2)公司投资总额为6 000万元人民币，注册资本为6 000万元人民币，其中烟台港出资3 000万元人民币，占注册资本的50%；中港第一航务工程局第二工程公司出资3 000万元人民币，占注册资本的50%。(3)烟台港以港务工程公司全部净资产(含无形资产)作为出资，不足3 000万元部分由烟台港以现金补齐；中港第一航务工程局第二工程公司以3 000万元现金作为出资额。(4)公司成立并变更登记后，原港务工程公司与员工的劳动合同尚未履行的内容继续履行，因公司名称变更，公司与职工重新签订劳动合同；公司遵守国家有关劳动用工、劳动保护和社会保障等方面的法律法规，维护职工的合法权益。该项目于2006年4月完成工商注册变更，成立烟台中交航务工程有限公司。该项目资产评估增值862万元，增值率为58%，并创造了烟台港评估无形资产的先例。

中港一航局二公司成立于1953年，是以水工、市政、工民建、路桥、安装工程等为主要经营项目的国有大型骨干建筑施工企业，具有航务工程总承包一级、房建二级、市政、水利水电三级、地基与基础一级、钢结构一级、机电设备安装一级、混凝土与预制构件二级、勘察设计甲级、计量二级、建筑材料试验甲级等资质。该公司曾先后承担烟台港一、二、三期工程的建设，与烟台港建立了长期的合作关系。以增量方式吸引投资对港务工程公司实行投资主体多元化改造，是烟台港立足长远发展、实现强强联合和双赢、完善现代企业制度的一项重要举措。烟台中交航务工程有限公司挂牌营业，使其施工资质和竞争实力得到大跨度提升。

4. 增资建设益海粮油大豆加工项目

为进一步提高规模经济效益，扩大市场份额，益海粮油工业公司董事会决定，并于2006年10月经烟台市发展和改革委员会核准，确定增资建设二期大豆加工项目。该扩建项目拟增资建设一条日处理大豆2 000吨的生产线，并购置有关生产设备，项目建成后，年可生产豆粕48.75万吨、植物油10.8万吨。该扩建项目总投资1.25亿元，其中进口设备779万元，采购国产设备4 625万元，并以全部投资作为注册资本。合资各方出资额为：新加坡丰益中国投资私人有限公司出资9 913万元，占新增注册资本的79.31%；烟台港集团有限公司出资2 500万元，占新增注册资本的20%，其中以土地使用权折合994万元出资；烟台丰禾投资有限公司出资86万元，占新增注册资本的0.69%。项目经核准后，扩建工程进入施工准备阶段。该项目建成后，可引入资金近1亿元人民币，益海粮油大豆日加工能力共可达到4 000吨，每年可为港口增加吞吐量100万吨。

5. 合资组建烟台港鑫物流有限公司

自2005年开始，烟台港与香港嘉鑫钢铁集团就合资成立物流公司事宜积极深入探讨，2006年进行项目谈判申报，并获得烟台市国资委批准和交通部道路运输许可资质。该项目，香港嘉鑫钢铁集团以现金形式出资，烟台港以车辆及部分货币资金(合计450万元)出资，嘉海运贸公司以现金形式出资，三方共同组建烟台港鑫物流有限公司，股份比例分别为65%、30%和5%。新的物流公司可充分发挥其运营优势，利用自有车辆和社会车辆开展大宗散货公路运输，解决港口疏运瓶颈。同时，可利用香港嘉鑫钢铁集团的客户网络资源开展铁矿石中转运输业务，逐步构建港口综合物流平台。

三、推进芝罘湾港区基础设施建设

1. 三期工程(二阶段)建设

三期工程(二阶段)码头全长608米，前沿水深-20米(自一阶段-16米码头顺接)，港池、航道水深 -17 米，建设投资约 3.95 亿元，计划工期 2 年。工程于 2004 年 10 月开工建设（图 12-2-1），共预制安装沉箱 27 个（每个沉箱约重3 000吨）。为尽快具备接卸大型矿石船舶的能力，烟台港抓管理、促建设，以低价位、短工期完成工程建设任务。在该工程码头简易投产期间（2005 年 11 月至 2006 年底），接卸 15 万吨级以上船舶 50 余艘，装卸货物约 500 万吨，达到了快建设、早见效的目的。为改变三期码头起重能力低（最大抓斗抓取能力仅为 16 吨），有效提高散货装卸效率，烟台港决定在该三期工程（二阶段）码头增置 6 台 40 吨大吨位、大幅度门机。2005 年 10 月，由上海港机重工有限公司设计制造的大型门机运抵烟台港安装调试完成。三期工程（二阶段）于 2006 年 11 月竣工并开始对单项工程验收交接，后经交通部水运司组织有关单位、部门和专家组成烟台港三期二阶段工程竣工验收委员会，对该工程进行竣工验收，同意该工程通过验收，自验收之日起正式投入使用，工程质量总评为优良。从此，烟台港结束不能直接进港靠泊大型矿石船的被动局面。

图 12-2-1　三期工程（二阶段）码头工程施工现场

2. 三突堤集装箱码头工程建设

根据城市总体规划，烟台港芝罘湾港区的功能定位是以集装箱、客滚、旅游等功能为主。为适应烟台市经济发展和港口集装箱吞吐量快速增长的需要，提高港口专业化水平，参与国际竞争，烟台港于 2006 年 7 月向山东省发展和改革委员会提出关于核准烟台港三突堤集装箱码头工程项目的请示。该项目位于烟台港芝罘湾港区三突堤，拟建设 4 个专业化集装箱泊位，分别为 2 万吨级、3 万吨级、5 万吨级、7 万吨级（水工预留到 10 万吨级）各一个，码头长度共 1 200 米，泊位水深 -15 米（预留到 -17 米），设计年通过能力 120 万 TEU。主要工艺，堆场采用轮胎式集装箱起重机配集装箱拖挂车，码头采用集装箱岸桥装卸。码头后方依托现有芝罘湾港区，同三高速疏港公路直接接入港区，既有铁路为蓝烟铁路复线。项目建设工期 2 年半，预计总投资为 25.71 亿元。同年 10 月中旬，受国家发改委、交通部委托，交通部规划研究院组织召开《烟台港三突堤集装箱码头工程可行性研究报告》审查会议和咨询评估会议，认为该工程可以有效缓解烟台港集装箱码头能力不足的问题，对适应集装箱船舶大型化的要求、完善集装箱码头布局、形成集约化的集装箱作业区、提高烟台港的竞争力具有十分重要的意义；工程所在区域符合山东沿海港口布局规划和烟台港总体规划，工程的选址、水工结构、水域布置、装卸工艺、环境保护等方面的设计是可行的。至 2006 年，三突堤集装箱码头工程项目土地、环保、安全、海洋、行业审查等支持性文件的审批均已完成，进入到最后审批阶段。

3. 三突堤 41、42 泊位工程建设

为满足芝罘湾港区内益海粮油有限公司生产和港口后方临港工业需要，烟台港于 2006 年 7 月向山东省发展和改革委员会提出关于核准烟台港三突堤 41、42 泊位工程项目的请示。该项目位于烟台港芝罘湾港区三突堤南侧，垂直岸线布置，拟建设 2 个 5 万吨级通用泊位,码头长度560米,泊位水深-14米,设计年通过能力300万吨。41泊位装卸设备采用门式起重机,后方采用栈桥式皮带机;42泊位装卸设备采用门式起重机,后方采用自卸汽车、单斗装载机、牵引车等运至堆场的工艺。总投资为5.86亿元,项目建设工期1年半。2006年11、12月,山东省发展和改革委员会、山东省交通厅先后批复同意该工程项目和初步设计。截止2006年底,41泊位完成300米码头和港池疏浚的建设任务,具备简易投产条件。

4. 烟台港客运滚装中心泊位改造工程建设

根据烟台港建设客运滚装中心总体规划,烟台港拟将烟台港规划区域内的环海路货运站进行陆续改造。改造工程完成后,将由现在的货运码头形成烟台港客运滚装中心。为此,烟台市发展和改革委员会于2006年4月批准烟台港进行客滚中心泊位改造工程建设。该项目将现有3个货运泊位改造为2个1万吨级客滚泊位,兼顾1万吨级以下客滚运输船舶。码头工艺设备采用钢结构液压连接桥,主要为烟台至大连航线的大型滚装船舶服务。总平面布置包括改建码头平台1座,系缆墩台1个,连接桥支撑墩台4个,钢结构连接桥2座,跨河桥加宽1座,输油管线迁建880米,局部地形改造以及辅助建筑物等。具体布置方案为:原D3泊位建成后总长为186.8米;原D1、2泊位经过改造后码头长度为205.85米。总投资为1 665万元。经过半年施工,客运滚装中心泊位改造工程项目D3泊位及100吨连接桥建造等工程全部完工并投入使用。

5. 烟台港三期航道加深工程建设

为适应烟台港吞吐量快速增长和船舶大型化的需要,山东省发展和改革委员会于2006年6月批复同意烟台港三期航道加深工程建设。本项目是在原有烟台港三期工程基础上的航道扩建,扩建后可作为烟台港三期工程和三突堤集装箱码头工程的进港通道,主要包括西航道、北航道和港池。建设港池、航道疏浚工程及其导助航配套设施,航道疏浚场4.6公里,宽180米,地标高-17米,挖泥量约980万立方米。总投资1.91亿元。据此,烟台港积极开展该项目前期工作和施工准备。通过积极努力,三期航道加深工程于2006年先期获得政府拨款2 000万元,对缓解港口建设资金紧张局面起得了较好作用。

在继续推进芝罘湾港区基础设施建设的同时,拖延多年的二、三期工程对外开放验收问题得以解决。2005年5月19日,烟台港二、三期工程对外开放顺利通过山东省口岸办公室及查验部门组织的验收。同月,山东省政府批复:烟台港二、三期工程码头符合对外开放条件,自批准之日起正式对外启用。

此外,龙口港区、蓬莱港区的基础设施建设也取得重要进展。龙口港区2006年完成基本建设投资6.06亿元,5万吨级粮食泊位工程、万吨级燃油化工码头改造工程、30万方液体化工罐体工程、10万吨级通用泊位工程通过竣工验收,进港铁路累计完成投资8 100万元。蓬莱港区3.5万吨级木材码头通过山东省交通厅组织的竣工验收,该工程自试投产以来运行良好,已停靠船舶255艘次,完成吞吐量83万吨;2个5万吨级通用泊位及5万吨级航道工程前期工作进展顺利。

四、启动西港区开发建设工程

烟台港西港区位于烟台经济技术开发区大季家东北海域,距芝罘湾港区水上距离35公里,陆上距离30公里。东部岸线自八角湾东岛嘴五哥石起,经芦洋湾至龙洞嘴,长约7公里;北部岸线从龙洞嘴至九曲河口,长约8.5公里。陆域面积约50平方公里(含临港工业区26平方公里),其中港口作业区面积约24平方公里。东侧海域平均水深-15米,北侧深水槽区域平均水深-22.5米,最大水深达到-28米,是目前北方沿海为数不多的适宜建设大型深水码头的海岸线。

烟台港西港区的开发建设,长期以来得到上级政府和有关专家的高度关注和重视。1991年交通部和山东省人民政府联合批复的《烟台港总体布局规划》就将柳林河口至龙洞嘴一段岸线(21.8公里)规划为预留港口发展岸线,经济技术开发区至龙洞嘴海岸线作为港口发展预留区。进入"十一五"时期,烟台市委、市政府审时度势,作出举全市之力发展建设烟台港,在更高层次上打造城市核心竞争力的战略决策。2005年9月,烟台市委书记焉荣竹指出,要很好地统一认识,把西港区建设作为"十一五"期间全市重大基础建设设施的头号工程来抓。要在"十一五"期间实现"突破烟台、赶超发展、走在前面"的目标,必须依靠重大基础建设设施项目来支撑和拉动,第一位的任务就是抓好烟台港西港区建设,真正把烟台港打造成全市经济社会发展的推进器和重要支撑。市长孙永春强调,"十一五"期间,要以加快西港区建设为重点,以大型深水和专业码头建设为主,迅速提升港口吞吐能力,实现产业和港口的互动发展。

根据规划,西港区将建设集装箱、原油和成品油、大宗散货、通用散杂、液体化工码头,战略石油储备基地、修造船工业、综合物流园区等功能区,陆域纵深1 500~2 000米,码头岸线19 000米,建设5~30万吨级码头约65个,最终形成港口吞吐能力2亿吨和1 500万标箱,使烟台港成为规模超亿吨、具有国家战略意义的现代化大型港口,为促进区域经济腾飞发挥更大的作用。西港区基本建成后,现有的芝罘湾港区仅保留国际集装箱、客滚运输、旅游三大功能,其余部分全部转移至西港区。

2005年9月6日,烟台港西港区建设正式启动。自此,西港区构件预制厂工程项目、液体化工码头项目、顺岸通用泊位工程项目、一期工程项目等取得重要进展,为烟台港的大发展拉开帷幕。

1. 西港区构件预制厂工程项目

烟台港西港区构件预制厂工程是西港区建设的必备工程。该项目位于烟台港西港区西侧,山后陈家村西北部。厂区占用岸线520米,厂区总面积44公顷。工程规模为年混凝土生产能力100万立方米,其中构件60万立方米,商品混凝土40万立方米。总投资为6 755万元。西港区构件预制厂工程包含护岸、台座及工作船码头、陆域回填、沉箱出运设备、混凝土拌和站五部分,设计出运不超过3 000吨的沉箱。该工程项目于2005年9月6日正式开工,至2006年,护岸工程全部完成,出运设施工程完成形象进度的70%,并具备沉箱预制条件,完成回填山皮土250万立方米。沉箱出运设备工程造价1 000多万元,由海港机械厂承造。

2. 西港区液体化工码头工程项目

该工程项目是为满足腹地石化产业发展的需要,适应船舶大型化的趋势,完善港口功能,改善烟台市投资环境,经山东省发展和改革委员会于2005年12月批复同意建设的。烟台港西港区液体化工码头位于西港区北部岸线西侧,工程建设规模为:码头长度450米,前方建设3万吨级(水工结构预留5万吨级)泊位一个,泊位长300米,通过引堤将码头和陆地连接,可同时停靠两艘5 000吨级船舶,设计年通过能力190万吨。后方150米码头供工作船使用。主要工艺流程包括装卸船、倒罐、输油臂泄空和装卸车,初期灌区容量为16.6万立方米。项目总投资7.08亿元。项目建设工期2年。本工程于2005年6月24日开始进行沉箱典型预制(每个沉箱约重2 000吨),至2006年,沉箱预制安装全部完成(24个),累计完成形象进度70%。液化码头配套罐区工程已完成地质勘察和一期工程的施工设计,于2007年初开始建设(图12-2-2)。

图12-2-2 西港区液体化工码头工程施工现场

3. 西港区顺岸通用泊位工程项目

该工程项目是为适应临港工业和烟台经济技术开发区企业生产需要,提高港口通过能力,落实港区定位要求,经山东省发展和改革委员会于2006年12月批复同意建设的。该工程项目建设3个5万吨级通用泊位,用于出口水泥、石材等建筑材料,进口铜精、煤炭等原材料,设计年通过能力480万吨。总投资6.51亿元。该工程位于正在建设的液体化工码头东侧,顺岸布置,码头长度775米,航道港池设计水深-14米,水工结构按停靠7万吨级散货船预留,结构型式采用重力式沉箱结构。装卸工艺,码头装卸船设备采用门式起重机,后方采用自卸汽车、单斗装载机、牵引车、叉车等设备。烟台港按基本建设程序规定,已依次开展多项前期工作。

4. 西港区一期工程项目

该工程项目是为进一步完善环渤海地区外贸进口铁矿石接卸码头布局,适应运输船舶大型化发展要求,实现烟台港港区功能调整,促进烟台城市与港口协调发展,经国家发展和改革委员会于2006年7月批复同意建设的。项目建设规模为新建20万吨级矿石接卸泊位和7万吨级煤炭接卸泊位各一个,占用岸线1 310米,设计年接卸能力1 400万吨,其中铁矿石1 200万吨、煤炭200万吨,并预留进一步提高通过能力的余地。项目总投资约为17.2亿元。这一项目建设符合国家《全国沿海港口布局规划》和《渤海湾地区港口建设规划(2004~2010)》,适应山东省、烟台市经济社会发展和产业布局的需要。该工程项目已进行多项前期工作,海洋环境影响报告书和海域使用论证报告书于2006年10月通过专家评审。

五、主辅分离 辅业改制

为加快改革发展,精干公司主业,优化企业组织、人员、资产结构,根据国家、省、市关于推进主辅分离、辅业改制、分流安置富余人员的有关政策规定，烟台港制定《主辅分离辅业改制总体方案》并经市有关部门批复同意。根据方案，确定港口装卸业、临港工业和物流业三大产业为烟台港集团发展的主业，涉及集团直接投资的公司以及全资、控股公司投资设立的全资控股公司，总计 33 户；将与烟台港集团主业关联度不大且已社会化的单位作为烟台港集团的辅业，通过整体改制、股权转让、投资主体多元化改造、兼并重组、关闭清算分流安置人员等多种形式，逐步实现国有资本退出，共有 28 户。对列入集团辅业范围的企业本着"成熟一批，改制一批"的原则，按着改革改制程序的规定，利用 3 年左右的时间，基本上完成集团各类辅业企业的分离和改制，实现产权多元化，建立现代企业制度。

2006 年，烟台港以海湾公司为试点，稳步推进主辅分离、辅业改制工作，已完成烟台海湾环保餐具有限公司等 3 个公司的国有股(产)权转让。烟台中燃船舶燃料供应有限公司等 5 个公司的国有股权转让工作也在按程序进行中。海湾公司的试点工作，为集团公司下一步的主辅分离、辅业改制工作积累了经验。

六、完善企业内部管理

围绕建立现代企业制度，继续推进管理创新、制度创新、科技创新，增强综合竞争能力。

1. 强化安全管理

坚持"以人为本，安全至上"的安全理念，落实安全生产责任制，积极推进安全标准化工作，强化关键环节安全管理，健全和完善安全管理长效机制，修订完善《烟台港突发事件应急预案》，强化现场安全检查，深入持久地开展安全整治和"安全生产月""百日无事故竞赛"(全员性的"百日无事故竞赛"活动开始于 1986 年，已持续不断地进行 20 余年)等活动。在客滚运输安全方面，充分发挥滚装车辆安检系统的作用，加强客滚码头现场控制和管理，投入使用的 3 台大型安检仪投入使用以来，共检测车辆 39.2 万辆次，通过图像分析检查出可疑车辆 4.6 万辆次，经检查确认属于危险品并拒载车辆 988 辆次。作为分管安全生产管理的副局长石祖勋在工作中，深入实际调查研究，认真落实各项安全措施，为创造安全稳定的环境起到重要的表率和示范作用。

以提高货运质量、服务质量和文明生产水平为目的，继续加强全面质量管理和推行 ISO 9000 系列标准，健全质量保证体系。烟台港自 20 世纪 80 年代推行全面质量管理以来，不断深化提高这项工作，群众性质量管理活动取得丰硕成果。"八五"期间和"九五"期间，分别都有 40 余个 QC 小组获得国家、省部级优秀称号。此后，烟台港坚持这一优良传统，继续巩固发展管理成果。2005 年，全港获市级以上优秀 QC 成果 17 个；2004 至 2006 年，联合公司 QC 小组在全国交通系统连续三年夺得第一名。客运总公司、物业公司分别获得山东省用户满意企业和用户满意服务企业称号。

2. 全面加强财务管理

以资金管理为核心，有效利用集团资源优势，构建集中式资金管理模式。完善现金流量预算管理工作，建立"收支两条线"管理体制，提高资金管理透明度和资金使用效率。从源头上规范收入结算秩序，加强港口收费结算的风险防范与动态管理，努力压缩应收账款。实施财会负责人委派制度。

3. 扎实做好技术设备管理

通过科学组织设备购置、调配、处理工作，进一步优化了设备资源配置，提高了设备的新度系数，散杂货设备新度系数达到0.43，主要生产设备完好率、利用率分别达到96.9%和26.7%。新增设备500余台，特别是购置6台集装箱岸桥和10台场桥，大幅度提高了集装箱生产能力。

4. 加强法制环境建设

烟台港自1989年建立法律事务机构，逐步形成专兼结合的法律顾问工作体系。法律事务机构积极参与企业建章立制，加强依法治港基础工作，规范经济合同管理，依法规范经营行为和维护企业利益，多次避免和挽回经济损失。自集团公司成立以来，烟台港着手开展理顺规章制度工作，制定和修订《烟台港集团有限公司内部审计工作规定》、《烟台港集团有限公司合资合作管理办法》、《烟台港计划管理暂行办法》、《烟台港招标采购管理办法》、《烟台港货物进出口业务程序管理规定》、《烟台港进口货物交付管理规定》、《烟台港收费结算管理办法》等20余件规章制度。

5. 加快信息化建设

理顺管理体制，强化职能管理，编制信息化建设总体规划，出台计算机信息系统管理办法，进一步规范和加强信息化建设工作。完成人力资源管理信息系统、港口内部公共信息网的开发建设和港口门户网站的升级改造，在全局推广应用设备物资管理等系统。

6. 搞好港口环境建设，提高服务质量

全面开展"搞好港口环境建设，提高服务质量"活动，大力加强环境管理、环境保护、标准化建设等工作，深入推动文明创建活动，港口环境和服务质量得到明显提高。开展多种形式的劳动竞赛、合理化建议和技术革新及文体活动，凝聚职工合力。"烟台港客运"获得"山东省服务名牌"称号，外理公司获得2006年度"全国用户满意服务"称号。

7. 加大绩效管理考核力度，完善工资分配激励机制

根据不同情况，在公司内部设置生产经营与效益、安全质量与服务、内部控制与管理、创新发展与保障等绩效管理考核指标。通过不断完善绩效管理考核系统，科学合理地进行绩效管理考核，较好地发挥了激励约束作用，达到以考核促管理的目的。

8. 加强职工教育培训，培养学习型职工队伍

坚持教育培训服务港口生产经营的原则，以"创建学习型组织、争做知识型职工"活动为载体，深入实施"职工素质工程"。每年举办各类培训班近200余个，培训职工1万余人次。

9. 建设劳动关系和谐企业

围绕基层和职工群众关注的难点、热点问题，加强信息反馈，强化内部劳动管理。整顿劳务用工秩序，规范劳动用工、劳动合同管理。加强劳动争议预警协调机制建设，加大劳动用工、劳资关系预控，超前化解矛盾，维护和谐稳定。关心职工生活，积极帮助困难职工排忧解难。集团公司获山东省、烟台市"劳动关系和谐企业"称号。

七、开拓企业文化建设新局面

烟台港具有优良的企业文化建设传统，1987年就总结提炼了"开拓创新、干则必成"的

企业精神，设计制定包括港旗、港徽和港歌等在内的一系列企业标识，同时提炼在经营、管理、安全等方面的文化理念。这一些，对于烟台港自身的发展起到很大促进作用。特别是在历次内外部条件艰苦、面对巨大竞争压力、处于严重困境的情况下，烟台港优良的企业文化都极大激发了干部职工的主动性和创造性，增强了企业凝聚力，使他们不屈不挠、勇于拼搏、创新前行，克服了多次困难，摆脱了多场困境。

为适应市场经济日臻完善和竞争加剧的形势，进一步重塑和提升企业文化，增强港口核心竞争力，烟台港在更高层次上加强企业文化建设，构筑港口企业文化体系。于 2005 年 7 月起，聘请有关专家一起共同对企业文化进行分析、研究和策划，努力创新烟台港的企业文化体系。经过一系列的工作，企业文化理念整合提炼取得阶段性成果。具体如下：

(1)企业愿景——开放的枢纽港　自豪的大家园

(2)企业使命——建设基地港口　推动城市经济

(3)核心价值——秉诚兴港　求是立业

(4)企业精神——开拓创新　干则必成

(5)人才理念——德能勤绩　以业成才

(6)管理理念——科学规范　简明高效

(7)安全理念——以人为本　安全至上

(8)发展理念——持续发展　共筑和谐

(9)经营理念——成就客户　发展自我

(10)竞争理念——守正出奇　领先制胜

在初步形成企业文化理念的基础上，烟台港正加大企业文化理念落地流程的推进工作，通过全体员工的认知和认同，进而贯彻到员工的行为中。随着企业文化建设系统工程的有序推进，烟台港努力建立起优秀的企业文化体系，使之成为推动港口发展的不懈动力。鉴于以上工作，中共山东省委宣传部、组织部、省经贸委、国资委、总工会于 2006 年 12 月授予烟台港“第二批山东省企业文化建设示范单位”荣誉称号。

八、实施烟台港发展规划

烟台港的直接经济腹地为烟台市及其邻近地区，间接经济腹地包括山东、河南、河北、山西、陕西五省及铁路、水运中转延伸所及地区。五省的土地面积和人口分别占全国的 1/10和 1/4。自改革开放以来，上述地区国民经济和社会事业发展迅速。2003 年，五省的国内生产总值、外贸进出口总值分别占全国的 26.8% 和 8.6% 。

山东省是烟台港的主要经济腹地，经济较发达，综合实力强。2006 年，国内生产总值和外贸进出口总值分别为 21 846 亿元和 952 亿美元。其国内生产总值在全国各省市中常居前三位以内，外贸进出口贸易额居全国各省市第五位。烟台市是国家首批沿海开放城市之一，综合经济实力较强。2006 年，国内生产总值和外贸进出口总值分别为 2 402 亿元和 150 亿美元。预计 2010 年，烟台市国内生产总值将达到 3 000 亿元，年平均增长速度为 10.6% ，力争基本实现现代化。随着山东省、烟台市国民经济特别是外向型经济及对外贸易量的快速发展，今后大宗散货及集装箱运量的需求增加将更为显著。按照山东省委、省政府关于加快建设胶东半岛城市群和面向日、韩加工制造业基地的战略部署，烟台市委、市政府于

2003 年 10 月作出建设烟台北部沿海产业带的决定,全力打造北部沿海城市群、对外开放隆起带和面向日、韩加工制造业基地,使北部沿海地区尽快成为城镇集群、产业集聚、优势集中的高速增长区域,带动区域经济跨越发展。

综上所述,烟台港具备健康快速稳定发展的良好宏观经济环境。

随着国家不断加大基础设施建设投资力度,周边的铁路、公路建设加快,烟台港集疏运条件得到明显改善。目前,蓝烟线复线工程建成投入使用,烟台港可更快捷地通过蓝烟线连接胶济线进入中国铁路网。正在建设的黄烟铁路,西起河北省的东入海口黄骅市,向东经过滨州、东营、潍坊、青岛等 7 个市区至烟台。此条铁路途经黄河三角洲、胜利油田、海洋化工基地等重要经济区和东营、莱州、龙口、蓬莱、烟台等几个港口,对加快黄河三角洲建设和整个环渤海湾地区的开发具有重要意义。烟台市公路发展位于全国前列,自 2000 年以来,全市共完成公路建设投资 115 亿元,全市干线公路通车里程达到 2 262 公里,其中高速公路 425 公里,一级公路 576 公里。全市形成了以同三高速、威乌高速、威青高速、烟威高速、绕城高速和 204 国道、烟蓬路为主骨架的高等级公路网,全市文明样板路达到 1 020 公里。烟台港的集疏运条件比较优良。

同时,烟台港具有良好的行业环境。2006 年 9 月,国务院总理办公会议通过《全国沿海港口总体规划》,提出矿石、原油、煤炭、集装箱四大货种的总体布局,明确了建设的重点和时序。在该规划中,烟台港煤炭、集装箱、矿石、原油四大货类全部名列其中。2006 年 7 月,交通部、山东省政府印发关于烟台港总体规划审查意见的通知指出,烟台港是国家综合运输体系的重要枢纽和沿海主要港口之一;是山东省、烟台市全面建设小康社会、率先基本实现现代化的重要依托;是优化区域生产力布局、调整产业结构,建设电子、生物、新材料等高新技术产业基地,实现山东省半岛城市群发展战略的重要支撑,是环渤海地区及其腹地省份进一步扩大对外开放,充分利用国际国内两个市场,在更大范围、更广领域、更高层次全面参与经济全球化的战略资源。烟台港作为山东半岛及其腹地能源、原材料进出的重要口岸、渤海海峡客货滚装运输中心、东部陆海铁路大通道的重要节点和我国北方地区重要的集装箱支线港,应进一步发挥优势,发展成为山东半岛地区重要的物流中心。烟台港应具备装卸仓储、中转换装、运输组织、现代物流、临港工业、通信信息、综合服务以及保税、加工、商贸、旅游等多种功能,并逐步发展成为设施先进、功能完善、管理高效、效益显著、文明环保的现代化、多功能、综合性港口。原则同意将烟台港划分为芝罘湾港区、烟台港西港区、龙口港区、蓬莱东港区、蓬莱港西港区、栾家口港区、莱州港区、海阳港区、长岛港区、牟平港区等 10 个港区。其中芝罘湾港区、烟台港西港区、龙口港区为规模化综合性港区,为区域腹地经济发展服务;其他港区主要以服务于地方经济为主,根据区域经济发展需要,适度发展。

烟台市政府《关于加快港口发展的意见》,进一步明确要突出重点,合理定位各港区功能:(1)芝罘湾港区,围绕老港区改造和功能调整,主要保留集装箱、客滚运输、铁路轮渡、旅游码头(包括游艇码头和国际邮轮码头)四大功能,其他大宗散杂货将逐步转移到烟台港西港区;建设现代化的客滚运输中心;大力开展内外贸集装箱运输,努力建成东北亚地区集装箱运输干线港。(2)烟台港西港区,围绕建设大宗散货、液体石油化工、杂货、集装箱、修造船五大功能区,承接芝罘湾港区功能转移,大力发展以矿石、煤炭、原油、化肥、建材为主的

芝罘湾港区规划图
在用港区
在建港区
三期二阶段
出口加工区
环球货柜码头
-15.0
场站
场站
集装箱堆场
三突堤集装箱码头
环
益海公司
港通货柜码头
海
二期
老港区
烟台港西港池
路
客滚中心
铁路
三站批发市场
烟台港东港池
烟台山公园
客滚码头
旅游码头
长途汽车站
烟台渔业公司
通汇宾馆

西港区规划图

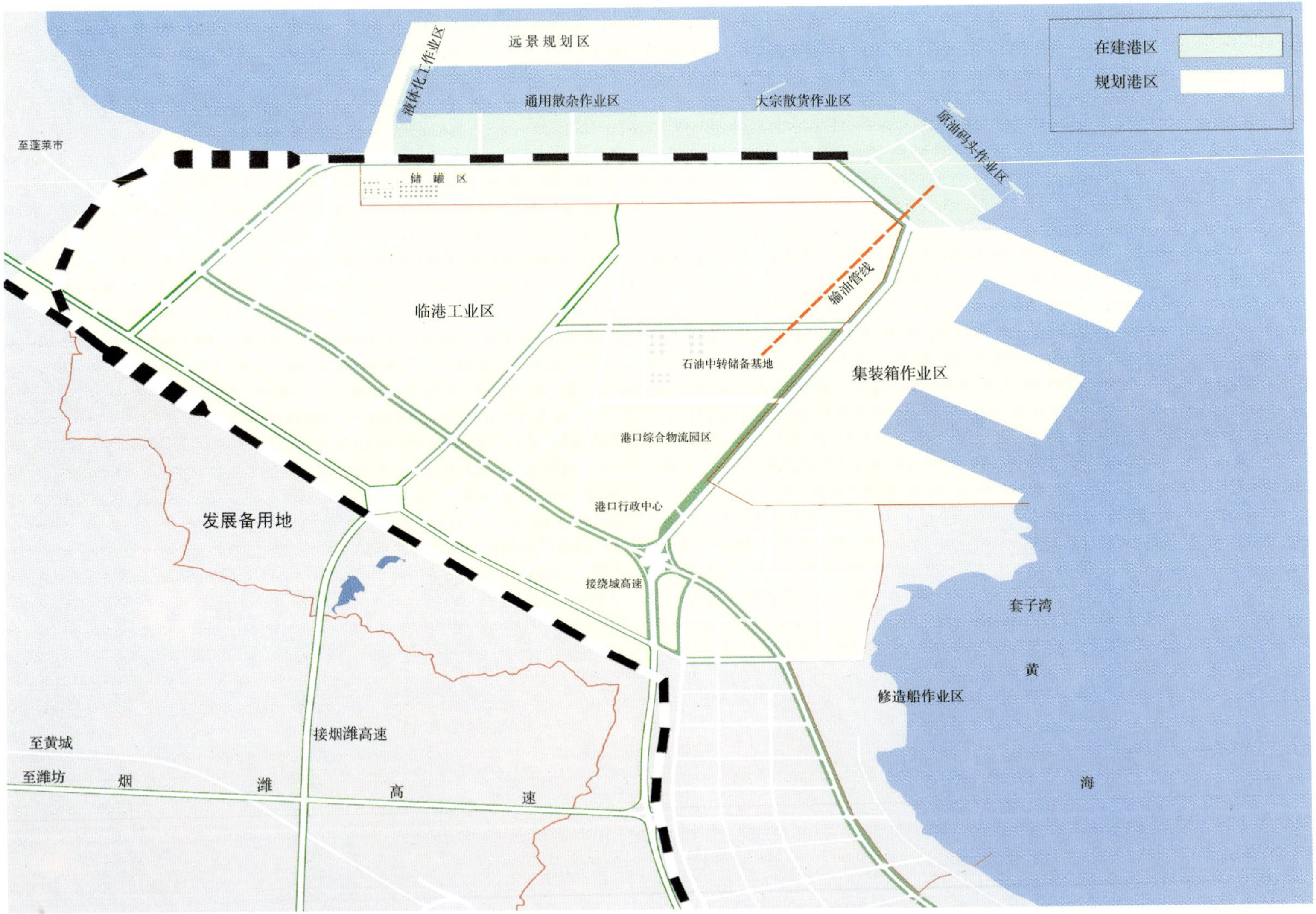
在建港区
规划港区
远景规划区
液体化工作业区
通用散杂作业区
大宗散货作业区
原油码头作业区
至蓬莱市
储罐区
临港工业区
输油管线
石油中转储备基地
集装箱作业区
港口综合物流园区
港口行政中心
发展备用地
接绕城高速
套子湾
黄
海
修造船作业区
接烟潍高速
至黄城
至潍坊
烟
潍
高
速

铁
路
储罐区
生活服务区
港口商贸区
临港工业区
仓储保税区
综合物流园区
液体散货作业区
杂货客流作业区
综合物流园区
工作船泊位
临港工码头
集装箱作业区
多用途泊位作业区
液体散货作业区
散货作业区
散货作业区
散货作业区
铁
路
通用泊位作业区
港口远景发展区
在用港区
规划港区

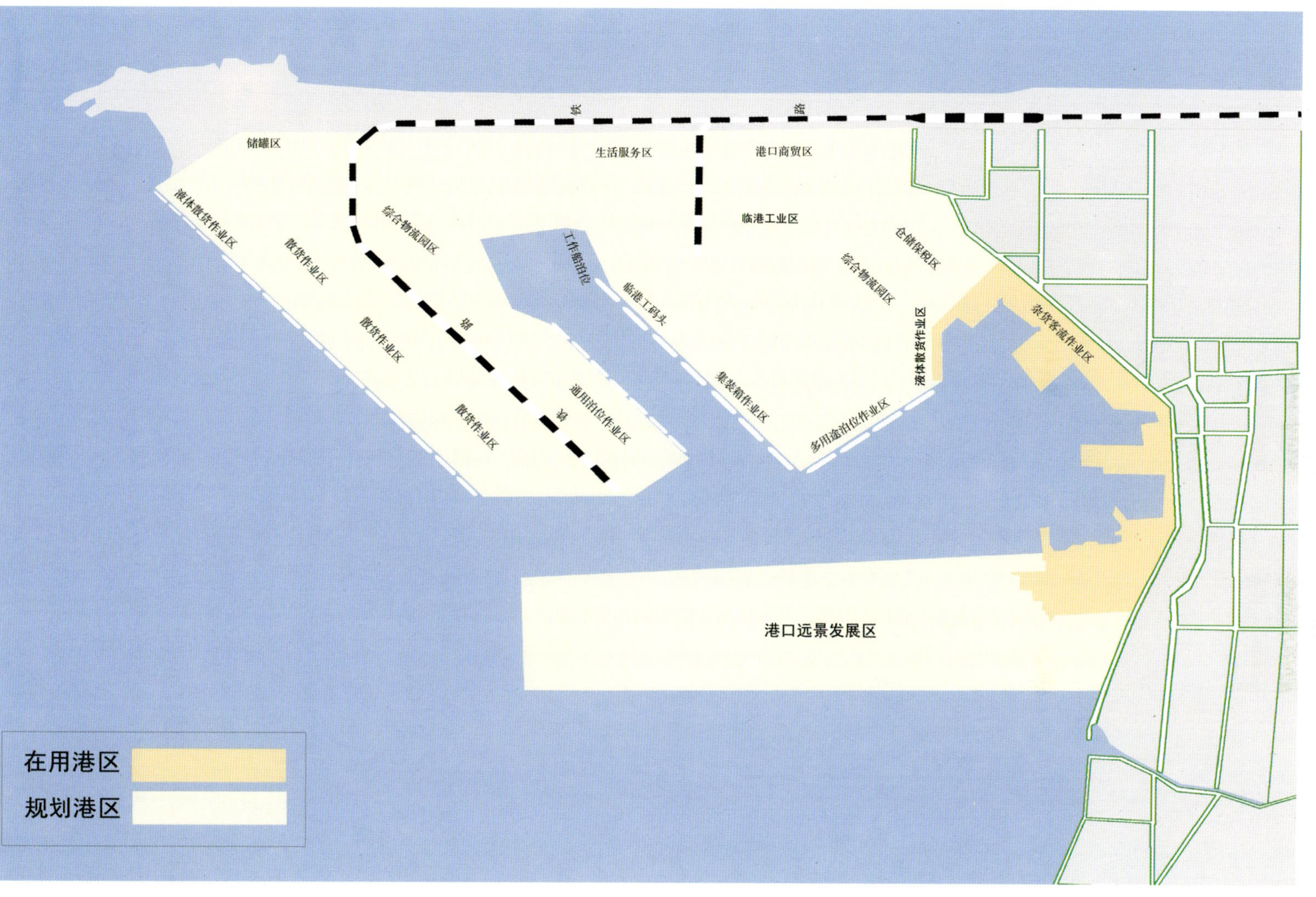

龙口港区规划图

蓬莱港区规划图

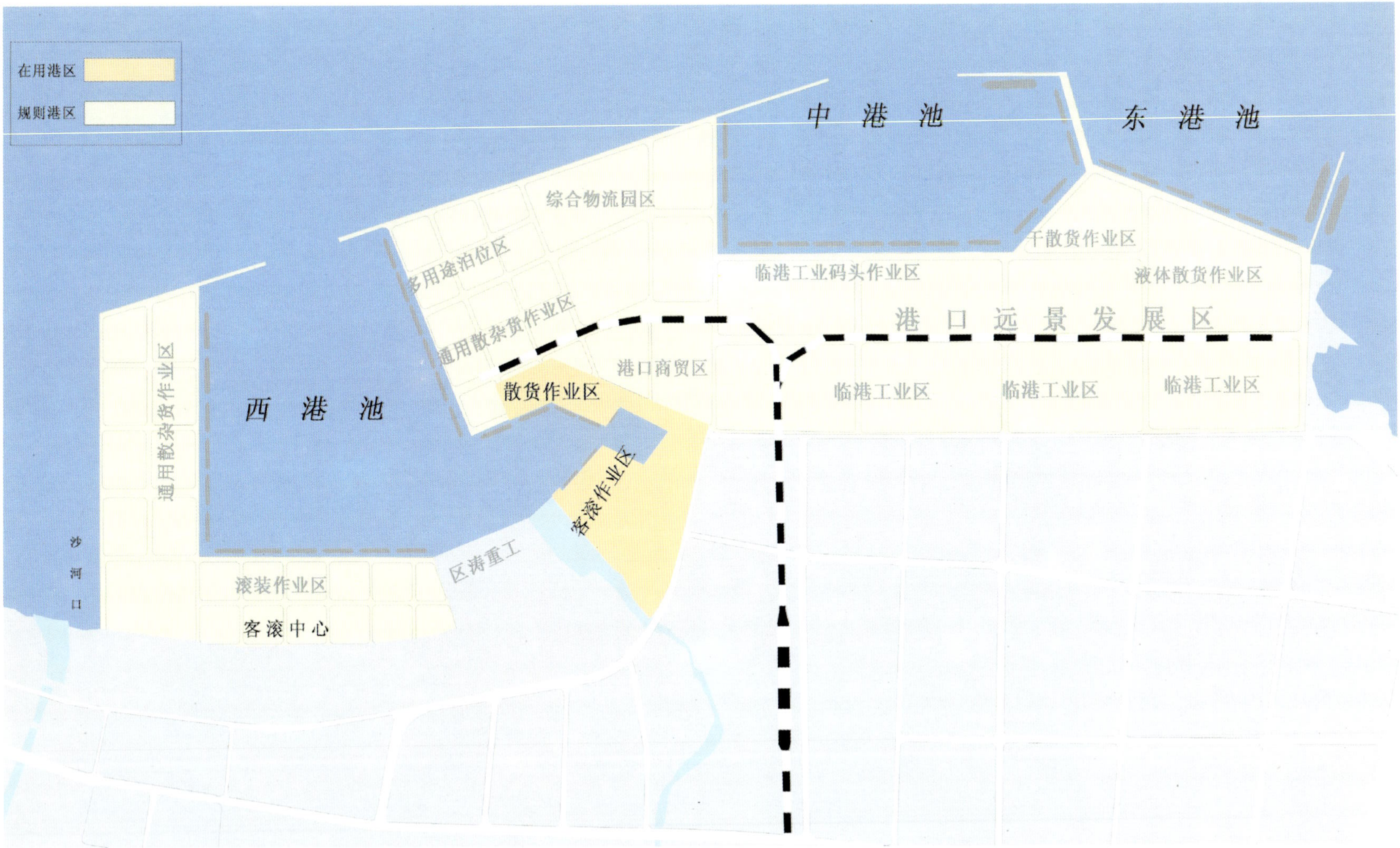
在用港区
规则港区
中 港 池
东 港 池
西 港 池
综合物流园区
多用途泊位区
通用散杂货作业区
干散货作业区
临港工业码头作业区
液体散货作业区
港 口 远 景 发 展 区
港口商贸区
散货作业区
临港工业区
临港工业区
临港工业区
客滚作业区
区涛重工
通用散杂货作业区
滚装作业区
客 滚 中 心
沙
河
口

大宗散杂货进出口,并为临港产业配套服务,尽快建成烟台港的核心港区。(3)龙口港区,重点开展煤炭、以氧化铝为主的有色金属矿石、石油化工、粮食储运等中转业务和集装箱喂给运输,为临港产业配套服务;积极推进德龙烟铁路建设,大力发展煤炭出口,争取将其建设成为我国北煤南运的重要出口通道。(4)蓬莱东港区,在积极发展客滚运输的基础上,主要根据临港产业和地方经济的发展要求,突出专业特色,争取建成以木材为主的建材集散中心;适当时机建设大型液体石油化工码头。(5)莱州港区,重点发展液体石油化工中转及其临港产业。(6)蓬莱栾家口、海阳等港区,根据临港产业发展要求,积极发展货主专用码头。

思路决定出路,定位决定地位。根据上述要求,今后若干年内,烟台港将充分利用各方面优势,努力打造现代化的大型主枢纽港,使之成为大宗散货接卸中转港及国家战略石油储备基地,中国沿海内贸集装箱枢纽港,外贸集装箱近洋干线港、远洋支线港和基本港,并逐步发展成为区域性国际枢纽港,中国北部沿海国际客货滚装运输中心,面向日韩等国内外产业转移的加工制造业基地,最终通过区港联动,成为自由贸易港。

今后几年烟台港建设与发展的基本思路是:加快两个步伐,实施两个联动。加快两个步伐:一是加快港口建设步伐。继续加大港口建设力度,多个项目齐头并进。二是加快物流网络建设步伐。继续加大与国际、国内知名的大型航运公司、物流企业和大货主的合资合作力度,形成长期稳固的战略合作关系。以发展近、远洋航线为重点,增辟航线,加大航班密度,并通过有计划地在山东省中西部地区设立"无水港口",使港口的服务功能向内陆延伸,进而逐步向西部省份发展。在继续做好现有物流辐射网络的基础上,加快启动在莱州投资建设集装箱专用码头项目,推进在潍坊、东营等地设立集装箱场站等工作,依托上述地区优越的陆路运输区位优势,辐射山东中西部及黄河三角洲一带,以提供更加高效、便捷的物流服务。实施两个联动:一是实施西港区与开发区临港工业区的联动。重点发展重化工业和综合物流业,拉长产业链条,优化产业结构。依据西港区规划的油品、矿石、煤炭、集装箱四大货种形成的物流,规划港口后方相应的产业集群,并预留出足够的发展空间,以"产业链招商"实现产业的集群化发展。二是实施芝罘湾港区与出口加工区的联动。建设港口保税物流园区,使出口加工区与港区有机结合、优势互补、相互促进,大力开展保税物流业务,并力争该政策逐步向西港区延伸。

附录一

烟台港大事记

1945 年

8 月 24 日,八路军解放烟台。人民政府在接收东海关的同时,恢复了烟台海坝工程会,归东海关管辖。

9 月中旬,胶东总工会烟台办事处以码头工人武装纠察队为基础,成立烟台市码头工会,它既是一个群众组织,又是一个承担港口装卸的生产单位。

9 月 29 日,美海军第七舰队 5 艘军舰驶进烟台海面,企图在烟台登陆,我军民同美展开针锋相对的斗争。

10 月 6 日,第十八集团军参谋长叶剑英发表声明,拒绝美军登陆。

10 月 8 日,烟台市人民群众 3 万余人举行声势浩大的反侵略集会和游行示威,反对美军在烟台登陆。码头工人走在游行队伍的最前列。

10 月 9 日,美舰大部分撤离烟台海域。

10 月 17 日,国民党山东保安第三十七旅由塘沽乘船来烟占据崆峒岛。29 日,胶东军区和东海军分区部队及烟台工人纠察队向崆峒岛之敌发起攻击,经 8 小时激战,收复该岛。

1946 年

4 月 16 ~18 日,飓风袭击烟台,港内沉船 174 艘(大部分是渔船),死亡 171 人。

4 ~5 月,在中共烟台市委领导下,码头工会进行整顿,对会员进行重新审查和登记,按劳动分工重新划定 10 个分会,共有会员 1 117 人,发展中共党员 45 人。针对国民党军队的海上封锁,码头工会组织工人投资组建了合作社,经营饭馆、浴池、客栈及运输、铁业等业务。

12 月 7 日,“新生号”轮载客由大连驶往烟台,在威海卫海域遭国民党军舰劫持至龙口。8 日,被风浪击毁,180 人遇难。

1947 年

1 月,胶东军区在烟台筹建海防办事处,担负胶东半岛南北港口和旅大地区各港口海上运输任务,专事海防和海上军运。海防办事处分为两个大队,一是航运大队,主要担负山东半岛至辽东半岛的军事运输任务;二是护航大队,主要任务是护航、护港、护送军事物资。9 月,华东财办所属东兴公司与海防办事处合并,组成中国人民解放军胶东军区海防办事处。

7 月 1 日,胶东行政公署主任曹漫之、胶东军区司令员许世友、政治委员林浩签发荣誉奖状,海港工会(码头工会)荣获二等功。

9 月,因国民党军队重点进攻陕甘宁边区和山东解放区,为避敌锋芒保存实力,驻烟台的中共党、政、军机关主动撤离，30 日晚全部撤离完毕。码头工会暂停活动，骨干分子部分留下隐蔽，部分随部队转移。

10 月 1 日，国民党军队进占烟台，接收海关和海坝工程会，于东西护岸修建地堡、炮楼，致使东、西防波堤惨遭破坏，其他设施和物资也被抢劫一空。

是年，海坝工程会更名为海坝工程所，后又更名为港务课，归海关领导。

是年，码头工会自 1946 年整顿后，根据上级部署，开展以支前为中心内容的立功活动。截至本年度，工会干部中，有 6 人荣立一等功，5 人荣立二等功。码头工人中，有 34 人荣立一等功，59 人荣立二等功，90 人荣立三等功，65 人荣立集体二等功。在立功者中有 65 人被吸收为中共党员。工会中的基层党支部已扩建至 6 个。

1948 年

6 月 18 日，大连驶往烟台的"和顺号"汽轮在芝罘岛北部海面遭国民党军舰炮击，68 人罹难。

10 月 16 日，烟台第二次解放。

是年，港务课改为烟台海关港务股，属海关领导。

1949 年

3 月，山东省进出口局局长会议决定，烟台海关港务股改名为烟台港务处，设秘书课、工程课和材料课，职工 276 人，受烟台进出口局领导。港务处除管辖烟台港外，还负责管辖烟台、龙口、威海、成山头、镆铘岛、猴矶岛等处的十几座灯标和灯塔。

4 月，烟台码头工会对其组织进行整顿。整顿后的码头工会下设 9 个分会，有会员 1 052人。在劳动管理上设劳动管理部，下设会计科（负责记账、工资分配）、劳动管理科（负责工具保管使用、劳动力计划分配使用）。

7 月 26 日，台风袭击港口，造成很大破坏。烟台港务处迅速开展救灾、爱护国家财产的立功运动；有 38 名工人被评为功臣和模范，上级批 3 万元以资鼓励。

8 月 6 日，中共烟台港务处支部委员会成立，车忠翰任支部书记。

11 月，东海关改称烟台海关。

是年，胶东军区海防办事处改组为烟台航运办事处，后改为北洋区海运局烟台办事处。

1950 年

4 月 20 日，烟台、威海、龙口、石岛等港划归青岛区航务局领导。烟台港务处易名为"中央人民政府交通部青岛区航务局烟台分局"（当时青岛港直属中央交通部航务总局领导），设秘书、航政、港工、会计四科，辖船舶修理厂、龙口、威海两个办事处，对港口实行全面管理。车忠翰任分局首任局长。

10 月 19 日，烟台航务分局更名为"中央人民政府交通部青岛区港务局烟台分局"。

1951 年

4 月 4 日，根据交通部指示，烟台市人民政府决定将本市由政府接收码头区域内之仓库

(南仓库、政记仓库、美孚仓库、卜内门仓库等)交付烟台港务分局管理。

11月24日,烟台港务分局在烟台山利用原有旗台、旗杆,建立了台风信号台。

1952年

5月19日,接中央人民政府交通部令,烟台山旗台移交当地海军。

5月至8月,烟台港务分局于解宋营、八角口等处海域打捞沉船5只。

12月1日,交通部海运总局局长于眉及苏联专家等一行数人对烟台港进行视察,并提出修整、建设方案。

1953年

1月1日,烟台港务分局从搬运公司接收装卸工人881名,组成一、二、三装卸大队和驳运队。

2月,北洋区海运局烟台办事处合并于烟台港务分局。

4月1日,中央人民政府革命军事委员会和政务院联合命令:昼夜开放上海、青岛、烟台三港口。

6月,蓝村至烟台铁路开工建设。

7月12日,烟台港务分局在"临城轮"卸木材作业中,工班效率达13吨/小时,超过以往一倍以上,提前19个小时完成任务,受到交通部海运总局的表扬。

9月9日,根据交通部指示,烟台港内的灯塔、浮标等均由中国人民解放军海军青岛基地司令部接管。

是年,工人庄惠君首议十字吊瓦法,采用此项方法可减少货损,提高效率百分之三十。

1954年

2月27日,交通部海运管理总局批复同意将烟台港开平码头移交海军使用。

6月1日,根据交通部指示,烟台港务分局接收原属邮电局的海岸电台,成立了烟台港海岸电台,直属港务分局办公室领导。

6月14日,西码头(现18号泊位)开工建设,11月15日竣工。码头全长129.5米,最大靠泊能力7 000吨,为顺岸重力式。

7月1日,烟台港务分局开始推行作业计划,对劳动组织进行调整,将原装卸三个大队改编为23个工班,每班25人。同时将老弱病残113人编成2个杂工班,专门进行杂活作业。

7月13日,交通部海运管理总局发出《为寄送海港区域划分原则希据此划出港区范围由》的通知,确定烟台港的港口性质为海口港。

12月16日,烟台市人民政府批复同意烟台港务分局关于烟台港港界划分意见。此批复为制订《烟台港章》港界范围提供了依据。

是年,烟台港客运工作有较大改进,旅客下船后可直接于码头搭乘汽车,时称"水陆连接运输"。

1955 年

5 月 1 日,《烟台港港章》由交通部批准施行,这是烟台港在新中国成立后的第一部法规性章程。港章对港界及泊区,船舶进出港,港内航行、停泊、移泊,货物装卸,危险物品之载运装卸,港内建筑及航道保护,防火措施,台风信号及防风措施,安全秩序,清洁卫生等作出明确规定。

5 月 16 日,烟台港引进第一批流动装卸机械,有汽车式轮胎吊一台,铲车 4 台。

10 月,烟台港西码头仓库建设工程开工,1956 年 4 月中旬竣工,仓库系单层双跨木桩基砖木结构,面积 2 970 平方米,整个工程耗资 16.9 万元。

是年,烟台港务分局司机牟维帮发明"吊杆定位制止器"。

1956 年

5 月,潜水员杨丕芝出席交通部、全国群英会,受到毛泽东主席接见。

7 月 1 日,蓝村至烟台铁路建成通车。

11 月 22 日,为改变烟台港商、渔装卸混杂作业的局面,交通部批复同意调整烟台港商、渔作业区范围,原则上以西南河口为界,即河东为渔业作业区,河口以西为商业作业区;作此原则划分并不等于截然分家,港航监督部门仍可根据需要灵活调整靠泊区域,实行统一管理。

11 月 30 日,烟台港第一座专用客运浮码头(原位于现 K4 泊位)建成。浮码头系两艘趸船串联顺岸安装而成,长 107 米,宽 8.5 米,前沿水深 -5.1 米,中间搭木制连接桥与陆地相连。两艘旧趸船是交通部从上海港调拨、由江南造船厂改装成浮码头。12 月 7 日,"民主一号"客轮靠泊浮码头成功,并投入使用。

1957 年

2 月 21 日,国务院批准烟台港为准许外国籍船舶进出我国沿海港口的 18 个港口之一。

是年,开始在烟台港西防波堤外侧展宽 100 米,增加货场(以后逐年进行)。

1958 年

5 月 31 日,交通部航务工程局批准烟台港新建客运站工程技术设计,同意施工。客运站为烟台港务分局首次完成的大工程项目设计。

6 月 17 日,中共中央批转交通、铁道等四部关于体制下放的报告,决定将沿海港口下放地方。

6 月,客运站建设工程于月底动工,10 月因支援钢铁任务,工程材料被调用,工程被迫中断,1959 年 10 月复工。

8 月,铁路专用线直接引入烟台港西码头,全长 1 097 米,其中装卸线 744 米。

10 月 1 日,根据山东省交通厅关于沿海港口体制下放方案的规定,烟台港务分局与烟台航运办事处合并,龙口港务办事处与龙口航运站合并。

秋,烟台港务分局进行港口劳动组织调整,设立 7 个装卸队,每队辖若干班。以班为基层生产单位,以队为基层现场管理单位。

11 月 6 日,根据莱阳专员公署通知,烟台港划归专署领导,威海港、龙口港、石岛港等 9 个港口下放至所在县、市领导。

1959 年

2 月 2 日,烟台港务分局归属烟台专署领导,同时易名为"山东省烟台专员公署海运局"。

是年,烟台港货物吞吐量突破 100 万吨,达到 119 万吨。

1960 年

10 月,烟台港客运站建成投入使用,建筑面积 3 301 平方米,是烟台港第一座设施齐全、功能完备的大型客运设施。

1961 年

1 月 1 日,烟台港收归交通部直接管辖,其业务仍由青岛港代管,原"烟台专署海运局"更名为"烟台港务管理局"。

7 月,烟台港西股铁路专用线建成,长度为 492.9 米。

8 月 10 日,交通部批准烟台港建设两个客运泊位的设计任务书。

10 月 9 日,国务院通知:烟台港不继续对外开放;为照顾对外贸易,在个别情况下,遇有特殊需要时,经国防部批准,可允许个别国家商船进入该港。

10 月 25 日,烟台港务管理局为烟台市贯彻《工业七十条》的试点单位。

是年,贯彻中央关于精简职工的决定,烟台港务管理局精简职工 504 人。

1962 年

8 月,烟台港务管理局贯彻《工业七十条》的试点工作转入综合平衡阶段,9 月底转入整顿企业管理阶段。

是年,烟台港务管理局在 1957 年展宽西防波堤的基础上,继续向北延伸,当年扩填场地 4 500平方米。

是年,烟台港务管理局精简职工 296 人。

是年,烟台港旅客吞吐量首次突破 100 万人次,达到 141.7 万人次,增长 54.9%。

1963 年

5 月 18 日,西股铁路延长线建设工程竣工,长 296 米,25 日验收合格。西股铁路总长为 789 米。

1964 年

7 月 16 日,烟台港客运码头 3#泊位(现 19 号泊位)建成。该工程始于上年 4 月,泊位长 112.4 米,靠泊能力为 3 000 吨,结构为顺岸重力式。

11 月 7 日，烟台港务管理局审定 164 种操作工艺，并汇编成册。

1965 年

6 月，烟台港客运码头 2#泊位（现 K5 泊位）建成投产。该工程始于上年 4 月，泊位长 112.4 米，靠泊能力 3 000 吨，结构为顺岸重力式。

9 月 8 日，烟台港客运码头 2#、3#泊位建设工程通过竣工验收。其中 2#泊位被评定为优良工程。

1966 年

2 月 15 日，交通部北方区海运局批准烟台港东防波堤修复方案。当年由交通部第一航务工程局二处施工。维修采用“补破衣服”的办法，逐年修复，1972 年因无施工力量停工。

1967 年

3 月，烟台港客运候船大厅（下层为仓库）及架空长廊工程开工。

6 月 22 日，烟台港务管理局向北方区海运局建议恢复烟台港对外开放。

1968 年

3 月 30 日，山东省革命委员会批准“烟台港革命委员会”成立。

3 月 31 日，中国人民解放军总参谋部批准烟台港实行单航次对外开放。

7 月 5 日，烟台港首次停泊万吨级轮船“宏城”号。

1969 年

3 月 8 日，下午 4 时，索马里籍“猛龙”轮在 2 号泊位撞坏我国“战斗 70”轮，赔偿损失 9.6万元。

1970 年

12 月，烟台港客运候船大厅及架空长廊建成投入使用。候船大厅位于 2#泊位前方，分上下两层（上层为候船厅，下层为仓库），面积各为 3 005.6 平方米。

1971 年

8 月 4 日，中共烟台港务局委员会对“四清”运动遗留问题作出处理意见。

1973 年

4 月 16 日，国务院港口建设领导小组副组长谷牧等一行 20 余人来烟台，听取烟台地、市领导和烟台港务局对烟台港建设的意见。

6 月 7 日，国务院、中央军委批准烟台港恢复对外开放。

6 月 22 日，山东省烟台地区烟台港口建设领导小组和山东省烟台地区烟台港口建设领导小组办公室成立。

7月3日,烟台港报请有关部门,恢复烟台海岸电台开放国际通信业务。

9月12日,国家计委批准烟台港新建码头泊位计划任务书,同意烟台港新建深水杂货码头2个泊位。

12月27日,烟台地区革命委员会生产部发出《关于调五百名民工参加烟台港口建设的通知》,从牟平组织150名、栖霞120名、招远110名、文登120名民工参加港口建设,使用期到1974年6月底,共计63 000个劳动工日。

是年,铁道部大桥局参与烟台港建港工程建设。

1974年

7月20日,交通部批准烟台港有线通信枢纽工程设计任务书,建设港口有线通信枢纽用房1 200平方米,设置自动电话交换机300门。1975年7月12日,交通部批复自动电话交换机初装增至800门,终期1 600门。

8月23日,烟台地区革命委员会生产部从各县、市工厂、企业、农村抽调110辆汽车、500辆马车和部分帆船组成码头后方回填大军参加烟台港建设。

9月26日,交通部批准烟台港新建第三个深水泊位,长度由150米改为180米,码头前沿水深按-9.2米设计。

11月1日,交通部批准烟台港建设3 000吨级泊位3个及相应的配套库场等工程。

12月26日,烟台港新建5#、6#深水泊位(现17、16号泊位)简易投产,其长度各为180.3米,结构为重力式(空心方块)。

1975年

4月,烟台港新建深水泊位配套的3台负荷为10吨的门式起重机安装完毕。

12月,烟台港新建7#深水泊位(现15号泊位)简易投产,其长度为180.3米,结构为重力式(空心方块)。

12月,烟台港5号泊位前方仓库(现171库)竣工。

1976年

1月,烟台港成立第一、二装卸作业区。

12月,烟台港7号泊位前方仓库(现151库)竣工。

是年,铁道部大桥局参与烟台港建港的施工队伍逐步撤回。以后几年的建港任务由烟台港务局自行承担。

1977年

4月7日,烟台港被交通部收为部直属企业(县团级)。

9月1日,烟台港海岸电台正式对外轮开放国际通信业务。

12月,山东省烟台地区烟台建港指挥部撤销,建港未完工程转由烟台港务局修建科负责。

1978 年

6 月 17 日，根据交通部指示，"烟台港务局革命委员会"名称取消，由交通部命名为"交通部烟台港务管理局"。

6 月 23 日，烟台港通信楼工程竣工。

9 月 1 日，"奥克塔"轮装载散尿素 16 380 吨进港作业；这是烟台港首次接卸散化肥船。

12 月 15 日，8#、9#、10#三个中级泊位（现 14、13、12 号泊位）竣工，其长度均为 108.9 米，结构为重力式。

12 月，东郊接待站（后改为黄海宾馆）竣工。

12 月，烟台港 8 号泊位前方仓库（现 141 库）竣工。

12 月，杨丕芝当选为第五届全国人民代表大会代表。

1979 年

5 月 21 日，烟台港东防波堤修复工程开工，由交通部第一航务工程局第三工程处设计和施工。

11 月，烟台港机械修理厂竣工，该工程始于 1973 年，建筑面积达 13 000 平方米，至此历时 7 年的烟台港建港工程全部竣工，总投资为 6 628 万元，是新中国成立以来 23 年总投资的 5.7 倍。

1980 年

4 月 15 日，烟台港务管理局通信站无线电话台对国内外船舶开放甚高频电话通信业务。

9 月 10 日，交通部批准烟台港务管理局为"扩大企业自主权、利润留成"单位。

1981 年

6 月 15 日，烟台港东防波堤修复工程竣工。防波堤加固采用改直立式墙身外围斜坡式人工块体护面，质量达到了原设计要求，使防波堤恢复到一类技术状态。

1982 年

5 月 1 日，将原客运浮码头（现 K4 号泊位）改建为重力式码头工程竣工，码头长 141.6 米，前沿水深 -6.9 米。

10 月 26 日，烟台港务管理局建港指挥部成立。

11 月 2 日，交通部批复同意《烟台港西湾围堰工程计划任务书》。西湾围堰范围为通伸河以东，27、28 泊位以南，海港机械厂以北的区域。

1983 年

3 月，D4 泊位开始建造，1986 年竣工。为山东渤海轮渡有限公司客滚船专用泊位，长 89.4 米。经过 1996 年和 2002 年的两次改造泊位长度增加到 154.6 米，水深 -6.5 米，灌注桩梁板式结构。

3月,烟台粮油储运公司码头开工建设,1987年竣工。重力式方块结构,长80米,设计水深-5米。

3月24日,交通部批准烟台港务管理局为企业整顿五项工作合格单位。

5月27日,国家计委、交通部批准《烟台港西港池建设工程设计计划任务书》。

8月26日,交通部批准烟台港务管理局为局级(相当地师级)单位。

是年,交通部在上海、烟台港试行"单船承包责任制",1983年召开的全国交通工作会议充分肯定"单船承包责任制"的积极作用,决定全面推广。

1984年

5月8日,烟台港务管理局自行施工的南岸壁客运码头工程(现为K2、K3号泊位)竣工投产。该工程于1983年4月开工,码头岸线长266米,前沿水深-6.2米,重力式结构。

11月6日,交通部批准烟台港试行百元净收入含量包干办法。

1985年

4月20日,国务院副总理李鹏视察烟台港。

4月20日,烟台港务管理局举行国家"七五"重点工程西港池一期工程开工典礼。

8月8日,开始对日本"晓光丸"轮实施原油海上过驳作业,过驳原油90 482吨,这是烟台港进行的第一次原油过驳作业。

8月,烟台港开始承担接卸灌装中转散氧化铝业务。

1986年

1月1日,豪华客滚轮"天鹅"号试航烟台—大连航线,在渤海湾首开滚装运输。

4月22日,烟台至日本国际班轮首航仪式在烟台港8号泊位前沿举行。

6月,烟台山灯塔改建工程开工,1988年6月1日竣工。高49.5米,光照射程20海里。

8月6日,全国人大副委员长耿飚视察烟台港。

12月6日,中共中央政治局委员、书记处书记、国务院副总理李鹏视察烟台港。

1987年

1月1日,烟台港下放。原交通部烟台港务管理局更名为烟台港务局,原烟台港务监督(引航科留港务局)扩编为交通部烟台海上安全监督局。烟台港下放后,受烟台市人民政府和交通部双重领导,以烟台市人民政府为主。

2月24日,交通部、烟台市人民政府在芝罘宾馆举行烟台港管理体制改革交接大会。交通部副部长林祖乙、烟台市市长董传周签署交接议定书。

1988年

2月19日,中共中央书记处候补书记温家宝视察烟台港。

3月26日,烟台邮电局所属邮运码头建成并投入使用。

4 月 30 日,中共中央总书记赵紫阳视察烟台港西港池建设工程。

5 月 30 日,山东省政府决定烟台市所辖县、市(除长岛和有重要军事设施的区域外)全部列为对外开放区。

7 月 1 日,烟台港务局举行烟台港西港池一期工程 1、2 号泊位简易投产庆祝大会。

7 月 15 日,交通部批准烟台港务局为国家二级企业。

8 月 13 日,烟台港务局举行“国际集装箱首航运输庆祝大会”。担负首航任务的是“华宁河”轮。

8 月 25 日,国务委员兼国家科委主任宋健视察烟台港。

10 月 13 日,烟台港务局公布西港池泊位编号:自北向南依次排列为 21、22、23、24、25、26 号,27、28 号为小轮泊位。

10 月 25 日,中共中央政治局委员、国务院副总理吴学谦视察烟台港。

12 月 7 日 烟台港务局更改东港池泊位编号,自北向南依次为 11、12、13、14、15、16、17、18、19 号,K5(原 2 号泊位)、K4、K3、K2、K1 号。

1989 年

3 月,烟台地方港 D1、D2、D3 三个泊位正式建成投产。D1、D2 为两个 5 000 吨级的泊位;D3 为一个 1 000 吨级的泊位,方块重力式码头。

4 月 30 日,烟台港东港池及主航道疏浚结束,航道水深由疏浚前的 -8.4 米加深至 8.7 米;东口门——港内航道由疏浚前的 80 米加宽至 90 米;东口门——港外航道由疏浚前的 80 米加宽至 100 米。

5 月 1 日,由烟台港务工程公司建造的烟台港第一座滚装船码头(K1 号泊位)主体竣工。

11 月 6 日,烟台港务局首家合资企业烟台通用塑料包装有限公司正式投产。

1990 年

2 月 16 日,由烟台港轮驳公司购买的 4 000 吨级货轮“崆峒岛”号举行首航仪式,次日满载着 4 000 吨工业用盐驶往广州。

5 月 10 日,山东省口岸办公室批准烟台地方港正式对外开放,其泊位对外名称为烟台港 D1、D2 泊位。

5 月,烟台港务局从美国引进的 IBM9370 计算机软硬件装建工程竣工,投入试运行。

7 月 23 日,烟台港务局第八届职工代表大会第六次会议通过了《关于重新确定港庆日的决议》,将港庆日由 1921 年 9 月 14 日改为 1861 年 8 月 22 日。

9 月 21 日,烟台港务局举行西港池一期工程竣工验收暨海港工人铜像揭幕仪式。

1991 年

4 月 11 日,交通部、山东省人民政府批准《烟台港总体布局规划》。

7 月 16 日,烟台港务局第九届职工、会员代表大会第二次会议通过了《关于〈烟台港港歌〉的决议》,修改后的港歌《光荣的烟台港人》由杨衍陶作词、时乐濛作曲。

8 月 22 日,烟台港务局在芝罘宾馆隆重举行开港 130 周年纪念仪式,并在海港礼堂演出大型组歌《从历史走向未来》。

10 月 10 日,国家计委下达《一九九一年基本建设大中型项目新开工单项工程计划》,批准烟台港西港池二期工程开工建设。

是年,烟台港外贸货物吞吐量达到 620.2 万吨,外贸货物吞吐量占总吞吐量的 76.5%。

1992 年

3 月 18 日,国务院发展研究中心、《管理世界》杂志、中国企业评价中心、中国 500 家最大服务业企业评价委员会评价烟台港务局为中国 500 家最大服务业企业。

5 月 19 日,中央军委委员、总参谋长迟浩田上将,济南军区司令员张万年中将,政委宋清渭中将,山东省省长赵志浩,山东省军区政委刘国福少将,烟台市市委书记杜世成,烟台警备区司令员邓守业少将等来烟台港务局检查民兵预备役工作。

7 月 1 日,烟台港西港池二期工程全面开工。

8 月 1 日,烟台港与新西兰陶朗加港缔结为友好港口。

是年,烟台港货物吞吐量突破 1 000 万吨,达到 1 060.5 万吨。

1993 年

5 月 3 日,烟台市地名委员会批准烟台港港区道路命名:"港湾大道"自港区中心花坛向西北出西门岗,经立交桥北口,进入西港池二期工程以及规划中的三期工程路段;"海港工人大道"自南门岗起经中心花坛向东北至北码头的路段。

4 月中旬,山东省邮电管理局行业管理处批准烟台港程控交换机进入烟台市话局,局号为 78 分局。

5 月 4 日,烟台港与美国坦帕港缔结为友好港口。

6 月,D5、D6 泊位开工建设,1994 年竣工。为山东渤海轮渡有限公司滚装船专用突堤式码头,重力式预制沉箱 + 钢引桥结构,突堤长度为 102 米,泊位前沿水深 -6 米。

10 月 31 日,烟台港与美国圣迭戈港缔结为友好港口。

11 月 20 日,国务院发展研究中心、《管理世界》杂志、中国企业评价中心、中国 500 家最大服务业企业评价委员会评价烟台港务局为中国最大服务业企业(港口业)之一。

1994 年

1 月 24 日,国家计划委员会批复烟台港三期工程项目建议书。

7 月 1 日,烟台港务局首批剥离分流的烟台港储运公司、烟台港轮驳公司、烟台海港机械厂、烟台港务工程公司四个单位进入试运行阶段。

7 月,烟台港西港池二期工程第一个配套项目通信枢纽大楼工程竣工。

8 月 27 日,"黄海"客滚轮在烟台港举行烟台至韩国釜山定期班轮首航仪式。

10 月 12 日,山东省人民政府批复同意烟台港务局为大型一类企业,干部任免按有关规定办理。

11 月 1 日,烟台港务局与美国奥林匹亚港缔结为友好港口。

1995 年

5 月 23 日，烟台港公安局客运站派出所民警王德利、牟彦峰、孙国明，所长顾正泽 4 名干警在追捕持枪歹徒时先后遭枪击壮烈牺牲。歹徒在受伤后自毙。

6 月 29 日，交通部、公安部、山东省暨烟台市联合召开的烟台“5.23”英雄群体命名表彰大会在烟台市体育馆隆重举行。

7 月 28 日，山东省委、省政府发出《关于在全省开展向烟台“5.23”英雄群体学习活动的决定》。

8 月 5 日，烟台港第一台集装箱装卸桥在烟台港西港池二期工程多用途泊位整体接卸成功。该装卸桥是由上海振华港口机械有限公司制造，高 63.7 米、自重 908 吨、吊具下额定起重量为 40.5 吨。

10 月 20 日，烟台港务局入选国家国有资产管理局和“中国经济效益纵深行”组委会共同组织评选的“中国的脊梁”国有企业 500 强，位列第 285 位。

是年，烟台港客运总公司滚装车吞吐量突破 10 万辆，达到 104 611 辆。

1996 年

6 月 4 日，烟台港国际客运站(旅检厅)启用。

7 月 23 日，烟台市人民政府将烟台港务局南码头仓库(原东海关验货房旧址)列为市级重点文物保护单位。该房建于 1866 年，砖木结构，长 33 米、宽 14 米、脊高 10 米，是原海关码头的三个配套设施之一。

8 月 14 日，国务院总理办公会议正式批准国家计委《关于审批利用亚行贷款建设烟台港三期工程可行性研究报告的请示》。

1997 年

1 月 1 日，建于西南河口的烟台港新客运站正式启用。

2 月 14 日，国家经贸委将烟台港务局列入全国 512 户重点国有企业名单。

2 月 14 日，烟台港汽车轮渡码头工程通过验收，码头自西向东依次排列编号为 71 号、72 号。

4 月，烟台地方港 D3 泊位改造开工，将 1 000 吨级散杂货泊位改造成 5 000 吨级通用泊位，码头前沿线在原码头岸线基础上水平前移 7.2 米。改造后码头岸线长度 138.8 米，泊位水深 -7.5 米，泊位宽度 35 米，顶标高 +4.2 米，其中原码头 84 米岸线采用灌注桩梁板结构，原护岸 54 米采用板桩结构。1998 年 10 月竣工。

5 月 23 日，烟台港务局与烟台市建委共同建设的烟台市区第一座分离箱型连续梁桥——环海路立交桥主桥竣工通车。

7 月 8 日，国务院总理办公会讨论通过了烟台港三期工程开工报告，8 月 4 日，烟台港三期工程(第一阶段)获国家计委批准开工。

9 月 30 日，烟台港西港池二期工程通过竣工验收，工程总评优良。二期工程是国家“八五”期间首批利用亚行贷款的重点建设项目，建成 6 个万吨级以上深水泊位(泊位编号为 32、33、34、35、36、37)，新增货物吞吐能力 340 万吨，工程历时 5 年。

是年,烟台港集装箱吞吐量突破10万标准箱,达到100 123箱。

1998年

5月19日,烟台港三期工程第一个沉箱采用半潜驳新工艺顺利下水;该沉箱重1200吨,高17米。

8月7日,烟台港三期工程海底爆夯试验进行首次爆破,经测量检验,试验成功。

8月10日,烟台市第一条城市高速公路——疏港高速公路工程正式开工。疏港高速公路是国道主干线同江至三亚的重要组成部分,也是烟台市第一条城市高速公路。疏港高速公路东起烟台港四突堤,经市区北部沿海与206国道相接,全长19.95公里,路基宽28米,双向四车道,2000年11月18日竣工通车。

9月1日,山东省政府批复同意自即日起允许国际航行船舶停靠烟台港牟平作业区进行装卸作业。

9月10日,国家"九五"重点建设项目蓝(村)烟(台)铁路增二线工程正式开工;该线长183.4公里,工程总投资24.8亿元。2002年11月29日竣工并全线开通运营。

10月,烟台地方港D1、D2泊位进行改造,将D1、D2两个5 000吨级泊位改造成一个20 000吨级通用泊位,码头前沿线在原码头岸线基础上水平前移10.2米。采用灌注桩梁板结构,改造后码头岸线长度242.5米,泊位水深-11米,泊位宽50米,码头顶标高+4.2米。2001年4月竣工。

1999年

8月7日,全国人大副委员长彭佩云一行到烟台港参观。

11月24日,山东省海运集团烟大汽车轮渡股份有限公司所属"大舜"号客滚船在烟台市牟平区养马岛东部海面(北纬37°28.5′,东经121°47.6′)翻沉。

12月28日,中华人民共和国烟台海事局成立。烟台海事局是由交通部烟台海上安全监督局与山东省属烟台、蓬莱、龙口、莱州港监合并组建的(保留"中华人民共和国烟台港务监督"名称)。

2000年

3月11日,烟台—上海—蛇口内贸集装箱班轮首航暨签字仪式在烟台港集装箱公司举行。担负首班运营的集装箱船是"月恒"轮。

2001年

4月20日,烟台港首船煤炭出口启航仪式在烟台港西港池23泊位举行。

5月26日,烟台港装饰材料市场正式开业。

12月7日,烟台港三期工程(第一阶段)通过竣工验收。该工程是"九五"期间沿海港口第一个国家重点建设工程开工项目,建设集装箱泊位和杂货深水泊位各2个,年设计通过能力为255万吨。2005年10月,该工程荣获国家土木建筑业最高奖"詹天佑土木工程大奖"。

12月30日,烟台港开通首条经香港到我国台湾地区的集装箱航线。由台湾行业集团有限公司同时投入“桃园”、“宜兰”两条船进行周班运营。

2002 年

7 月 26 日,山东省政府办公厅下发《关于深化全省港航管理体制改革的意见》,将双重领导的烟台港与省属的龙口港、蓬莱港、长岛港、海庙港、凤城港、省烟台国际海运总公司、渤海轮渡有限公司于 8 月 1 日起下放烟台市管理,人员成建制移交。

10 月 15 日,烟台港务局与美国布雷默顿港务局缔结为友好港口。

2003 年

1 月 25 日,山东省交通厅、烟台市政府在烟台大酒店召开烟台港交接会议。

3 月 12 日,烟台港三期工程集装箱码头合资项目合同签字仪式在香港举行,烟台市委书记焉荣竹出席了仪式。该项目投资总额为 8.23 亿元人民币(折合 9 916 万美元)。项目注册资本为 2.9 亿元人民币,烟台港务局与美国环球货柜公司各占 50% 的股份。公司合营期限为 50 年。

4 月 11 日,财政部正式批复同意烟台港务局提前偿还亚洲开发银行全部贷款(包括二、三期工程贷款)。

5 月 12 日,烟台港卫生防疫站支部书记王德生在大连港执行防控非典工作任务中突发心脏病,牺牲在防控非典岗位上。

12 月 18 日,烟台环球码头有限公司举行成立仪式。

2004 年

4 月 5 日,烟台港西港池顺岸码头(38、39 号泊位)扩建工程通过竣工验收。该工程于 2002 年 6 月开工建设,建设规模为 3 万吨级内贸集装箱泊位 1 个,2 万吨级多用途泊位 1 个,设计年吞吐能力 96 万吨,其中内贸集装箱 10 万标准箱,杂货 16 万吨。

6 月 30 日,烟台港西港池航道扩建工程竣工,该工程范围为西港池内航道及 35#、36#泊位前沿港池内,航道水深由 -11.5 米加深至 -13 米。

9 月 15 日,经烟台市人民政府研究决定,将烟台港组建为烟台港集团有限公司,同时撤销烟台港务局。

10 月 8 日,烟台港三期工程(二阶段)开工建设,该工程共建设两个深水泊位,码头全长 608 米,前沿水深 -20.0 米,顶面高程 +4.5 米,码头结构为重力式大沉箱。工程总工期 2 年,建成后可直接接卸 20 万吨的大型散货船舶。

12 月 29 日,烟台市人民政府国有资产管理委员会确定以 2004 年 12 月 31 日为划转基准日,整建制的将山东省烟台地方管理局划转给烟台港集团有限公司经营和管理。

2005 年

1 月 11 日,烟台市政府同意烟台港集团有限公司《关于规范烟台港西港区及开发建设项目名称的请示》,原八角港区改称烟台港西港区。

4 月 8 日,烟台市人民政府国有资产管理委员会确定将山东渤海轮渡有限公司中烟台地方港(客滚码头)、港湾宾馆(服务公司)、和信修船厂、烟拖8等资产无偿划转给烟台港集团有限公司,相应人员一并转入。

5月20日,烟台港汽车滚装运输安全检测综合系统通过了由交通部和省交通厅联合组织的专家组验收,正式投入使用。

6月4日,黄烟铁路(河北黄骅港至烟台)的重要组成部分——龙烟铁路正式开建。黄烟铁路由三部分组成,全长505公里,龙烟段西起龙口站,经龙口、蓬莱、福山、开发区、芝罘区至烟台市中心,全长123公里,总投资额15亿人民币,工期3年。它将与大莱龙铁路、黄大铁路连为一体,组成环渤海经济大通道。

6月7日,全国人大副委员长司马义·艾买提率全国人大常委会安全生产执法检查组视察烟台港。

8月10日,烟台市人民政府国有资产管理委员会确定以2005年6月30日为基准日,将蓬莱港东港区划转给烟台港集团有限公司管理,并作为烟台港的子公司,实行独立核算,自负盈亏,对外独立承担民事责任。

8月21日,烟台港集团有限公司在2005年中国服务企业500强中排名第429位,并在中国服务企业500强中的12个港口企业排名第10位。

9月6日,交通部批准烟台港西港区液体化工码头工程使用港口岸线。

9月6日,烟台港集团有限公司举行烟台港西港区启动工程开工仪式。

2006年

2月23日,芝罘湾港区39泊延长段工程通过竣工验收。该工程长99米,水深-14米,由烟台港自行设计和施工;工程于2005年3月8日开工,当年9月24日建成投产。

2月28日,山东省交通厅港航局正式批复同意山东省蓬莱港务管理局更名为烟台港集团蓬莱港有限公司,并核发了新的港口经营许可证。

4月21日,烟台市政府召开烟台港与龙口港重组整合工作会议。烟台港和龙口港重组整合后,龙口港由市管国有独资公司变为烟台港管理的法人独资子公司,法人主体地位保持不变,实行独立核算,自负盈亏,独立承担民事责任;按《公司法》的要求,烟台港对龙口港行使有限责任公司股东会职权。

5月15日上午,烟台市政府在烟台港组织召开关于加快烟台港集团公司发展现场办公会议,孙永春代市长、刘筱杰副市长等出席会议。

5月18日,烟台港集团有限公司、中海码头发展有限公司、DP World China (Yantai) Limited在上海举行合资经营烟台环球码头签约仪式。

8月21日,烟台港集团有限公司位列2006年中国服务业500强企业第415位,列港口服务业第8位。

12月19日上午,烟台港集团有限公司在烟台港环球码头举行芝罘湾港区集装箱吞吐量百万标箱庆典仪式。

12月26日,中共烟台市委、市人民政府向烟台港集团有限公司及全市各港口企业发出贺电,烟台港口吞吐量实现历史性跨越,突破亿吨大关,成为全国第十二个过亿吨的沿海港口城市。

附录二

烟台港历任领导任职录

一、党委（支部、总支）、工会领导

1．烟台一次解放至“文化大革命”前

1949年8月6日，选举产生中共烟台港务处党支部，支部书记为车忠翰，支部委员为杨仁信、刘云。同年11月增加史明、张连胜为支部委员。1950年4月，中共烟台港务处党支部更名为“中共烟台市航务局总支委员会”，总支书记车忠翰。1950年10月，总支再次更名为“中国共产党烟台市港务局总支委员会”。总支下属海关、修船厂、港务分局等支部，车忠翰任总支书记，张连胜任港务分局支部书记。1952年7月王吉五接替车忠翰任总支书记。1953年1月港务分局接受了881名装卸工人，4个装卸大队各设一个支部。港务局总支有9个支部（港务局5个，海员工会、修船厂、航运办事处、海关各一个），王吉五任总支书记，张连胜任总支副书记，委员：卢义林、孙福亭、赵建基、姜明、石秀章、赵福山，后又增加张发卿、徐振羽、唐洪琪为委员。1955年4月6日，张连胜任港务局总支书记。

1956年10月2日，中共烟台市港务局总支委员会更名为“中共烟台市港务局委员会”，11月23日经烟台市委常委会议研究决定组成新的党委：张连胜任党委书记，张连胜、林复生、孙福亭、朱修彬为常委委员，张连胜、林复生、孙福亭、朱修彬、韩少萍、范玉玺、曲海亭、王德润、石秀章、王华卿、李兆庆为委员。

1959年2月烟台港务分局归属烟台专署领导，同时改称为“山东省烟台专署海运局”。1960年2月3日，中共烟台地委批准刘丕生任烟台专署海运局党委书记。

1961年9月19日至22日，中共烟台港务管理局首次代表大会召开，选举刘丕生、张连胜、王祥兴、林复生、吴永珊、范玉玺、韩少萍、刘翠元、郝松南、董昶、吴英田为委员，刘丕生、张连胜、王祥兴、林复生、范玉玺为常委委员。刘丕生任第一书记，张连胜任第二书记。

1963年7月22日至23日，中国共产党烟台港务管理局第二次代表大会召开，大会选举王祥兴、刘丕生、王作坤、刘翠元、吴英田、刘敬贤、林复生、纪学章、吴永珊、韩少萍、董昶11名同志为党委委员。王祥兴任党委书记，刘丕生任党委副书记。

1965年2月6日，经中共烟台市委组织部批准增补刘健夫为党委委员。1965年5月27日中共青岛港务管理局政治部任命刘健夫为烟台港务管理局党委副书记。

这个时期的领导人为：

支部书记　　车忠翰（1949.8～1950.4）

总支书记　　车忠翰（1950.4～1952.2）
　　　　　　王吉五（1952.7～1955.4）
　　　　　　张连胜（1955.4～1956.11）

党委书记　　张连胜（1956.11～1960.2）

刘丕生(1960.2~1963.7)
王祥兴(1963.7~1968.12)

党委副书记 刘丕生(1963.7~1968.12)
刘健夫(1965.5~1968.12)

党委常委 张连胜(1956.11~1963.7)
林复生(1956.11~1963.7)
孙福亭(1956.11~1961.11)
朱修彬(1956.11~1961.11)
刘丕生(1961.11~1963.7)
王祥兴(1961.11~1963.7)
范玉玺(1961.11~1963.7)

工会主席 范宣书(1950.12~1951.3)
李作祥(1951.3~1952.7)
孙永祥(1954.6~1955.7)
孙福亭(1957.2~1959.9)
范玉玺(1960.5~1962.1)
纪学章(1962.7~1966.5)

2. "文化大革命"至党的十一届三中全会

"文化大革命"时期,烟台港党组织遭受严重破坏。1968年12月27日成立中共烟台港革命委员会核心小组,核心小组成员由王经五、杨守五(军代表)、王曰祥三人组成,王经五任组长,党的组织生活开始恢复。1970年4月24日,中共烟台地革委核心领导小组对中共烟台港革命委员会核心领导小组进行了调整,领导小组成员由鞠远业、张垂楷(军代表)、杨守武、刘丕生、王祥兴等五人组成,鞠远业任组长,张垂楷任副组长。同年7月2日,渠敬文(军代表)任中共烟台港务局革命委员会核心领导小组副组长、陈有志(军代表)为组员,免去张垂楷党的核心领导小组副组长职务。

1971年4月27日至28日,中国共产党烟台港务局第三次代表大会召开,大会选举渠敬文、鞠远业、刘丕生、杨守武、黄德、王祥兴、韩德润、孙吉友、郭启成、盛哲卿、刘太忠、刘翠元、宋殿海、王曰祥、李满山、滕书敖、张仁铎、毕序广、杨玉生等19名同志为党委委员,选举渠敬文、鞠远业、刘丕生、杨守武、黄德、王祥兴、韩德润、孙吉友、郭启成等9同志为党委常委委员。

1971年7月19日,中共烟台地委批复同意烟台港务局建立新党委,党委书记为高林松,副书记为鞠远业、刘丕生。

1973年7月7日,经中共烟台地委批准,张进任中共烟台港务局委员会书记,韩德润任副书记,吴永珊、盛哲卿为常委。

1975年6月11日,经中共烟台地委批准杜功瑶任中共烟台港务局委员会常委。

1976年5月12日,经中共烟台地委批准于江任中共烟台港务局委员会副书记,毕庶田任中共烟台港务局委员会常委。

1976年12月11日,经中共烟台地委批准杜功瑶、林嘉祥任中共烟台港务局委员会副书记,朱毅、曲洪欣任中共烟台港务局委员会常委。

这个时期的领导人为:

核心领导小组组长	王经五(1968.12~1970.4)
	鞠远业(1970.4~1971.4)
党委书记	高林松(1971.7~1973.7)
	张　进(1973.7~1982.6)
核心领导小组副组长	张垂楷(1970.4~1970.7)
	渠敬文(1970.7~1971.7)
党委副书记	鞠远业(1971.7~1972.9)
	刘丕生(1971.7~1980.10)
	韩德润(1973.7~1982.6)
	于　江(1976.5~1982.6)
	杜功瑶(1976.12~1979.1)
	林嘉祥(1976.12~1983.3)
党委常委	杨守武(1971.7~1972.3)
	黄　德(1971.7~1973.7)
	王祥兴(1971.7~1972.3)
	韩德润(1971.7~1973.7)
	孙吉友(1971.7~1977.3)
	郭启成(1971.7~1982.6)
	于政一(1972.3~1977.3)
	吴永珊(1973.7~1980.7)
	盛哲卿(1973.7~1982.6)
	杜功瑶(1975.6~1979.1)
	毕庶田(1976.5~1982.6)
	朱　毅(1976.12~1982.6)
	曲洪欣(1976.12~1982.6)
工会主任	韩德润(1972.12~1981.8)

3. 党的十一届三中全会至2006年

1982年6月19日至21日,中共烟台港务管理局第四次代表大会召开,选举产生韩德润、林嘉祥、曲海亭、宋玉俊、张英湖、陈江令、裴静波7人组成的第四届委员会。

6月22日,召开了四届一次党委会,选举韩德润为党委书记,林嘉祥为党委副书记、兼纪委书记。

1985年2月7日,烟台港务管理局领导班子进行调整,曲海亭任烟台港务管理局党委书记,耿文福任党委副书记,毕序广为纪律检查委员会书记。调整后的党委会由曲海亭、耿文福、朱毅、石祖勋、毕序广等5人组成。

1987年9月19日,中共烟台市委任命陈江令为中共烟台港务局委员会副书记,尹怀惠为中共烟台港务局纪律检查委员会书记,毕庶田为烟台港务局工会主席。

1987 年 10 月 9 日至 10 日，中国共产党烟台港务局第五次代表大会召开，大会选举曲海亭、朱毅、陈江令、尹怀惠、毕庶田、石祖勋、王松贵为党委委员。10 日下午，召开了五届一次党委会，选举曲海亭为党委书记，陈江令为党委副书记；推选尹怀惠为纪委书记。

1991 年 1 月 26 日，中共烟台市委任命朱毅为中共烟台港务局委员会书记，刘延洪为副书记。

1991 年 3 月 9 日，烟台港务局第九届工会会员、职工代表大会召开，尹怀惠当选为工会主席。

1991 年 3 月 22 日至 23 日，中共烟台港务局第六次代表大会召开，大会选举朱毅、陈江令、刘先林、刘延洪、石祖勋、尹怀惠、孙茂海、王松贵、都新伟为党委委员。23 日召开六届一次党委会和纪委会，选举朱毅为党委书记，陈江令、刘先林、刘延洪为党委副书记；推选陈江令为纪委书记。1994 年 6 月 3 日，中共山东省委对烟台港务局党政领导进行了任命，朱毅任烟台港务局党委书记，刘先林任烟台港务局党委副书记，陈江令任烟台港务局党委副书记兼纪委书记，刘炳敏、刘延洪、石祖勋任烟台港务局党委委员，尹怀惠任烟台港务局工会主席、党委委员，都新伟、孙茂海、王松贵任烟台港务局党委委员。

1995 年 4 月 26 日至 27 日，中共烟台港务局第七次代表大会召开。大会选举朱毅、刘先林、陈江令、刘炳敏、刘延洪、石祖勋、尹怀惠、都新伟、王松贵，纪少波、吕波 11 名同志为党委委员。4 月 27 日下午，召开了七届一次党委会和纪委会，会议选举朱毅为党委书记，刘先林、陈江令为党委副书记；推选陈江令为纪委书记。

1999 年 7 月 13 日，中国共产党烟台港务局第八次代表大会召开。大会选举朱毅、刘先林、陈江令、刘炳敏、刘延洪、石祖勋、尹怀惠、都新伟、纪少波、裴静波（女）、王德乐为党委委员。14 日，港务局八届党委会举行第一次会议，会议选举朱毅为党委书记，刘先林、陈江令为党委副书记；推选陈江令为纪委书记。

2004 年 10 月 9 日，中共烟台市委决定将中国共产党烟台港务局委员会更名为中国共产党烟台港集团有限公司委员会。

2004 年 10 月 9 日，中共烟台市委组织部决定纪少波任中共烟台港集团有限公司委员会副书记。

2004 年 10 月 10 日，中共烟台市委决定周波任中共烟台港集团有限公司委员会书记。

2004 年 11 月 22 日，中共烟台市委组织部决定增补刘延洪、石祖勋、尹怀惠、曲延词、王钺、都新伟、裴静波、王德乐 8 名同志为中共烟台港集团有限公司委员会委员。

2006 年 4 月 20 日，中共烟台市委组织部决定孟祥罡、徐明熙任中共烟台港集团有限公司委员会副书记，李立明任中共烟台港集团有限公司委员会副书记、纪律检查委员会书记。

这个时期的领导人为：

党委书记	韩德润（1982.6～1984.4）
	曲海亭（1985.2～1991.1）
	朱　毅（1991.1～2004.9）
	周　波（2004.10～　　）
党委副书记	耿文福（1985.2～1987.2）
	陈江令（1987.9～2004.9）

刘延洪(1991.1～1994.6)
刘先林(1991.3～2001.4)
纪少波(2004.10～　)
孟祥罡(2006.4～　)
徐明熙(2006.4～　)
李立明(2006.4～　)

纪委书记　林嘉祥(1979.5～1982.12)
毕序广(1985.2～1987.2)
尹怀惠(1987.9～1991.3)
陈江令(1991.3～2004.9)
李立明(2006.4～　)

工会主席　郭启成(1981.8～1981.12)
宋玉俊(1981.12～1987.7)
毕庶田(1987.9～1991.3)
尹怀惠(1991.3～　)

二、行政领导

1. 烟台一次解放至“文化大革命”前

1945 年 8 月日本帝国主义投降，八路军 8 月 24 日解放烟台，烟台港回到人民手中，烟台海坝工程会恢复名称，烟台工商管理局任命车忠翰为海关所属海坝工程会政治指导员。1946 年 11 月海关实施“精简”，海坝工程会和港务课因工作性质相同，港务课移至海坝工程会一起办公，车忠翰兼任港务课代理课长。1947 年海坝工程会改称海港工程所，仍同东海关港务课合署办公。周石永任课长，车忠翰任副课长，莫福如任工程所主任兼工程司。1947 年 9 月中国人民解放军撤出烟台，烟台港被国民党军占领。1948 年 10 月中国人民解放军二次解放烟台，原海关港务课改称海关港务股，刘云代理负责人。1949 年 4 月 6 日由海关港务股组成烟台港务处，直属烟台进出口管理局领导。1949 年 12 月 31 日，烟台进出口管理局任命车忠翰为烟台港务处主任，史明为副主任。

1950 年初，中央人民政府发布了关于统一港航管理的指示，4 月 20 日烟台港务处划归青岛区航务局领导，烟台港务处易名为“中央人民政府交通部青岛区航务局烟台分局”，同年 10 月又更名为“中央人民政府交通部青岛区港务局烟台分局”。车忠翰任分局首任局长，史明任副局长。1952 年 7 月 8 日，中共烟台市港务局总支书记、烟台港务分局局长车忠翰调往青岛区港务局。同年 6 月王吉五任烟台港务分局副局长(主持工作)。新中国成立前后的一段时间，烟台港务处以及烟台分局的性质是港口的管理机关。到 1953 年 1 月 1 日，奉交通部“各港原不属港方领导之码头装卸工人，由港方统一接收领导”的指示，烟台港务分局正式接收搬运公司装卸工人 881 名，从此烟台港务分局有了装卸业务。1954 年 6 月 5 日，交通部海运管理总局任命林复生为烟台港务分局副局长。1955 年 3 月 31 日，交通部任命王吉五为烟台港务分局局长。1956 年 5 月 26 日，中共烟台市委组织部调王吉五到烟台市委工作。同年 7 月 10 日，青岛区港务管理局通知林复生代理烟台港务分局局长。同年10月22日，交通部任命王华卿为烟台港务分局副局长。1958年6月30日，交通部任命孔波为烟台港务分局局长。

1958年6月中共中央批转交通、铁道等四部关于体制下放的报告，决定将沿海港口下放所在地方政府领导，烟台港务分局自10月1日起与烟台航运办事处合并，1959年2月移交地方的烟台港正式定名为“山东省烟台专署海运局”。1960年2月18日，烟台专员公署任命王祥兴为烟台专员公署海运局局长。1961年1月，根据交通部收回10个港口的指示，烟台港收归交通部直接管理，并将烟台专署海运局改名为“烟台港务管理局”，业务仍由青岛港代管。1962年5月30日，交通部任命林复生为烟台港务管理局局长。

这个时期的领导人有：

海坝工程会政治指导员、港务课代理课长　车忠翰(1945.8～1947)

港务课课长　周石永(1947)

港务股代理负责人　刘　云(1948)

主　任　车忠翰(1949.12～1950.4)

局　长　车忠翰(1950.4～1952.2)

王吉五(1955.4～1956.5)

林复生(代理局长，1956.7～1958.6)

孔　波(1958.6～1960.2)

王祥兴(1960.2～1962.5)

林复生(1962.5～1967.10)

副主任　史　明(1949.12～1950.4)

副局长　史　明(1950.4～1952.2)

王吉五(主持工作，1952.6～1955.4)

林复生(1954.6～1962.5)

王华卿(1956.10～1961.1)

吴永珊(1960.7～1968.4)

2.“文化大革命”至党的十一届三中全会

文革初期烟台港管理机关遭到严重破坏，1968年4月6日，山东省革命委员会批准成立三结合临时权力机构“烟台港革命委员会”，同时启用印章。王经五任革委会主任，杨守武(军代表)、杨从伟、王曰祥任副主任，革委会常委由王经五、杨守武、杨从伟、王曰祥、于政一、刘延江、曲海亭、刘丕生、范长远等组成。1969年4月4日山东省革委会研究同意刘延江、滕书敖任烟台港革委会副主任。1970年又对烟台港革委会进行了调整充实，3月6日，烟台市革命委员会批准王祥兴、王作坤、孙吉友为革委会常委。同年4月24日，烟台地区革委会免去王经五烟台港革委会主任职务，鞠远业接替王经五任烟台港革委会主任，张垂楷(军代表)任第一副主任，刘丕生由常委调为副主任，刘太忠充实为副主任；7月2日，烟台地区革委会免张垂楷革委会副主任职务，由渠敬文(军代表)任革委会副主任；7月6日，烟台市革委会公布陈有志(军代表)任烟台港革委会常委。1975年12月17日，中共烟台地委批准张进任烟台港务局革命委员会主任，韩德润、杜功瑶、孙吉友任副主任。1976年12月11日，中共烟台地委批准于江任烟台港务局革命委员会副主任。

1977 年 4 月,由青岛港代管的烟台港,改由交通部直接领导,为交通部直属企业。1978 年 6 月,烟台港务局革命委员会取消,改称“交通部烟台港务管理局”。

这个时期的领导人有:

革命委员会主任	王经五(1968.4 ~ 1970.4)
	鞠远业(1970.4 ~ 1972.9)
	张　进(1975.12 ~ 1978.6)
革命委员会副主任	杨守武(1968.4 ~ 1972.3)
	王曰祥(1968.4 ~ 1977)
	杨从伟(1968.4 ~ 1977)
	刘延江(1969.4 ~ 1977)
	滕书敖(1969.4 ~ 1977)
	张垂楷(1970.4 ~ 1970.7)
	刘丕生(1970.4 ~ 1978.6)
	刘太忠(1970.4 ~ 1977)
	渠敬文(1970.7 ~ 1971.7)
	韩德润(1975.12 ~ 1978.6)
	杜功瑶(1975.12 ~ 1978.6)
	孙吉有(1975.12 ~ 1977.3)
	于　江(1976.12 ~ 1978.6)

3. 党的十一届三中全会至 2006 年

1979 年 8 月 10 日,中共烟台地委公布韩德润任烟台港务管理局局长,刘丕生、于江、吴永珊任副局长。1980 年 6 月 12 日,交通部任命于政一为烟台港务管理局顾问。同年 10 月 6 日,交通部任命曲海亭、杨国秀为烟台港务管理局副局长;7 日,交通部免去刘丕生烟台港务管理局党委副书记、副局长职务,改任烟台港务管理局顾问。1982 年 6 月 19 日,中共烟台港务管理局第四次代表大会召开,交通部组织部副部长杜天宇及一处副处长徐秉铎参加会议。会后杜天宇代表部党组在上届党委常委和新党委参加的联席会议上宣布:免去韩德润局长职务,任命曲海亭为局长,免去张进党委书记职务,退居二线任顾问,免去毕庶田政治处主任职务,任副局长,林嘉祥任政治处主任。1983 年 4 月 2 日,交通部任命朱毅、刘先林为烟台港务管理局副局长。

1983 年 8 月,烟台港务管理局由县团级升格为局级单位(相当地师级)。1985 年 2 月 7 日,交通部任命朱毅为烟台港务管理局局长,刘先林、毕庶田、石祖勋为副局长;曲海亭任烟台港务管理局党委书记(免去局长职务),任命杨国秀为总工程师(免去副局长职务),于江改任巡视员,免去张进顾问职务。

1987 年 2 月烟台港再次下放地方,实行地方和交通部双重领导以地方为主的体制,烟台港务管理局更名为“烟台港务局”。原烟台港务管理局所属的烟台港务监督扩编为“交通部烟台海上安全监督局”直属交通部领导。1987 年 9 月 19 日,中共烟台市委任命刘延洪为烟台港务局副局长,免去毕庶田副局长职务。1989 年 5 月 22 日,烟台市政府任命杨玉生为烟台港务局总经济师,于德义为烟台港务局总会计师。

1994年6月3日，中共山东省委对烟台港务局党政领导进行了任命，朱毅任烟台港务局局长，刘先林、刘炳敏、刘延洪、石祖勋任烟台港务局副局长，杨国秀任烟台港务局总工程师，杨玉生任烟台港务局总经济师，于德义任烟台港务局总会计师。同年10月12日，山东省人民政府批复同意烟台港务局为大型一类企业，山东省人民政府在10月13、17日对以上人员又进行了重新任命。

2001年11月23日，国务院办公厅转发交通部等部门《关于深化中央直属和双重领导港口管理体制改革的意见》的通知，要求由中央管理以及中央与地方政府双重领导的港口全部下放地方管理。2002年7月26日，山东省政府办公厅下发《关于深化全省港航管理体制改革的意见》，将双重领导的烟台港与省属的港航企业于8月1日起下放烟台市管理，人员成建制移交。2003年1月25日，山东省交通厅、烟台市政府对烟台港进行了交接。2002年3月11日，山东省人民政府任命蔡中堂、纪少波、曲延词为烟台港务局副局长。2003年6月，蔡中堂副局长调往日照任职，日照港务局副局长王钺调来烟台港务局任职。

2004年9月15日，经烟台市人民政府研究决定，将烟台港组建为烟台港集团有限公司，同时撤销烟台港务局。烟台港由非公司制企业转变为公司制企业。10月21日，烟台市人民政府委派周波为烟台港集团有限公司董事会董事长，纪少波为烟台港集团有限公司董事会副董事长。10月29日，经烟台港集团有限公司董事长周波提名，烟台港集团有限公司董事会讨论决定，聘任纪少波为烟台港集团有限公司总经理。10月29日，经烟台港集团有限公司总经理纪少波提名，烟台港集团有限公司董事会讨论决定，聘任刘延洪、石祖勋、曲延词、王钺为烟台港集团有限公司副总经理。10月29日，经烟台港集团有限公司第十一届职代会第十六次团（组）长联席会议选举，尹怀惠为烟台港集团有限公司职工董事。自2005年1月起烟台市人民政府国有资产管理委员会陆续将山东省烟台地方管理局、蓬莱港东港区正式划转给烟台港集团有限公司。2006年4月烟台港和龙口港重组整合，龙口港由市管国有独资公司变为烟台港管理的法人独资子公司。2006年4月20日，经烟台市政府研究决定，委派孟祥罡为烟台港集团有限公司董事会副董事长。

这个时期的领导人有：

局　　长　韩德润（1979.8～1982.6）
曲海亭（1982.6～1985.2）
朱　毅（1985.2～2004.9）

董 事 长　周　波（2004.10～　）

总 经 理　纪少波（2004.10～　）

副 局 长　刘丕生（1979.8～1980.10）
于　江（1979.8～1985.2）
吴永珊（1979.8～1980.7）
曲海亭（1980.10～1982.6）
杨国秀（1980.10～1985.2）
毕庶田（1982.6～1987.9）
朱　毅（1983.4～1985.2）
刘先林（1983.4～2001.4）

	石祖勋(1985.2 ~2004.9)
	刘延洪(1987.9 ~2004.9)
	刘炳敏(1994.6 ~2004.9)
	蔡中堂(2002.3 ~2003.6)
	纪少波(2002.3 ~2004.9)
	曲延词(2002.3 ~2004.9)
副董事长	纪少波(2004.10 ~)
	孟祥罡(2006.4 ~)
副总经理	刘延洪(2004.10 ~)
	石祖勋(2004.10 ~)
	曲延词(2004.10 ~)
	王　钺(2004.10 ~)
总工程师	杨国秀(1985.2 ~1996.9)
总经济师	杨玉生(1989.5 ~2004.9)
总会计师	于德义(1989.5 ~2004.9)

附录三

烟台港获得的部分荣誉称号

颁发单位	获奖内容	获奖单位	获奖时间
交通部	质量管理奖企业	烟台港务管理局	1984
交通部	1984年度全国交通系统经济效益先进单位	烟台港务管理局	1984
中国企业管理协会	1984年度企业管理优秀奖	烟台港务管理局	1984
山东省委、省政府	社会治安综合治理先进单位	烟台港务管理局	1984
山东省经济委员会、山东质量管理协会	山东省质量管理奖	烟台港务管理局	1985
交通部	1985年度交通系统两个文明建设先进单位	烟台港务管理局	1986
全国企业整顿领导小组、国家经委	全国企业整顿先进单位	烟台港务管理局	1986
国家经济委员会	1984～1985年度设备管理优秀单位	烟台港务管理局	1986
国家经委、中国质协	国家质量管理奖	烟台港务管理局	1986
中共中央宣传部、国家经委、全国总工会	1986年度全国思想政治工作优秀企业	烟台港务管理局	1986
中央绿化委员会	全国绿化先进单位	烟台港务管理局	1986
山东省五讲四美三热爱活动委员会	文明单位	烟台港务管理局	1986
山东省爱国卫生运动委员会	卫生港口	烟台港务管理局	1986
交通部	水路军运基础建设先进单位	烟台港务局	1987
交通部	绿化先进单位	烟台港务局	1987
交通部	1986年度全国交通系统两个文明建设先进单位	烟台港务局	1987
交通部	1987年度交通部档案工作先进单位	烟台港务局	1987
全国总工会	五一劳动奖状	烟台港务局	1987
交通部、中央爱卫会、卫生部	国家卫生港	烟台港务局	1987
交通部	1987年度交通系统设备管理优秀单位	烟台港务局	1988
国家经委	第二届全国设备管理优秀单位	烟台港务局	1988
国家技术监督局	国家计量先进单位	烟台港务局	1988
国家技术监督局	计量一级企业	烟台港务局	1988
山东省政府	省级先进企业	烟台港务局	1988
山东省爱国卫生运动委员会	爱国卫生工作先进单位	烟台港务局	1988
交通部	全国交通系统两个文明建设先进单位	烟台港务局	1989
交通部	1988年度全国交通系统经济效益先进单位	烟台港务局	1989
交通部	1988年度国家节约能源一级企业	烟台港务局	1989
交通部	交通系统第四届设备管理优秀单位	烟台港务局	1989

续上表

颁发单位	获奖内容	获奖单位	获奖时间
国防部	全国民兵预备役工作先进单位	烟台港务局交通战备办公室	1989
山东省精神文明建设协调委员会	1986～1988 连续三年省级文明单位	烟台港务局	1989
交通部	1989 年度全国交通系统经济效益先进单位	烟台港务局	1990
全国总工会	五一劳动奖状	烟台港第一港埠公司四队一班	1990
国家计委	第三届全国设备管理优秀单位	烟台港务局	1990
国家档案局	国家一级档案管理企业	烟台港务局	1990
山东省经济委员会、山东质量管理协会	山东省质量管理奖	烟台港务局	1990
山东省精神文明建设委员会	1989 年度省级文明单位	烟台港务局	1990
山东省委、省人大、省政府	全省普法先进集体	烟台港务局	1990
交通部、中国海员工会、中国公路运输工会	交通系统两个文明建设先进集体	烟台港客运站	1991
交通部	1990 年度全国交通系统经济效益先进企业	烟台港务局	1991
国家技术监督局	计量一级企业	烟台港务局	1991
山东省精神文明建设委员会	1990 年度省级文明单位	烟台港务局	1991
国务院发展研究中心、国务院研究室等	500 家最大服务企业	烟台港务局	1992
山东省委、省政府、省军区	拥军优属先进单位	烟台港务局	1992
全国总工会	模范职工之家	烟台港第二港埠公司机械处二队	1993
山东省委宣传部、省经委、省总工会	思想政治工作优秀企业	烟台港务局	1993
山东省总工会	“富民兴鲁”劳动奖状	烟台港第二港埠公司机械处二队	1993
山东省口岸领导小组	山东口岸共建精神文明先进单位	烟台港务局	1993
交通部	1991、1992、1993 年度全国交通系统先进单位	烟台港务局	1994
交通部、总后勤部	军交工作正规化建设先进单位	烟台港务局	1994
交通部	全国交通系统先进单位	烟台港务局	1994
山东省政府	山东省尊师重教先进单位	烟台港务局	1994
交通部交通战备办公室	水路交通战备工作先进单位	烟台港务局交通战备办公室	1995
交通部	全国交通系统“八五”节能先进集体	烟台港务局	1995
交通部	全国交通系统“二五”普法先进单位	烟台港务局	1995
中国质协	全国用户满意企业	烟台港务局	1995
国有企业管理局	中国的脊梁—国有企业 500 强	烟台港务局	1995

续上表

颁发单位	获奖内容	获奖单位	获奖时间
国家国防动员委员会	全国交通战备工作先进单位	烟台港务局交通战备办公室	1995
共青团中央、国家旅游局	全国青年文明号	烟台港公安局政保科	1995
中国质量管理协会	一九九五年度全国质量效益先进企业	烟台港务局	1996
交通部、中央爱卫会、卫生部	国家卫生港	烟台港务局	1996
中国设备管理协会	全国设备管理优秀单位	烟台港务局	1996
国家技术监督局	计量一级企业	烟台港务局	1996
山东省经委、省财政厅、省统计局	山东省工交财贸系统百家利润大户	烟台港务局	1996
山东省委、省政府	山东省文明单位	烟台港务局	1996
济南军区交通战备领导小组	全省交通战备工作先进单位	烟台港务局交通战备办公室	1996
山东省政府、省军区	全省交通战备工作先进单位	烟台港务局交通战备办公室	1996
山东省人事厅、省档案局	全省档案系统先进集体	烟台港务局	1996
山东省口岸领导小组	全省口岸共建社会主义精神文明先进单位	烟台港务局	1996
山东省爱国卫生运动委员会	省级卫生先进单位	烟台港务局	1996
山东省绿化委员会	山东省部门绿化先进单位	烟台港务局	1996
山东省委、省政府	1995 年度省级文明单位	烟台港务局	1996
交通部	全国交通系统通信服务先进集体	烟台港通信信息中心通信工程公司	1997
中国质量管理协会	全国质量效益型企业	烟台港务局	1997
国家体委	全国群众体育先进集体	烟台港务局	1997
共青团中央、交通部	全国青年文明号	烟台港第一港埠公司货商科	1997
人事部、交通部	全国交通系统先进集体	烟台港客运总公司	1998
国家技术监督局	国家计量先进单位	烟台港务局	1998
山东省口岸领导小组	共建精神文明口岸先进单位	烟台港务局	1998
交通部、总后勤部	水陆军交工作正规化建设先进单位	烟台港务局	1999
共青团中央、交通部	全国青年文明号	烟台港集装箱公司工程部	1999
山东省人事厅、省档案局	全省档案工作先进集体	烟台港务局	1999
交通部	全国交通系统档案工作先进集体	烟台港务局	2000
山东省经委、省质协	2000 年山东省质量管理先进企业	烟台港务局	2000

续上表

颁发单位	获奖内容	获奖单位	获奖时间
人事部、交通部	全国交通系统先进集体	烟台港集装箱公司	2001
交通部	一级文明客运站	烟台港客运站	2001
国家交通战备办公室	“九五”全国交通通信基本建设贯彻国防要求先进单位	烟台港务局	2001
山东省口岸领导小组、省精神文明建设委员会	2000～2001 年度共建精神文明口岸先进单位	烟台港务局	2002
山东省总工会、省体育局、省经济贸易委员会	山东省职工体育工作先进单位	烟台港务局	2002
国家质量监督检验检疫局	国家计量管理先进单位	烟台港务局	2003
山东省公安厅、省安全生产监督管理局	全省百日交通安全竞赛先进单位	烟台港务局	2003
山东省省委、省人民政府	全省防治非典型肺炎工作先进集体	烟台港务局	2003
全国总工会	全国模范职工之家	烟台港务局工会	2003
交通部、总后勤部	军交运输正规化建设先进单位	烟台港务局	2004
中国土木工程协会、詹天佑土木工程科技发展基金管委会	詹天佑土木工程大奖	烟台三期工程（一阶段）	2004
山东省工商局、省企业信用协会	守合同重信用企业	烟台港务局	2004
山东省人事厅、交通厅	全省沿海港口吞吐量突破 3 亿吨先进集体	烟台港集团有限公司	2004
山东省质量管理协会用户委员会、山东省社会评价中心	山东省用户满意企业	烟台港客运总公司	2004
山东省质量管理协会用户委员会、山东省社会评价中心	山东省用户满意服务	烟台海港物业管理有限公司	2004
山东省工商局、省精神文明建设委员会办公室、省经贸委员会、省市场与经济人协会	山东省三十强市场	烟台港物流园区装饰材料市场	2004
中国交通企业管理协会、交通行业优秀企业管理成果评审委员会	2005 全国交通百强企业	烟台港集团有限公司	2005
全国总工会	2005 年全国亿万职工迎奥运健身活动月系列活动先进单位	烟台港集团有限公司	2005
山东省总工会、中共山东省委宣传部、省文明办、省经贸委	山东省职工职业道德建设十佳单位 富民兴鲁劳动奖状	烟台港集团有限公司	2005
山东省名牌战略推进委员会、山东省质量技术监督局和山东省评价协会	首届山东省服务名牌企业	烟台港客运总公司	2006
山东省精神文明建设委员会	2005 年度省级文明单位	烟台港集团有限公司	2006

续上表

颁发单位	获奖内容	获奖单位	获奖时间
山东省委宣传部、组织部、省经济贸易委员会、省国有资产监督管理委员会	2004～2005年度山东省思想政治工作优秀企业	烟台港集团有限公司	2006
中国设备管理协会	第七届全国设备管理优秀单位	烟台港集团有限公司	2006
中国企业联合会、中国企业家协会	2006年中国服务业500强企业	烟台港集团有限公司	2006
山东省委宣传部、组织部,省经贸委、国资委,省总工会	第二批山东省企业文化建设示范单位	烟台港集团有限公司	2006
山东省总工会、文明办、人事厅、劳动和社会保障厅等	山东省第二届学习型组织先进单位	烟台港集团有限公司	2006
山东省企业信誉评价工作委员会	2006年度山东省优等信誉企业	烟台港集团有限公司	2006
中国质协用户委员会	2006年全国用户满意服务	烟台外轮理货公司	2006
山东省经济贸易委员会	2006年度山东省企业教育培训先进单位	烟台港集团有限公司	2006
山东省总工会	全省信得过基层工会暨模范职工之家	烟台港集团公司工会	2006

附录四

烟台港货物、旅客、集装箱、滚装车吞吐量统计表

年度	货物吞吐量(万吨)		旅客吞吐量(万人次)		集装箱（标准箱）	滚装车（辆）
		外贸		发送量		
1949	4.7	0.6	9.5	5.5		
1950	16.8	1.7	14.6	8.1		
1951	20.3	2.6	17.3	9.5		
1952	26.9	3.3	17.8	9.6		
1953	44.8	0.4	23.7	13.0		
1954	50.3	7.3	23.7	12.6		
1955	57.7	5.9	23.9	11.7		
1956	50.9	9.3	28.4	15.7		
1957	48.1	7.8	45.6	24.7		
1958	82.3	3.7	40.5	22.9		
1959	119.0	3.4	48.2	31.5		
1960	130.5	8.0	54.2	36.7		
1961	91.9	0.5	91.5	43.0		
1962	80.4		141.7	71.4		
1963	84.0		66.6	36.8		
1964	71.7		44.1	24.0		
1965	98.3		39.1	19.7		
1966	94.5	0.1	59.5	30.2		
1967	94.2		54.3	27.5		
1968	105.9	6.8	62.1	31.9		
1969	87.4	5.7	65.3	31.8		
1970	101.4	4.7	66.9	33.1		
1971	111.1	3.0	70.7	35.8		
1972	141.3	2.7	75.5	37.7		
1973	169.8	11.7	80.5	39.3		
1974	135.7	17.8	84.1	41.3		
1975	182.0	18.3	85.1	41.3		
1976	231.2	18.1	97.1	48.8		
1977	344.0	30.6	95.4	47.7		
1978	457.7	34.4	95.7	47.0		
1979	460.3	64.9	120.2	59.8		
1980	506.0	75.2	120.7	59.5		
1981	540.4	74.1	113.9	55.8		
1982	616.3	110.8	122.1	61.3		
1983	650.3	106.3	124.7	61.5		
1984	673.9	163.0	133.7	64.3		
1985	688.7	248.3	169.9	84.2		

续上表

年度	货物吞吐量(万吨)		旅客吞吐量(万人次)		集装箱(标准箱)	滚装车(辆)	
		外贸		发送量			发送量
1986	690.7	193.5	195.0	96.3			
1987	695.6	261.3	226.9	113.8			
1988	780.4	334.3	234.8	120.2	368		
1989	703.4	342.7	215.3	107.6	3803		
1990	650.4 ▲668.0	462.9 ▲464.0	191.2	95.6	11 922	8 122	4 067
1991	810.6 ▲833.4	620.2 ▲626.6	215.7	107.4	14 132	27 447	13 711
1992	1 060.5 ▲1 114.8	579.5 ▲602.2	270.3	135.2	16 584	60 304	30 786
1993	1 106.1 ▲1 190.8	427.7 ▲444.4	271.8 ▲295.0	133.2 ▲149.4	25 071	65 308 ▲106 357	33 930 ▲54 464
1994	1 130.5 ▲1 266.0	532.3 ▲543.8	259.3 ▲299.9	123.6 ▲149.4	35 511	62 457 ▲157 754	32 170 ▲81 488
1995	1 210.4 ▲1 361.1	716.8 ▲723.2	277.1 ▲316.6	135.3 ▲161.5	60 018	104 611 ▲207 541	55 489 ▲112 502
1996	1 251.6 ▲1 430.1	726.9 ▲748.5	293.1 ▲361.9	140.0 ▲182.2	90 016	142 395 ▲283 122	74 577 ▲148 237
1997	1 350.1 ▲1 559.5	794.0 ▲805.5	301.7 ▲390.1	143.0 ▲194.6	100 123	161 644 ▲342 140	89 952 ▲182 193
1998	1 260.6 ▲1 510.6	635.3 ▲641.9	291.8 ▲409.4	140.0 ▲206.6	100 326	180 991 ▲469 813	96 808 ▲245 955
1999	1 310.9 ▲1 646.3	616.5 ▲623.4	310.4 ▲459.1	147.6 ▲227.2	112 361	216 631 ▲606 628	115 387 ▲316 737
2000	1 566.8 ▲1 773.6	794.0 ▲805.8	290.7 ▲397.9	142.2 ▲197.5	130 015	222 765 ▲450 858	123 100 ▲239 204
2001	1 923.4 ▲2 190.2	1 088.3 ▲1 105.2	287.5 ▲401.1	142.4 ▲199.1	120 016	239 385 ▲486 324	131 065 ▲256 761
2002	2 288.8 ▲2 689.4	1 325.9 ▲1 352.8	301.3 ▲420.1	149.2 ▲204.6	160 126	284 634 ▲552 116	162 991 ▲293 109
2003	2 593.0 ▲2 936.0	1 434.7 ▲1 454.3	258.1 ▲393.0	125.5 ▲192.7	265 661	213 965 ▲533 462	106 222 ▲263 117
2004	3 050.3 ▲3 431.1	1 523.9 ▲1 544.3	300.2 ▲469.4	150.4 ▲234.4	290 972	200 794 ▲544 622	100 613 ▲269 873
2005	4 506.0	1 790.7	365.1	183.1	601 575	380 690	190 947
2006	8 088.2	2 387.2	396.0	200.2	1 168 900	442 570	225 626

注:▲为芝罘湾港区数据。2005 年后为烟台港集团公司数据。

附录五

烟台港港口基础设施设备情况表

年份	码头泊位				仓库总面积（平方米）	堆场总面积（平方米）	船舶（艘）	铁路专用线总长（米）	装卸机械期末实有数（台）
	长度（米）		泊位个数（个）						
	总长度	其中：万吨级	总数	其中：万吨级					
1949	301	—	5	—	4 784	28 892	5	—	—
1952	301	—	5	—	4 784	28 892	7	—	—
1957	534	—	7	—	7 755	34 892	8	—	10
1962	534	—	7	—	7 755	67 941	7	1 312	56
1965	759	—	9	—	7 755	111 755	8	1 608	50
1970	759	—	9	—	10 758	61 670	6	1 640	64
1975	1 119	360	11	2	10 758	71 000	19	3 040	131
1980	1 625	540	15	3	29 536	71 230	17	4 308	189
1985	1 926	540	17	3	30 439	93 529	25	4 308	245
1990	3 324	1 776	24	9	62 500	321 554	40	8 893	362
1991	3 524	1 776	23	9	62 500	321 554	41	8 893	429
1992	3 524	1 776	23	9	70 570	321 554	42	9 053	416
1993	3 524	1 776	23	9	70 570	321 554	43	9 053	465
1994	3 524	1 776	23	9	70 570	364 232	43	11 483	453
1995	3 524	1 776	23	9	70 570	364 232	43	12 296	468
1996	3 524	1 776	23	9	70 570	364 232	43	12 296	482
1997	5 016	2 939	34	15	87 072	600 732	38	12 296	585
1998	5 016	2 939	34	15	87 072	675 532	37	12 296	524
1999	5 016	2 939	34	15	87 072	675 532	36	18 073	529
2000	5 016	2 939	34	15	87 072	675 532	36	18 073	516
2001	5 977	3 900	38	19	92 557	888 925	36	25 806	553
2002	5 977	3 900	38	19	92 557	888 925	36	25 806	560
2003	6 608	4 531	40	21	92 557	888 925	34	25 806	559
2004	6 608	4 531	40	21	92 557	1 008 925	28	25 806	547
2005	7 357	4 779	46	23	92 557	1 144 925	27	25 806	537
2006	11 911	7 051	74	34	145 411	2 082 621	33	25 806	779

注:表中 2006 年数据为烟台港集团公司数据。

附录六

烟台港港章

奉中华人民共和国交通部一九五五年二月十九日交海督(55)字
第一三——三号(六八)批复批准,本港章自一九五五年
五月一日起公布试行

第一章　总　　则

第一条　为维护烟台港(以下简称本港)的安全、秩序、清洁卫生,并充分发挥港口为运输服务的效能,及迅速交流物资,特制订本港章。

第二条　凡本港章未经规定者,应依照我国其他有关法令及本港军事管理规则办法办理。其中有关避碰及信号部分,本港章及我国其他有关港务法令均未规定者,应依照国际海上避碰章程及国际通语信号规定办理。

第三条　本港章所称各种船舶如下:

(一)船舶——系指一切水上机动与非机动的各种大小船舶。

(二)机动船或轮船——系指一切船舶由机器动力推进行驶者(机帆并用之机帆船包括在内)。

(三)非机动船——系指一切船舶用人力或风力推进,或以其他船只拖带行驶者。

(四)拖轮——系指机动船舶有拖带其他船舶行驶能力,并以拖带船舶为主要业务者。

第二章　港界及泊区

第四条　本港港区之划分范围如下:

一、港区陆域:东岸自烟台山后垫地东端起,沿烟台山脚下直至滋大路南端,沿顺泰街向西约五十公尺;再由此向南距太平湾南岸壁由一百公尺至一百三十公尺;再自北马路北端南至马路拐弯处以西,自北马路东端拐弯起,西至西防波堤南端大门前浪坝胡同止,自该马路以北约为一百五十公尺左右全为港区所辖;自浪坝胡同与北马路交口起,再沿北马路向西约四百公尺以北地区属于港区之内。

二、港区水域:自芝罘岛东端至崆峒岛东北端联成一直线,以南之水面,及自崆峒岛东端向南至马山(北纬三七度二七分,东径一二一度三一分)之海岸东端,联成一直线,以西之水域为本港港界。

第五条　在本港港界内,自烟台山东端向东,至崆峒岛南端,联成一直线,以南之水域,不得碇泊。

第六条　本港防波堤内(以下简称内港),根据水面形势及河床深浅,划分为下列四区:

(一)总吨五百吨以上船舶泊区;

(二)渔轮及渔帆泊区;

(三)总吨五百吨以下贸易轮及帆船泊区;

(四)公务船舶泊区。

第七条 本港检疫锚地区为按下列四点联成四直线以内之水域:

1. 121°24′30″E 37°34′00″N
2. 121°26′30″E 37°34′00″N
3. 121°24′30″E 37°35′00″N
4. 121°26′30″E 37°35′00″N

第三章 船舶进出港

第八条 轮船进出本港,除依《本国轮船进出口管理暂行办法》、《外籍轮船进出口管理暂行办法》及《进出口船舶、船员、旅客、行李检查暂行通则》之规定办理外,并按本港章规定办理之。

第九条 凡船舶于日出后,日落前进出本港时,应该挂下列旗号与信号:

一、本国船——国旗、公司旗、登记船名信号旗(无登记船名信号之船舶可免悬挂登记船名信号旗)及其他必要之信号旗。

二、外国船——国际旗、公司旗、登记船名信号旗及其他必要之信号旗。

第十条 根据本港形势,暂定北口为总吨五百吨以下船舶进出口门,南口为总吨五百吨以上船舶进出口门,必要时总吨五百吨以上船舶仍可由北口进出。

第十一条 凡驶向本港五百总吨以上之轮船,在抵港至少八小时前,须以电报向港务监督长报告轮船预定到达之正确时间和前后吃水,如载有危险品时,并须报告危险品的种类与数量。

第十二条 外国籍船舶(以下简称外国船)申请进出本港,应分别于到达本港四十八小时前,及驶离本港二十四小时前办理之,经港务监督长核准后,方准进出本港。

第十三条 一千总吨以上本国轮船可申请引水员引领进出港或移泊,外国船舶不论吨位多寡一律强制引水。

第十四条 凡船舶进入本港前须检疫者,应悬挂检疫信号,并在检疫锚地抛锚停泊,等候检疫,经检疫机关发给检疫准单或限制检疫准单后,方准进港。

第十五条 进港船舶如有下列情事之一者,须于外港悬挂国际通语信号规定中之检疫旗号,并听候本局指示。

(一)现有患传染病或疑似传染病而有死亡者;

(二)航海中有患传染病或死亡者;

(三)船舶由国外或来自染疫港或曾与染疫船舶发生来往关系者。

第十六条 凡船舶有关检疫事项依照检疫法规章则,由检疫机关办理之。

第十七条 船舶进入本港后应禁止使用下列设备及仪器:

(一)本国船——船舶无线电收发报机(收听气象报告不在此限);

(二)外国船——船舶无线电收发报机、测深器、雷达、测向仪、自卫武器、信号枪弹、照像机、望远镜、六分仪。

第十八条 凡船舶于启航时,有下列情况之一者,在未处理纠正或气象转变前,本局局长或港务监督长有权禁止其出港。

(一)载货超过载重线者;

(二)载客逾额者;

(三)装载不良致使船身倾斜,有碍航行安全者;

(四)救生、防火、医药设备不足或不合标准者;

(五)船员配备不足或技术备件不合格者;

(六)货物装载或危险品的装载情况,有碍航行安全者;

(七)违犯我国其他规章法令,国际航行条例或有碍航行安全者;

(八)遇密雾、大雪、大雨、或其他恶劣天气影响航行安全者。

第十九条 凡外国船需驶入本港内停泊避风时,须预先以电报向港务监督长申请许可。

第二十条 船舶发生海事,应依《海事处理暂行办法》之规定办理。

第四章 港内航行、停泊、移泊

第二十一条 凡船舶航行于内港或进港航道时,务须慢车缓行,不得追越他船,并须随时注意投锚。

第二十二条 凡总吨五百吨以上船舶停泊内港锚位时,必须抛左右双锚,非经港务监督长许可不能任意抛单锚停泊。

第二十三条 凡在内港行驶之帆船,严禁横越正在行驶中之大型轮船船头,并应尽量避让大型轮船之航道。

第二十四条 凡船舶遇密雾、大雪、暴雨,以致妨碍视线影响航行安全时,禁止在港内航行,如正在航行,应即设法避开航道停泊。

第二十五条 凡在内港航行之轮船,如经过正在工作中之挖泥船、潜水作业船以及其他工作船等必须以最低速度行驶。

第二十六条 凡在内港航行或移船位之船舶,其救生艇、舢舨、吊杆及舷梯等均须收进舷内,不得外张。

第二十七条 在内港航行之帆船,严禁驶风滑樯。

第二十八条 船舶除拖轮外,非经港务监督长核准,不得在港内拖带其他船舶。

第二十九条 拖轮在内港水域拖带船舶时,在天气正常情况下,应遵守下列规定:

(一)由拖轮船尾至被拖船船头之间距离,不得超过三十公尺。

(二)拖带轮船、驳船平拖或尾拖以一艘为限,拖带帆船平拖或尾拖以四艘为限。尾拖由拖轮船尾至被拖船船尾间之距离,不得超过一百公尺。

第三十条 港内禁止随意操艇,本国轮船如实行救生艇演习时,须经港务监督长批准后,方准进行。

第三十一条 凡在本港水域停泊之一切船舶,必须服从本局局长或港务监督长之指挥。

第三十二条 凡船舶在本港水域停泊或移泊,须预前以书面向本局调度科申请,经核准后方可停泊或移泊否则不得使用任何泊位;但因气候骤变或其他紧急情况未及先行申请者,应于停泊或移泊后,立即将经过情况详细报告本局调度科。

前项移泊船舶,如系外轮应申请指派引水员方可移泊。

第三十三条　本局有支配港内锚位之权,必要时得变更或取消已核定之泊位,并得命令港内船舶驶出港外,其应纳之费用或因此蒙受之损失,概由船主或货主负责。

第三十四条　凡系靠码头之船舶,除应将牢固之缆索系于专为系船用之缆桩外,其他岸壁上及其他一切设备禁止系缆,并禁止将锚放置护坡石上。

第三十五条　凡船舶在内港停泊,不论昼夜,各部分留船值班船员,不得少于各该部分船员配额三分之一(其中包括高级负责船员),以应任何紧急事变,并随时注意锚链或系缆不得过松或过紧。

第三十六条　凡在本港停泊之船舶,自晨八时起至日落时止,必须悬挂其本国国旗,逢革命节日得由港务监督长通知悬挂满旗,遇特别庆祝时,需取得港务监督长之许可始得悬挂满旗。

第三十七条　凡在港内停泊,需要进行修理之船舶,船长必须预先向港务监督长提出书面申请,说明修理性质及期限,经核准后,方得进行修理工作。

第三十八条　禁止靠岸之轮船作长时间之转动推进器试验。

第三十九条　凡在港内抛锚停泊之船舶均须于晚间悬挂锚灯,以免发生碰撞。

第四十条　凡船舶在本港码头停泊,除特殊情况取得港务监督长许可外,应遵守以下规定:

(一)凡五百总吨以上之船舶不得并列停泊。

(二)五百总吨以下之船舶,并列停泊不得超过两艘。

(三)大轮旁不得停泊小船。

第四十一条　凡在港内停泊之船舶投锚时,禁用锚标。

第四十二条　凡在本港停泊之船舶,未经港务监督长许可及系船员解缆,不得自行离港或转移泊位。

第五章　货物装卸

第四十三条　凡负责装卸货物之人员,为防止货物散失或损坏,应按货物性质采用适当之装卸工具,货物装卸口须设置防护网。

第四十四条　凡装卸货物之船舶,船长或负责船员及负责装卸货物之人员,须事先充分检查船舶装卸设备,以免发生意外事故。

第四十五条　凡夜间装卸时,必须根据工作需要与消防安全之要求,装置充分的照明设备。

第四十六条　凡可能损伤仓库和码头之货物,在堆积时均须用适当垫木,以资保护码头仓库之安全。

第四十七条　凡装卸货物时,必须严格遵守操作规程,以防止工伤事故发生。

第四十八条　装卸工作人员于工作完毕时,须立即收拾所有之装卸设备及工具,放置指定地点,并将残留在码头仓库之垃圾清扫干净。

第四十九条　凡在码头上堆置货物时,必须离开岸壁最少三公尺,每平方公尺堆置货物,不得超过三吨。

第五十条 船舶装载,不得超过规定之载重吨位或满载吃水线。

第五十一条 禁止在带缆桩、电线杆、码头进口处、消防设备、电气开关、防火标识等,周围半径二公尺以内及距离仓库一公尺以内的地方堆置货物,并须保持通达上列地点之道路。

第六章 危险物品之载运装卸

第五十二条 凡各种爆炸性、易燃性、自燃性、助燃性、氧化剂、毒害性、腐蚀性之固体、液体及气体,足以使港内建筑物、船舶及货物遭受破坏,发生火灾或使人与动物中毒残废或死亡者,均列为危险品。

第五十三条 危险品进出本港或本港内运输,货主、承运人或代理人,须于事先向港务监督长提出书面报告,经核准后,始可载运或装卸,报告书中应说明下列各项:

(一)危险品抵港时间;

(二)危险品之名称、种类、数量及其性质;

(三)包装种类、标志、保存及防范方法;

(四)用何种方法载运至港域;

(五)运往何处及收货人。

第五十四条 申请装卸或载运危险品,港务监督长认为必要时,得通知申请人送验样品或正式之化验报告单。

第五十五条 危险品非经港务监督长核准不得装卸,其装卸区域由港务监督长指定之。

第五十六条 石油类按其燃烧点分为下列三类:

(一)一等石油类——燃烧点低于摄氏二八度者(如汽油、酒精等)。

(二)二等石油类——燃烧点为摄氏二八度至六五度者(如火油、轻柴油等)。

(三)三等石油类——燃烧点高于摄氏六五度者(如植物油、重柴油等)。

第五十七条 凡载运一、二等石油类及爆炸物、易燃物之船舶,非经港务监督长特许,不得拖带其他船只或附搭旅客及押运人员。

第五十八条 凡经核准装卸之危险品,应即时进行装卸,迅速运离码头。

第五十九条 凡在本港内装运爆炸物品之驳船,只准于日间由拖轮拖带行驶。

第六十条 装卸危险品时,须由本局经保科派员监护始得进行,夜间装卸时,须预先取得港务监督长之许可。

第六十一条 凡负责装卸危险品之人员,应事先根据货主或承运人或代理人之报告,详细了解该项货物之性质及其防范方法,除预作防范外,并检查包装有无破漏情形及时向仓库保管员和装卸工人说明可能发生危险之情形,必要时装卸工人应备适当之防毒器具。

第六十二条 凡载有危险品之船舶,必须持有安全电灯检查船舶,不得使用油灯或蜡烛,在检查时须由船长或其他负责人员监督进行。

第六十三条 禁止在夜间装卸一等石油类,如因紧急须要经港务监督长特许,于夜间进行上项工作时,则必须遵守下列规定:

(一)须在特别划定的地点装卸;

(二)严禁使用蜡烛或其他露出灯火,一切非必要之电灯应予关闭;

(三)甲板照明须用安全电灯,其灯光装置不得低于十公尺;

(四)只准使用绝缘完整和保险的电线,严禁使用接头电线;

(五)船舱照明须用安全电池电灯;

(六)装卸时一切不参加工作的人员,严禁进入装油码头与舱间。

第六十四条　凡载运一等石油类之船舶,抵港时不准靠拢或靠近其他船只,亦不准在港口航道附近停留,凡未经港务监督长许可之小轮汽艇等,一律禁止驶靠该油轮。

第六十五条　装卸一、二等石油类时,须熄灭一切火源,热天须用水冲润甲板,遇有雷闪时,须即停止装卸。

第六十六条　载有爆炸品或易燃品之船舶,禁止使用火力做焊接工作,在该船周围一百公尺以内区域禁止生火。

第六十七条　禁止在码头区域内灌注一、二等石油类于容器中。

第六十八条　凡装运爆炸性或易燃性货物之船舶,从开始装载至起卸完毕清除舱内残留气体时为止,应按国际惯例于日间悬"B"字信号旗一面,夜间悬挂环照红灯一盏。

第六十九条　凡装卸运输一等石油类船舶,须在船上明显之处贴关于装卸运输应注意事项。

第七十条　非固定甲板遮盖之船舶,一律禁止装运爆炸物品,装运爆炸物品时,应载入甲板下舱内或贮于固定密封之部位,以防发生危险。

第七十一条　凡载运爆炸性、自燃性或易燃性物品之船舶,未经港务监督长许可,不得在港内停泊。

第七十二条　装卸铁桶盛装之一等石油类时,须用棕绳装货网,按每网一桶装卸之,禁止使用铁钩吊装油桶。

第七章　港内建筑及航道保护

第七十三条　非经本局核准不得在港内修建码头、仓库、油池、船厂、填岸、填滩、挖泥、敷设水底电线、油管、水管及拆装其他一切有佔水底、水上岸线等工程。经核准后,应详具说明,绘造精细图样,经本局审定后才可进行,否则本局得勒令停工或拆除。

第七十四条　凡船舶发现礁石、沙滩、沉船、漂流物及航行标识,不在原位置或信号表示不正常,对航行有危险或障碍时,应迅即报告港务监督长。

第七十五条　凡未经港务监督长同意,不得在港内设置或移动任何标识,航路标识禁止系船,更不得有任何损伤,妨碍其性能之行为。

第七十六条　凡船舶损坏水上及岸上建筑物或水底设备时,船长须立即报告港务监督长。

第七十七条　凡在本港水域内,未经港务监督长核准,不得抛网捕鱼、挖蛤、采集海藻等海产物及海产物之养殖。

第七十八条　凡船舶及物资在港内及附近海面沉没,应由所有人立即报告港务监督长,并依照指示办理之,沉没之船舶、物资,港务监督长认为必要时,得责令所有人在一定期限内负责打捞清除,逾限由本局处理。

第七十九条　非经港务监督长核准,任何人不得在港域内及其附近进行勘查或打捞。

第八十条　凡捞获漂浮或沉没物资,应即送交港务监督长所属单位保管,领取收据,听候港务监督长处理。

第八十一条　禁止在本港水域内抛掷压船物、煤渣、垃圾、废物等,但可申请垃圾车船起卸,违者除处罚外,港务监督长得令其在一定期限内打捞清除之。

第八十二条　非经港务监督长核准,船舶不得在港内进行解体、偏滩或试车。

第八十三条　沉船或航行障碍物之标识如下:

(一)日间——绿色浮漂或并悬挂绿色方旗一面;

(二)夜间——绿色环照定光灯一盏。

第八十四条　打捞潜水工作船应悬挂下列信号:

(一)日间——绿色方旗一面,工作时并须加悬国际通语信号"TE"旗。当潜水人员在水底工作时,加悬红方旗一面。

(二)夜间——垂直悬挂上绿下红环照定光灯各一盏。

第八十五条　挖泥船须悬挂下列信号:

(一)日间——红色方旗一面下加挂黑球一个;

(二)夜间——垂直悬挂上红中白下红环照定光灯各一盏。

第八章　防火措施

第八十六条　凡在港船舶及码头界内之一切工作人员,如发现火灾时,务须迅速报告消防队或港口值勤人员。

第八十七条　发生火灾时,港内一切船舶、船员及船上救火用具,均应受消防负责人员之指挥,协力扑灭火灾。

第八十八条　停泊本港之船舶,如发生火警时,应连续不断的发出笛声。

第八十九条　具有消防设备之拖船,无须请示,应自动迅即驶抵受火灾船舶听候消防负责人员的指挥,扑灭火灾。

第九十条　凡船上锅炉及其他炊煮或取暖设备在生火时,须指定值班人员,并不得擅离岗位。

第九十一条　严禁任何人在船上、货舱、仓库、码头及堆集货物场所生火、吸烟、所管单位负责人应指定地点为吸烟处,其烟火头必须捻灭,不得随地弃掷。

第九十二条　凡船舶、码头、仓库及其他建筑物,均须设置防火器具,并应放置于易见易取之地点,严禁随便使用或移动,灭火器等应按时检验,不合规格应即更换。

第九章　台风信号及防风措施

第九十三条　本港台风信号设于烟台山顶。

第九十四条　在台风季节内(约自六月至十月)本局得根据台风发展情况,宣布禁止或开放港内船舶之航行。

第九十五条　台风警报发出后,停泊本港一切船舶与各级船员必须回归本船,坚守工作岗位,受本局指挥,直待台风解除后为止。

第九十六条　台风警报发出后，所有停泊本港之船舶，除特许者外，均不得系靠码头，并须服从本局之指挥，前往指定区域抛锚防风，船长应指挥全船人员尽一切力量，保护船舶之安全。

第十章　安全秩序

第九十七条　凡码头、船舶、仓库、机械设备，于装卸、堆集货物时，不得超过安全载重限制。

第九十八条　凡码头、仓库、船舶（在修船厂修理者例外）进行电焊工程时，每次须得港务监督长许可方可进行，必要时港务监督长得派员监督之。

第九十九条　禁止在照明灯、电线及电杆上悬挂绳子、金属线或其他易于发生危险的物品。

第一〇〇条　高压电线下绝对禁止堆集货物，如在架空电线下堆集货物，其垂直距离不得少于二公尺。

第一〇一条　凡未经本局或有关主管部门许可，禁止车辆及闲杂人员出入码头、仓库区域及上下船舶，凡进入码头区域之车辆及行人，均须按规定之道路进出。

第一〇二条　凡外籍船员、外籍旅客，未经主管机关许可不得登陆。

第一〇三条　凡旅客上船或离船，必须遵守秩序，依次上下不得拥挤，接客送客非经许可禁止上船。

第一〇四条　除本局指定之地点外，不准旅客登岸或上船或装卸货物。

第一〇五条　凡车辆在码头、仓库区内行驶时，须严格遵守市内交通规则，服从本局有关人员指挥其行驶速度不得超过每小时十公里。

第一〇六条　凡运货之车辆，于装卸完毕须迅速离开工作场所驶出码头界外，其因工作未完须停留码头界内者，应在指定地点停放，不得妨碍码头作业及交通。

第一〇七条　凡船舶在靠岸及离泊时，禁止非有关工作人员聚集岸边或船侧。

第一〇八条　未经港务监督长许可，禁止在港界内摄影、测量或绘图。

第一〇九条　凡在本港规定之游泳场以外之海面，禁止游泳、洗澡。

第一一〇条　禁止在码头装卸地、露置场及通行之道路，修补鱼网、缝补帆篷或晒晾渔具。

第一一一条　禁止在港界内酗酒、赌博、打架和其他不正当行为。

第一一二条　凡在港内停泊之轮船，无故不准乱鸣汽笛。

第一一三条　禁止在港内进行射击。

第一一四条　港警队在执行警卫工作时，除服从直属上级命令之外，并须接受港务监督长之指导。

第一一五条　凡靠岸船舶所用跳板和舷梯，必须设有栏杆或攀索，并须将救生圈依法准备，于夜间须有充分的灯光照明。

第十一章　清洁卫生

第一一六条　凡港内船舶、码头、仓库、道路、沟渠及其他建筑物和场所，均须经常保持清洁。

第一一七条 凡油类或含油质物品,一概不准由船内或岸上倾入港内水中,船底复层油槽、油柜亦不得在港界内,以及芝罘岛以东海面冲刷。

第一一八条 凡船舶系在岸上之一切缆索,均须有防鼠之金属盘,该盘直径不得少于七十公分。

第一一九条 凡靠泊在码头之船舶,其在码头一边之舷侧所有出水口和排出孔均须加以覆罩。

第一二〇条 码头、仓库区内,须设有严密箱盖之垃圾箱,不得使垃圾满溢箱外。

第一二一条 仓库、露天堆场内,凡有发生腐烂之物品,货主须迅速将其运走并负责清洁。

第一二二条 未经港务监督长许可,不得在码头、仓库区域加工制造鱼类货物。

第一二三条 凡运载粉状货物之车辆(如石灰、洋灰、骨粉等)须有包装或防止漏损设备,并有帆布遮盖以免随风飞扬。

第一二四条 凡港内发现浮尸、动物尸体,发现人应立即通知港警,转报公安局处理。

第一二五条 凡租用港内仓库场地之机关企业,须自行负责租用范围内及其附近之清洁卫生。

第一二六条 禁止在港内任何场所随地吐痰、抛掷烟头、食物、碎屑和果皮。

第一二七条 港内公共厕所须保持清洁卫生,以石炭酸或其他适当药品消毒。

第十二章 违章处罚

第一二八条 如有违犯本港章之规定者,本局得按其情节轻重分别予以教育警告处分或处以人民币一千元以下之罚款,其涉其司法范围时,并应送人民法院处理。

第一二九条 凡违章船舶未经处理完毕,港务监督长得停止其航行或不准出港。

第一三〇条 被处罚者对处分不服时,得于接到通知之次日起,10 天内向本局声辩或向上级提出申诉,但未经重作核定前,原处分不失其效力。

第十三章 附 则

第一三一条 本规则如有未尽事宜,得呈请上级修正之。

第一三二条 本规则自呈准公布之日施行。

附图:(略)

后　　记

《烟台港史(现代部分)》正式出版,是烟台港加强企业基础工作和文化建设的盛事。作为参与编写的工作人员,对于它的出版感到非常欣慰。

本书的编写工作在《烟台港史(现代部分)》编审委员会领导下进行,得到烟台港集团公司领导的大力支持。全书由陈江令统稿修改,引言及第八、九、十一、十二章由于文钧撰稿,第一、二、三、四章由于长乐撰稿,第五、六、七、十章由马建国撰稿,附录由刘文君撰稿,照片由刘文君辑录。本书大部分资料引自烟台港档案馆馆藏档案,恕不一一列出。

本书在编写过程中,得到交通部档案馆、烟台市档案馆、烟台市地方史志办公室、烟台市人民政府新闻办公室、烟台市博物馆、烟台市图书馆、芝罘区档案馆、芝罘区地方史志办公室等单位及烟台港集团公司有关部门的大力协助。曾参加前期编写工作的有:丁抒明、孙艺旗、刘文君、鲍恩忠、邹敬城等同志。刘培生、王经五、鞠远业、张进、盛哲卿、李兆庆、张忠文、袁景娥、戚立心、孙锡三等老领导老同志接受了编写组的采访。曾提供有关书面资料的有:赵秀坤、朱世环、任全泰、邹敬城、朱宝江、刘丰、鞠礼传等同志。曾协助搜集查找资料的有:王少明、宫自敏、杨世强、宫立芬、孙丽华、许陆军、杨志荣、徐才勤、吴向民等同志。

在此,向所有给予我们支持和帮助的各位领导、单位及个人表示衷心的感谢!

由于我们学识和水平有限,书中可能存在不少错误和不足之处,敬请各位领导和同志给予批评指正。

编　者

2007年12月